“兴辽英才计划”科技创新领军人才项目
“辽河水系水生生物多样性空间分布格局及其保护策略研究”
（XLYC1902033）

刘岚昕 王赫 刘利 等 / 编著

辽河水系
典型水生生物图鉴

LIAO HE SHUIXI
DIANXING SHUISHENG SHENGWU
TUJIAN

中国环境出版集团 · 北京

图书在版编目（CIP）数据

辽河水系典型水生生物图鉴 / 刘岚昕等编著. — 北京 : 中国环境出版集团, 2023.12

ISBN 978-7-5111-5764-5

Ⅰ. ①辽… Ⅱ. ①刘… Ⅲ. ①辽河流域—水生生物—图集 Ⅳ. ①Q17-64

中国国家版本馆CIP数据核字(2023)第246561号

出 版 人　武德凯
责任编辑　孔　锦
封面设计　金　山

出版发行　中国环境出版集团
（100062　北京市东城区广渠门内大街 16 号）
网　　址：http：//www.cesp.com.cn
电子邮箱：bjgl@cesp.com.cn
联系电话：010-67112765（编辑管理部）
发行热线：010-67125803，010-67113405（传真）

印　　刷　北京鑫益晖印刷有限公司
经　　销　各地新华书店
版　　次　2023 年 12 月第 1 版
印　　次　2023 年 12 月第 1 次印刷
字　　数　460千字
印　　张　24.75
定　　价　239.00元

编 委 会

主　编　刘岚昕

副主编　王　赫　刘　利

编著者　（按姓氏笔画为序）

王子锐　王　秀　王留锁　史美玲　包震宇

朱　悦　刘　倩　冷雪飞　赵　蔚　程希雷

前言

PREFACE

党的十八大以来，习近平总书记对长江、黄河等大河流域生态环境保护作出一系列重要指示，确立了以长江、黄河为代表的流域生态环境保护的总方向和基本遵循，即“共抓大保护，不搞大开发”，提出了大河流域“生态优先，绿色发展”的战略构想。党的二十大报告将“人与自然和谐共生的现代化”上升到“中国式现代化”的内涵之一，再次明确了新时代中国生态文明建设的战略任务，总基调是推动绿色发展，促进人与自然和谐共生。党的二十大报告指出要“统筹水资源、水环境、水生态治理，推动重要江河湖库生态保护治理。”“提升生态系统多样性、稳定性、持续性。”生态环境部《重点流域水生态环境保护“十四五”规划编制技术大纲》明确提出要突出“三水统筹”，实现“有河有水、有鱼有草、人水和谐”的目标，力争“十四五”期间重点流域水生态系统功能初步恢复，水资源、水生态、水环境统筹推进的格局基本形成。

辽河是我国七大流域之一，发源于河北，流经内蒙古、吉林和辽宁等省（区），于辽宁省盘山县入渤海。辽河流域面积为21.96万km^2。辽河干流位于辽宁省境内，流经铁岭、沈阳、鞍山和盘锦4个市。辽河干流全长为538 km，流域面积为4.38万km^2，多年平均径流量为38.26亿m^3，主要支流有清河、柴河、凡河、秀水河、养息牧河、柳河等。其中流域面积为50 km^2以上的一级支流有27条、流域面积为10 km^2以上的一级支流有36条。

“兴辽英才计划”是辽宁省委、省政府在人才引进和培养方面出台的重大工程，计划利用3年时间，围绕辽宁振兴发展重大需求，特别是“五大区域发展战略”和“一带五基地”建设需求，培养和引进一批高层次创新创业人才和高水平创新创业团队。2019年，辽宁省生态环境保护科技中心刘岚昕同志入选“兴辽英才计划”科技创新领军人才，2020年“兴辽英才计划”科技创新领军人才项目“辽河水系水生生物多样性空间分布格局及保护策略研究”（XLYC1902033）正式启动。项目以辽河水生态系统本底调查为基础，对水生生物多样性等进行评估；开展驱动力分析研究；筛选珍稀水生生物物种，并开展保护策略研究，研究成果支撑污染防治攻坚战和重点流域水生态环境保护“十四五”规划编制。项目开展了流域河岸带植被、浮游藻类、底栖动物和鱼类等生物多样性调查，获得数据50余万个。通过调查共获得河岸带植被301种，浮游藻类200种，底栖动物117种，鱼类69种。完成栖息地现场照片拍摄、生物物种分类鉴定及生物标本制作，编著完成了《辽河水系典型水生生物图鉴》，可为辽河流域水生态保护与管理提供基础数据支撑。

编著者

2023年1月

目　录

CONTENTS

1

鱼类篇

一、鲤科 ·· 002

1. 鲤 *Cyprinus carpio* ·· 002

2. 鲫 *Carassius auratus* ·· 002

3. 中华细鲫 *Aphyocypris chinensis* ·· 003

4. 镜鲤 *Cyprinus carpio* var. specularis ·· 003

5. 翘嘴鲌 *Culter alburnus* Basilewsky ·· 003

6. 尖头鲌 *Culter oxycephalus* Bleeker ·· 004

7. 达氏鲌 *Culter dabryi dabryi* Bleeker ·· 005

8. 餐 *Hemiculter leucisculus* ·· 005

9. 团头鲂 *Megalobrama amblycephala* Yih ·· 006

10. 马口鱼 *Opsariichthys bidens* ·· 006

11. 兴凯鱊 *Acheilognathus chankaensis* ·· 007

12. 棒花鱼 *Abbottina rivularis* ·· 007

13. 辽宁棒花鱼 *Abbottina liaoningensis* ·· 008

14. 细体鮈 *Gobio tenuicorpus* Mori ·· 008

15. 清徐胡鮈 *Huigobio chinssuensis* Nichols ·· 009

16. 蛇鮈 *Saurogobio dabryi* ·· 009

17. 似鮈 *Pseudogobio vaillanti* Sauvage ·· 010

18. 辽河突吻鮈 *Rostrogobio liaohensis* ·· 010

19. 麦穗鱼 *Pseudorasbora parva* ·· 011

20. 草鱼 *Ctenopharyngodon idellus* ·· 011

21. 鲢 *Hypophthalmichthys molitrix* ·· 011

22. 鳙 *Aristichthys nobilis* ·· 012

23. 彩石鳑鲏 *Rhodeus lighti* ·· 012

24. 中华鳑鲏 *Rhodeus sinensis* ·· 013

25. 黑龙江鳑鲏 *Rhodeus sericeus* Pallas ………………………… 013
26. 宽鳍鱲 *Zacco platpus* Temminck et Schlegel ……………… 014
27. 拉氏鲅 *Phoxinus lagowskii* Dybowsky …………………… 014
28. 尖头鲅 *Rhynchocypris oxcephalus* Sauvage et Dabry ……… 015
29. 青鱼 *Mylopharyngodon piceus* Richardson………………… 015
30. 细鳞鲴 *Xenocypris microlepis* Bleeker……………………… 016
31. 唇䱻 *Hemibarbus labeo* Pallas………………………………… 016
32. 花䱻 *Hemibardus maculates* Bleeker ………………………… 017

二、鳅科 ……………………………………………………018

33. 北方花鳅 *Cobitis granoei* ……………………………………… 018
34. 泥鳅 *Misgurnus anguillicaudatus* Cantor …………………… 018
35. 黑龙江泥鳅 *Misgurnus mohoity* Dybowski ………………… 019
36. 大鳞副泥鳅 *Paramisgumus dabryanus* ……………………… 019
37. 花斑副沙鳅 *Parabotia fasciatus* ……………………………… 020
38. 北方须鳅 *Barbatula barbatula nuda* Bleeker……………… 020
39. 北鳅 *Lefua costata* Kessler …………………………………… 020

三、鲇科 ……………………………………………………021

40. 鲇 *Silurus asotus* Linnaeus …………………………………… 021
41. 怀头鲇 *Silurus soldatovi* ………………………………………… 022

四、鲿科 ……………………………………………………022

42. 黄颡鱼 *Tachysurus fulvidraco* ………………………………… 022
43. 乌苏拟鲿 *Pseudobagrus ussuriensis* Dybowski …………… 023

五、鰕虎鱼科 ………………………………………………024

44.子陵吻鰕虎鱼 *Rhinogobius giurinus* Rutter ………………… 024
45. 波氏吻鰕虎鱼 *Rhinogobius cliffordpopei* Nichols ………… 024
46. 普栉鰕虎鱼 *Ctenogobius giurinus* Rutter…………………… 025
47. 褐栉鰕虎鱼 *Ctenogobius brunneus* Temminck et Schlegel·· 025

六、塘鳢科 ······ 026

48. 黄黝 *Hypseleotris swinhonis* ······ 026
49. 葛氏鲈塘鳢 *Perccottus glehnii* Dybowski ······ 026
50. 沙塘鳢 *Odontobutis obscurus* ······ 027

七、鳢科 ······ 028

51. 乌鳢 *Channa argus* Cantor ······ 028

八、鮨科 ······ 029

52. 鳜鱼 *Siniperca chuatsi* Basilewsky ······ 029

九、刺鱼科 ······ 030

53. 中华多刺鱼 *Pungitius sinensis* Guichenot ······ 030

十、青鳉科 ······ 031

54. 青鳉 *Oryzias latipes* Temminck & Schlegel ······ 031
55. 中华青鳉 *Oryzias sinensis* ······ 031

十一、鱵鱼科 ······ 032

56. 沙氏下鱵鱼 *Hyporhamphus sajori* ······ 032

十二、银鱼科 ······ 033

57. 大银鱼 *Protosalanx hyalocranius* ······ 033

十三、胡瓜鱼科 ······ 034

58. 亚洲公鱼 *Hypomesus transpacificus nipponensis* Mcallistster ······ 034

十四、鲻科 ······ 035

59. 鲅 *Liza haematocheila* ······ 035

十五、合鳃科 ……………………………………………036

60. 黄鳝 *Monopteras albus* …………………………………… 036

十六、七鳃鳗科 ……………………………………………037

61. 东北七鳃鳗 *Lampetra morii* Berg ………………………… 037

2 植物篇

一、蕨类植物 Pteridophyta ……………………………040

（一）木贼科 Equisetaceae ……………………………………… 040

1. 问荆 *Equisetum arvense* L. ………………………………… 040

2. 木贼 *Equisetum hyemale* L. ……………………………… 041

二、裸子植物 Gymnospcrmac ……………………………042

（一）柏科 Cupressaceae ……………………………………… 042

3. 侧柏 *Platycladus orientalis*（L.）Franco. ……………… 042

（二）松科Pinaceae ……………………………………………… 043

4. 樟子松 *Pinus sylvestris* var. *mongolica* Litv. ………… 043

三、被子植物 Angiospermae ……………………………044

（一）杨柳科 Salicaceae ………………………………………… 044

5. 柳树 *Salix matsudana* Koidz. …………………………… 044

6. 杞柳 *Sailx integra* Thunb. ………………………………… 045

7. 杨树 *Populus* L. …………………………………………… 045

（二）榆科 Ulmaceae …………………………………………… 046

8. 榆 *Ulmus pumila* L. ……………………………………… 046

9. 金叶榆 *Ulmus pumila* cv. Jinye. ………………………… 047

（三）桑科 Moraceae …………………………………………… 047

10. 桑 *Morus alba* L. ………………………………………… 047

（四）蓼科 Polygonaceae ………………………………… 048
11. 萹蓄 *Polygonum aviculare* L. ………………………… 048
12. 褐鞘蓼蓄 *Polygonum fusco-ochreatum* Kom. ……… 049
13. 酸模叶蓼 *Persicaria lapathifolium* L. ……………… 049
14. 糙毛蓼 *P. strigosum* R.Br ……………………………… 050
15. 戟叶蓼 *Periscaria thunbergii* Sieb. et Zucc. ………… 050
16. 普通蓼 *Polygonum humifusum* Merk ex C.Koch……… 051
17. 东方蓼 *Polygonum orientale* L. ……………………… 051
18. 桃叶蓼 *Polygonum persicaria* L. ……………………… 052
19. 酸模 *Rumex acetosa* L. ………………………………… 052
20. 皱叶酸模 *Rumex crispus* L. …………………………… 053
21. 巴天酸模 *Rumex patientia* L. ………………………… 054
22. 长刺酸模 *Rumex trisetifer* Stokes …………………… 054
（五）藜科 Chenopodiaceae………………………………… 055
23. 刺藜 *Chenopodium aristatum* L. ……………………… 055
24. 灰绿藜 *C. glaucum* L. ………………………………… 056
25. 藜 *C. album* L. ………………………………………… 056
26. 小藜 *C. ficifolium* Sm. ………………………………… 057
27. 尖头叶藜 *C. acuminatum* Willd. ……………………… 057
28. 地肤 *Kochia scoparia*（L.）Schrad. ………………… 058
29. 猪毛菜 *Salsola collina* Pall. …………………………… 058
30. 碱蓬 *Suaeda glauca* Bunge …………………………… 059
31. 盐地碱蓬 *S. salsa*（L.）Pall. ………………………… 059
32. 虫实 *Corispermum hyssopifolium* L. ………………… 060
33. 滨藜 *Atriplex patens*（Liyv）Iljin…………………… 060
34. 轴藜 *Axyris amaranthoides* L. ………………………… 061
（六）苋科 Amaranthaceae ………………………………… 061
35. 凹头苋 *Amaranthus lividus* L. ………………………… 062
36. 反枝苋 *Amaranthus retroflexus* L. …………………… 062
37. 刺苋 *A. spinosus* L. …………………………………… 063
38. 苋菜 *A. tricolor* L. …………………………………… 063

39. 野苋 *A. viridis* L. ······ 064
（七）马齿苋科 Portulacaceae ······ 064
40. 马齿苋 *Portulaca oleracea* L. ······ 065
（八）石竹科 Caryophyllaceae ······ 065
41. 石竹 *Dianthus chinensis* L. ······ 066
42. 鹅肠菜 *Myosoton aquaticum*（L.）Moench, Methodus ······ 066
43. 女娄菜 *Silene aprica* Turcx. ex Fisch. et Mey. ······ 067
（九）睡莲科 Nymphaeaceae ······ 067
44. 莲 *Nelumbo nucifera* Gaertn. ······ 067
（十）毛茛科 Ranunculaceae ······ 068
45. 石龙芮 *Ranunculus sceleratus* L. ······ 068
46. 茴茴蒜 *R. chinensis* Bunge ······ 069
47. 毛茛 *R. japonicus* Thunb. ······ 069
48. 唐松草 *Thalictrum aquilegiifolium* var. sibiricum L. ······ 070
49. 棉团铁线莲 *Clematis hexapetala* Pall. ······ 070
50. 圆叶碱毛茛 *Halerpestes cymbalaria* Prush. ······ 071
51. 白头翁 *Pulsatilla chinensis*（Bunge）Regel ······ 071
（十一）十字花科 Cruciferae ······ 072
52. 荠菜 *Capsella bursa-pastoris*（L.）Medic. ······ 072
53. 独行菜 *Lepidium apetalum* Willd. ······ 073
54. 播娘蒿 *Descurainia Sophia*（L.）Webb. ex Prantl ······ 073
55. 沼生焯菜 *Rorippa palustris*（L.）Besser ······ 074
56. 球果焯菜 *R. globosa*（Turcz.）Hayek ······ 074
57. 焯菜 *R. indica*（L.）Hiern ······ 075
58. 葶苈 *Draba nemorosa* L. ······ 075
（十二）景天科 Crassulaceae ······ 076
59. 费菜 *Phedimus aizoon*（L.）'t Hart ······ 076
60. 佛甲草 *Sedum lineare* Thunb. ······ 077
61. 景天 *S. erythrostictum* Miq. ······ 077

（十三）蔷薇科 Rosaceae …………………………………… 078
62. 委陵菜 *Potentilla chinensis* Ser. …………………… 078
63. 莓叶委陵菜 *P. fragarioides* L. ……………………… 078
64. 龙芽草 *Agrimonia pilosa* Ldb. ……………………… 079
65. 桃 *Prunus persica* L. ……………………………… 080
66. 榆叶梅 *P. triloba* Lindl. ……………………………… 080
67. 毛樱桃 *P. tomentosa*（Thunb.）Wall. ……………… 081
68. 京桃 *P. persica* L. ……………………………………… 082
69. 路边青 *Geum aleppicum* Jacq. ……………………… 083
70. 风箱果 *Physocarpus amurensis* Maxim. …………… 083
71. 紫叶风箱果 *Physocarpus opulifolius* ……………… 084
72. 珍珠梅 *Sorbaria kirilowii*（L.）A.Br. …………… 084
73. 珍珠绣线菊 *Spiraea thunbergii* Sieb.ex Blime. …… 085
（十四）豆科 Leguminosae …………………………………… 086
74. 槐 *Styphnolobium japonicum*（L.）Schott………… 086
75. 紫苜蓿 *Medicago sativa* L. ………………………… 087
76. 草木樨 *Melilotus officinalis*（L.）Lamarck, Fl …… 087
77. 白花草木樨 *M. albus* Medik. ……………………… 088
78. 黄花草木樨 *Melilotus officinalis*（L.）Pall. ……… 088
79. 紫穗槐 *Amorpha fruticosa* L. ……………………… 089
80. 米口袋 *Gueldenstaedtia verna*（Georgi）Boriss. …· 089
81. 狭叶米口袋 *Gueldenstaedtia stenophylla* Bunge …… 090
82. 刺果甘草 *Glycyrrhiza pallidiflora* Maxim. ………… 090
83. 红花锦鸡儿 *Caragana rosea* Turcz. ex Maxim. …… 091
84. 野大豆 *Glycine soja* Sieb. et Zucc. ………………… 091
85. 蔓黄耆 *Phyllolobium chinense* Fisch. ex DC. ……… 092
86. 斜茎黄耆 *Astragalus adsurgens* Pall. ……………… 093
87. 黄耆 *A. chinensis* L. ……………………………… 093
88. 扁茎黄耆 *A. complanatus* R.Br. …………………… 094
89. 达乌里黄耆 *A. dahuricus*（Pall.）DC. …………… 095
90. 山野豌豆 *Vicia amoena* Fisch.ex DC. ……………… 095

91. 鸡眼草 *Kummerowia striata*（Thunb.）Schindl. …… 096
92. 五脉山黧豆 *Lathyrus quinquenervius*（Miq.）Litv. … 096
93. 家山黧豆 *L. sativus* L. …… 097
94. 短梗胡枝子 *Lespedeza cyrtobotrya* Miq. …… 098
95. 胡枝子 *L. bicolor* Turcz. …… 098
96. 兴安胡枝子 *L. davurica*（Laxm.）Schindl. …… 099
97. 白车轴草 *Trifolium repens* L. …… 100
（十五）牻牛儿苗科 Geraniaceae …… 100
98. 牻牛儿苗 *Erodium stephanianum* Willd. …… 101
99. 突节老鹳草 *Geranium krameri* Franch. et Sav. …… 101
100. 鼠掌老鹳草 *G. sibiricum* L. …… 102
（十六）蒺藜科 Zygophyllaceae …… 103
101. 蒺藜 *Tribulus terrestris* L. …… 103
（十七）大戟科 Euphorbiaceae …… 103
102. 铁苋菜 *Acalypha australis* L. …… 104
103. 地锦草 *Euphorbia humifusa* Willd. …… 104
104. 斑地锦 *E. maculata* L. …… 105
105. 千根草 *E. thymifolia* L. …… 105
106. 叶下珠 *Phyllanthus urinaria* L. …… 106
（十八）葡萄科 Vitaceae …… 106
107. 爬山虎 *Parthenocissus tricuspidata*（Sieb. et Zucc.）Planch. …… 107
（十九）漆树科 Anacardiaceae …… 107
108. 火炬树 *Rhus typhina* L. …… 107
（二十）卫矛科 Celastraceae …… 108
109. 桃叶卫矛 *Euonymus bungeanus* Maxim. …… 108
（二十一）槭树科 Aceraceae …… 108
110. 茶条槭 *Acer ginnala* Maxim. …… 109
111. 色木槭 *A. mono* Maxim. …… 109
112. 糖槭 *A. saccharum* L. …… 110

（二十二）锦葵科 Malvaceae……………………………… 110
113. 野西瓜苗 *Hibiscus trionum* L. ……………………… 111
114. 苘麻 *Abutilon theophrasti* Medik. ………………… 111
（二十三）柽柳科 Tamaricaceae…………………………… 111
115. 柽柳 *Tamarix chinensis* Lour. ……………………… 112
（二十四）堇菜科 Violaceae………………………………… 112
116. 紫花地丁 *Viola philippica* Cav. …………………… 113
117. 早开堇菜 *Viola prionantha* Bunge………………… 113
（二十五）千屈菜科 Lythraceae …………………………… 114
118. 千屈菜 *Lythrum salicaria* L. ……………………… 114
（二十六）伞形科 Umbelliferae …………………………… 115
119. 蛇床 *Cnidium monnieri* （L.）Cuss. ……………… 115
120. 水芹 *Oenanthe javanica*（Bl.）DC. ……………… 116
（二十七）报春花科 Primulaceae ………………………… 116
121. 东北点地梅 *Androsace filiformis* Retz. …………… 117
（二十八）木樨科 Oleaceae………………………………… 117
122. 紫丁香 *Syringa oblata* Lindl. ……………………… 118
123. 连翘 *Forsythia suspensa*（Thund.）VahlEnim. …… 118
（二十九）夹竹桃科 Apocynaceae………………………… 118
124. 罗布麻 *Apocynum venetum* L. …………………… 119
125. 杠柳 *Periploca sepium* Bunge …………………… 120
（三十）萝藦科 Asclepiadaceae ………………………… 120
126. 鹅绒藤 *Cynanchum chinense* R.Br. ……………… 120
127. 萝藦 *Metaplexis japonica*（Thunb.）Makino ……… 121
（三十一）旋花科 Convolvulaceae ………………………… 121
128. 打碗花 *Calystegia hederacea* Wall. ……………… 122
129. 日本打碗花 *C. japonica* ……………………………… 122
130. 田旋花 *Convolvulus arvensis* L. …………………… 123
131. 菟丝子 *Cuscuta chinensis* Lam. …………………… 123
132. 牵牛 *Pharbitis nil* L. ………………………………… 124
133. 圆叶牵牛 *Ipomoea purpurea*（L.）Roth, Bot. ……… 124

（三十二）紫草科 Boraginaceae ························ 124
134. 鹤虱 *Lappula myosotis* Moench ························ 125
135. 卵盘鹤虱 *L. redowskii*（Hornem.）Greene ··········· 125
136. 砂引草 *Tournefortia sibirica* L. ························ 126
137. 附地菜 *Trigonotis peduncularis*（Trev.）Benth.ex Baker et Moore ························ 126
138. 多苞斑种草 *Bothriospermum secundum* Maxim. ··· 127
139. 大果琉璃草 *Cynoglossum divaricatum* Steph. ex Lehm. ························ 127
（三十三）唇形科 Labiatae ························ 128
140. 益母草 *Leonurus japonicus* Houtt. ························ 129
141. 水苏 *Stachys japonica* Miq. ························ 129
142. 水棘针 *Amethystea caerulea* L. ························ 130
143. 风轮菜 *Clinopodium chinense* ························ 130
144. 地瓜苗 *Lycopus lucidus* Turcz. ························ 131
145. 糙苏 *Phlomis umbrosa*（Turcz.）Kamelin & Makhm. ························ 131
146. 鼠尾草 *Salvia japonica* Thunb. ························ 132
（三十四）茄科 Solanaceae ························ 132
147. 曼陀罗 *Datura stramonium* L. ························ 133
148. 酸浆 *Physalis alkekengi* L. ························ 133
149. 龙葵 *Solanum nigrum* L. ························ 134
150. 黄果龙葵 *S. diphyllum* L. ························ 134
151. 碧冬茄 *Petunia hybrida* Vilm. ························ 135
（三十五）玄参科 Mazaceae ························ 135
152. 弹刀子菜 *Mazus stachydifolius*（Turcz.）Maxim. ··· 135
（三十六）忍冬科 Caprifoliaceae ························ 136
153. 新疆忍冬 *Lonicera tatarica* L. ························ 136
154. 锦带花 *Weigela florida*（Bunge）A.DC. ··············· 137
（三十七）列当科 Orobanchaceae ························ 137
155. 弯管列当 *Orobanche cernua* Loefl. ························ 137

（三十八）车前科 Plantaginaceae …………………………… 138
156. 平车前 *Plantago depressa* Willd. ………………… 138
157. 车前 *P. asiatica* L. …………………………………… 138
158. 大车前 *P. major* L. ………………………………… 139
（三十九）茜草科 Rubiaceae ……………………………… 140
159. 茜草 *Rubia cordifolia* L. …………………………… 140
（四十）菊科 Compositae ………………………………… 141
160. 黄花蒿 *Artemisia annua* L. ………………………… 141
161. 野艾蒿 *A. lavandulifolia* Candolle ………………… 142
162. 茵陈蒿 *A. capillaris* Thunb………………………… 142
163. 白叶蒿 *A. leucophylla* C.B.Clarke ………………… 143
164. 蒙古蒿 *A. mongolica*（Fisch. ex Bess.）Nakai …… 143
165. 柳叶蒿 *A. inegrifolia* L. …………………………… 144
166. 宽叶蒿 *A. latifolia* Ledeb. ………………………… 144
167. 红足蒿 *A. rubripes* Nakai…………………………… 145
168. 万年蒿 *A. sacrorum* Ledeb. ………………………… 145
169. 蒌蒿 *A. selengensis* Turcz. ex Bess. ……………… 146
170. 大籽蒿 *A. sieversiana* Ehrhart ex Willd. ………… 147
171. 阴地蒿 *A. sylvatica* Maxim. ……………………… 147
172. 狼耙草 *Bidens tripartita* L. ……………………… 148
173. 鬼针草 *B. pilosa* L. ………………………………… 148
174. 大狼杷草 *B. frondosa* L. …………………………… 149
175. 刺儿菜 *Cirsium setosum*（Willd.）MB. ………… 149
176. 野蓟 *C. maackii* Maxim. …………………………… 150
177. 烟管蓟 *C. pendulum* FIisch.ex DC. ……………… 150
178. 蓟 *C. japonicum* Fisch. ex DC. …………………… 151
179. 旋覆花 *Inula japonica* Thunb. …………………… 151
180. 柳叶旋覆花 *I. salicina* L. ………………………… 152
181. 苦荬菜 *Ixeris polycephala* Cass. ………………… 152
182. 抱茎苦荬菜 *I. sonchifolia*（Bunge）Hance ……… 152
183. 全叶马兰 *Aster pekinensis*（Hance）Kitag. ……… 153

184. 狗娃花 *A. hispidus* Thunb. ………………………… 154
185. 马兰 *A. indicus* L. ……………………………………… 154
186. 山马兰 *A. lautureanus*（Debeaux）Franch. ……… 155
187. 蒙山莴苣 *Lactuca tatarica*（l.）C.A.Mey. ……… 155
188. 山莴苣 *L. sibirica*（L.）Benth. ex Maxim. ……… 156
189. 毛脉翅果菊 *L. raddeana* Maxim. …………………… 156
190. 鸦葱 *Scorzonera austriaca* Willd. ………………… 157
191. 苣荬菜 *Sonchus arvensis* L. ………………………… 158
192. 蒲公英 *Taraxacum mongolicum* Handel-Mazzetti …… 158
193. 淡红座蒲公英 *Taraxacum erythropodium* Kitag. …… 159
194. 白花蒲公英 *T. albiflos* Kirschner et Štepanek ……… 159
195. 东北蒲公英 *T. ohwianum* Kitam. …………………… 160
196. 苍耳 *Xanthium sibiricum* Patrin. ex Widder ………… 161
197. 意大利苍耳 *X. italicum* Moretti …………………… 161
198. 蒙古苍耳 *X. mongolicum* Kitag. …………………… 162
199. 飞廉 *Carduus nutans* L. ……………………………… 162
200. 豚草 *Ambrosia artemisiifolia* L. …………………… 163
201. 三裂叶豚草 *A. trifida* L. …………………………… 163
202. 牛蒡 *Arctium lappa* L. ……………………………… 164
203. 金挖耳 *Carpesium divaricatum* Sieb. et Zucc. ……… 164
204. 秋英 *Cosmos bipinnatus* Cavanilles ………………… 165
205. 还阳参 *Crepis rigescens* Diels. …………………… 165
206. 狭叶还阳参 *C. tectorum* L. ………………………… 166
207. 加拿大蓬 *Erigeron canadensis* L. ………………… 166
208. 牛膝菊 *Galinsoga parviflora* Cav. ………………… 167
209. 菊芋 *Helianthus tuberosus* L. ……………………… 167
210. 泥胡菜 *Hemistepta lyrata* Bunge…………………… 168
211. 火绒草 *Leontopodium leontopodioides*（Willd.）Beauv. ……………………………………………… 168
212. 兴安毛莲菜 *Picris japonica* Thunb. ……………… 169
213. 草地风毛菊 *Saussurea amara*（L.）DC. ………… 169

214. 豨签 *Siegesbeckia orientalis* L. ························ 170
215. 毛豨莶 *S. pubescens* Makino···························· 171
216. 万寿菊 *Tagetes erecta* L. ································ 171
217. 三肋果 *Tripleurospermum limosum*（Maxim.）Pobed. ······································· 172
（四十一）香蒲科 Typhaceae··································· 172
218. 香蒲 *Typha orientalis* Presl. ····························· 173
219. 达香蒲 *T. davidiana*（Kronf.）Hand-Mazz. ········· 173
220. 水烛 *T. angustifolia* L. ···································· 174
（四十二）眼子菜科 Potamogetonaceae ····················· 174
221. 菹草 *Potamogeton crispus* L. ··························· 175
222. 眼子菜 *P. distinctus* A.Bennett ························· 175
223. 竹叶眼子菜 *P. malaianus* Miq. ························· 176
（四十三）鸭跖草科 Commelinaceae·························· 176
224. 鸭跖草 *Commelina communis* L. ······················· 176
（四十四）禾本科 Poaceae ·· 177
225. 假苇拂子茅 *Calamagrostis pseudophragmites*（A.Haller）Koeler··· 177
226. 拂子茅 *C. epigeios*（L.）Roth·························· 177
227. 虎尾草 *Chloris virgata* Sw. ······························ 178
228. 马唐 *Digitaria sanguinalis*（L.）Scop. ··············· 179
229. 稗 *Echinochloa crusgalli* （L.）Beauv. ·············· 179
230. 长芒野稗 *Echinochloa crusgalli* var. Caudata ······· 179
231. 牛筋草 *Eleusine indica*（L.）Gaertn. ················· 180
232. 牛鞭草 *Hemarthria sibirica*（Gand.）Ohwi ········· 180
233. 白茅 *Imperata cylindrica*（L.）Beauv. ················ 181
234. 羊草 *Leymus chinensis* （Trin.）Tzvel. ·············· 182
235. 赖草 *L. secalinus*（Georgi）Tzvel. ····················· 182
236. 早熟禾 *Poa annua* L. ······································· 183
237. 草地早熟禾 *P. pratensis* L. ······························ 183
238. 硬质早熟禾 *P. sphondylodes* Trin. ····················· 184

239. 泽地早熟禾 *P. palustris* L. ······························· 184

240. 狗尾草 *Setaria viridis*（L.）Beauv. ··················· 185

241. 大狗尾草 *S. faberi* R.A.W.Herrmann ················· 185

242. 金狗尾 *S. pumila*（Poir.）Roem. et Schuit. ·········· 186

243. 中华结缕草 *Zoysia japonicab* Steud. ·················· 186

244. 芦苇 *Phragmites australis*（Cav.）Trin. ············· 187

245. 毛芦苇 *Phragmites hirsuta* ······························· 187

246. 纤毛鹅观草 *Elymus ciliaris*（Trinius ex Bunge）
Tzvelev ··· 188

247. 鹅观草 *E. kamoji*（Ohiw）S.L.Chen ················· 188

248. 老芒麦 *E. sibiricus* L. ···································· 189

249. 糙毛鹅观草 *Roegneria hirsuta*（Keng）
J. L. Yang et al. ·· 189

250. 华北剪股颖 *Agrostis clavata* Trin. ···················· 190

251. 看麦娘 *Alopecurus aequalis* Sobol. ···················· 190

252. 荩草 *Arthraxon hispidus*（Thunb.）Makino·········· 191

253. 野燕麦 *Avena fatua* L. ···································· 191

254. 菵草 *Beckmannia syzigachne*（Steud.）Fern. ······· 192

255. 无芒雀麦 *Bromus inermis* Leyss. ······················ 193

256. 小叶章 *Deyeuxia angustifolia*（Kom）Y.L.Chang ·· 193

257. 野青茅 *D. pyramidalis*（Host）Veldkamp············ 194

258. 少花蒺藜草 *Cenchrus pauciflorus* Cav. ··············· 194

259. 宽叶隐子草 *Cleistogenes hackelii* var. *nakaii*
（Keng）Ohwi ·· 195

260. 糙隐子草 *C. squarrosa*（Trin.）Keng················ 195

261. 龙常草 *Diarrhena mandshurica* Maxim. ············· 196

262. 长芒草 *Stipa bungeana* Trin ···························· 196

263. 大针茅 *S. grandis* P. Smirn. ···························· 197

264. 小画眉草 *Eragrostis minor* Host ······················· 198

265. 画眉草 *E. pilosa*（L.）Beauv. ·························· 198

266. 野黍 *Eriochloa villosa*（Thunb.）Kunth·············· 199

267. 狭叶甜茅 *Glyceria spiculosa*（Schmidt）Roshev. · 199

268. 芒麦草 *Hordeum jubatum* L. ………………………… 200

269. 荻 *Miscanthus sacchariflorus*（Maxim.）Hackel…· 200

270. 糠稷 *Panicum bisulcatum* Thunb. …………………… 201

（四十五）莎草科 Cyperaceae ………………………………… 202

271. 扁秆荆三棱 *Bolboschoenus planiculmis*（F.Schmidt）T.V.Egorova ……………………………………………… 202

272. 荆三棱 *B. yagara*（*Ohwi*）Y.C.Yang et M.Zhan …· 202

273. 碎米莎草 *Cyperus iria* L. …………………………… 203

274. 水莎草 *C. serotinus* Rottb. ………………………… 204

275. 叠穗莎草 *C. imbricatus* Retz. ……………………… 204

276. 旋鳞莎草 *C. michelianus*（L.）Link ……………… 205

277. 翼果薹草 *Carex neurocarpa* Maxim. ……………… 205

278. 陌上菅 *C. thunbergii* Steud. ……………………… 206

279. 尖嘴薹草 *C. leiorhyncha* C.A.Mey. ……………… 206

280. 萤蔺 *Scirpus juncoides* Roxb. …………………… 207

281. 东方藨草 *S. orientalis* Ohwi. ……………………… 208

282. 藨草 *S. triqueter* L. ………………………………… 208

283. 球穗藨草 *S. wichurae* Boeckeler…………………… 209

（四十六）天南星科 Araceae………………………………… 210

284. 菖蒲 *Acorus calamus* L. …………………………… 210

285. 浮萍 *Lemna minor* L. ……………………………… 211

286. 紫萍 *Spirodela polyrhiza*（L.）Schleid. ………… 211

（四十七）灯心草科 Juncaceae……………………………… 212

287. 灯心草 *Juncus effusus* L. ………………………… 212

（四十八）百合科 Liliaceae ………………………………… 213

288. 薤白 *Allium macrostemon* Bunge ………………… 213

（四十九）泽泻科 Alismataceae……………………………… 214

289. 泽泻 *Alisma plantago-aquatica* L. ……………… 214

290. 慈姑 *Sagittaria trifolia* L.var. sinensis（Sims）Makino……………………………………………………… 215

（五十）鸢尾科 Iridaceae……215
291. 马蔺 *Iris lactea* Pall. ……216
（五十一）亚麻科 Linaceae……216
292. 野亚麻 *Linum stelleroides* Planch. ……217
（五十二）水鳖科 Hydrocharitaceae……217
293. 苦草 *Vallisneria natans*（Lour.）Hara……218
（五十三）山茱萸科 Cornaceae……218
294. 红瑞木 *Cornus alba* L. ……219
（五十四）菱科 Trapaceae……219
295. 菱 *Trapa bispinosa* Roxb. ……220
（五十五）柳叶菜科 Onagraceae……221
296. 月见草 *Oenothera biennis* L. ……221
（五十六）虎耳草科 Saxifragaceae……221
297. 绣球花 *Hydrangea macrophylla*（Thunb.）Ser. ……222
298. 扯根菜 *Penthorum chinense* Pursh……222
（五十七）大麻科 Cannabaceae……223
299. 大麻 *Cannabis sativa* L. ……223
300. 葎草 *Humulus scandens*（Lour.）Merr. ……224

3 藻类篇

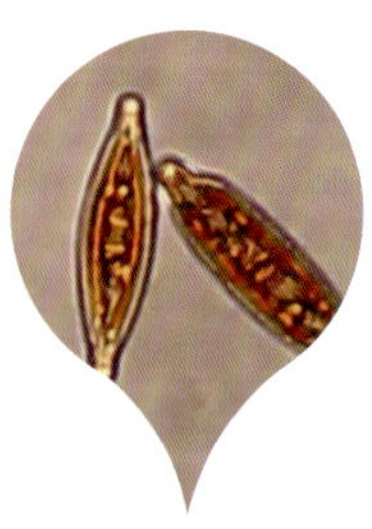

一、蓝藻门……226
形态结构……226
繁殖方式……226
分类地位……227
应用价值……227
蓝藻门的分类……227
色球藻目……228
1. 微囊藻属（*Microcystis*）……228
2. 粘球藻属（*Gloeocapsa*）……228
3. 棒胶藻属（*Rhabdogloea*）……229

4. 色球藻属（*Chroococcus*） 229
5. 腔球藻属（*Coelosphaerium*） 230
6. 平裂藻属（*Merismopedia*） 230
7. 集胞藻属（*Synechocystis*） 231
8. 拟指球藻属（*Dactylococcopsis*） 231
念珠藻目 231
9. 眉藻属（*Calothrix*） 231
10. 双尖藻属（*Hammatoidea*） 232
11. 尖头藻属（*Raphidiopsis*） 232
12. 束丝藻属（*Aphanizomenon*） 232
13. 节球藻属（*Nodularia*） 233
14. 鱼腥藻属（*Anabaena*） 233
15. 螺旋藻属（*Spirulina*） 234
16. 颤藻属（*Oscillatoria*） 235
17. 席藻属（*Phormidium*） 236
18. 浮丝藻属（*Planktothrix*） 236
二、隐藻门 237
形态结构 238
繁殖方式 238
分类地位 238
应用价值 239
隐藻门的分类 239
隐鞭藻科 239
19. 隐藻属（*Cryptomonas*） 239
20. 蓝隐藻属（*Chroomonas*） 240
三、甲藻门 240
形态结构 241
繁殖方式 241
分类地位 242

应用价值 …… 242
甲藻门的分类 …… 242
多甲藻目 …… 243
21. 多甲藻属（*Peridinium*） …… 243
22. 角甲藻属（*Ceratium*） …… 243
裸甲藻目 …… 244
23. 裸甲藻属（*Gymnodinium*） …… 244

四、金藻门 …… 245

形态结构 …… 245
繁殖方式 …… 245
分类地位 …… 246
应用价值 …… 246
金藻门的分类 …… 246
金胞藻目 …… 247
24. 锥囊藻属（*Dinobryon*） …… 247

五、黄藻门 …… 248

形态结构 …… 248
繁殖方式 …… 248
分类地位 …… 249
黄藻门的分类 …… 249
黄丝藻目 …… 249
25. 黄丝藻属（*Tribonema*） …… 249
柄球藻目 …… 250
26. 角绿藻属（*Goniochloris*） …… 250

六、硅藻门 …… 251

形态结构 …… 251
繁殖方式 …… 252
应用价值 …… 252

硅藻门的分类 …… 253
圆筛藻目 …… 253
27. 直链藻属（*Melosira*） …… 253
28. 小环藻属（*Cyclotella*） …… 254
29. 圆筛藻属（*Coscinodiscus*） …… 255
根管藻目 …… 255
30. 根管藻属（*Rhizosolenia*） …… 255
盒形藻目 …… 256
31. 四棘藻属 …… 256
无壳缝目 …… 256
32. 平板藻属（*Tabellaria*） …… 256
33. 等片藻属（*Diatoma*） …… 257
34. 星杆藻属（*Asterionella*） …… 258
35. 扇形藻属（*Meridion*） …… 258
36. 脆杆藻属（*Fragilaria*） …… 258
37. 针杆藻属（*Synedra*） …… 259
双壳缝目 …… 260
38. 布纹藻属（*Gyrosigma*） …… 260
39. 美壁藻属（*Caloneis*） …… 261
40. 长篦藻属（*Neidium*） …… 262
41. 双壁藻属（*Diploneis*） …… 262
42. 辐节藻属（*Stauroneis*） …… 262
43. 舟形藻属（*Navicula*） …… 263
44. 羽纹藻属（*Pinnularia*） …… 264
45. 双眉藻属（*Amphora*） …… 265
46. 桥弯藻属（*Cymbella*） …… 265
47. 异极藻属（*Gomphonema*） …… 267
单壳缝目 …… 268
48. 卵形藻属（*Cocconeis*） …… 268
49. 曲壳藻属（*Achnanthes*） …… 269
双菱藻目 …… 270

50. 窗纹藻属（*Epithemia*）……270
51. 棒杆藻属（*Rhopalodia*）……270
52. 菱板藻属（*Hantzschia*）……270
53. 菱形藻属（*Nitzschia*）……271
54. 缘藻属（*Cymatopleura*）……271
55. 长羽藻属（*Stenopterobia*）……272
56. 双菱藻属（*Surirella*）……272

七、裸藻门……273

形态结构……273
繁殖方式……274
分类地位……274
裸藻门的分类……275
裸藻目……275
57. 裸藻属（*Euglena*）……275
58. 鳞孔藻属（*Lepocinclis*）……276
59. 扁裸藻属（*Phacus*）……277
60. 囊裸藻属（*Trachlomonas*）……277
61. 陀螺藻属（*Strombomonas*）……278
62. 柄裸藻属（*Colacium*）……278

八、绿藻门……279

形态结构……279
繁殖方式……279
分类地位……280
应用价值……280
绿藻门的分类……281
团藻目……281
63. 衣藻属（*Chamydomonas*）……281
64. 四鞭藻属（*Cateria*）……281
65. 盘藻属（*Gonium*）……282

66. 杂球藻属（*Pleodorina*） ……………………………… 282
67. 实球藻属（*Pandorina*） ……………………………… 282
68. 空球藻属（*Eudorina*） ……………………………… 282
69. 团藻属（*Volvox*） ……………………………………… 283
四孢藻目 ……………………………………………………… 283
70. 四集藻属（*Palmella*） ……………………………… 283
绿球藻目 ……………………………………………………… 284
71. 小桩藻属（*Characium*） ……………………………… 284
72. 弓形藻属（*Schroederia*） …………………………… 284
73. 小球藻属（*Chlorella*） ……………………………… 283
74. 顶棘藻属（*Chodatella*） ……………………………… 285
75. 四角藻属（*Teteaedron*） ……………………………… 285
76. 蹄形藻属（*Krichneriella*） ………………………… 286
77.月牙藻属（*Selenastrum*） …………………………… 286
78.纤维藻属（*Ankistrodesmus*） ……………………… 287
79. 四棘藻属（*Treubaria*） ……………………………… 287
80. 卵囊藻属（*Oocystis*） ……………………………… 288
81. 并联藻属（*Quadrigula*） …………………………… 288
82. 葡萄藻属（*Botryococcus*） ………………………… 288
83. 集星藻属（*Actinastrum*） …………………………… 289
84. 盘星藻属（*Pediastrum*） …………………………… 289
85. 二形栅藻属（*Scenedesmus*） ……………………… 291
86. 韦斯藻属（*Weatella*） ……………………………… 293
87. 十字藻属（*Crucigenia*） …………………………… 293
88. 微芒藻属（*Micractinium*） ………………………… 294
89. 空星藻属（*Coelastrum*） …………………………… 294
丝藻目 ………………………………………………………… 295
90. 尾丝藻属（*Uronema*） ……………………………… 295
91. 丝藻属（*Ulothrix*） ………………………………… 295
92. 毛枝藻属（*Stigeoclonium*） ………………………… 295
93. 竹枝藻属（*Draparnaldia*） ………………………… 296

刚毛藻目 …………………………………………………… 296
94. 刚毛藻属（*Cladophora*） ………………………………… 296
双星藻目 …………………………………………………… 297
95. 转板藻属（*Mougeotia*） ………………………………… 297
96. 水绵属（*Spirogyra*） …………………………………… 297
鼓藻目………………………………………………………… 298
97. 新月藻属（*Closterium*） ……………………………… 299
98. 凹顶鼓藻属（*Euastrum*） ……………………………… 299
99. 鼓藻属（*Cosmarium*） ………………………………… 299
100. 角星鼓藻属（*Staurastrum*） ………………………… 300

4

底栖动物篇

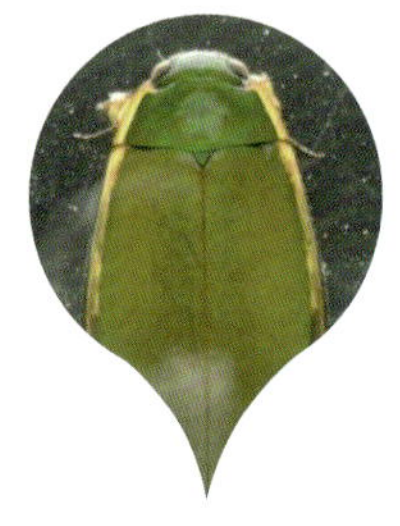

一、环节动物门 Annelida ……………………………… 302
（一）蛭纲 Hirudinea …………………………………… 302
颚蛭目 Gnathobdellida ………………………………… 302
1. 宽体金线蛭 *Whitmania pigra* ………………………… 302
咽蛭目 Pharyngobdellida……………………………… 303
2. 八目石蛭 *Erpobdella octoculata* ……………………303
3. 苇氏巴蛭 *Barbronia weberi* ………………………… 303
吻蛭目 Rhynchobdellida……………………………… 304
4. 宽身舌蛭 *Glossiphonia lara* ………………………… 304
（二）寡毛纲 Oligochaeta ……………………………… 304
近孔寡毛目 Oligochaeta plesiopora………………… 305
5. 苏氏尾鳃蚓 *Branchiura sowerbyi* …………………… 305
6. 霍甫水丝蚓 *Limnodrilus hoffmeisteri* Claparède ……… 305
7. 奥特开水丝蚓 *Limnodrilus udekemianus* Claparède ….. 306
8. 克拉泊水丝蚓 *Limnodrilus claparedianus* Ratzel ……… 306
9. 瑞士水丝蚓 *Limnodrilus helveticus* Piguet …………… 307
10. 中华颤蚓 *Tubifex sinicus* Chen ………………………… 307

二、软体动物门 Mollusca……………………………308

（一）腹足纲 Gastropoda………………………………… 308

中腹足目 Mesogastropoda………………………………… 308

11. 中国圆田螺 *Cipangopaludina chinensis* Gray ……… 308

12. 梨形环棱螺 *Bellamya purificata* Heude ……………… 309

基眼目 Basommatophora ………………………………… 309

13. 耳萝卜螺 *Radix auricularia* Linnaeus…………………… 309

14. 椭圆萝卜螺 *Radix swinhoei* H. Adams………………… 310

15. 卵萝卜螺 *Radix ovata* Draparnaud……………………… 310

16. 白旋螺 *Gyraulus albus*………………………………… 310

（二）瓣鳃纲 Lamellibranchia……………………………… 311

蚌目 Unionoida ………………………………………………… 311

17. 背角无齿蚌 *Anodonta woodiana* Lea …………………… 311

18. 圆顶珠蚌 *Unio douglasiae*（Gray） …………………… 312

19. 湖球蚬 *Sphaerium lacustre*（Muller） ………………… 312

三、节肢动物门 Arthropoda …………………………313

（一）水生昆虫（昆虫纲Insecta） ……………………………… 313

蜉蝣目 Ephemeroptera ……………………………………… 313

20. 稀氏埃蜉 *Ephoron shigae*（Takahashi） ……………… 314

21. 东方蜉 *Ephemera orientalis* MaLachlan………………… 314

22. 黄河花蜉 *Potamanthus luteus* Linnaeus ……………… 315

23. 小蜉 *Ephemerellidae* sp. ………………………………… 315

24. 三刺弯握蜉 *Drunella trispina*（Tshernova） ………… 315

25. 蚬夷三刺弯握蜉 *Drunella trispina ezoensis*
（Gose） ……………………………………………………… 316

26. 契氏带肋蜉 *Cincticostella tshernovae*（Bajkova） … 316

27. 黑带肋蜉 *Cincticostella nigra* Ueno…………………… 317

28. 细蜉 *Caenis sp.* ………………………………………… 317

29. 湖生短丝蜉 *Siphlonurus lacustris* Eaton ……………… 317

30. 四节蜉 *Baetis sp*. ······ 318
31. 宽叶高翔蜉 *Epeorus latifolium* Ueno ······ 318
32. 雅丝扁蚴蜉 *Ecdyonurus yoshidae* Takahashi ······ 318
毛翅目 Trichoptera ······ 319
33. 日本瘤石蚕 *Goera japonica* Banks ······ 319
34. 短线短脉纹石蚕 *Cheumatopsyche brevilineata* (Iwata) ······ 319
35. 纹石蚕 *Hydropsyche* sp. ······ 320
36. 黄足疏毛石蚕 *Oligotricha fluvipes* Matsumura ······ 320
双翅目 Diptera ······ 321
37. 费塔无突摇蚊 *Ablabesmyia phatta*（Egger） ······ 321
38. 斑点纳塔摇蚊 *Natarsia punctata*（Fabricius） ······ 322
39. 花翅前突摇蚊 *Procladius choreus*（Meigen） ······ 323
40. 刺铗长足摇蚊 *Tanypus punctipennis* Meigen ······ 323
41. 盖氏特突摇蚊 *Thienemannimyia geijskesi*（Goetghebuer） ······ 324
42. 合铗特突摇蚊 *Thienemannimyia fuscipes*（Goetghebuer） ······ 324
43. 西氏北绿摇蚊 *Boreochlus thienemani* Edwards ······ 324
44. 格氏寡角摇蚊 *Diamesa gregsoni* Edwards ······ 325
45. 高田似波摇蚊 *Sympotthastia takatensis* Tokunaga ······ 325
46. 端心突摇蚊 *Cardiocladius capucinus*（Zellerstadt） ······ 326
47. 三束环足摇蚊 *Cricotopus trifascia* Edwards ······ 326
48. 三带环足摇蚊 *Cricotopus trifasciatus*（Meigen） ······ 327
49. 双线环足摇蚊 *Cricotopus bicinctus*（Meigen） ······ 327
50. 三轮环足摇蚊 *Cricotopus triannulatus*（Mecquart） ······ 328
51. 白色环足摇蚊 *Cricotopus albiforceps*（Kieffer） ······ 328
52. 轮环足摇蚊 *Cricotopus anulator* Goetghebuer ······ 329
53. 伊尔克真开氏摇蚊 *Eukiefferiella ilkleyensis*（Edwards） ······ 329

54. 软异三突摇蚊 *Heterotrissocladius marcidus*（Walker）…… 330
55. 近藤水摇蚊 *Hydrobaenus kondoi* Saether …… 330
56. 双色矮突摇蚊 *Nanocladius dichromus*（Kieffer）…… 331
57. 茨城直突摇蚊 *Orthocladius*（O.）*makabensis* Sasa …… 331
58. 刺拟脉锤摇蚊 *Parametrionemus stylatus*（Kieffer）…… 332
59. 猛摇蚊 *Chironomus acerbiphilus* Tokunaga …… 332
60. 墨黑摇蚊 *Chironomus anthracinus*（Zetterstedt）…… 333
61. 溪流摇蚊 *Chironomus riparius* Meigen …… 333
62. 黄色羽摇蚊 *Chironomus flaviplumus* Tokunaga …… 334
63. 残枝长跗摇蚊 *Cladotanytarsus mancus*（Walker）…… 334
64. 葫德枝长跗摇蚊 *Cladotanytarsus vanderwulpi*（Edwards）…… 335
65. 喙隐摇蚊 *Cryptochironomus rostratus* Kieffer …… 335
66. 缺损拟隐摇蚊 *Demicryptochironomus vulneratus*（Zetterste）…… 336
67. 叶二叉摇蚊 *Dicrotendipes lobifer*（Kieffer）…… 336
68. 德永雕翅摇蚊 *Glyptotendipes tokunagai* Sasa …… 337
69. 浅白雕翅摇蚊 *Glyptotendipes pallens*（Mergen）…… 337
70. 暗肩哈摇蚊 *Harnischia fuscimana* Kieffer …… 338
71. 马德林摇蚊 *Lipiniella moderata* Kalugina …… 338
72. 软铗小摇蚊 *Microchironomus tener*（Kieffer）…… 339
73. 绿倒毛摇蚊 *Microtendipes chloris*（Meigen）…… 339
74. 罗甘小突摇蚊 *Micropsectra logani*（Johannsen）…… 340
75. 黄明摇蚊 *Phaenopsectra flavipes*（Meigen）…… 340
76. 长方拟枝角摇蚊 *Paracladopelma undine*（Townes）…… 340
77. 小云多足摇蚊 *Polypedilum nubeculosum*（Meigen）…… 341
78. 梯形多足摇蚊 *Polypedilum scalaenum*（Schrank）…… 342

79. 拟踵突多足摇蚊 *Polypedilum paraviceps* Niitsuma···· 342
80. 白角多足摇蚊 *Polypedilum albicorne*（Meigen）····· 343
81. 苔流长跗摇蚊 *Rheotanytarsus muscicola* Kieffer ······ 343
82. 五柄流长跗摇蚊 *Rheotanytarsus pentapoda*
（Kieffer）·· 344
83. 毛尾罗摇蚊 *Robackia pilicauda* Saether·················· 344
84. 瑞斯萨摇蚊 *Saetheria ressi* Jackson······················ 344
85. 俊才齿斑摇蚊 *Stictochironomus juncai* Qi & Wang···· 345
86. 台湾长跗摇蚊 *Tanytarsus formosanus* Kieffer ·········· 345
87. 渐变长跗摇蚊 *Tanytarsus mendax* Kieffer ··············· 346
88. 新宾纺蚋 *Simulium*（Nevermannia）*xinbinense*
Chen and Cao·· 346
89. 白斑池畔蠓 *Telmatoscopus albipunctatus*
Willistone ·· 347
90. 库蠓 *Culicoides* sp. ·· 347
91. 毛头瘤虻 *Hybomitra hirticeps*（Loew）················ 347
92. 雅大蚊 *Tipula*（Yamatotipula）sp.2 ······················ 348
93. 短柄大蚊 *Nephrotoma* sp. ································· 348
94. 双叉巨吻沼蚊 *Antocha bifida* Alexander················· 349
95. 灰腹厕蝇 *Fannia scalaris* Linne ··························· 349
半翅目 Hemiptera ··· 349
96. 小黾蝽 *Gerris lacustris* Linne ····························· 350
97. 黑跳蝽 *Saldula saltatoria*（Linnaeus）················· 350
98. 日本长蝎蝽 *Laccotrephes japonensis* Scott ············· 351
99. 锈色负子蝽 *Diplonychus rusticus*（Fabricius）······· 351
100. 横纹划蝽 *Sigara* sp. ·· 352
101. 斑点小划蝽 *Micronecta guttata* Matsumura············ 352
鞘翅目 Coleoptera··· 352
102. 日本真龙虱 *Cybister japonicus* Sharp··················· 353
103. 真龙虱 *Cybister* sp. ·· 353
104. 细带斑孔龙虱 *Nebrioporus hostilis*（Sharp）········ 353

105. 龙虱 *Dytiscus* sp. ······ 354
106. 狗斑龙虱 *Liodessus* sp. ······ 354
107. 尖叶牙甲 *Hydrophilus acuminatus* Motschulsky ······ 354
蜻蜓目 Odonata ······ 355
108. 纳戈扩腹春蜓 *Stylurus nagoyanus*（Asahina） ······ 356
109. 马奇异春蜓 *Anisogomphus maacki*（Selys） ······ 356
110. 白尾灰蜻 *Orthetrum albistylum* Selys ······ 356
111. 闪蓝丽大蜻 *Epophthalmia elegans* Brauer ······ 357
112. 黑色蟌 *Agrion atratum* Selys ······ 357
113. 条纹色蟌 *Calopteryx virgo* ······ 358
（二）软甲纲 Malacostraca ······ 359
端足目 Amphipoda ······ 359
114. 异钩虾 *Anisogammarus* sp. ······ 359
十足目 Decapoda ······ 360
115. 秀丽白虾 *Exopalaemon modestus*（Heller） ······ 360
116. 中华小长臂虾 *Palaemonetes sinensis* Sollaud ······ 360
117. 中华齿米虾 *Neocaridina denticulate sinensis*（Kemp） ······ 361

1

鱼类篇

一、鲤科

1. 鲤 *Cyprinus carpio*

体呈纺锤形，口位于头部前端，口旁有须两对。体色青黄，尾鳍下叶红色。背鳍、臀鳍都有硬刺，最后一根刺的后缘有锯齿。栖息在水域的底层，杂食性。生长迅速，当年可长到250 g以上。生活力强，能耐受各种不良环境条件。鲤鱼品种很多，有全身呈红色的红鲤，体无鳞片的革鲤、荷包鲤及团鲤等。特别是黄河鲤鱼，是中国四大名鱼之一，肉质细嫩肥美。鲤鱼是我国重要养殖对象，经济价值大，且养殖的历史悠久，距今已有2 400余年。

2. 鲫 *Carassius auratus*

又称鲋鱼、鲫瓜子、鲫皮子、肚米鱼，鲫鱼（鲤科），一般体长15～20 cm。鲫体呈侧扁形，高且厚，腹部圆，头短小，吻圆钝，无须，眼小，位于头侧上方。鳃耙长，鳃丝细长。下咽齿一行，扁片形。鳞片大侧线微弯。背鳍长，外缘较平直。背鳍和臀鳍的第3根硬刺较强，后缘都有锯齿。胸鳍末端可达腹鳍起点。尾鳍深叉形。一般体背面灰黑色，腹面银灰色，各鳍条灰白色。因生长水域不同，体色深浅有差异。

3. 中华细鲫 *Aphyocypris chinensis*

体小，呈长形，稍侧扁，体长3～5.5 cm（1.2～2.2英寸）。体高略大于头长。上下颌前端不具相吻合的突起与凹陷。无口须。眼间隔宽平。侧线很短，不达腹鳍基部的上方。背鳍较后，其起点至尾鳍基部的距离小于至眼后缘的距离。尾鳍无黑斑。腹棱不完全，仅从腹鳍基部至肛门间有腹棱。头背部较平，头后部稍高。头较长且阔，眼后头长约与眼后缘至吻端的距离相等。吻圆钝，较短，其长度约与眼径相当。

4. 镜鲤 *Cyprinus carpio* var. specularis

体形较粗壮，侧扁，头后背部隆起，头较小，眼较大，体表鳞片较大，沿边缘排列，背鳍前端至头部有1行完整的鳞片，背鳍两侧各有1行相对称的连续完整鳞片，各鳍基部均有鳞，个别的个体在侧线上见有少数鳞片。侧线大多较平直、不分枝，个别个体的侧线末端有较短的分枝。体色随栖息环境不同而有所变异，通常背部棕褐色，体侧和腹部浅黄色。

5. 翘嘴鲌 *Culter alburnus* Basilewsky

体长，侧扁，背缘较平直，腹部在腹鳍基至肛门具腹棱，尾柄较长。头侧扁，头背平

直，头长一般小于体高。吻钝，吻长大于眼径。口上位，下颌坚厚急剧上翘，竖于口前，使口裂垂直。眼中大，位于头侧，眼后缘至吻端的距离稍小于眼后头长。眼间较窄，微凸，眼间距大于眼径，约与吻长等长。鼻孔位近眼的前缘，其下缘在眼的上缘水平线之上。鲤孔宽大，向前伸至眼后缘的下方；鲤盖膜连于峡部；峡部窄。鳞较小，背部鳞较体侧为小。侧线前部浅弧形，后部平直，伸达尾鳍基。背鳍位于腹鳍基部的后上方，外缘斜直，末根不分枝鳍条为光滑的硬刺，刺强大；背鳍起点距吻端较距尾鳍基为近或相等。臀鳍位于背鳍的后下方，外缘凹入。起点至腹鳍基较至尾鳍基为近。胸鳍较短，尖形，末端不达腹鳍起点。腹鳍位于背鳍的前下方，其长短于胸鳍，末端距臀鳍起点颇远。尾鳍深叉，下叶长于上叶，末端尖形。鲤耙长，排列密。下咽骨狭长，呈钩状，无明显的角突。体背侧灰黑色，腹侧银色，鳍呈深灰色。

6. 尖头鲌 *Culter oxycephalus* Bleeker

又名尖头红鲌。体长而侧扁。头小而尖，头背面扁平，形似等边三角形。口半上位，口裂向上倾斜，下颌较上颌为长，后端不达眼前缘垂直线的下方。无须，眼较大，鳞细小，从腹鳍甚至肛门有腹棱。背鳍具硬刺；臀鳍长；尾鳍深叉。体背部灰色，体侧和腹部银白色，背鳍、胸鳍、腹鳍及臀鳍均为灰白色。尾鳍为橘红色，镶以黑色边缘。背鳍上半部有一黑色斑纹，前端稍扩大呈一黑斑。小型鱼类，经济价值不大。生长缓慢，个体小，常见个体长为50～70 mm。食性较杂（如水生昆虫、藻类、水生植物和碎屑）。性成熟年龄为1冬龄。生殖季节在5—6月，怀卵量小。

7. 达氏鲌 *Culter dabryi dabryi* Bleeker

体长为体高的3.3～4.1倍，为头长的3.7～4.5倍，为尾柄长的7.6～12.1倍，为尾柄高的8.6～10.9倍。头长为吻长的3.5～4.8倍，为眼径的4.1～6.0倍，为眼间距的3.4～4.0倍。尾柄长为尾柄高的1.0～1.4倍。体长形而侧扁，头背面平直，头后背部显著隆起。腹棱自腹鳍基部至肛门。头略尖，侧扁，头长一般小于体高。吻钝，吻长大于眼径。口亚上位，口裂斜，下颌略长于上颌。眼中大，位于头侧前半部；眼间宽，微凸，眼间距大于眼径。鳃盖膜与峡部相连。鳞中大，侧线鳞平直，位于体轴中侧。

8. 𩷶 *Hemiculter leucisculus*

体侧扁，背缘平直，腹缘略呈弧形，自胸鳍基下方至肛门具腹棱。头略尖，侧扁，头部背面平直，头长短于体高。吻短，吻长大于眼径。口端位，口裂斜，上下颌约等长，上颌骨末端伸达鼻孔的下方。眼中大，侧位，眼后缘至吻端的距离等于或稍短于眼后头长。眼间宽而微凸，眼间距大于眼径。鳃孔宽；鳃盖膜在前鳃盖骨后缘的下方与峡部相连。鳞中大，薄而易脱落。侧线完全，自头后向下倾斜至胸鳍后部弯折成与腹部平行，行于体之下半部，在臀鳍基部末端又折而向上，伸入尾柄正中。体背部青灰色，腹侧银色，尾鳍边缘灰黑色。

9. 团头鲂 *Megalobrama amblycephala* Yih

又名武昌鱼、团头鳊。体高而侧扁，体呈菱形，体长约50 cm，为体高的2.2～2.8倍。头很细小。口小，端位，口裂倾斜，上下颌等长，上盖有坚硬的角质，但易脱落。眼侧位，至吻端的距离较至鳃盖后缘的距离为近。下咽齿3行。背鳍条3—7，起点至吻端的距离较至尾鳍基部的距离为小，末根不分枝鳍条为硬刺；背鳍高度显著大于头长。胸鳍刚达到腹鳍的基部。腹鳍仅伸至肛门，腹鳍基部至肛门间有显著的腹棱。尾鳍分叉深，下叶较上叶为长。体呈青灰色，头的背面及体的背部颜色较深，侧面灰色带有浅绿色泽，腹部白色，各鳍均呈灰黑色。

10. 马口鱼 *Opsariichthys bidens*

体长而侧扁，银灰带红色，具蓝色横纹，头后隆起，尾柄较细，腹部圆，头大且圆，吻短，稍宽，端部略尖。口裂宽大，端位，向下倾斜。口大，上下颌边缘凹凸。上颌两侧边缘各有1个缺口，正好为下颌的突出物所嵌，形似马口，故名“马口鱼”。口角具1对短须，眼较小，鳞细密，背鳍短小，胸鳍长，腹鳍短小，臀鳍发达，尾鳍深叉。背部灰褐色，腹部灰白，体中轴有蓝黑色纵纹，生殖期雄鱼头下侧、胸腹鳍及腹部均呈橙红色。

11. 兴凯鱊 *Acheilognathus chankaensis*

体高而侧扁，外形略呈长椭圆形。头小。吻短而钝，其长度约与吻长等长或略短。口小，端位，口裂呈弧形。无触须。眼大，位于体轴中线偏上方，眼径小于眼间距。鼻孔在眼上方，鼻孔前缘至吻端与至眼前缘的距离约相等。鳃耙稍长，排列较稀疏。下咽齿侧扁，基部较窄，齿面斜截状，前侧面有明显的粗锯纹，1枚齿和5枚齿的锯纹较少，为4～5个，2枚齿、3枚齿、4枚齿的锯纹较多，为5～7个，在后侧近尖端处有一深沟，从齿缘向下延伸至中部。背鳍基部较长，末根不分枝鳍条为硬刺，其起点稍在腹鳍起点之后，距吻端的距离小于距尾鳍基的距离。胸鳍较长，末端圆钝，后伸不达腹鳍基部。腹鳍起点至胸鳍基部比至臀鳍起点的距离为大。臀鳍基较长，末根不分枝鳍条为硬刺。其起点在背鳍第6～7根分枝鳍条基部的垂直下方。尾鳍分叉深，上下叶相等。肛门在腹鳍和臀鳍中点。鳞大，腹鳍基部有1片长形的腋鳞，约呈三角形。侧线完全，较平直，仅在臀鳍中部上方稍向下弯曲。腹鳞比侧线鳞稍小。雄鱼在吻端有两簇白色珠星，隆起较高。在眼眶前鼻孔下方处有较大的颗粒状白色珠星8～20粒，隆起较高。雌鱼吻端无珠星，有灰色产卵管，产卵季节产卵管变长，向后伸末端可超过尾鳍末端。体背部黄灰色，两侧下部灰白色。沿尾柄中线有一黑色纵纹，向前可伸达背鳍起点下方。

12. 棒花鱼 *Abbottina rivularis*

体延长，后部稍侧扁。头较长，吻较长，前端圆钝。眼小，侧上位，眼间宽平。背鳍无硬刺，胸鳍圆钝，均较短。尾鳍叉形。头背部稍黑，体侧具一不明显的纵纹，其上有9～11个黑点斑块，背部也有8～11个黑色斑块。背鳍和尾鳍具有由黑色小点组成的斑纹。背部深黄褐色，至体侧逐渐转淡，腹部为淡黄色或乳白色，背部自背鳍起点至尾基有5个黑色大斑。在体侧有7～8个黑色大斑，此外在整个背部自头至尾不规则地散布有许多大小黑点，在背鳍、胸鳍及尾鳍上由小黑色斑点组成比较整齐的横纹数行，在生殖期体色转深，雄鱼更为明显。

13. 辽宁棒花鱼 *Abbottina liaoningensis*

吻圆钝，两鼻孔前方具1横凹。口小，下位，呈马蹄形。上下颌具角质缘。上唇具褶纹，下唇分3叶，中叶为椭圆形或三角形突起。须1对，短小。体背及体侧每一鳞片后缘都有一黑色斑点，各鳍为淡黄色。背鳍和尾鳍上有许多小黑点。体粗壮。鼻孔前方下陷。唇厚，上唇的褶皱不显著；下唇侧叶光滑。侧线鳞35—39。生殖时期雄鱼胸鳍及头部均有珠星，各鳍延长。须2对。下咽齿呈臼齿形。背鳍基部较长。背鳍、臀鳍均具有粗壮的、带锯齿的硬刺，底栖小型鱼类。

14. 细体𬶋 *Gobio tenuicorpus* Mori

体细长，前段稍呈圆筒形，背部稍隆起，腹部略圆或平坦，尾柄细长，侧扁。头较大，背面呈弧形隆起，腹面平，头长远大于体高。吻长，稍尖，其长约与眼后头长相等，鼻孔前方明显下陷。口下位，弧形。唇稍厚，无乳突，上下唇在口角处相连，下唇侧叶较狭窄。唇后沟中断。须1对，位于口角，须较长，末端几达前鳃盖骨的后缘。眼稍大，侧上位。眼间平坦或稍下凹。体被圆鳞，中等大，胸、腹部裸露区较大。侧线完全，几平直。背鳍较短，起点至吻端的距离等于或略小于至臀鳍末端，约与背鳍基后端至尾鳍基部的距离相等。胸鳍较长，其末端达到或超过胸鳍基部与腹鳍起点间的后1/3处。腹鳍稍短，起点位于背鳍起点的后下方，末端远超过肛门，至臀鳍起点的距离甚远。肛门位置在腹鳍基部和臀鳍起点间的前1/3处，或更近腹鳍基。臀鳍短小，起点至腹鳍基部与尾鳍基部的距离几相等。尾鳍分叉，上下叶末端尖，等长。体背灰黑色，背部具若干小黑点，正中自头后至尾鳍基有6～8个细长形黑斑，体侧中轴具8～11个长方形黑斑，腹部灰白色。背、尾鳍有多数黑色小点，其他各鳍灰白色。

15. 清徐胡鮈 *Huigobio chinssuensis* Nichols

体细长，前段近圆筒形，后段侧扁。口角须1对，长度约为眼径的1/2。臀鳍无硬刺，分枝鳍条6根。背鳍无硬刺，起点距吻端较其基底后端距尾鳍基为远。下咽齿1行、5—5。侧线鳞36—37。唇发达，上下唇均具乳突。下唇明显分3叶，中叶心脏形，两侧叶向后扩展成翼状。体长约50 mm。

16. 蛇鮈 *Saurogobio dabryi*

体延长，略呈圆筒形，背部稍隆起，腹部略平坦，尾柄稍侧扁。头较长，大于体高。吻突出，在鼻孔前下凹。口下位，马蹄形。唇发达，具有显著的乳突，下唇后缘游离。上下唇沟相通，上唇沟较深。口角须1对，其长度小于眼径。眼较大。背鳍无硬刺。侧线完整且平直。体背部及体侧上半部青灰色，腹部灰白色。体侧中轴有一条浅黑色纵带，上有13～14个不明显的黑斑。背部中线隐约可见4～5个黑斑。胸鳍、腹鳍及鳃盖边缘为黄色；背鳍、臀鳍及尾鳍为灰白色。

17. 似鮈 *Pseudogobio vaillanti* Sauvage

体长，圆筒形，尾柄细长，稍呈侧扁。背部在背鳍前略隆起，向后渐次降低，腹部平坦。头大，身长，其长大于体高，前部平扁，后部宽。吻长，平扁，前端宽圆，吻长远超过眼后头长。眼大，呈椭圆形，侧上位，其上缘齐头部轮廓线。眼间宽，下凹。口下位，深弧形。唇厚，极发达，具多数明显的乳突，上唇乳突细小，多行排列，下唇分3叶，中叶呈椭圆形，后缘游离，两侧叶略宽。向前渐细窄，在中叶前端相连，有一浅沟与中叶隔开，上下唇与口角处相连。具须1对，较粗。长约等于眼径。鳃耙不发达，呈贡状。下咽齿主行侧扁，末端稍钩曲，外行纤细。腹面在胸鳍基部之前裸露，腹部鳞片较体侧鳞较小。侧线平直。背鳍无硬刺，其起点至吻端较至尾鳍基的距离为小。胸鳍大而平展，位近腹面，第2～3根分枝鳍条最长，末端不过腹鳍起点。腹鳍位置略后于背鳍，其起点与背鳍第2～3根分枝鳍条相对。臀鳍短小，至腹鳍起点远超过至尾鳍基的距离。肛门位置靠近腹鳍基部。

18. 辽河突吻鮈 *Rostrogobio liaohensis*

体细长，前段近圆筒形，背鳍起点向后渐细，尾柄细长，侧扁，胸、腹部平坦。头较短小，头长大于体高。吻端略圆钝，吻长与眼后头长相等。鼻孔前方凹陷。口小，下位，弧形。唇稍厚，上唇乳突稍大，中央排成单行。背鳍起点距吻端与背鳍基部后缘至尾鳍基的距离相等。胸鳍末端距腹鳍起点较近。腹鳍起点与背鳍第3根、第4根分枝鳍条相对。臀鳍起点距腹鳍基较至尾鳍基的距离为近。尾鳍分叉。体背部及体侧灰黑色，较浅，腹部灰白色。沿体侧中轴有8～9个方形黑点。背、尾鳍上均具有由黑点组成的条纹，其他各鳍灰白色。

19. 麦穗鱼 *Pseudorasbora parva*

体细长，腹圆，尾柄稍侧扁。头尖，略平扁。口上位。无须。下颌稍向上突起，且长于上颌，平视口形呈一字状，无须。背鳍与臀鳍无硬刺，背鳍起点居于体正中，与臀鳍相对。背部灰褐色，体侧渐淡，腹部白色。鳞后缘暗黑。自眼后缘至尾部正中有一条黑色纹带。生殖时期雄鱼体色深黑，吻部、峡部出现珠星。雄鱼个体大，雌鱼个体小，差别明显。

20. 草鱼 *Ctenopharyngodon idellus*

体长形，前部近圆筒形，尾部侧扁，腹部圆，无腹棱。头宽，中等大，前部略平扁。吻短钝，吻长稍大于眼径。口端位，口裂宽，口宽大于口长；上颌略长于下颌；上颌骨末端伸至鼻孔的下方。唇后沟中断，间距宽。眼中大，位于头侧的前半部；眼间宽，稍凸，眼间距约为眼径的3倍。鳃孔宽，向前伸至前鳃盖骨后缘的下方；鳃盖膜与峡部相连；峡部较宽。鳞中大，呈圆形。侧线前部呈弧形，后部平直，伸达尾鳍基。背鳍无硬刺，外缘平直，位于腹鳍的上方，起点至尾鳍基的距离较至吻端为近。臀鳍位于背鳍的后下方，起点至尾鳍基的距离近于至腹鳍起点的距离，鳍条末端不伸达尾鳍基。胸鳍短，末端钝，鳍条末端至腹鳍起点的距离大于胸鳍长的1/2。尾鳍浅分叉，上下叶约等长。

21. 鲢 *Hypophthalmichthys molitrix*

体侧扁，头较大，但远不及鳙。口阔，端位，下颌稍向上斜。鳃耙特化，彼此联合成多孔的膜质片。口咽腔上部有螺形的鳃上器官。眼小，位置偏低，无须。下咽齿勺形，平扁，齿面有羽纹状，鳞小。自喉部至肛门间有发达的皮质腹棱。胸鳍末端仅伸至腹鳍起点或稍后。体银白，各鳍灰白色。形态和鳙鱼相似，鲢鱼性急躁，善跳跃。

22. 鳙 *Aristichthys nobilis*

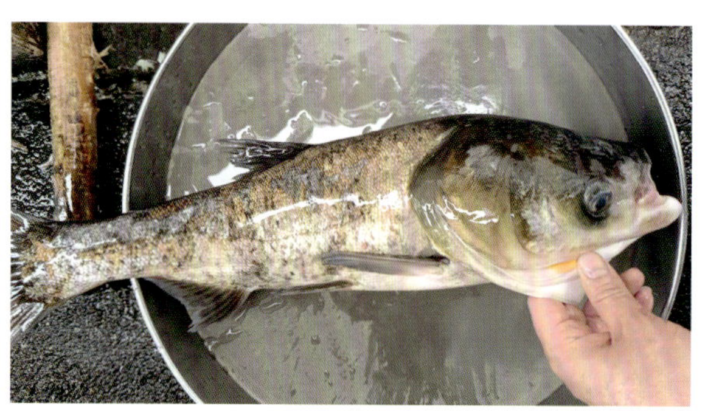

体侧扁而厚，体长为体高的2.8～3.7倍。腹棱不完全，仅在腹鳍基部至肛门间有腹棱。头极大，前部宽阔，头长大于体高，约为体长的1/3。吻短而圆钝。口大，端位，口裂向上倾斜，下颌稍突出。无须。眼小，位于头前侧中轴的下方。下咽齿平扁，齿冠光滑。鳃耙数多，呈叶状，排列极为紧密，但不联合。具发达的螺旋形鳃上器。鳞小，侧线完全。背鳍Ⅲ-7；臀鳍Ⅲ-11—13；胸鳍Ⅰ-8。下咽齿1行，4—4。鳔大，2室，后室为前室的1.8倍左右。肠长为体长的5倍左右。背部及体侧上半部微黑，有许多不规则的黑色斑点；腹部灰白色。

23. 彩石鳑鲏 *Rhodeus lighti*

体高而侧扁，体稍肥厚，头后背部隆起，腹部较圆，身体外形呈卵圆形，与高体鳑鲏很相似。头较小而短，眼后头长较吻长，为吻长的1.5～1.7倍。吻短而尖。口端位。

口角无须。眼较大，位于体侧中线偏上方。眼径与吻长相当。鼻孔位于眼前缘上方，离眼前缘较近。背鳍外缘略向外凸起呈弧形，无硬刺，其起点距吻端较距尾鳍基最后1片鳞片稍远。胸鳍较长，末端后伸接近腹鳍起点。腹鳍起点在背鳍起点之前，后伸更接近臀鳍起点，至胸鳍起点较至臀鳍起点为远。臀鳍无硬刺，其起点位于背鳍第3根分枝鳍条正下方。尾鳍深叉形。侧线不完全，仅在鳃孔上角后方有3～6片。

24. 中华鳑鲏 *Rhodeus sinensis*

体侧扁，头小。口角无须。下咽齿1行，齿面平滑。侧线不完全，仅前面的3～7片鳞上具侧线孔。生殖季节雄鱼色彩异常鲜艳，吻部及眼眶周缘具珠星。雌鱼具长的产卵管。个体小，最大体长80 mm。中华鳑鲏属于1龄性成熟，其绝对生殖力一般为200～300粒，繁殖期具有领地观念，繁殖期为5月。卵产于蚌的鳃瓣中。食藻类。

25. 黑龙江鳑鲏 *Rhodeus sericeus* Pallas

体延长而侧扁，似纺锤形，背部缘稍外突。头较长，显著高于头高。尾柄细长。口裂呈浅弧形，上下唇相连处的外缘位于眼下缘水平线之上。口无须。眼较大，大于吻长。轮廓略呈椭圆形。口小，端位。下颌略比上颌短，无须。背鳍及臀鳍均无硬刺，背鳍起点与臀鳍起点相对。侧线不完全。

26. 宽鳍鱲 *Zacco platpus* Temminck et Schlegel

体长而侧扁，腹部圆。头短，吻钝，口端位，稍向上倾斜，唇厚，眼较小。鳞较大，略呈长方形，在腹鳍基部两侧各有一向后伸长的腋鳞。侧线完全，在腹鳍处向下微弯，过臀鳍后又上升至尾柄正中。生殖季节雄体出现“婚装”，头部、吻部、臀鳍条上出现许多珠星，臀鳍第1～4根分枝鳍条特别延长，全身具有鲜艳的婚姻色。生活时体色鲜艳，背部呈黑灰色，腹部银白色，体侧有12～13条垂直的黑色条纹，条纹间有许多不规则的粉红色斑点。腹鳍为淡红色，胸鳍上有许多黑色斑点。背鳍和尾鳍灰色，尾鳍的后缘呈黑色。腹鳍基部有一延长的腋鳞。侧线鳞41—50。背鳍Ⅱ-7，起点在腹鳍前或相对。臀鳍Ⅲ-8—9，生殖季节雄体臀鳙第1～4根不分枝，鳍条延长达到尾基；头部和臀鳍上都出现珠星。体色鲜艳，背部灰黑，腹部银白，体侧有12～13条蓝色的垂直条纹。

27. 拉氏鲅 *Phoxinus lagowskii* Dybowsky

体长而侧扁，体高小于头长或尾柄长。体较低，体长为体高的5倍以上。头长且尖，上颌稍长于下颌，眼较大。口小，呈半下位。背鳍起点显著在腹鳍起点之前。鳞片周围有发达的放射肋。咽齿2行。鳃耙8—9。体有许多不规则的黑色小斑点，两侧中轴有一显著的黑色直纹。喜集群生活在水流湍急而清澈的河流中。

28. 尖头鱥 *Rhynchocypris oxcephalus* Sauvage et Dabry

体长形，稍侧扁，腹部圆，尾柄较高。吻皮略突出于上唇之前或与上唇相齐，吻长等于或小于眼间距。口裂宽浅，呈弧形。鳞细小，排列不规则。侧线完全。背鳍Ⅲ-7—8，臀鳍Ⅲ-7。侧线鳞83—87，第一鳃弓上鳃耙为8～9个，头长为体长的22%～28%；眼径为体长的4.0%～6.5%；吻长为体长的6%～9%；眼后距为体长的11%～15%；吻宽为体长的8%～13%；尾柄长为体长的23%～32%；吻至背鳍长为体长的51%～55%；胸鳍始端至腹鳍开始处长为体长的21%～28%；背鳍基底长为体长的8%～15%，背鳍高为体长的16%～23%；臀鳍基底长为体长的8.5%～11.0%；臀鳍高为体长的14%～19%；胸鳍长为体长的14%～21%；腹鳍长为体长的13%～18%。体侧多数不规则的黑色小点。背部正中自头后至尾鳍基有一狭黑带，体侧自鳃孔上端至尾鳍基有一黑色纵带。体侧下部浅黄色具小黑点，腹部浅色。尾鳍灰色，其余各鳍浅色。尾鳍基部有一黑点。

29. 青鱼 *Mylopharyngodon piceus* Richardson

体长形，略呈圆筒形，腹部平圆，无腹棱。尾部稍侧扁。吻钝，但较草鱼尖突。上颌骨后端伸达眼前缘下方。眼间隔约为眼径的3.5倍。鳃耙15～21个，短小，乳突状。咽齿一行，4（5）/5（4），左右一般不对称，齿面宽大，臼状。鳞大，圆形。侧线鳞39—45。体青黑色，背部更深；各鳍灰黑色，偶鳍尤深。背鳍软条7～9枚；臀鳍软条8～10枚，体长可达145 cm。

30. 细鳞鲴 *Xenocypris microlepis* Bleeker

体侧扁，背鳍起点处较高，体稍厚，腹部从腹鳍基至肛门间有腹棱。头小，吻钝，口下位。背鳍有一光滑的硬刺，鳞小，侧线鳞74—84。体背部灰褐色，腹部银白，臀鳍浅黄色，尾鳍橘黄色，后缘黑灰色。腹鳍基部至肛门前具有发达腹棱。背鳍起点在身体的最高处。头小，呈锥状。吻端圆钝。口小，下位，口裂呈弧形。下颌具发达的角质边缘。眼较小，位于头侧稍上方。吻长约为眼后头长的一半。眼间稍隆起，呈弧形。其间距为眼径的1.5～1.8倍。鼻孔小，位于眼前缘上方。其前上方有一凹陷。鳃耙较薄，呈三角形。背鳍外缘稍内凹。具有光滑的粗壮硬刺，其起点至吻端比至尾鳍基部的距离稍近。胸鳍较长，后伸可超过胸鳍至腹鳍起点距离的一半。腹鳍起点约与背鳍起点相对。臀鳍短小，外缘内凹。尾鳍深分叉，上下叶约相等。尾柄较短，稍高。肛门紧靠臀鳍起点。

31. 唇䱻 *Hemibarbus labeo* Pallas

体长形，略侧扁，胸腹部稍圆。头大，其长大于体高。吻长，稍尖而突出，长度显著大于眼后头长。口大，下位，呈马蹄形，口角向后延伸不达眼前缘。唇厚，肉质，下唇发达，两侧叶特别宽厚，具发达的皱褶，中央有小的三角形突起，常被侧叶所盖。唇后沟中断，间距甚窄。鳃耙15—20；成鱼体侧无明显斑点。有须1对，位于口角，其长度略小于或等于眼径，后伸可达眼前缘的下方。眼大，侧上位，眼间较宽，微隆起。前眶骨、下眶骨及前鳃盖骨边缘具1排黏液腔，前眶骨扩大。体被圆鳞，较小。侧线完全，略平直。背鳍末根不分枝鳍条为粗壮的硬刺，后

缘光滑，较头长为短，约为其长度的2/3，起点距吻端较至尾鳍基的距离为小。胸鳍末端略尖，后伸不达腹鳍起点。腹鳍较短小，起点位于背鳍起点稍后的下方。肛门紧靠臀鳍起点。臀鳍较长，有的个体末端几达尾鳍基部，起点距尾鳍基与至腹鳍起点的距离相等。尾鳍分叉，末端微圆。下咽骨宽，较粗壮，下咽齿主行略粗长，末端钩曲，外侧2行纤细，短小。鳃耙发达，较长，顶端尖。体背青灰色，腹部白色。成鱼体侧无斑点，小个体具不明显的黑斑。背、尾鳍灰黑，其他各鳍灰白色。

32. 花䱻 *Hemibardus maculates* Bleeker

体长形，较高，背部自头后至背鳍前方显著隆起，以背鳍起点处为最高，腹部圆。头中等大，头长小于体高。吻稍突，前端略平扁，其长小于或等于眼后头长。口略小，下位，稍近半圆形。唇薄，下尾侧叶极狭窄，中叶为一宽三角形明显突起。唇后沟中断，间距较唇明为宽。须1对，口角。较短，长度为眼径的0.5～0.7倍。眼较大，侧上位。眼间宽广，稍隆起。背鳍长，末根不分枝鳍条为光滑的硬刺，长且粗壮，其长几与头长相等，起点距吻端较至尾鳍基的距离为小。胸鳍后端略钝，后伸不达腹鳍起点。腹鳍短小，起点稍后于背鳍起点，末端后伸远不及肛门及臀鳍起点。肛门紧靠臀鳍起点。臀鳍较短，起点距尾鳍基较至腹鳍起点为近，其末端本达尾鳍基。尾鳍分叉，上下叶等长，末端钝圆。下咽骨较粗壮，主行下咽齿顶端钩曲，外侧2行甚纤细。腹膜银灰色。体背及体侧上部青灰色，腹部白色。体侧具多数大小不等的黑褐色斑点，沿体侧中轴侧线的稍上方处有7～11个黑色大斑点。背鳍和尾鳍具多数小黑点，其他各鳍灰白。

二、鳅科

33. 北方花鳅 *Cobitis granoei*

体细长，侧扁。眼小，位于头侧上方。口下位，马蹄形。须3对，口角须长，后伸达眼中点下方。体背细鳞。侧线不完全。背鳍起点位于腹鳍起点稍前上方。尾鳍圆形，尾柄相对较长而低。鳞片细小，侧线鳞不完全。体棕灰色，腹部白色，背部具13～18个大斑，体侧及头部具蠕虫形花纹或不规则斑点。尾鳍上侧具有一明显黑斑，有的个体黑斑不明显。

34. 泥鳅 *Misgurnus anguillicaudatus* Cantor

头部较尖，吻部向前突出，吻长小于眼后头长。口小，呈马蹄形。唇软，有细皱纹和小突起。眼小，上侧位视觉不发达。鳃裂止于胸鳍基部。须有5对，其中吻端1对，上颌1 对，口角1对，下唇2对。口须最长可伸至或略超过眼后缘；对触觉和味觉极敏锐。头部无鳞，体表鳞极细小，圆形，埋于皮下。侧线鳞125～150枚。体表黏液丰富。体背及体侧2/3以上部位呈灰黑色，布有黑色斑点，体侧下半部灰白色或浅黄色。栖息在不同环境中的泥鳅体色略有不同。背鳍无硬刺。背鳍与腹鳍相对，但起点在腹鳍之前。胸鳍距腹鳍较远，腹鳍不达臀鳍。尾鳍呈圆形。

胸鳍、腹鳍和臀鳍为灰白色，尾鳍和背鳍具有黑色小斑点，尾鳍基部上方有显著的黑色斑点。

35. 黑龙江泥鳅 *Misgurnus mohoity* Dybowski

体细长，须5对，无眼下刺，腹鳍基部起点约与背鳍起点相对，躯体被鳞，尾鳍基部上方具一黑斑，尾柄皮质棱较发达，雄性个体胸鳍较长，腹部两侧呈金黄色，因此又称金鳅。黑龙江泥鳅属底层鱼类，多生活于砂质或淤泥底质的静水缓流水体，适应性较强，在缺氧时可进行肠呼吸，分布于黑龙江水系，数量多，个体较大，肉味鲜美，深受当地群众喜爱。

36. 大鳞副泥鳅 *Paramisgumus dabryanus*

体近圆筒形，头较短。口下位，马蹄形。下唇中央有一小缺口。鼻孔靠近眼。眼下无刺。鳃孔小。头部无鳞，体鳞较泥鳅为大。侧线完全。须5对。眼被皮膜覆盖。尾柄处皮褶棱发达，与尾鳍相连。尾柄长与高约相等。尾鳍圆形。肛门近臀鳍起点。体背部及体侧上半部灰褐色，腹面白色。体侧有许多不规则的黑色褐色斑点。背鳍、尾鳍具黑色小点，其他各鳍灰白色。

37. 花斑副沙鳅 *Parabotia fasciatus*

体长形，略圆，尾部侧扁。头长而尖。吻部甚长，尖端突出。吻皮盖过上颌，吻长为眼径的2.2～2.8倍。口下位，呈马蹄形。上下唇的两侧皮褶较厚。须3对。侧线完全。背鳍无硬刺，起点位于腹鳍之前，具不分枝鳍条3、分枝鳍条9。胸鳍圆扇形，具不分枝鳍条1、分枝鳍条12，基部有一长形的皮褶。腹鳍具不分枝鳍条1、分枝鳍条7，起点约在背鳍第2～3根鳍条的下方。尾鳍具不分枝鳍条3、分枝鳍条7，无硬刺。尾鳍分叉。体呈黄褐色，腹部灰白色，由鳃盖后缘至尾鳍基部有13～15条深褐包背腹向的横斑纹，尾鳍基部有一深褐色斑点。背鳍、尾鳍有多行褐色斑点组成的纵纹。胸鳍、腹鳍、臀鳍与腹部色泽相同。

38. 北方须鳅 *Barbatula barbatula nuda* Bleeker

体延长，侧扁，前躯较宽，头稍平扁。前鼻孔瓣状。下唇口角处有一后伸的唇叶，个体越大越明显。鳞退化，前躯裸露无鳞，后躯被有稀疏小鳞。体背、体侧及各鳍浅黄色，腹部灰白色，体背和体侧有许多不规则的褐色斑块。背鳍、尾鳍有褐色斑纹和斑点。一般体长为100 mm左右。

39. 北鳅 *Lefua costata* Kessler

体稍延长，侧扁，尾柄较高。头部稍平扁。前后鼻孔分开一短距，前鼻孔短管形，管端延长成须。背尾鳍游离端圆形。身体披小鳞。无侧线，头部也无侧线管孔。体侧沿中轴自吻端至尾鳍基部有一褐色纵纹，雄性更明显。骨质鳔囊腹面观呈哑铃形，侧囊后壁是一层薄膜，背壁的第二椎体横突的背支与第四椎体横突的背肋未相接，保留有宽的缝隙。须3对，较长。体被细鳞，无侧线。体侧的褐色纵纹在雄性个体中更为明显和延长。鳔后室游离于腹腔，呈长卵圆形，前端通过一细管和鳔前室相连。

三、鲇科

40. 鲇 *Silurus asotus* Linnaeus

体表多黏液，无鳞，背部苍黑色，头扁口阔，有须2对，尾圆而短，不分叉，背鳍小，臀鳍与尾鳍相连。体粗壮微扁，呈纺锤形，一般体长20～40 cm，体重150～400 g。头大、前端细尖似圆锥形，眼大位高。

41. 怀头鲇 *Silurus soldatovi*

体延长，前部纵扁，后部侧扁。头宽。吻长，圆钝。口大，亚上位，口裂后端达眼后缘垂直下方。上、下颌及犁骨均具尖细齿，形成弧形宽齿带，两端尖细。眼小，侧上位。前鼻孔呈短管状，后鼻孔呈圆形。颌须长，尖端具颗粒状的皮褶块，后伸可超过臀鳍起点，外侧颌须长于内侧。背鳍小，无硬刺。臀鳍长，后端与尾鳍相连。胸鳍硬刺较弱，前后缘光滑，鳍条后伸不达腹鳍起点。腹鳍起点位于背鳍基后端垂直下方之后，鳍条后伸超过臀鳍起点。肛门具臀鳍较距腹鳍近。尾鳍内凹，上叶略长。体呈褐灰色，侧面色浅，腹部灰白色，体侧有不规则暗纹。各鳍色暗。

四、鲿科

42. 黄颡鱼 *Tachysurus fulvidraco*

体延长，稍粗壮，吻端向背鳍上斜，后部侧扁。头略大而纵扁，头背大部裸露；上枕骨棘宽短，接近项背骨。吻部背视钝圆。口大，下位，弧形。颌齿及腭齿绒毛状，均排列呈带状。眼中等大，侧上位，眼缘游离；眼间隔宽，略隆起。前后鼻孔相距较远。前鼻孔呈短管状。鼻须位于后鼻孔前缘，伸达或超过眼后缘；颌须1对，向后伸达或超过胸鳍基部；外侧颏须长于内侧颏须。鳃孔大，

向前伸至眼中部垂直下方腹面。鳔1室，心形。鳃盖膜不与鳃峡相连。鳃耙短小。背鳍较小，具骨质硬刺，前缘光滑。脂鳍短，基部位于背鳍基后端至尾鳍基中央偏前。臀鳍基底长，起点位于脂鳍起点垂直下方之前。胸鳍侧下位，骨质硬刺前缘锯齿细小而多。腹鳍短，末端伸达臀鳍。肛门距臀鳍起点与距腹鳍基后端约相等。尾鳍深分叉，末端圆。活体背部黑褐色，至腹部渐浅黄色。沿侧线上下各有一狭窄的黄色纵带，约在腹鳍与臀鳍上方各有一黄色横带，交错形成断续的暗色纵斑块。尾鳍两叶中部各有一暗色纵条纹。

43. 乌苏拟鲿 *Pseudobagrus ussuriensis* Dybowski

体较长，前部宽厚，后部侧扁。体裸无鳞，侧线完全。头扁平，头顶有皮膜覆盖。吻端圆钝，口下位，横裂。上、下颌有绒毛状细齿。眼小位于头的前部，侧上位。鼻孔2对，前鼻孔位于吻端，呈管状。后鼻孔位于吻端至眼的中央。须4对，其末端

达眼的中点；上颌须1对较长，超过头长的1/2；下颌须2对，外侧须长于内侧须。鳃膜不与峡部相连。背鳍具硬刺，前缘光滑，后缘有锯齿，起点距吻端等于距臀鳍起点的距离。脂鳍较长，起点与臀鳍起点相对。胸鳍具有1硬刺，后缘有发达的锯齿。腹鳍末端达至肛门。尾柄细长。尾鳍凹型，上、下叶圆钝。体背、体侧灰黄色，上部深于下部，腹部白色。背鳍、尾鳍末端为黑色。

五、虾虎鱼科

44.子陵吻虾虎鱼 *Rhinogobius giurinus* Rutter

体延长，前段近圆筒形，后段侧扁。头大，略平扁。口端位。上下颌前部具多行小齿，无犬齿。舌发达，游离，前端近圆形。鼻孔每侧2个，分离。前鼻孔具短管，近吻端，后鼻孔为圆形小孔。背鳍2个，分离，相距较近，第一个背鳍全为鳍棘，左、右腹鳍在腹部中央愈合成长圆形吸盘；尾鳍圆形。体背淡黄色。头部有不规则的虫状纹，颊部有4～6条斜向前下方的暗色条纹。体侧有不规则暗色斑块6～7块。胸鳍基部上方有1块黑斑；背鳍和尾鳍是由黑色斑点组成的条纹。

45. 波氏吻虾虎鱼 *Rhinogobius cliffordpopei* Nichols

体长形，略圆，尾部侧扁。头较长，扁平，其宽度大于高度。第一背鳍短小，末端达第二背鳍的第1—2根鳍条。第二鳍条长大，外缘凸出成弧形。胸鳍大，扇形。腹鳍胸位，吸盘后缘呈锯齿状，后伸达胸鳍长度的1/2之后。头、颊、胸部和背鳍前无鳞；体侧被栉鳞。腹部为圆鳞。身体黑褐色，腹部黄白色。头部呈褐色，第一背鳍灰黑褐色，外缘白色，第二背鳍灰黑褐色，其上有数列深褐色小斑点，胸鳍灰色，腹鳍灰褐色，边缘为灰白色。尾鳍褐色，其上有8—9列黑色斑纹。

46. 普栉鰕虎鱼 *Ctenogobius giurinus* Rutter

体细长，前部浑圆，后部侧扁，头平扁。吻长，口阔而大，唇厚，上下颌具数排绒毛状细齿。前鳃盖上的肌肉发达。头部被鳞，胸、腹部裸露无鳞。两个背鳍不相连接，前背鳍由硬刺组成，后背鳍全是软鳍条。腹鳍在胸部合并成吸盘状。幼鱼体色微白，长至3 cm左右，开始出现色素。成鱼体色暗灰，有4条黑色分叉的宽斑带横跨背部，在侧面扩散成不规则的黑色小点。

47. 褐栉鰕虎鱼 *Ctenogobius brunneus* Temminck et Schlegel

体近圆筒状，后部侧扁。头略平扁。吻长，口端位。颌具齿多行。眼小，眼间相近。鳞大，头部裸露，体背被栉鳞，腹部圆鳞。背鳍2个，分离，雄鱼第一背鳍第三、四鳍棘常延长呈丝状；腹鳍胸位，呈宽短的圆吸盘。体侧上部各鳞具红点，头、峡部有红色虫状纹及斑点。

六、塘鳢科

48. 黄黝 *Hypseleotris swinhonis*

体短小。口斜裂，下颌稍长于上颌。两颌均具细齿。眼径大于眼间距。体被栉鳞。背鳍2个，彼此分离。胸鳍大。腹鳍胸位，左右分离。尾鳍圆形。栖息于水体底层，为江河、湖泊常见的小型鱼类，一般体长40 mm以下。黄幼雄鱼头大，嘴钝，体侧黑色斑纹较鲜艳，发情期尾柄下方出现血红色，雌鱼头小，嘴尖，色泽较暗淡，成熟后腹部丰满，于每年4—7月繁殖，卵依附于水草上或石头上，雄鱼有护卵行为。卵一般在6天后孵化。

49. 葛氏鲈塘鳢 *Perccottus glehnii* Dybowski

体形粗短，略呈纺锤形，前部呈圆筒形，后部侧扁。头大而平扁，吻尖而平扁，吻背中间有一大的骨质隆起，眼中等大，侧上位，眼间区宽而稍凹。鼻孔两对，前鼻孔微呈管状。口大，下颌稍突出于上颌，后延至眼球下方。上下颌及犁骨上具有绒毛状的锐齿带。舌宽而长，前缘圆形、游离。眼中等大，侧上位，非常凸出，上缘为眼睑所遮盖，上眶骨凸起为骨嵴。鳞中等大，头和鳃盖均有鳞，无侧线。背鳍2个，不连接；胸鳍发达，后缘圆；腹鳍小，胸位，彼此分离；尾鳍后缘圆形。体背部和体侧黑褐色或绿褐色，腹部较淡。体侧有褐绿色不规则横条纹；第一背鳍有2行、第二背鳍有6行浅黄绿色斑点；臀鳍有4行、尾鳍有6～7行浅绿褐色斑点；眼后缘及其下方向后有3条褐绿色条纹。

50. 沙塘鳢 *Odontobutis obscurus*

体延长，侧扁或粗壮，亚圆筒形。头平扁或侧扁。眼中大或小，不突出于头的背面，无游离眼睑。下颌常突出。上下颌具细牙，腭骨常无牙。前鳃盖骨边缘具1弯向下前方小棘或无棘。体被栉鳞，头部常被小圆鳞。无侧线。背鳍2个，分离，第一背鳍具6～8鳍棘，第二背鳍具1鳍棘、8～10鳍条。臀鳍与第二背鳍同形。腹鳍胸位，具1鳍棘、5鳍条，左右两腹鳍相互靠近，彼此分离，不形成吸盘。尾鳍圆形或稍尖。

七、鳢科

51. 乌鳢 *Channa argus* Cantor

形体长而圆，头尾相等，鳞细色黑，有斑点花纹，很像蝮蛇，有舌、齿及肚，背腹有刺连续至尾部，尾部没有分叉，生长在北方。身体前部呈圆筒形，后部侧扁。头长，前部略平扁，后部稍隆起。吻短圆钝，口大，端位，口裂稍斜，并伸向眼后下缘，下颌稍突出。牙细小，带状排列于上下颌，下颌两侧齿坚利。眼小，上侧位，居于头的前半部，距吻端颇近。鼻孔两对。体色呈灰黑色，体背和头顶色较暗黑，腹部淡白，体侧各有不规则黑色斑块，头侧各有2 行黑色斑纹。

八、鮨科

52. 鳜鱼 *Siniperca chuatsi* Basilewsky

鳜是鮨科、鳜属的鱼类。体高，侧扁，眼后背部显著隆起。头中大。吻尖突，吻长大于眼径。眼中大，略大于眼间隔。口大，端位，斜裂。具一副上颌骨，上颌骨后端伸达或伸越眼后缘下方，下颌突出。两颌、犁骨和腭骨均具绒毛状齿群，两颌前部数齿扩大或犬齿。前鳃盖骨后缘有细锯齿，下角及下缘各具2小棘。鳃盖后缘有2扁棘。鳃孔大，鳃盖膜不与峡部相连。鳃盖条7。鳃耙棒状，上有细齿。头、体被小圆鳞，吻部和眼间无鳞。

九、刺鱼科

53. 中华多刺鱼 *Pungitius sinensis* Guichenot

体细长，侧扁，尾柄细长；吻钝，头较小；口近上位，具细齿；眼较大，侧位；鳃膜左右相连，而不与峡部相连；体侧沿背腹轴有发达骨板，延至尾柄部；侧线完全；体无鳞；腹膜为浅黄色，具小黑点；背鳍前有分离交错排列的9枚硬棘，最长棘2.0～2.5 mm；臀鳍具一硬棘，与第二背鳍相对；胸鳍大，中位，略呈圆形，后缘超过腹鳍基部；腹鳍具硬棘1枚；尾鳍稍凹近截形；体背黑绿色，体侧浅黑或白色，腹面色浅。

十、青鳉科

54. 青鳉 *Oryzias latipes* Temminck & Schlegel

体延长，略侧扁，背部直平，腹部圆突；头中大，较宽，前端平扁；眼大而高位；口小，上位，横列，能伸缩；上颚较短于下颚，下颚具尖细齿；背鳍1枚，短而后位，具6枚软条，位于臀鳍后半上方之体背；臀鳍基底甚长，具16～19枚软条，雄鱼不变形为交尾器；胸鳍上位，其末端达腹鳍基底之上方，具9～10枚软条；腹鳍腹位，未达到肛门；尾鳍截形。体被大圆鳞，无侧线，一纵列鳞约29枚；头部亦被鳞。体银白色，背面澹灰色，体背正中线自颈部至尾鳍基底具一暗褐色纵带；体侧自鳃盖后缘至尾鳍基底具一黑色纵线；各鳍暗色，雄鱼之腹鳍于繁殖季节变黑。体长不超过4 cm。

55. 中华青鳉 *Oryzias sinensis*

体长形，侧扁，背部平直，腹部圆凸而窄。头宽而平扁。口小，上位，横裂，下颌较长。眼大，侧上位，眼间隔宽而平。头顶及鳃盖被有鳞片。背鳍位于身体后部。臀鳍长，起点距尾鳍基和眼约相等。胸鳍位置高，呈圆刀形。腹鳍不发达。尾鳍截形，中间微凹。肛门靠近臀鳍。体被圆鳞。无侧线。体背青灰色，腹部及各鳍灰白色。体侧上部有一条黑色条纹，从鳃盖后缘延伸至尾柄中部。

十一、鱵鱼科

56. 沙氏下鱵鱼 *Hyporhamphus sajori*

体细长，略呈圆柱形，背腹缘微凸，尾部渐细。体长16～24 cm，头长，前端尖，顶部及两侧面平坦，腹面较狭。口小。眼较大，距上颌尖端和鳃盖后缘的距离相等，眼间隔宽而平坦。鼻孔大，位于眼的前上方。上颌尖锐，呈三角形的片状，中央微有线状隆起。下颌延长呈一扁平针状喙。牙细小，有3牙尖，在两颌排列成一狭带。鳃孔宽，鳃盖膜分离，不与峡部相连。鳞圆形，薄而易脱落。侧线很低，位于体两侧近腹缘；侧线鳞102—112。背鳍15—17，与臀鳍相对，其起点位在臀鳍前。臀鳍16—18，与背鳍同形，臀鳍基短于背鳍基。胸鳍短宽。腹鳍小，腹位。尾鳍分叉。体银白色，背面暗绿色，体背中央自后颈起有一淡黑色线条。体侧各有一银灰纵带，头部及上下颌皆呈黑色。

十二、银鱼科

57. 大银鱼 *Protosalanx hyalocranius*

大银鱼也称才气栈鱼、黄瓜鱼、面条鱼等，是银鱼科中体形最大的种。鱼体较粗壮，体长略圆，形如玉簪，似无骨无肠，细嫩透明，色泽似银，故称银鱼。吻部扁平而尖，呈三角形，下颌稍长于上颌。上颌骨末端超过眼前缘，前上颌骨形状正常。胸鳍具发达的肌肉基。性成熟时雄鱼臀鳍呈扇形，胸鳍大而尖。具鳔，一室。肠管短而直。生活时身体透明，死后发白。每个肌节上有一行黑色素点。

十三、胡瓜鱼科

58. 亚洲公鱼 *Hypomesus transpacificus nipponensis* Mcallistster

体长形，侧扁，吻尖。口前位，口裂斜，口裂后缘达瞳孔之前。下颌略长于上颌。上颌骨宽而短，后端达眼中部或稍后的下方。上颌骨、前颌骨、犁骨、颚骨、中筛骨、齿骨及舌上均有齿。体被薄鳞。侧线不完全。鳃盖膜不与鳃峡相连。背鳍终点位于体中部，背鳍和腹鳍相对。臀鳍基较长。脂鳍和臀鳍后部相对。肛门位于臀鳍前方。尾鳍深分叉。

十四、鲻科

59. 鲅 *Liza haematocheila*

体延长，前部亚圆筒形，后部逐渐侧扁，背缘平直，腹部圆形。头短宽，背部平坦，两侧隆起头宽大于头高。吻短，广弧形，稍大于眼径。口小。脂眼睑不发达，仅存在于眼的边缘，或后部伸达瞳孔后缘。眼间隔宽，微凸。鼻孔每侧2个，位眼上缘前方。鳃孔大。鳃盖膜分离。背鳍2个，相距颇远第一背鳍位于胸鳍后端上方。第二背鳍位于臀鳍上方，起点距第一背鳍较距尾鳍基底为近，后缘微凹。臀鳍与第二背鳍相对。胸鳍宽短，约等于眼后头长。腹鳍稍小于胸鳍，位于胸鳍后部下方。尾鳍后缘凹入。鳞大，头部被圆鳞，体被栉鳞，栉鳞细弱，除第一背鳍以外，各鳍均被小圆鳞。第一背鳍基底两侧、腹鳍基底上部和两腹鳍中间各具一长三角形鳞瓣。体侧鳞片中央均有一不开孔小管。体腔大，腹膜黑色。鳔大，壁薄。体侧背部青灰色，腹部银白色，上侧部具黑色纵带数条。各鳍浅灰色。

十五、合鳃科

60. 黄鳝 *Monopteras albus*

体细长，圆柱状，呈蛇形，体长20～70 cm，最长可达1 m。体前圆后部侧扁，尾尖细。头部膨大长而圆，峡部隆起。口大，端位，吻短而扁平；口开于吻端，斜裂；上颌稍突出，唇颇发达。上下颌及口盖骨上都有细齿。眼甚小，隐于皮下，为一薄皮所覆盖。鳃裂在腹侧，左右鳃孔于腹面合而为一，呈倒“V”形。鳃膜连于鳃峡。鳃常退化由口咽腔及肠代行呼吸。无鱼鳔这类辅助呼吸的构造，而是由腹部的一个鳃孔，口腔内壁表皮与肠道来掌管呼吸，能直接自空气中呼吸。

十六、七鳃鳗科

61. 东北七鳃鳗 *Lampetra morii* Berg

体细长，有眼，背鳍1～2，尾鳍存在；单鼻孔，位于头顶；体两侧各具7个鳃孔。无真骨及腭，亦无偶鳍。骨骼均为软骨。口圆，呈吸盘状，有角质齿。七鳃鳗样子很像一般的鳗鱼，身体细长，呈鳗形，表皮裸露无鳞，背上有一条长长的背鳍，向后一直延伸到尾端并环绕尾部形成尾鳍，除此之外它的身上再也没有其他的鳍存在。背鳍2个，口漏斗发达，无口须。七鳃鳗只有一个鼻孔，位于头顶两眼之间。眼发达，具松果眼，具感光作用。它的眼睛后面身体两侧各有7个鳃孔。七鳃鳗是一种圆口纲的鱼类。没有颌，里面长满了锋利的牙齿，这是古代鱼祖先所具有的特征之一。成鱼全长200～250 mm。

2

植物篇

一、蕨类植物 Pteridophyta

（一）木贼科 Equisetaceae

小型或中型蕨类，土生，湿生或浅水生。根茎长而横行，黑色，分枝，有节，节上生根，被绒毛。地上枝直立，圆柱形，绿色，有节，中空有腔，表皮常有矽质小瘤，单生或在节上有轮生的分枝；节间有纵行的脊和沟。叶鳞片状，轮生，在每个节上合生成筒状的叶鞘（鞘筒）包围在节间基部，前段分裂呈齿状（鞘齿）。孢子囊穗顶生，圆柱形或椭圆形，有的具长柄；孢子叶轮生，盾状，彼此密接，每个孢子叶下面生有5～10个孢子囊。孢子近球形，有四条弹丝，无裂缝，具薄而透明周壁，有细颗粒状纹饰。

1. 问荆 *Equisetum arvense* L.

小型或中型蕨类植物。根茎斜升，直立和横走，黑棕色，节和根密生黄棕色长毛或光滑无毛。地上枝当年枯萎。枝二型。能育枝春季先萌发，高5～35 cm，中部直径3～5 mm，节间长2～6 cm，黄棕色，无轮茎分枝，脊不明显，要密纵沟；鞘筒栗棕色或淡黄色，长约0.8 cm，鞘齿9～12枚，栗棕色，长4～7 mm，狭三角形，鞘背仅上部有一浅纵沟，孢子散后能育枝枯萎。

2. 木贼 *Equisetum hyemale* L.

多年生常绿草本植物，高30～100 cm。根状茎粗短，黑褐色，横生地下，节上生黑褐色的根。根茎直立，单一或仅于基部分枝，直径6～8 mm，中空，有节，表面灰绿色或黄绿色，有纵棱沟壑0～30条，粗糙。顶端淡棕色，膜质，芒状，早落，下部黑棕色，薄革质，基部的背面有3～4条纵棱，宿存或同鞘筒一起早落。孢子囊穗卵状，长1.0～1.5 cm，直径0.5～0.7 cm，顶端有小尖突，无柄。喜生于山坡林下阴湿处，易生河岸湿地、溪边，或杂草地。主产于中国东北、华北、内蒙古和长江流域各省（区、市）。

二、裸子植物 Gymnospcrmac

（一）柏科 Cupressaceae

属于常绿乔木或灌木。有树脂。叶对生或轮生，常鳞片状而下延，稀线形；球花小，单性同株或异株，顶生或腋生；雄球花有3～8对交互对生的雄蕊，每雄蕊有2～6花药，花粉无气囊；雌球花有3～16枚交叉对生或3～4枚轮生的珠鳞（大孢子叶）组成，每珠鳞有1至数枚胚珠，苞鳞与珠鳞合生；球果圆球形、卵圆形或长圆形，成熟时珠鳞发育为种鳞，木质或革质，成熟时开裂，或有时浆果状，不开裂，每种鳞内面基部有种子1至多颗；种子有翅或无；子叶2枚，稀数枚。柏科约22属，南北半球各产一半；种数仅次于松科，近150种，分布全球，部分种类为森林的主要树种或重要的造林树种，或为园林绿化树种。代表植物：侧柏、洒金千头柏、龙柏、刺柏。

3. 侧柏 *Platycladus orientalis*（L.）Franco.

侧柏属乔木，高达20余米，胸径1 m；树皮薄，浅灰褐色，纵裂成条片；枝条向上伸展或斜展，幼树树冠卵状尖塔形，老树树冠则为广圆形；生鳞叶的小枝细，向上直展或斜展，扁平，排成一平面。叶鳞形，长1～3 mm，先端微钝，小枝中央的叶露出部分呈倒卵状菱形或斜方形，背面中间有条状腺槽，两侧的叶船形，先端微内曲，背部

有钝脊，尖头的下方有腺点。

（二）松科 Pinaceae

常绿或落叶乔木，稀为灌木状；枝仅有长枝，或兼有长枝与生长缓慢的短枝，短枝通常明显，稀极度退化而不明显。叶条形或针形，基部不下延生长；条形叶扁平，稀呈四棱形，在长枝上螺旋状散生，在短枝上呈簇生状；针形叶2～5针（稀1针或多至81针）成一束，着生于极度退化的短枝顶端，基部包有叶鞘。花单性，雌雄同株；雄球花腋生或单生枝顶，或多数集生于短枝顶端，具多数螺旋状着生的雄蕊，每雄蕊具2花药，花粉有气囊或无气囊，或具退化气囊；雌球花由多数螺旋状着生的珠鳞与苞鳞所组成，花期时珠鳞小于苞鳞，稀珠鳞较苞鳞为大，每珠鳞的腹（上）面具两枚倒生胚珠，背（下）面的苞鳞与珠鳞分离（仅基部合生），花后珠鳞增大发育成种鳞。球果直立或下垂，当年或次年稀第三年成熟，熟时张开，稀不张开；种鳞背腹面扁平，木质或革质，宿存或熟后脱落；苞鳞与种鳞离生（仅基部合生），较长而露出或不露出，或短小而位于种鳞的基部；种鳞的腹面基部有2粒种子，种子通常上端具一膜质之翅，稀无翅或二几无翅；胚具2～16枚子叶，发芽时出土或不出土。

4. 樟子松 *Pinus sylvestris* var. *mongolica* Litv.

松属植物。常绿乔木，高15～25 m，最高达30 m，树冠椭圆形或圆锥形。树干挺直，3～4 m以下的树皮黑褐色，鳞状深裂，叶2针一束，刚硬，常稍扭曲，先端尖。雌雄同株，雄球花卵圆形，黄色，聚生在当年生枝的下部；雌球花球形或卵圆形，紫褐色。球果长卵形。鳞盾呈斜方形，具纵脊横脊，鳞脐呈瘤状突起。种子小，具黄色、棕色、黑褐色不一，种翅膜质。

三、被子植物 Angiospermae

（一）杨柳科 Salicaceae

杨柳科是被子植物门、双子叶植物纲、杨柳目的一个科。全世界杨柳科共有650种。分为钻天柳属、杨属和柳属3属。叶乔木或直立、垫状和匍匐灌木。树皮光滑或开裂粗糙，通常味苦。单叶互生，稀对生，不分裂或浅裂，全缘；托叶鳞片状或叶状，早落或宿存。芽鳞1至多数，有顶芽或无顶芽；花单性，雌雄异株，罕有杂性；葇荑花序，直立或下垂，先叶开放，或与叶同时开放，稀叶后开放，花无被，苞片脱落或宿存；基部有杯状花盘或腺体，雄蕊2至多数，花药2室，纵裂，花丝分离至合生；雌蕊由2～4（5）心皮合成，子房1室，侧膜胎座，胚珠多数，花柱不明显至很长，柱头2～4裂。蒴果2～4（5）瓣裂。种子微小，无胚乳，基部围有多数白色丝状长毛。

5. 柳树 *Salix matsudana* Koidz.

乔木，高达12～18 m，树冠开展而疏散。树皮灰黑色，不规则开裂；枝细，下垂，淡褐黄色、淡褐色或带紫色，无毛。芽线形，先端急尖。叶狭披针形或线状披针形，先端长渐尖，基部楔形两面无毛或微有毛，上面绿色，下面色较淡，锯齿缘；叶柄有短柔毛；托叶仅生在萌发枝上，斜披针形或卵圆形，边缘有齿牙。花序先叶开放，或与叶同时开放；雄花序长1.5～2（3）cm，有短梗，轴有毛；雄蕊2，花丝与苞片近等长或较长，基部多少有长毛，花药红黄色；苞片披针形，外面有毛；雌花序有梗，基部有3～4小叶，轴有毛；子房椭圆形，无毛或下部稍有毛，无柄或近无柄，花柱短，柱头2～4深裂；苞片披针形，外面有毛。蒴果，带绿黄褐色。花期3—4月，果期4—5月。

6. 杞柳 *Sailx integra* Thunb.

灌木，高1～3 m。树皮灰绿色。小枝淡黄色或淡红色，无毛，有光泽。芽卵形，尖，黄褐色，无毛。叶近对生或对生，萌枝叶有时3叶轮生，椭圆状长圆形，长2～5 cm，宽1～2 cm，先端短渐尖，基部圆形或微凹，全缘或上部有尖齿，幼叶发红褐色，成叶上面暗绿色，下面苍白色，中脉褐色，两面无毛；叶柄短或近无柄而抱茎。花先叶开放，花序长1～2（2.5）cm，基部有小叶；苞片倒卵形，褐色至近黑色，被柔毛，稀无毛；腺体1，腹生；雄蕊2，花丝合生，无毛；子房长卵圆形，有柔毛，几无柄，花柱短，柱头小，2～4裂。蒴果长2～3 mm，有毛。花期5月，果期6月。

7. 杨树 *Populus* L.

乔木。树干通常端直；树皮光滑或纵裂，常为灰白色。有顶芽（胡杨无），芽鳞多数，常有黏脂。枝（包括萌枝）有长短枝之分，圆柱状或具棱线。叶互生，多为卵圆形、卵圆状披针形或三角状卵形，在不同的枝（如长枝、短枝、萌枝）上常为不同的形状，齿状缘；叶柄长，侧扁或圆柱形，先端有或无腺点。葇荑花序下垂，常先叶开放；雄花序较雌花序稍早开放；苞片先端尖裂或条裂，膜质，早落，花盘斜杯状；雄花有雄蕊4-多数，着生于花盘内，花药暗红色，花丝较短，离生；子房花柱短，柱头2～4裂。蒴果2～4（5）裂。种子小，多数，子叶椭圆形。

（二）榆科 Ulmaceae

落叶，木本，多具黏液细胞或黏液道；小枝无顶芽。单叶互生，常二列；羽状脉或基部三出脉；有锯齿，稀全缘；叶基常不对称；托叶早落。两性、单性或杂性，雌雄异株或同株，单生或簇生，或成聚伞花序；单被花，萼裂片4～8，雄蕊常与花被裂片同数而对生；子房上位，通常1室，具1枚倒生胚珠。翅果、核果、坚果。

8. 榆 *Ulmus pumila* L.

落叶乔木，高达25 m，胸径1 m，在干瘠之地长成灌木状；幼树树皮平滑，灰褐色或浅灰色，大树之皮暗灰色，不规则深纵裂，粗糙；小枝无毛或有毛，淡黄灰色、淡褐灰色或灰色，稀淡褐黄色或黄色，有散生皮孔，无膨大的木栓层及凸起的木栓翅；冬芽近球形或卵圆形，芽鳞背面无毛，内层芽鳞的边缘具白色长柔毛。翅果近圆形，稀倒卵状圆形，长1.2～2 cm，除顶端缺口柱头面被毛外，余处无毛，果核部分位于翅果的中部，上端不接近或接近缺口，成熟前后其色与果翅相同，初淡绿色，后白黄色，宿存花被无毛，4浅裂，裂片边缘有毛，果梗较花被为短，长1～2 mm，被（或稀无）短柔毛。花果期3—6月（东北较晚）。

9. 金叶榆 *Ulmus pumila* cv. Jinye.

叶乔木，高可达20 m以上，树冠卵圆形或圆球形。树皮暗灰色，纵裂，粗糙。幼枝金黄色，细长，排成二列状。叶互生，卵状长椭圆形，金黄色，色泽艳丽，有自然光泽，较普通白榆叶片稍短，先端尖，基部稍斜，边缘具锯齿，叶脉清晰，质感好。花簇生于去年生枝上，先叶或花叶同放。翅果近圆形，种子位于翅果中部。花期3—4月，果期4—5月。

（三）桑科 Moraceae

乔木或灌木，藤本，稀为草本，通常具乳液，有刺或无刺。单叶互生。花小，单性，集成各种花序，单被花，4基数。坚果，核果集合为各式聚花果。叶互生稀对生，全缘或具锯齿，分裂或不分裂，叶脉掌状或为羽状，有或无钟乳体；托叶2枚，通常早落。种子大或小，包于内果皮中；种皮膜质或不存；胚悬垂，弯或直；幼根长或短，背倚子叶紧贴；子叶褶皱，对折或扁平，叶状或增厚，相等或极。

10. 桑 *Morus alba* L.

桑属落叶乔木或灌木，高可达15 m。树体富含乳浆，树皮黄褐色。

叶卵形至广卵形，叶端尖，叶基圆形或浅心脏形，边缘有粗锯齿，有时有不规则的分裂。叶面无毛，有光泽，叶背脉上有疏毛。雌雄异株，5月开花，葇荑花序。果熟期6—7月，聚花果卵圆形或圆柱形，黑紫色或白色。喜光，幼时稍耐阴。喜温暖湿润气候，耐寒。耐干旱，耐水湿能力强。

（四）蓼科 Polygonaceae

草本稀灌木或小乔木。茎直立，平卧、攀援或缠绕，通常具膨大的节，稀膝曲，具沟槽或条棱，有时中空。叶为单叶，互生，稀对生或轮生，边缘通常全缘，有时分裂，具叶柄或近无柄；托叶通常联合成鞘状（托叶鞘），膜质，褐色或白色，顶端偏斜、截形或2裂，宿存或脱落。花序穗状、总状、头状或圆锥状，顶生或腋生；花较小，两性，稀单性，雌雄异株或雌雄同株，辐射对称；花梗通常具关节；花被3～5深裂，覆瓦状或花被片6成2轮，宿存，内花被片有时增大，背部具翅、刺或小瘤；雄蕊6～9，稀较少或较多，花丝离生或基部贴生，花药背着，2室，纵裂；花盘环状，腺状或缺，子房上位，1室，心皮通常3，稀2—4，合生，花柱2—3，稀4，离生或下部合生，柱头头状、盾状或画笔状，胚珠1，直生，极少倒生。瘦果卵形或椭圆形，具3棱或双凸镜状，极少具4棱，有时具翅或刺，包于宿存花被内或外露；胚直立或弯曲，通常偏于一侧，胚乳丰富，粉末状。

11. 萹蓄 *Polygonum aviculare* L.

一年生草本，高15～50 cm。茎匍匐或斜上，基部分枝甚多，具明显的节及纵沟纹；幼枝上微有棱角。叶互生；叶柄短，亦有近于无柄者；叶片披针形至椭圆形，先端钝或尖，基部楔形，全缘，绿色，两面无毛；托鞘膜质，抱茎，下部绿色，上部透明无色，具明显脉纹，其上之多数平行脉常伸出成丝状裂片。花6～10朵簇生于叶腋；花梗短；萹蓄苞片及小苞片均为白色透明膜质；花被绿色，5深裂，具白色边缘，结果后，边缘变为粉红色；雄蕊通常8枚，花丝短；子房长方形，花柱短，柱头3枚。瘦果包围于宿存花被内，仅顶端小部分外露，卵形，具3棱，长2～3 mm，黑褐色，具细纹及小点。花期6—8月，果期9—10月。

12. 褐鞘蓼蓄 *Polygonum fusco-ochreatum* Kom.

一年生草本，高60 cm。茎粗壮，自基部分枝，上升，有纵条纹。托叶鞘较宽，褐色，上部细裂，有脉纹，叶柄极短；叶片线状披针形或线形，长5～20 mm，宽1～3 mm，两端狭窄，背面中脉突出。花1～2朵腋生，花梗长约1 mm，花被 5深裂至2/3，绿色，上缘紫红色，长2～2.5 mm；雄蕊5；花柱3。坚果卵状三棱形，长约2.5 mm，较宿存的花被片短，褐色，密被粒状小点，近无光泽。

13. 酸模叶蓼 *Persicaria lapathifolium* L.

一年生草本，高40～90 cm。茎直立，具分枝，无毛，节部膨大。叶披针形或宽披针形，长5～15 cm，宽1～3 cm，顶端渐尖或急尖，基部楔形，上面绿色，常有一个大的黑褐色新月形斑点，两面沿中脉被短硬伏毛，全缘，边缘具粗缘毛；叶柄短，具短硬伏毛；托叶鞘筒状，长1.5～3 cm，膜质，淡褐色，无毛，具多数脉，顶端截形，无缘毛，稀具短缘毛。总状花序呈穗状，顶生或腋生，近直立，花紧密，通常由数个花穗再组成圆锥状，花序梗被腺体；苞片漏斗状，边缘具稀疏短缘毛；花被淡红色或白色，4（5）深裂，花被片椭圆形，外面两面较大，脉粗壮，顶端叉分，外弯；雄蕊通常6。瘦果宽卵形，双凹，长2～3 mm，黑褐色，有光泽，包于宿存花被内。花期6—8月，果期7—9月。

14. 糙毛蓼 *P. strigosum* R.Br

一年生草本，高20～80 cm，直立或下部伏地。茎红紫色，无毛，节常膨大，水蓼的穗状花且具须根。叶互生，披针形成椭圆状披针形，长4～9 cm，宽5～15 mm，两端渐尖，均有腺状小点，无毛或叶脉及叶缘上有小刺状毛；托鞘膜质，筒状，有短缘毛；叶柄短。穗状花序腋生或顶生，细弱下垂，下部的花间断不连；苞漏斗状，有疏生小脓点和缘毛；花具细花梗而伸出苞外，间有1～2朵花包在膨胀的托鞘内；花被4～5裂，卵形或长圆形，淡绿色或淡红色，有腺状小点；雄蕊5～8；雌蕊1，花柱2～3裂。瘦果卵形，扁平，少有3棱，长2.5 mm，表面有小点，黑色无光，包在宿存的花被内。花期7—8月。

15. 戟叶蓼 *Periscaria thunbergii* Sieb. et Zucc.

一年生草本。茎直立或上升，四棱形，沿棱有倒生刺，下部有时伏卧，具细长的匍匐枝。托叶鞘斜圆筒形，长3～10 mm，膜质，具脉纹，顶端有缘毛，或具向外反卷的叶状边，叶柄长

5～40 mm，具狭翅及刺毛，茎上部叶近无柄；叶片就形，长3～9 cm；茎中部叶卵形，宽约3.5 cm，先端渐尖，慚两侧具叶耳，卵状三角形，钝圆，基部截形或微心形，边缘具短缘毛，表面生疏伏毛，背面沿脉有伏毛。花白色或淡红色，花期7—8月，果期8—9月。

16. 普通蓼 *Polygonum humifusum* Merk ex C.Koch

一年生草本。茎平卧，自基部多分枝，高20～30 cm；叶椭圆形或倒披针形，长11.5 cm，宽3～5 mm，顶端微钝或稍尖，基部狭楔形，上面中脉明显，侧脉不明显，下面中脉微突出，侧脉明显，叶柄极短，具关节；托叶鞘膜质，下部淡褐色，上部白色，具3～4脉；花2～5朵，生于叶腋，遍布于植株，花被5深裂，开裂至2/3；花被片长圆形，长1.5～2 mm，边缘白色或淡红色。瘦果长卵形，具3棱，顶端急尖，深褐色，密被小点，微有光泽，长2～2.5 mm，稍突出于花被。花期6—7月，果期8—9月。

17. 东方蓼 *Polygonum orientale* L.

一年生草本。茎直立，粗壮，高1～2 m，上部多分枝，密被开展的长柔毛。 叶宽卵形、宽椭圆形或卵状披针形，长10～20 cm，宽5～12 cm，顶端渐尖，基部圆形或近心形，微下延，边缘全缘，密生缘毛，两面密生短柔毛，叶脉上密生长柔毛；叶柄长2～10 cm，具开展的长柔毛；托叶鞘筒状，膜质，长1～2 cm，被长柔毛，具长缘毛，通常沿顶端具草质、绿色的翅。总状花序呈穗状，顶生或腋生，长3～7 cm，花紧密，微下垂，通常数个再组成圆锥状；苞片宽漏斗状，长3～5 mm，草质，绿色，被短柔毛，边缘具长缘毛，每苞内具3～5花；花梗比苞片长；花被5深裂，淡红色或白色；花被片椭圆形，长3～4 mm；雄蕊7，比花被长；花盘明显；花柱2，中下部合生，比花被长，柱头头状。瘦果近圆形，双凹，直径长3～3.5 mm，黑褐色，有光泽，包于宿存花被内。花期6—9月，果期8—10月。

18. 桃叶蓼 *Polygonum persicaria* L.

一年生草本。茎直立或上升，分枝或不分枝，疏生柔毛或近无毛，高40～80 cm。叶披针形或椭圆形，长4～15 cm，宽1～2.5 cm，顶端渐尖或急尖，基部狭楔形，两面疏生短硬伏毛，下面中脉上毛较密，上面近中部有时具黑褐色斑点，边缘具粗缘毛；叶柄长5～8 mm，被硬伏毛；托叶鞘筒状，膜质，长1～2 cm，疏生柔毛，顶端截形，缘毛长1～3 mm。总状花序呈穗状，顶生或腋生，较紧密，长2～6 cm，通常数个再集成圆锥状，花序梗具腺毛或无毛；苞片漏斗状，紫红色，具缘毛，每苞内含5～7花；花梗长2.5～3 mm，花被通常5深裂，紫红色，花被片长圆形，长2.5～3 mm，脉明显；雄蕊6～7，花柱2，偶3，中下部合生，瘦果近圆形或卵形，双凸镜状，稀具3棱，长2～2.5 mm，黑褐色，平滑，有光泽，包于宿存花被内。花期6—9月，果期7—10月。

19. 酸模 *Rumex acetosa* L.

多年生草本。茎直立，高40～100 cm，具深沟槽，通常不分枝。基生叶和茎下部叶箭形，顶端急尖或圆钝，基部裂片急尖，全缘或微波状；茎上部叶较小，具短叶柄或无柄；托叶鞘膜质，易破裂。花序狭圆锥状，顶生，分枝稀疏；花单性，雌雄异株；花梗中部具关节；花被片6，成2轮，雄花内花被片椭圆形，长约3 mm，外花被片较小，雄蕊6；雌花内花被片果时增大，近圆形，直径3.5～4 mm，全缘，基部心形，网脉明显，基部具极小的小瘤，外花被片椭圆形，反折。瘦果椭圆形，具3锐棱，两端尖，长约2 mm，黑褐色，有光泽。花期5—7月，果期6—8月。

20. 皱叶酸模 *Rumex crispus* L.

多年生草本。直根，粗壮。茎直立，有浅沟槽，通常不分枝，无毛。根生叶有长柄；叶片披针形或长圆状披针形，长15～25 cm，宽1.5～4 cm，两面无毛，顶端和基部都渐狭，边缘有波状皱褶；茎上部叶小，有短柄；托叶鞘，铜状，膜质。花序由数个腋生的总状花序组成圆锥状，顶生狭长，长达60 cm；花两性，多数；花被片6，排成2轮，内轮花被片在果时增大，宽，顶端钝或急尖，基部心形，全缘或有不明显的齿，有网纹，长达5 mm，通常都有瘤状突起为卵形，大小水一；雄蕊6；柱头3，画笔状。瘦果椭圆形，有3棱，顶端尖，棱角锐利，长2 mm，褐色，有光泽。花期6—7

月，果期7—8月。

21. 巴天酸模 *Rumex patientia* L.

多年生草本。根肥厚，直径可达3 cm；茎直立，粗壮，高90～150 cm，上部分枝，具深沟槽。基生叶长圆形或长圆状披针形，长15～30 cm，宽5～10 cm，顶端急尖，基部圆形或近心形，边缘波状；叶柄粗壮，长5～15 cm；茎上部叶披针形，较小，具短叶柄或近无柄；托叶鞘筒状，膜质，长2～4 cm，易破裂。花序圆锥状，大型；花两性；花梗细弱，中下部具关节；关节果时稍膨大，外花被片长圆形，长约1.5 mm，内花被片果时增大，宽心形，长6～7 mm，顶端圆钝，基部深心形，边缘近全缘，具网脉，全部或一部具小瘤；小瘤长卵形，通常不能全部发育。瘦果卵形，具3锐棱，顶端渐尖，褐色，有光泽，长2.5～3 mm。花期5—6月，果期6—7月。

22. 长刺酸模 *Rumex trisetifer* Stokes

一年生草本。根粗壮，红褐色。茎直立，高30～80 cm，褐色或红褐色，具沟槽，分枝开展。茎下部叶长圆形或披针状长圆形，长8～20 cm，宽2～5 cm，顶端急尖，基部楔形，边缘波状，茎上部的叶较小，狭披针形；叶柄长1～5 cm；托叶鞘膜质，早落。花序总状，顶生和腋生，具叶，再组成大型圆锥状花序。花两性，多花轮生，上部较紧密，下部稀疏，间断；花梗细长，近基部具关节；花被片6，2轮，黄绿色，外花被片披针形，较小内花被片果时增大，狭三角状卵形，长3～4 mm，宽1.5～2 mm（不包括针刺），顶端狭窄，急尖，基部截形，全部具小瘤，边缘每侧具1个针刺，针刺长3～4 mm，直伸或微弯。瘦果椭圆形，具3锐棱，两端尖，长1.5～2 mm，黄褐色，有光泽。花期5—6月，果期6—7月。

（五）藜科 Chenopodiaceae

一年生草本、半灌木、灌木，较少为多年生草本或小乔木，茎和枝有时具关节。叶互生或对生，肉质，无托叶。花为单被花，两性，较少为杂性或单性，辐射对称。花单生，簇生或穗状、圆状花序，花萼3～5裂，花丝钻形或条形，离生或基部合生，花药背着，在芽中内曲，2室，外向纵裂或侧面纵裂，顶端钝或药隔突出形成附属物；花盘或有或无；雄蕊常与花被片同数而对生或较少，雌蕊有2～3个心皮合成，子房上位，卵形至球心，1室1胚珠，基生，直立或悬垂于珠柄上；果实为胞果，很少为盖果；胞果常藏于扩大的花萼内或花苞内，通常不开裂，种子扁平。

23. 刺藜 *Chenopodium aristatum* L.

一年生草本，植物体通常呈圆锥形，高10～40 cm，无粉，秋后常带紫红色。茎直立，圆柱形或有棱，具色条，无毛或稍有毛，有多数分枝。叶条形至狭披针形，长达7 cm，宽约1 cm，全缘，先端渐尖，基部收缩成短柄，中脉黄白色。复二歧式聚伞花序生于枝端及叶腋，最末端的分枝针刺状；花两性，几无柄；花被裂片5，狭椭圆形，先端钝或骤尖，背面稍肥厚，边缘膜质，果时开展。胞果顶基扁（底面稍凸），圆形；果皮透明，与种子贴生。种子横生，顶基扁，周边截平或具棱。花期8—9月，果期10月。

24. 灰绿藜 *C. glaucum* L.

一年生草本，高10～45 cm。茎通常由基部分枝，平铺或斜升；有暗绿色或紫红色条纹，叶互生有短柄。叶片厚，带肉质，椭圆状卵形至卵状披针形，长2～4 cm，宽5～20 mm，顶端急尖或钝，边缘有波状齿，基部渐狭，表面绿色，背面灰白色、密被粉粒，中脉明显；叶柄短。花簇短穗状，腋生或顶生；花被裂片3～4，少为5。胞果伸出花被片，果皮薄，黄白色；种子扁圆，暗褐色。

25. 藜 *C. album* L.

一年生草本，高30～150 cm。茎直立，粗壮，具条棱及绿色或紫红色色条，多分枝；枝条斜升或开展。叶片菱状卵形至宽披针形，长3～6 cm，宽2.5～5 cm，先端急尖或微钝，基部楔形至宽楔形，上面通常无粉，有时嫩叶的上面有紫红色粉，下面多少有粉，边缘具不整齐锯齿；叶柄与叶片近等长，或为叶片长度的1/2。花两性，花簇于枝上部排列成或大或小的穗状圆锥状或圆锥状花序；花被裂片5，宽卵形至椭圆形，背面具纵隆脊，有粉，先端或微凹，边缘膜质；雄蕊5，花药伸出花被，柱头2。果皮与种子贴生。种子横生，双凸镜状，直径1.2～1.5 mm，边缘钝，黑色，有光泽，表面具浅沟纹；胚环形。花果期5—10月。

26. 小藜 *C. ficifolium* Sm.

一年生草本，高20～50 cm。茎直立，具条棱及绿色色条。叶片卵状矩圆形，长2.5～5 cm，宽1～3.5 cm，通常三浅裂；中裂片两边近平行，先端钝或急尖并具短尖头，边缘具深波状锯齿；侧裂片位于中部以下，通常各具2浅裂齿。花两性，数个团集，排列于上部的枝上形成较开展的顶生圆锥状花序；花被近球形，5深裂，裂片宽卵形，不开展，背面具微纵隆脊并有密粉；雄蕊5，开花时外伸；柱头2，丝形。胞果包在花被内，果皮与种子贴生。种子双凸镜状，黑色，有光泽，边缘微钝，表面具六角形细洼；胚环形。花期4—5月。

27. 尖头叶藜 *C. acuminatum* Willd.

一年生草本，高20～80 cm。茎直立，具条棱及绿色色条，有时色条带紫红色，多分枝；枝斜升，较细瘦。叶片宽卵形至卵形，茎上部的叶片有时呈卵状披针形，长2～4 cm，宽1～3 cm，先端急尖或短渐尖，有短一尖头，基部宽楔形、圆形或近截形，上面无粉，浅

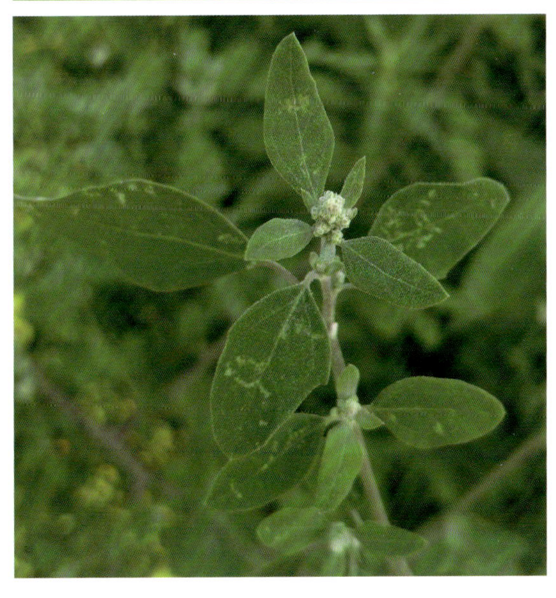

绿色，下面多少有粉，灰白色，全缘并具半透明的环边；叶柄长1.5～2.5 cm。花期6—7月，果期8—9月。

28. 地肤 *Kochia scoparia*（L.）Schrad.

一年生草本，高50～100 cm。根略呈纺锤形。茎直立，圆柱状，淡绿色或带紫红色，有多数条棱，稍有短柔毛或下部几无毛；分枝稀疏，斜上。叶为平面叶，披针形或条状披针形，长2～5 cm，宽3～9 mm，无毛或稍有毛，先端短渐尖，基部渐狭入短柄，通常有3条明显的主脉，边缘有疏生的锈色绢状缘毛；茎上部叶较小，无柄，1脉。胞果扁球形，果皮膜质，与种子离生。种子卵形，黑褐色，长1.5～2 mm，稍有光泽；胚环形，胚乳块状。花期6—9月，果期7—10月。

29. 猪毛菜 *Salsola collina* Pall.

一年生草本，茎自基部分枝，枝互生，伸展，茎、枝绿色，有白色或紫红色条纹，生短硬毛或近于无毛。叶片丝状圆柱形，伸展或微弯曲，产于东北、华北、西北、内蒙古、西南及西藏、河南、山东、江苏、陕西等省（区）。生村边，路边及荒芜场所。朝鲜、蒙古、巴基斯坦等国也有。全草入药，能清热平肝、降低血压。种子横生或斜生，花期7—9月，果期9—10月。

30. 碱蓬 *Suaeda glauca* Bunge

一年生草本，高可达1 m。茎直立，粗壮，圆柱状，浅绿色，有条棱，上部多分枝；枝细长，上升或斜伸。叶丝状条形，半圆柱状，通常长1.5～5 cm，宽约1.5 mm，灰绿色，光滑无毛，稍向上弯曲，先端微尖，基部稍收缩。花两性兼有雌性，单生或2～5朵团集，大多着生于叶的近基部处；两性花，花被杯状，长1～1.5 mm，黄绿色；雌花花被近球形，直径约0.7 mm，较肥厚，灰绿色；花被裂片卵状三角形，先端钝，果时增厚，使花被略呈五角星状，干后变黑色；雄蕊5，花药宽卵形至矩圆形，长约0.9 mm；柱头2，黑褐色，稍外弯。胞果包在花被内，果皮膜质。种子横生或斜生，双凸镜形，黑色，直径约2 mm，周边钝或锐，表面具清晰的颗粒状点纹，稍有光泽；胚乳很少。花果期7—9月。

31. 盐地碱蓬 *S. salsa*（L.）Pall.

一年生草本，高20～80 cm，绿色，晚秋变红紫色。叶条形，半圆柱形，肉质，翅碱蓬长1～3 cm，宽1～2 mm，先端尖或钝，无柄。花两性或兼有雌性，3～5朵簇生于叶腋，构成间断穗状花序；小苞片短于花被，膜质，白色；花被半球形，花被片基部合生，果期背部增厚，基部生三角状或狭翅状突起；雄蕊5，花药卵形或矩圆形；柱头2。胞果包于花被内，成熟时果皮开裂；种子横生，卵形或近圆形，两面稍压扁，长0.8～1.5 mm，黑色，表面有光，基无点纹。

32. 虫实 *Corispermum hyssopifolium* L.

一年生草本，高10～50 cm。茎直立，圆柱形，基部通常红色，有毛或后期脱落。叶互生；叶片线状披针形或条形，长2～5 cm，宽2～4 mm，先端渐尖或具短尖头。穗状花序通常紧密，狭圆筒状；苞片卵形或长椭圆状卵形，渐尖，边缘宽膜质。花被3，近轴花被片1，宽椭圆形，先端具不规则细齿，远轴两片小，近三角形。基部心形，背面凸起。果卵形或圆卵形，长2.5 mm，果翅狭。花果期6—8月。

33. 滨藜 *Atriplex patens*（Liyv）Iljin

一年生草本，高20～60 cm。茎直立或外倾，无粉或稍有粉，具绿色色条及条棱，通常上部分枝；枝细瘦，斜上升。叶互生，或在茎基部近对生；叶片披针形至条形，长3～9 cm，宽4～10 mm，先端渐尖或微钝，基部渐狭，两面均为绿色，无粉或稍有粉，边缘具不规则的弯锯齿或微锯齿，有时几全缘。花序穗状，或有短分枝，通

常紧密，于茎上部再集成穗状圆锥状；花序轴有蜜粉；雄花花被4～5裂，雄蕊与花被裂片同数；雌花的苞片果时菱形至卵状菱形，长约3 mm，宽约2.5 mm，先端急尖或短渐尖，下半部边缘合生，上半部边缘通常具细锯齿，表面有粉，有时靠上部具疣状小突起。种子二型，扁平，圆形，或双凸镜形，黑色或红褐色，有细点纹，直径1～2 mm。花果期8—10月。

34. 轴藜 *Axyris amaranthoides* L.

一年生草本，高20～80 cm。茎直立，粗壮，圆柱形，稍具条棱，幼时被星状毛，分枝纤细，多集中于茎中部以上，被星状毛。叶具短柄，披针状或长圆状披针形，长3～7 cm，宽0.5～1.3 cm，基部渐狭，先端渐尖，全缘，两面被星状软毛，后渐脱落，枝上叶及苞叶较小，长约1 cm，宽2～3 mm。花小，单性；雄花无柄，簇生于茎枝顶端，排成穗状花序，花被片3枚苞片，中间1枚较长，两侧则短，花被片3，倒卵形，膜质，苞片及花被均被星状毛，柱头2，线形。胞果倒卵形，侧扁，顶端具一冠状附属物，基中央微凹。种子椭圆形。扁平，直立；胚马蹄铁形。花果期8—9月。

（六）苋科 Amaranthaceae

多年生草本。单叶互生或对生，常全缘；无托叶。花小，常两性，稀单性；排成穗状、头状或圆锥花序；单被花，花被片3～5，干膜质，每花下常有1枚干膜质苞片及小苞片；雄蕊常和花被片同数且对生，多为5枚，花丝分离或基本连合成杯状；子房上位，由2～3心皮组成1室，1枚胚珠，基生胎座。果多为胞果，稀为小坚果或浆果。

35. 凹头苋 *Amaranthus lividus* L.

一年生草本，高10～30 cm，全体无毛；茎伏卧而上升，从基部分枝，淡绿色或紫红色。叶片卵形或菱状卵形，长1.5～4.5 cm，宽1～3 cm，顶端凹缺，有1芒尖，或微小不显，基部宽楔形，全缘或稍呈波状；叶柄长1～3.5 cm。花成腋生花簇，直至下部叶的腋部，生在茎端和枝端者成直立穗状花序或圆锥花序；苞片及小苞片矩圆形，长不及1 mm；花被片矩圆形或披针形，长1.2～1.5 mm，淡绿色，顶端急尖，边缘内曲，背部有1隆起中脉；雄蕊比花被片稍短；柱头3或2，果熟时脱落。胞果扁卵形，长3 mm，不裂，微皱缩而近平滑，超出宿存花被片。种子环形，直径约12 mm，黑色至黑褐色，边缘具环状边。花期7—8月，果期8—9月。

36. 反枝苋 *Amaranthus retroflexus* L.

一年生草本，高20～80 cm，有时达1 m多；茎直立，粗壮，单一或分枝，淡绿色，有时带紫色条纹，稍具钝棱，密生短柔毛。叶片菱状卵形或椭圆状卵形，长5～12 cm，宽2～5 cm，顶端锐尖或尖凹，有小凸尖，基部楔形，全缘或波状缘，两面及边缘有柔毛，下面毛较密；叶柄长1.5～5.5 cm，淡绿色，有时淡紫色，有柔毛。

37. 刺苋 *A. spinosus* L.

一年生草本，高30～100 cm；茎直立，圆柱形或钝棱形，多分枝，有纵条纹，绿色或带紫色，无毛或稍有柔毛。叶片菱状卵形或卵状披针形，长3～12 cm，宽1～5.5 cm，顶端圆钝，具微凸头，基部楔形，全缘，无毛或幼时沿叶脉稍有柔毛；叶柄长1～8 cm，无毛，在其旁有2刺，刺长5～10 mm。圆锥花序腋生及顶生，长3～25 cm，下部顶生花穗常全部为雄花；苞片在腋生花簇及顶生花穗的基部者变成尖锐直刺，长5～15 mm，在顶生花穗的上部者狭披针形，长1.5 mm，顶端急尖，具凸尖，中脉绿色；小苞片狭披针形，长约1.5 mm；花被片绿色，顶端急尖，具凸尖，边缘透明，中脉绿色或带紫色，在雄花者矩圆形，长2～2.5 mm，在雌花者矩圆状匙形，长1.5 mm；雄蕊花丝略和花被片等长或较短；柱头3，有时2。胞果矩圆形，长1～1.2 mm，在中部以下不规则横裂，包裹在宿存花被片内。种子近球形，直径约1 mm，黑色或带棕黑色。花果期7—11月。

38. 苋菜 *A. tricolor* L.

一年生草本，高80～150 cm；茎粗壮，绿色或红色，常分枝，幼时有毛或无毛。叶片卵形、菱状卵形或披针形，长4～10 cm，宽2～7 cm，绿色或红色，紫色或黄色，或部分绿色加杂其他颜色，顶端圆钝或尖凹，具凸尖，基部楔形，全缘或波状缘，

无毛；叶柄长2～6 cm，绿色或红色。花簇腋生，直到下部叶，或同时具顶生花簇，成下垂的穗状花序；花簇球形，直径5～15 mm，雄花和雌花混生；苞片及小苞片卵状披针形，长2.5～3 mm，透明，顶端有1长芒尖，背面具1绿色或红色隆起中脉；花被片矩圆形，长3～4 mm，绿色或黄绿色，顶端有1长芒尖，背面具1绿色或紫色隆起中脉；雄蕊比花被片长或短。胞果卵状矩圆形，长2～2.5 mm，环状横裂，包裹在宿存花被片内。种子近圆形或倒卵形，直径约1 mm，黑色或黑棕色，边缘钝。花期5—8月，果期7—9月。

39. 野苋 *A. viridis* L.

一年生草本，高10～30 cm，全体无毛；茎伏卧而上升，从基部分枝，淡绿色或紫红色。叶片卵形或菱状卵形，长1.5～4.5 cm，宽1～3 cm，顶端凹缺，有1芒尖，或微小不显，基部宽楔形，全缘或稍呈波状；叶柄长1～3.5 cm。花成腋生花簇，直至下部叶的腋部，生在茎端和枝端者成直立穗状花序或圆锥花序；苞片及小苞片矩圆形，长不及1 mm；花被片矩圆形或披针形，长1.2～1.5 mm，淡绿色，顶端急尖，边缘内曲，背部有1隆起中脉；雄蕊比花被片稍短；柱头3或2，果熟时脱落。胞果扁卵形，长3 mm，不裂，微皱缩而近平滑，超出宿存花被片。种子环形，直径约12 mm，黑色至黑褐色，边缘具环状边。花期7—8月，果期8—9月。

（七）马齿苋科 Portulacaceae

一年生或多年生草本，稀半灌木。单叶，互生或对生，全缘，常肉质；托叶干膜质或刚毛状，稀不存在。

花两性，整齐或不整齐，腋生或顶生，单生或簇生，或成聚伞花序、总状花序、圆锥花序；萼片2，稀5，草质或干膜质，分离或基部连合；花瓣4～5片，稀更多，覆瓦状排列，分离或基部稍连合，常有鲜艳色，早落或宿存；雄蕊与花瓣同数，对生，或更多、分离或成束或与花瓣贴生，花丝线形，花药2室，内向纵裂；雌蕊3～5心皮合生，子房上位或半下位，1室，基生胎座或特立中央胎座，有弯生胚珠1至多粒，花柱线形，柱头2～5裂，形成内向的柱头面。

蒴果近膜质，盖裂或2～3瓣裂，稀为坚果；种子肾形或球形，多数，稀为2颗，种阜有或无，胚环绕粉质胚乳，胚乳大多丰富。

40. 马齿苋 *Portulaca oleracea* L.

一年生草本，全株无毛。茎平卧或斜倚，伏地铺散，多分枝，圆柱形，长10～15 cm淡绿色或带暗红色。茎紫红色，叶互生，有时近对生，叶片扁平，肥厚，倒卵形，似马齿状，长1～3 cm，宽0.6～1.5 cm，顶端圆钝或平截，有时微凹，基部楔形，全缘，上面暗绿色，下面淡绿色或带暗红色，中脉微降起；叶柄粗短。

（八）石竹科 Caryophyllaceae

一年生或多年生草本，稀亚灌木。茎节通常膨大，具关节。单叶对生，稀互生或轮生，全缘，基部多少连合；托叶有，膜质，或缺。花辐射对称，排列成聚伞花序或聚伞圆锥花序，稀单生，少数呈总状花序、头状花序。果实为蒴果，长椭圆形、果皮壳质；种子弯生，多数或少数，微扁；种脐通常位于种子凹陷处，稀盾状着生；种皮纸质，稀表面近平滑或种皮为海绵质。

41. 石竹 *Dianthus chinensis* L.

多年生草本，高30～50 cm，全株无毛，带粉绿色。茎由根颈生出，疏丛生，直立，上部分枝。叶片线状披针形，长3～5 cm，宽2～4 mm，顶端渐尖，基部稍狭，全缘或有细小齿，中脉较显。花单生枝端或数花集成聚伞花序；花梗长1～3 cm；苞片4，卵形，顶端长渐尖，长达花萼1/2以上，边缘膜质，有缘毛；花萼圆筒形，长15～25 mm，直径4～5 mm，有纵条纹，萼齿披针形，长约5 mm，直伸，顶端尖，有缘毛；花瓣长15～18 mm，瓣片倒卵状三角形，长13～15 mm，紫红色、粉红色、鲜红色或白色；顶缘不整齐齿裂，喉部有斑纹，疏生髯毛；雄蕊露出喉部外，花药蓝色；子房长圆形，花柱线形。蒴果圆筒形，包于宿存萼内，顶端4裂；种子黑色，扁圆形。花期5—6月，果期7—9月。

42. 鹅肠菜 *Myosoton aquaticum*（L.）Moench, Methodus

二年生或多年生草本，具须根。茎上升，多分枝，长50～80 cm，上部被腺毛。叶片卵形或宽卵形，长2.5～5.5 cm，宽1～3 cm，顶端急尖，基部稍心形，有时边缘具毛；叶柄长5～15 mm，上部叶常无柄或具短柄，疏生柔毛。

顶生二歧聚伞花序；苞片叶状，边缘具腺毛；花梗细，长1～2 cm，花后伸长并向下弯，密被腺毛；萼片卵状披针形或长卵形，长4～5 mm，果期长达7 mm，顶端较钝，边缘狭膜质，外面被腺柔毛，脉纹不明显；花瓣白色，2深裂至基部，裂片线形或披针状线形，长3～3.5 mm，宽约1 mm；雄蕊10，稍短于花瓣；子房长圆形，花柱短，线形。蒴果卵圆形，稍长于宿存萼；种子近肾形，直径约1 mm，稍扁，褐色，具小疣。花期5—8月，果期6—9月。

43. 女娄菜 *Silene aprica* Turcx. ex Fisch. et Mey.

一年生、二年生或多年生草本，高30～70 cm。全株密被短柔毛。茎直立，由基部分枝。叶对生，上部叶无柄，下面叶具短柄；叶片线状披针形至披针形，长4～7 cm，宽4～8 mm，先端急尖，基部渐窄。全缘。聚伞花序2～4分歧，小聚伞2～3花；萼管长卵形，具10脉，先端5齿裂；花瓣5，白色，倒披针形，先端2裂，基部有爪，喉部有2鳞片；雄蕊10，略短于花瓣；子房上位，花柱3条。蒴果椭圆形，先端6裂，外围宿萼与果近等长。种子多数，细小，黑褐色，有瘤状突起。花期5—6月，果期7—8月。

（九）睡莲科 Nymphaeaceae

多年生水生草本，叶常二型：漂浮叶或出水叶互生，心形至盾形。花两形，辐射对称，单生花梗顶端，坚果或浆果。根茎粗壮，叶宽卵形浮于水面，花单生，花萼5片，金黄色，花心红色，花茎伸出水面。花期7—8月。浆果卵形，种子黄褐色，果熟期8—9月。

44. 莲 *Nelumbo nucifera* Gaertn.

多年生挺水草本植物。根状茎横走，粗而肥厚，节间膨大，内有纵横通气孔道，节部缢缩。叶基生，挺出水面，盾形，直径30～90 cm，波状边缘，上面深绿色，下面浅绿色。叶柄有小刺，长1～2 m，挺出水面。花单生，直径10～25 cm，椭圆花瓣多数，白色或粉红色；花柄长1～2 m。花托在果期膨大，直径5～10 cm，海绵质。坚果椭圆形和卵圆形，长1.5～2.0 cm，灰褐色。种子卵圆形，长1.2～1.7 cm，种皮红棕色。

（十）毛茛科 Ranunculaceae

多年生或一年生草本，少有灌木或木质藤本。叶通常互生或基生，少数对生，单叶或复叶，通常掌状分裂，无托叶；叶脉掌状，偶尔羽状，网状连结，少有开放的两叉状分枝。花两性，少有单性，雌雄同株或雌雄异株，辐射对称，稀为两侧对称，单生或组成各种聚伞花序或总状花序。萼片下位，4～5，或较多，或较少，绿色，或花瓣不存在或特化成分泌器官时常较大，呈花瓣状，有颜色。花瓣存在或不存在，下位，4～5，或较多，常有蜜腺并特化成分泌器官，这时常比萼片小得多，呈杯状、筒状、二唇状，基部常有囊状或筒状的距。雄蕊下位，多数，有时少数，螺旋状排列，花药2室，纵裂。退化雄蕊有时存在。心皮分生，少有合生，多数、少数或1枚，在多少隆起的花托上螺旋状排列或轮生，沿花柱腹面生柱头组织，柱头不明显或明显；胚珠多数、少数至1个，倒生。果实为蓇葖或瘦果，少数为蒴果或浆果。种子有小的胚和丰富胚乳。

45. 石龙芮 *Ranunculus sceleratus* L.

一年生草本。须根簇生。茎直立，高10～50 cm，直径2～5 mm，有时粗达1 cm，上部多分枝，具多数节，下部节上有时生根，无毛或疏生柔毛。基生叶多数；叶片肾状圆形，长1～4 cm，宽1.5～5 cm，基部心形，3深裂不达基部，裂片倒卵状楔形，不等地2～3裂，顶端钝圆，有粗圆齿，无毛；叶柄长3～15 cm，近无毛。茎生叶多数，下部叶与基生叶相似；上部叶较小，3全裂，裂片披针形至线形，全缘，无毛，顶端钝圆，基部扩大成膜质宽鞘抱茎。

46. 茴茴蒜 *R. chinensis* Bunge

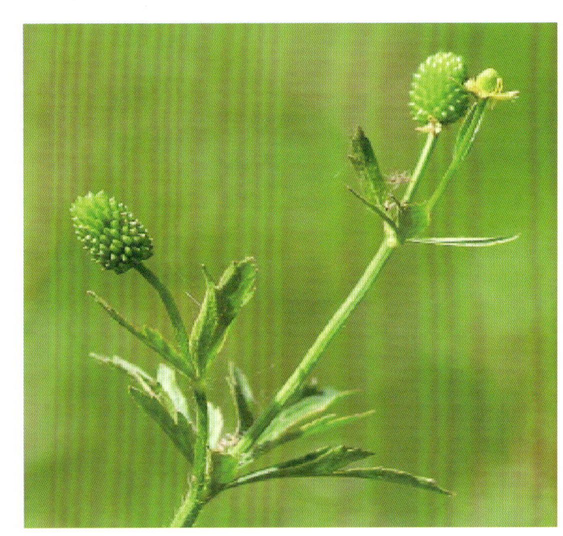

一年生草本。须根多数簇生。茎直立粗壮，高20～70 cm，直径在5 mm以上，中空，有纵条纹，分枝多，与叶柄均密生开展的淡黄色糙毛。基生叶与下部叶有长达12 cm的叶柄，为3出复叶，叶片宽卵形至三角形，长3～8（～12）cm，小叶2～3深裂，裂片倒披针状楔形，宽5～10 mm，上部有不等的粗齿或缺刻或2～3裂，顶端尖，两面伏生糙毛，小叶柄长1～2 cm或侧生小叶柄较短，生开展的糙毛。上部叶较小和叶柄较短，叶片3全裂，裂片有粗齿牙或再分裂。

47. 毛茛 *R. japonicus* Thunb.

毛茛属多年生草本植物。须根多数簇生。茎直立，高可达70 cm，叶片圆心形或五角形，基部心形或截形，中裂片倒卵状楔形或宽卵圆形或菱形，两面贴生柔毛，叶柄生开展柔毛。裂片披针形，有尖齿牙或再分裂；聚伞花序有多数花，疏散；花贴生柔毛；萼片椭圆形，生白柔毛；花瓣倒卵状圆形，花托短小，无毛。聚合果近球形，瘦果扁平，花果期4—9月。

48. 唐松草 *Thalictrum aquilegiifolium* var. sibiricum L.

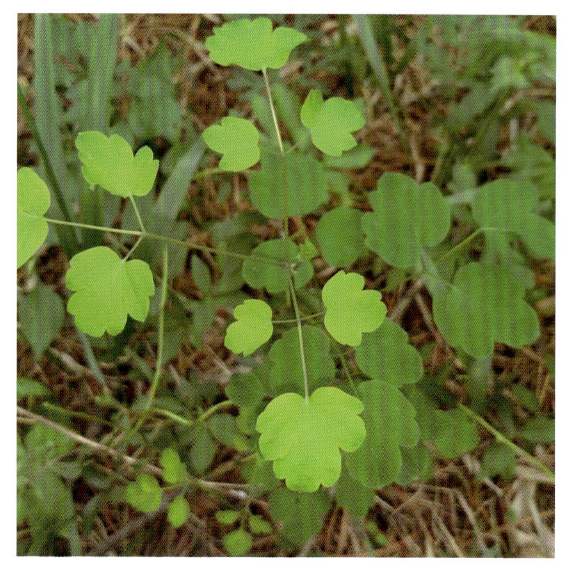

植株全部无毛。茎粗壮，高60～150 cm，粗达1 cm，分枝。基生叶在开花时枯萎。茎生叶为3～4回三出复叶；叶片长10～30 cm；小叶草质，顶生小叶倒卵形或扁圆形，长1.5～2.5 cm，宽1.2～3 cm，顶端圆或微钝，基部圆楔形或不明显心形，三浅裂，裂片全缘或有1～2牙齿，两面脉平或在背面脉稍隆起；叶柄长4.5～8 cm，有鞘，托叶膜质，不裂。圆锥花序伞房状，有多数密集的花；花梗长4～17 mm；萼片白色或外面带紫色，宽椭圆形，长3～3.5 mm，早落；雄蕊多数，长6～9 mm，花药长圆形，长约1.2 mm，顶端钝，上部倒披针形，比花药宽或稍窄，下部丝形；心皮6～8，有长心皮柄，花柱短，柱头侧生。瘦果倒卵形，长4～7 mm，有3条宽纵翅，基部突变狭，心皮柄长3～5 mm，宿存柱头长0.3～0.5 mm。

49. 棉团铁线莲

Clematis hexapetala Pall.

多年生直立草本，高30～100 cm。老枝圆柱形，有纵沟；茎疏生柔毛，后变无毛。叶片近革质绿色，干后常变黑色，单叶至复叶，一至二回羽状深裂，裂片线状披针形，长椭圆状披针形至椭圆形，或线形，长1.5～10 cm，宽0.1～2 cm，顶端锐尖或凸尖，有时钝，全缘，两面或沿叶脉疏生长柔毛或近无毛，网脉突出。花序顶生，聚伞花序或为总状、圆锥状聚伞花序，有时花单生，花直径2.5～5 cm；萼片4～8，通常6，白色，长椭圆形或狭倒卵形，长1～2.5 cm，宽0.3～1（～1.5）cm，外面密生棉毛，花蕾时像棉花球，内面无毛；雄蕊无毛。瘦果倒卵形，扁平，密生柔毛，宿存花柱长1.5～3 cm，有灰白色长柔毛。花期6—8月，果期7—10月。

50. 圆叶碱毛茛 *Halerpestes cymbalaria* Prush.

圆叶碱毛茛又名水葫芦苗。多年生草本。匍匐茎细长，横走。叶多数；叶片纸质，多近圆形，或肾形、宽卵形，长0.5～2.5 cm，宽稍大于长，基部圆心形、截形或宽楔形，边缘有3～7（～11）个圆齿，有时3～5裂，无毛；叶柄长2～12 cm，稍有毛。花葶1～4条，高5～15 cm，无毛；苞片线形；花小，直径6～8 mm；萼片绿色，卵形，长3～4 mm，无毛，反折；花瓣5，狭椭圆形，与萼片近等长，顶端圆形，基部有长约1 mm的爪，爪上端有点状蜜槽；花药长0.5～0.8 mm，花丝长约2 mm；花托圆柱形，长约5 mm，有短柔毛。聚合果椭圆球形，直径约5 mm；瘦果小而极多，斜倒卵形，长1.2～1.5 mm，两面稍鼓起，有3～5条纵肋，无毛，喙极短，呈点状。花果期5—9月。

51. 白头翁 *Pulsatilla chinensis*（Bunge）Regel

植株高15～35 cm。根状茎粗0.8～1.5 cm。基生叶4～5，通常在开花时刚刚生出，有长柄；叶片宽卵形，长4.5～14 cm，宽6.5～16 cm，三全裂，中全裂片有柄或近无柄，宽卵形，三深裂，中深裂片楔状倒卵形，少有狭楔形或倒梯形，全缘或有齿，侧深裂片不等二浅裂，侧全裂片无柄或近无柄，不等三深裂，表面变无毛，背面有长柔毛；叶柄长7～15 cm，有密长柔毛。花葶1～2，有柔毛；苞片3，基部合生成长3～10 mm的筒，三深裂，深裂片线形，不分裂或上部三浅裂，背面密被长柔毛；花梗长2.5～5.5 cm，结果时长达23 cm；花直立；萼片蓝紫色，长圆状卵形，长2.8～4.4 cm，宽0.9～2 cm，背面有密柔毛；雄蕊长约为萼片的一半。聚合果直径9～12 cm；瘦果纺锤形，扁，长3.5～4 mm，有长柔毛，宿存花柱长3.5～6.5 cm，有向上斜展的长柔毛。花期4—5月。

（十一）十字花科 Cruciferae

一年生、二年生或多年生草本，常具有一种含黑芥子硫苷酸（Myrosin）的细胞而产生一种特殊的辛辣气味，多数是草本，很少呈亚灌木状。植株具有各式的毛，毛有单毛、分枝毛、星状毛或腺毛，也有无毛的。根有时膨大成肥厚的块根。茎直立或铺散，有时茎短缩，它的形态在本科中变化较大。叶有二型：基生叶呈旋叠状或莲座状；茎生叶通常互生，有柄或无柄，单叶全缘、有齿或分裂，基部有时抱茎或半抱茎，有时呈各式深浅不等的羽状分裂（如大头羽状分裂）或羽状复叶；通常无托叶。花整齐，两性，少有退化成单性的；花多数聚集成一总状花序，顶生或腋生，偶有单生的。种子一般较小，表面光滑或具纹理，边缘有翅或无翅，有的湿时发黏，无胚乳。

52. 荠菜 *Capsella bursa-pastoris*（L.）Medic.

荠菜高30～40 cm，主根瘦长，白色，直下，分枝。茎直立，单一或基部分枝。基生叶丛生，挨地，莲座状、叶羽状分裂，稀全缘，上部裂片三角形，不整齐，顶片特大，叶片有毛，叶耙有翼。茎生叶狭披针形或披针形，顶部几成线形，基部成耳状抱茎，边缘有缺刻或锯齿，或近于全缘，叶两面生有单一或分枝的细柔毛，边缘疏生白色长睫毛。

53. 独行菜 *Lepidium apetalum* Willd.

一年生或二年生草本，高5～30 cm；茎直立，有分枝，无毛或具微小头状毛。基生叶窄匙形，一回羽状浅裂或深裂，长3～5 cm，宽1～1.5 cm；叶柄长1～2 cm；茎上部叶线形，有疏齿或全缘。总状花序在果期可延长至5 cm；萼片早落，卵形，长约0.8 mm，外面有柔毛；花瓣不存或退化成丝状，比萼片短；雄蕊2或4。短角果近圆形或宽椭圆形，扁平，长2～3 mm，宽约2 mm，顶端微缺，上部有短翅，隔膜宽不到1 mm；果梗弧形，长约3 mm。种子椭圆形，长约1 mm，平滑，棕红色。花果期5—7月。

54. 播娘蒿 *Descurainia Sophia*（L.）Webb. ex Prantl

一年生草本，高可达80 cm，叉状毛，茎生叶为多，茎直立，分枝多，叶片为3回羽状深裂，末端裂片条形或长圆形，裂片下部叶具柄，上部叶无柄。花序伞房状，萼片直立，早落，长圆条形，花瓣黄色，长圆状倒卵形，长角果圆筒状，无毛，果瓣中脉明显；种子多数，长圆形，花期4—5月。

55. 沼生蔊菜 *Rorippa palustris*（L.）Besser

一年生或二年生草本，高（10）20～50 cm，光滑无毛或稀有单毛。茎直立，单一成分枝，下部常带紫色，具棱。基生叶多数，具柄；叶片羽状深裂或大头羽裂，长圆形至狭长圆形，长5～10 cm，宽1～3 cm，裂片3～7对，边缘不规则浅裂或呈深波状，顶端裂片较大，基部耳状抱茎，有时有缘毛；茎生叶向上渐小，近无柄，叶片羽状深裂或具齿，基部耳状抱茎。总状花序顶生或腋生，果期伸长，花小，多数，黄色呈淡黄色，具纤细花梗，长3～5 mm；种子每室2行，多数，褐色，细小，近卵形而扁，一端微凹，表面具细网纹；子叶缘倚胚根。花期4—7月，果期6—8月。

56. 球果蔊菜 *R. globosa*（Turcz.）Hayek

一年生草本，高40～100 cm。茎直立，有分枝，基部木质化，下部有毛或无毛。叶为单叶，长圆形或倒卵状披针形，茎下部叶有柄，大头羽裂或不裂，茎上部叶无柄，不分裂，长3～9 cm，宽1～3 cm，基部抱茎，两侧具短叶耳，先端渐尖或钝圆，边缘具不整齐的齿裂，两面有毛或无毛。总状花序顶生；花梗长1～3 mm；花淡黄色，直径1 mm；萼片长1.5～2 mm，花瓣稍短于萼片；子房2室。花期6月，果期7月。

57. 蔊菜 *R. indica*（L.）Hiern

一年生或二年生直立草本，高20～40 cm，植株较粗壮，无毛或具疏毛。茎单一或分枝，表面具纵沟。叶互生，基生叶及茎下部叶具长柄，叶形多变化，通常大头羽状分裂，长4～10 cm，宽1.5～2.5 cm，顶端裂片大，卵状披针形，边缘具不整齐牙齿，侧裂片1～5对；茎上部叶片宽披针形或匙形，边缘具疏齿，具短柄或基部耳状抱茎。总状花序顶生或侧生，花小，多数，具细花梗；萼片4，卵状长圆形，长3～4 mm；花瓣4，黄色，匙形，基部渐狭成短爪，与萼片近等长；雄蕊6，2枚稍短。长角果线状圆柱形，短而粗，长1～2 cm，宽1～1.5 mm，直立或稍内弯，成熟时果瓣隆起；果梗纤细，长3～5 mm，斜升或近水平开展。种子每室2行，多数，细小，卵圆形而扁，一端微凹，表面褐色，具细网纹；子叶缘倚胚根。花期4—6月，果期6—8月。

58. 葶苈 *Draba nemorosa* L.

一年生或二年生草本。茎直立，高5～45 cm，单一或分枝，疏生叶片或无叶，但分枝茎有叶片；下部密生单毛、叉状毛和星状毛，上部渐稀至无毛。基生叶莲座状，长倒卵形，顶端稍钝，边缘有疏细齿或近于全缘；茎生叶长卵形或卵形，顶端尖，基部楔形或渐圆，边缘有细齿，无柄，上面被单毛和叉状毛，下面以星状毛为多。总状花序有花25～90朵，密集成伞房状，花后显著伸长，疏松，小花梗细，长5～10 mm；萼片椭圆形，背面略有毛；花瓣黄色，花期后呈白色，倒楔形，长约2 mm，顶端凹；雄蕊长1.8～2 mm；花药短心形；雌蕊椭圆形，密生短单毛，花柱几乎不发育，柱头小。短角果长圆形或长椭圆形，长4～10 mm，宽1.1～2.5 mm，被短单毛；果梗长8～25 mm，与果序轴成直角开展，或近于直角向上开展。种子椭圆形，褐色，种皮有小疣。花期3—4月上旬，果期5—6月。

（十二）景天科 Crassulaceae

草本、半灌木或灌木，常有肥厚、肉质的茎、叶，无毛或有毛。叶不具托叶，互生、对生或轮生，常为单叶，全缘或稍有缺刻，少有为浅裂或为单数羽状复叶的。常为聚伞花序，或为伞房状、穗状、总状或圆锥状花序，有时单生。花两性，或为单性而雌雄异株，辐射对称，花各部常为5数或其倍数，少有为3数、4数或6～32数或其倍数；萼片自基部分离，少有在基部以上合生，宿存；花瓣分离，或多少合生；雄蕊1轮或2轮，与萼片或花瓣同数或为其两倍，分离，或与花瓣或花冠筒部多少合生，花丝丝状或钻形，少有变宽的，花药基生，少有为背着，内向开裂；心皮常与萼片或花瓣同数，分离或基部合生，常在基部外侧有腺状鳞片1枚，花柱钻形，柱头头状或不显著，胚珠倒生，有两层珠被，常多数，排成两行沿腹缝线排列，稀少数或1个的。蓇葖有膜质或革质的皮，稀为蒴果；种子小，长椭圆形，种皮有皱纹或微乳头状突起，或有沟槽，胚乳不发达或缺。

59. 费菜 *Phedimus aizoon* (L.) 't Hart

多年生草本。根状茎短，粗茎高20～50 cm，有1～3条茎，直立，无毛，不分枝。叶互生，狭披针形、椭圆状披针形至卵状倒披针形，长3.5～8 cm，宽1.2～2 cm，先端渐尖，基部楔形，边缘有不整齐的锯齿；叶坚实，近革质。聚伞花序有多花，水平分枝，平展，下托以苞叶。萼片5，线形，肉质，不等长，长3～5 mm，先端钝；花瓣5，黄色，长圆形至椭圆状披针形，长6～10 mm，有短尖；雄蕊10，较花瓣短；鳞片5，近正方形，长0.3 mm，心皮5，卵状长圆形，基部合生，腹面凸出，花柱长钻形。蓇葖星芒状排列，长7 mm；种子椭圆形，长约1 mm。花期6—7月，果期8—9月。

60. 佛甲草 *Sedum lineare* Thunb.

多年生草本，无毛。茎高10～20 cm。3叶轮生，少有4叶轮或对生的，叶线形，长20～25 mm，宽约2 mm，先端钝尖，基部无柄，有短距。花序聚伞状，顶生，疏生花，宽4～8 cm，中央有一朵有短梗的花，另有2～3分枝，分枝常再2分枝，着生花无梗；萼片5，线状披针形，长1.5～7 mm，不等长，不具距，有时有短距，先端钝；花瓣5，黄色，披针形，长4～6 mm，先端急尖，基部稍狭；雄蕊10，较花瓣短；鳞片5，宽楔形至近四方形，长0.5 mm，宽0.5～0.6 mm。

蓇葖略叉开，长4～5 mm，花柱短；种子小。花期4—5月，果期6—7月。

61. 景天 *S. erythrostictum* Miq.

多年生肉质草本，高30～70 cm，全株带白粉。块根胡萝卜状。茎直立，不分枝，茎节紫色。叶对生；近无柄；叶片椭圆形至卵状长圆形，边缘有浅波状锯齿。伞房状聚伞花序，顶生；花密集；萼片5，披针形或卵形，花瓣5，白色或粉红色；雄蕊10，2轮，花药紫色；鳞片5，长圆状楔形；心皮5，分离，针形，淡红色。膏葖果，直立，带红色或蔷薇红色。花期7—9月，果期10月。

（十三）蔷薇科 Rosaceae

草本、灌木或小乔木，有刺或无刺，有时攀援状；叶互生，常有托叶；花两性，辐射对称，颜色各种；花托多少中空，花被即着生于其周缘；萼片4～5，有时具副萼；花瓣4～5或有时缺；雄蕊多数，周位，稀5或10；子房由1至多个、分离或合生的心皮所成，上位或下位；花柱分离或合生，顶生、侧生或基生；胚珠每室1至多颗；果为核果或聚合果，或为多数的瘦果藏于肉质或干燥的花托内，稀蒴果。

62. 委陵菜 *Potentilla chinensis* Ser.

根粗壮，圆柱形，稍木质化。花茎直立或上升，高20～70 cm，叶为羽状复叶，有小叶茎生叶托叶草质，绿色，边缘锐裂。伞房状聚伞花序，萼片三角卵形，花瓣黄色，宽倒卵形，顶端微凹，比萼片稍长；花柱近顶生。瘦果卵球形，深褐色，有明显皱纹。花果期4—10月。

63. 莓叶委陵菜 *P. fragarioides* L.

多年生草本。根极多，簇生。花茎多数，丛生，上升或铺散，长8～25 cm，被开展长柔毛。基生叶羽状复叶，有小叶2～3对，间隔0.8～1.5 cm，稀4对，连叶柄长5～22 cm，叶柄被开展疏柔毛，小叶有短柄或几无柄；小叶片倒卵形、椭圆形或长椭圆形，长0.5～7 cm，宽0.4～3 cm，顶端圆钝或急尖，基部楔形或宽楔形，边缘有多数急尖或圆钝锯齿，近基部全缘，两面绿色，被平铺疏柔毛，下面沿脉较密，锯齿边缘有时密

被缘毛；茎生叶，常有3小叶，小叶与基生叶小叶相似或长圆形顶端有锯齿而下半部全缘，叶柄短或几无柄；基生叶托叶膜质，褐色，外面有稀疏开展长柔毛，茎生叶托叶草质，绿色，卵形，全缘，顶端急尖，外被平铺疏柔毛。伞房状聚伞花序顶生，多花，松散，花梗纤细，长1.5～2 cm，外被疏柔毛；花直径1～1.7 cm；萼片三角卵形，顶端急尖至渐尖，副萼片长圆披针形，顶端急尖，与萼片近等长或稍短；花瓣黄色，倒卵形，顶端圆钝或微凹；花柱近顶生，上部大，基部小。成熟瘦果近肾形，直径约1 mm，表面有脉纹。花期4—6月，果期6—8月。

64. 龙芽草 *Agrimonia pilosa* Ldb.

多年生草本。根多呈块茎状，周围长出若干侧根，根茎短，基部常有1至数个地下芽。茎高30～120 cm，被疏柔毛及短柔毛，稀下部被稀疏长硬毛。叶为间断奇数羽状复叶，通常有小叶3～4对，稀2对，向上减少至3小叶，叶柄被稀疏柔毛或短柔毛；小叶片无柄或有短柄，倒卵形，倒卵椭圆形或倒卵披针形，长1.5～5 cm，宽1～2.5 cm，顶端急尖至圆钝，稀渐尖，基部楔形至宽楔形，边缘有急尖到圆钝锯齿，上面被疏柔毛，稀脱落几无毛，下面通常脉上伏生疏柔毛，稀脱落几无毛，有显著腺点；托叶草质，绿色，镰形，稀卵形，顶端急尖或渐尖，边缘有尖锐锯齿或裂片，稀全缘，茎下部托叶有时卵状披针形，常全缘。花序穗状总状顶生，分枝或不分枝，花序轴被柔毛，花梗长1～5 mm，被柔毛；苞片通常深3裂，裂片带形，小苞片对生，卵形，全缘或边缘分裂；花直径6～9 mm；萼片5，三角卵形；花瓣黄色，长圆形；雄蕊8～15枚；花柱2，丝状，柱头头状。果实倒卵圆锥形，外面有10条肋，被疏柔毛，顶端有数层钩刺，幼时直立，成熟时靠合，连钩刺长7～8 mm，最宽处直径3～4 mm。花果期5—12月。

65. 桃 *Prunus persica* L.

桃是一种乔木，高3～8 m；树冠宽广而平展；树皮暗红褐色，老时粗糙呈鳞片状；小枝细长，无毛，有光泽，绿色，向阳处转变成红色，具大量小皮孔；冬芽圆锥形，顶端钝，外被短柔毛，常2～3个簇生，中间为叶芽，两侧为花芽。叶片长圆披针形、椭圆披针形或倒卵状披针形，长7～15 cm，宽2～3.5 cm，先端渐尖，基部宽楔形，上面无毛，下面在脉腋间具少数短柔毛或无毛，叶边具细锯齿或粗锯齿，齿端具腺体或无腺体；叶柄粗壮，长1～2 cm，常具1至数枚腺体，有时无腺体。果实形状和大小均有变异，卵形、宽椭圆形或扁圆形，直径（3）5～7（12）cm，长几与宽相等，色泽变化由淡绿白色至橙黄色，常在向阳面具红晕，外面密被短柔毛，稀无毛，腹缝明显，果梗短而深入果洼；果肉白色、浅绿白色、黄色、橙黄色或红色，多汁有香味，甜或酸甜；核大，离核或黏核，椭圆形或近圆形，两侧扁平，顶端渐尖，表面具纵、横沟纹和孔穴；种仁味苦，稀味甜。花期3—4月，果实成熟期因品种而异，通常为8—9月。

66. 榆叶梅 *P. triloba* Lindl.

短枝上的叶常簇生，一年生枝上的叶互生；叶片宽椭圆形至倒卵形，长2～6 cm，宽1.5～3（4）cm，先端短渐尖，常3裂，基部宽楔形，上面具疏柔毛或无毛，下面被短柔毛，叶边具粗锯齿或重锯齿；叶柄长5～10 mm，被短柔毛。

花1～2朵，先于叶开放，直径2～3 cm；花梗长4～8 mm；萼筒宽钟形，长3～5 mm，无毛或幼时微具毛；萼片卵形或卵状披针形，无毛，近先端疏生小锯齿；花瓣近圆形或宽倒卵形，长6～10 mm，先端圆钝，有时微凹，粉红色；雄蕊25～30，短于花瓣；子房密被短柔毛，花柱稍长于雄蕊。果实近球形，直径1～1.8 cm，顶端具短小尖头，红色，外被短柔毛；果梗长5～10 mm；果肉薄，成熟时开裂；核近球形，具厚硬壳，直径1～1.6 cm，两侧几不压扁，顶端圆钝，表面具不整齐的网纹。花期4—5月，果期5—7月。

67. 毛樱桃 *P. tomentosa*（Thunb.）Wall.

毛樱桃是灌木，通常高0.3～1 m，稀呈小乔木状，高可达2～3 m。小枝紫褐色或灰褐色，嫩枝密被绒毛到无毛。冬芽卵形，疏被短柔毛或无毛。叶片卵状椭圆形或倒卵状椭圆形，长2～7 cm，宽1～30.5 cm，先端急尖或渐尖，基部楔形，边有急尖或粗锐锯齿，上面暗绿色或深绿色，被疏柔毛，下面灰绿色，密被灰色绒毛或以后变为稀疏，侧脉4～7对；叶柄长2～8 mm，被绒毛或脱落稀疏；托叶线形，长3～6 mm，被长柔毛。花单生或2朵簇生，花叶同开，近先叶开放或先叶开放；花梗长达2.5 mm或近无梗；萼筒管状或杯状，长4～5 mm，外被短柔毛或无毛，萼片三角卵形，先端圆钝或急尖，长2～3 mm，内外两面内被短柔毛或无毛；花瓣白色或粉红色，倒卵形，先端圆钝；雄蕊20～25枚，短于花瓣；花柱伸出与雄蕊近等长或稍长；子房全部被毛或仅顶端或基部被毛。核果近球形，红色，直径0.5～1.2 cm；核表面除棱脊两侧有纵沟外，无棱纹。花期4—5月，果期6—9月。

68. 京桃 *P. persica* L.

乔木，高3～8 m；树冠宽广而平展；树皮暗红褐色，老时粗糙呈鳞片状；小枝细长，无毛，有光泽，绿色，向阳处转变成红色，具大量小皮孔；冬芽圆锥形，顶端钝，外被短柔毛，常2～3个簇生，中间为叶芽，两侧为花芽。叶片长圆披针形、椭圆披针形或倒卵状披针形，长7～15 cm，宽2～3.5 cm，先端渐尖，基部宽楔形，上面无毛，下面在脉腋间具少数短柔毛或无毛，叶边具细锯齿或粗锯齿，齿端具腺体或无腺体；叶柄粗壮，长1～2 cm，常具1至数枚腺体，有时无腺体。花单生，先于叶开放，直径2.5～3.5 cm；花梗极短或几无梗；萼筒钟形，被短柔毛，稀几无毛，绿色而具红色斑点；萼片卵形至长圆形，顶端圆钝，外被短柔毛；花瓣长圆状椭圆形至宽倒卵形，粉红色，罕为白色；雄蕊20～30，花药绯红色；花柱几与雄蕊等长或稍短；子房被短柔毛。果实形状和大小均有变异，卵形、宽椭圆形或扁圆形，直径（3）5～7（12）cm，长几与宽相等，色泽变化由淡绿白色至橙黄色，常在向阳面具红晕，外面密被短柔毛，稀无毛，腹缝明显，果梗短而深入果洼；果肉白色、浅绿色、黄色、橙黄色或红色，多汁有香味，甜或酸甜；核大，离核或黏核，椭圆形或近圆形，两侧扁平，顶端渐尖，表面具纵、横沟纹和孔穴；种仁味苦，稀味甜。花期3—4月，果实成熟期因品种而异，通常为8—9月。

69. 路边青 *Geum aleppicum* Jacq.

多年生草本，高60～100 cm，全株密被白色柔毛。年老的根丛中常有短而大的根茎，须根多。根生叶具长柄，叶片羽状分裂，裂片大小不一，顶裂片特大，卵状圆形或心形，先端钝，多3裂，基部心形至广楔形，边缘有圆锯齿，上面绿色，下面略淡，两面散生短柔毛；茎生叶卵形至广卵形，浅3裂或深3裂；托叶叶状，有粗齿牙。花1至数朵，生于枝端；萼5片，与副萼片间生，萼片三角状披针形，外面密被毛，副萼片极小，线形；花瓣5片，黄色，圆形或广椭圆形，平展，与萼片等长；雄蕊、雌蕊均多数。瘦果，散生淡黄色粗毛，具长而先端钩曲的宿存花柱。花期4—6月，果期9—11月。

70. 风箱果 *Physocarpus amurensis* Maxim.

灌木，高达3 m；小枝圆柱形，稍弯曲，无毛或近于无毛，幼时紫红色，老时灰褐色，树皮呈纵向剥裂；冬芽卵形，先端尖，外面被短柔毛。叶片三角卵形至宽卵形，长3.5～5.5 cm，宽3～5 cm，先端急尖或渐尖，基部心形或近心形，稀截形，通常基部3裂，稀5裂，边缘有重锯齿，下面微被星状毛与短柔毛，沿叶脉较密；叶柄长1.2～2.5 cm，微被柔毛或近于无毛；

托叶线状披针形，顶端渐尖，边缘有不规则尖锐锯齿，长6～7 mm，无毛或近于无毛，早落。花序伞形总状，直径3～4 cm，花梗长1～1.8 cm，总花梗和花梗密被星状柔毛；苞片披针形，顶端有锯齿，两面微被星状毛，早落；花直径8～13 mm；萼筒杯状，外面被星状绒毛；萼片三角形，长3～4 mm，宽约2 mm，先端急尖，全缘，内外两面均被星状绒毛；花瓣倒卵形，长约4 mm，宽约2 mm，先端圆钝，白色；雄蕊20～30，着生在萼筒边缘，花药紫色；心皮2～4，外被星状柔毛，花柱顶生。

蓇葖果膨大，卵形，长渐尖头，熟时沿背腹两缝开裂，外面微被星状柔毛，内含光亮黄色种子2～5枚。花期6月，果期7—8月。

71. 紫叶风箱果 *Physocarpus opulifolius*

紫叶风箱果为落叶灌木，高2～3 m，叶三角状卵形，具浅裂，先端尖，基部广楔形，缘有复锯齿。整个生长季枝叶一直是紫红色，春季和初夏颜色略浅，中夏至秋季为深紫红色。顶生伞形总状花序，花多而密，每个花絮20～60朵小花，小花直径0.5～1 cm，花白色，花期6月下旬至7月下旬。萼片三角形，蓇葖果膨大，夏末时呈红色，9—10月成熟、开裂、宿存。

72. 珍珠梅 *Sorbaria kirilowii*（L.）A.Br.

灌木，高达2 m，枝条开展；小枝圆柱形，稍屈曲，无毛或微被短柔毛，初时绿色，老时暗红褐色或暗黄褐色；冬芽卵形，先端圆钝，无毛或顶端微被柔毛，紫褐色，具有数枚互生外露的鳞片。顶生大型密集圆锥花序，分枝近于直立，长10～20 cm，直径5～12 cm，总花梗和花梗被星状毛或短柔毛，果期逐渐脱落，近于无毛；苞片卵状披针形至线状披针形，长5～10 mm，宽3～5 mm，先端长渐尖，全缘或有浅齿，上下两

面微被柔毛，果期逐渐脱落；花梗长5～8 mm；花直径10～12 mm；萼筒钟状，外面基部微被短柔毛；萼片三角卵形，先端钝或急尖，萼片约与萼筒等长；花瓣长圆形或倒卵形，长5～7 mm，宽3～5 mm，白色；雄蕊40～50，长于花瓣1.5～2倍，生在花盘边缘；心皮5，无毛或稍具柔毛。蓇葖果长圆形，有顶生弯曲花柱，长约3 mm，果梗直立；萼片宿存，反折，稀开展。花期7—8月，果期9月。

73. 珍珠绣线菊 *Spiraea thunbergii* Sieb.ex Blime.

灌木，高达1.5 m；枝条细长开张，呈弧形弯曲，小枝有棱角。幼时被短柔毛，褐色，老时转红褐色，无毛；冬芽甚小，卵形，无毛或微被毛，有数枚鳞片。

叶片线状披针形，长25～40 mm，宽3～7 mm，先端长渐尖。基部狭楔形，边缘自中部以上有尖锐锯齿，两面无毛，具羽状脉；叶柄极短或近无柄，长1～2 mm，有短柔毛。伞形花序无总梗，具花3～7朵，基部簇生数枚小形叶片；花梗细，长6～10 mm，无毛；花直径6～8 mm；萼筒钟状，外面无毛，内面微被短柔毛；萼片三角形或卵状三角形，先端尖，内面有稀疏短柔毛；花瓣倒卵形或近圆形，先端微凹至圆钝，长2～4 mm，宽2～3.5 mm，白色；雄蕊18～20，长约花1/3或更短；花盘圆环形，由10个裂片组成；子房无毛或微被短柔毛，花柱几与雄蕊等长。蓇葖果开张，无毛，花柱近顶生，稍斜展，具直立或反折萼片。花期4—5月，果期7月。

（十四）豆科 Leguminosae

乔木、灌木、亚灌木或草本，直立或攀援，常有能固氮的根瘤。叶常绿或落叶，通常互生，稀对生，常为一回或二回羽状复叶，少数为掌状复叶或3小叶、单小叶，或单叶，罕可变为叶状柄，叶具叶柄或无；托叶有或无，有时叶状或变为棘刺。花两性，稀单性，辐射对称或两侧对称，通常排成总状花序、聚伞花序、穗状花序、头状花序或圆锥花序；花被2轮；萼片（3～）5（6），分离或连合成管，有时二唇形，稀退化或消失；花瓣（0～）5（6），常与萼片的数目相等，稀较少或无，分离或连合成具花冠裂片的管，大小有时可不等，或有时构成蝶形花冠，近轴的（adaxil）1片称旗瓣，侧生的2片称翼瓣，远轴的（abaxil）2片常合生，称龙骨瓣，遮盖住雄蕊和雌蕊；雄蕊通常10枚，有时5枚或多数（含羞草亚科），分离或连合成管，单体或二体雄蕊，花药2室，纵裂或有时孔裂，花粉单粒或常联成复合花粉；雌蕊通常由单心皮所组成，稀较多且离生，子房上位，1室，基部常有柄或无，沿腹缝线具侧膜胎座，胚珠2至多颗，悬垂或上升，排成互生的2列，为横生、倒生或弯生的胚珠；花柱和柱头单一，顶生。果为荚果，形状种种，成熟后沿缝线开裂或不裂，或断裂成含单粒种子的荚节；种子通常具革质或有时膜质的种皮，生于长短不等的珠柄上，有时由珠柄形成一多少肉质的假种皮，胚大，内胚乳无或极薄。

74. 槐 *Styphnolobium japonicum*（L.）Schott

落叶乔木，高达25 m；树皮灰褐色，具纵裂纹。羽状复叶长达25 cm；叶轴初被疏柔毛，叶柄基部膨大托叶形状多变，小叶4～7对，对生或近互生，纸质，卵状披针形或卵状长圆形，先端渐尖，具小尖头，基部宽楔形或近圆形，稍偏斜，小托叶2枚，钻状。圆锥花序顶生，常呈金字塔形，花梗比花萼短，小苞片2枚，花萼浅钟状，圆形或钝三角形，被灰白色短柔毛，萼管近无毛；花冠白色或淡黄色，旗瓣近圆形，长和宽约11 mm，具短柄，有紫色脉纹，先端微缺，基部浅心形，先端浑圆，基部斜戟形，无皱褶，龙骨瓣阔卵状长圆形，与翼瓣等长，宽达6 mm；雄蕊近分离，宿存；子房近无毛。荚果串珠状，种子卵球形，淡黄绿色，干后黑褐色。花期6—7 月，果期8—10月。

75. 紫苜蓿 *Medicago sativa* L.

多年生草本，多分枝，高30～100 cm。叶具3小叶；小叶倒卵形或倒披针形，长1～2 cm，宽约0.5 cm，先端圆，中肋稍突出，上部叶缘有锯齿，两面有白色长柔毛；小叶柄长约1 mm，有毛；托叶披针形，先端尖，有柔毛，长约5 mm。总状花序腋生；花萼有柔毛，萼齿狭披针形，急尖；花冠紫色，长于花萼。荚果螺旋形，有疏毛，先端有喙，有种子数粒；种子肾形，黄褐色。

76. 草木樨 *Melilotus officinalis*（L.）Lamarck，Fl

一年生或二年生草本，主根深达2 m以下。茎直立，多分枝，高50～120 cm，最高可达2 m以上；羽状三出复叶，小叶椭圆形或倒披针形，长1～1.5 cm，宽3～6 mm，先端钝，基部楔形，叶缘有疏齿，托叶条形；总状花序腋生或顶生，长而纤细，花小，长3～4 mm，花萼钟状，具5齿，花冠蝶

形，黄色，旗瓣长于翼瓣。荚果卵形或近球形，长约3.5 mm，成熟时近黑色，具网纹，含种子1粒。

77. 白花草木樨 *M. albus* Medik.

一年生或二年生草本，高可达2 m。茎圆柱形，中空，直立，多分枝，羽状三出复叶；托叶尖刺状锥形，叶柄比小叶短，小叶片长圆形或倒披针状长圆形，上面无毛，下面被细柔毛，侧脉两面均不隆起，顶生小叶稍大，总状花序，腋生，具花，排列疏松；苞片线形，花梗短，萼钟形，萼齿三角状披针形，短于萼筒；花冠白色，子房卵状披针形，荚果椭圆形至长圆形，种子卵形，棕色，表面具细瘤点。花期5—7月，果期7—9月。

78. 黄花草木樨 *Melilotus officinalis*（L.）Pall.

二年生草本；茎直立，粗壮，多分枝，具纵棱，微被柔毛；羽状三出复叶；托叶镰状线形，长3～5（～7）mm，中央有1条脉纹，全缘或基部有1尖齿；叶柄细长；小叶倒卵形、阔卵形、倒披针形至线形，长15～25（～30）mm，宽5～15 mm，先端钝圆或截形，基部阔楔形，边缘具不整齐疏浅齿，上面无毛，粗糙，下面散生短柔毛，侧脉

8～12对；花萼钟形，萼齿三角状披针形，稍不等长，短于萼筒；花冠黄色，子房卵状披针形，胚珠4～8，花柱长于子房；荚果卵形，棕黑色；种子卵形，黄褐色。

79. 紫穗槐 *Amorpha fruticosa* L.

豆科落叶灌木，高1～4 m。枝褐色、被柔毛，后变无毛，叶互生，基部有线形托叶，穗状花序密被短柔毛，花有短梗；花萼被疏毛或几无毛；旗瓣心形，紫色。荚果下垂，微弯曲，顶端具小尖，棕褐色，表面有凸起的疣状腺点。花果期5—10月。

80. 米口袋 *Gueldenstaedtia verna*（Georgi）Boriss.

多年生草本，主根圆锥状。分茎极缩短，叶及总花梗于分茎上丛生。托叶宿存，下面的阔三角形，上面的狭三角形，基部合生，外面密被白色长柔毛；叶在早春时长仅2～5 cm，夏秋间可长达15 cm，个别甚至可达23 cm，早生叶被长柔毛，后生叶毛稀疏，甚几至无毛；叶柄具沟；小叶7～21片，椭圆形到长圆形，卵形到长卵形，有时披针形，顶端小叶有时为倒卵形，基部圆，先端具细尖，急尖、钝、微缺或下凹成弧形。伞形花序有2～6朵花；总花梗具沟，被长柔毛，花期较叶稍长，花后约与叶等长或短于叶长；苞片三角状线形，长2～4 mm，花梗长1～3.5 mm；花冠紫堇色，倒卵形，全缘，先端微缺，基部渐狭成瓣柄，斜长倒卵形，具短耳，瓣柄长3 mm，龙骨瓣长6 mm，宽

2 mm，倒卵形，瓣柄长2.5 mm；花期4月，果期5—6月。

81. 狭叶米口袋 *Gueldenstaedtia stenophylla* Bunge

多年生草本，主根细长。分茎较缩短，具宿存托叶。羽状复叶长1.5～15 cm，被疏柔毛；叶柄约为叶长的2/5；托叶宽三角形至三角形，被稀疏长柔毛，基部合生；小叶7～19，早春生的小叶卵形，夏秋的线形或长圆形，长0.2～3.5 cm，先端急尖，钝头或截形，先端具细尖，两面被疏柔毛。伞形花序具2～3（4）花；花序梗纤细，较叶为长，被白色疏柔毛；花梗极短或近无梗；苞片及小苞片披针形，密被长柔毛；花萼筒钟状，长4～5 mm，上方2萼齿较大，长1.5～2.5 mm，下方3萼齿较窄小；花冠粉红色，旗瓣椭圆形或近圆形，长6～8 mm，先端微缺，基部渐窄成瓣柄，翼瓣窄楔形，先端斜截，长7 mm，瓣柄长2 mm，龙骨瓣长4.5 mm；子房被疏柔毛。荚果圆筒形，长1.4～1.8 cm，被疏柔毛。种子肾形，径1.5 mm，具凹点。花期4月，果期5—6月。

82. 刺果甘草 *Glycyrrhiza pallidiflora* Maxim.

多年生草本。茎直立，多分枝，高1～1.5 m，具条棱，密被黄褐色鳞片状腺点，几无毛。叶长6～20 cm；托叶披针形，长约5 mm；根和根状茎无甜味。叶长6～20 cm，叶柄无毛，总状花序腋生，花密集成球状；花冠淡紫色、紫色或淡紫红色，果序呈椭圆状，荚果卵圆形，种子2枚，黑色，圆肾形，花期6—7月，果期7—9月。

83. 红花锦鸡儿 *Caragana rosea* Turcz. ex Maxim.

灌木，高0.4～1 m。树皮绿褐色或灰褐色，小枝细长，具条棱，托叶在长枝者成细针刺，长3～4 mm，短枝者脱落；叶柄长5～10 mm，脱落或宿存成针刺；叶假掌状；小叶4，楔状倒卵形，长1～2.5 cm，宽4～12 mm，先端圆钝或微凹，具刺尖，基部楔形，近革质，上面深绿色，下面淡绿色，无毛，有时小叶边缘、小叶柄、小叶下面沿脉被疏柔毛。花梗单生，长8～18 mm，关节在中部以上，无毛；花萼管状，不扩大或仅下部稍扩大，长7～9 mm，宽约4 mm，常紫红色，萼齿三角形，渐尖，内侧密被短柔毛；花冠黄色，常紫红色或全部淡红色，凋时变为红色，长20～22 mm，旗瓣长圆状倒卵形，先端凹入，基部渐狭成宽瓣柄，翼瓣长圆状线形，瓣柄较瓣片稍短，耳短齿状，龙骨瓣的瓣柄与瓣片近等长，耳不明显；子房无毛。荚果圆筒形，长3～6 cm，具渐尖头。花期4—6月，果期6—7月。

84. 野大豆 *Glycine soja* Sieb. et Zucc.

一年生缠绕性草本，主根细长，可达20 cm以上，侧根稀疏，蔓茎纤细，略带四棱形，密披浅黄色，紧贴长硬毛。叶互生，3小叶，总叶柄长2～5.5 cm，被浅黄色硬毛；小叶片长卵状披针形，披针状长椭圆形或为卵形，长2～6.5 cm，宽1～3.5 cm，基

部菱状楔形、宽楔形或近圆形，先端渐尖或少有钝状，并具短尖头，侧生小叶片基部常偏斜，表面绿色，背面浅绿色，两面均有浅黄色紧贴硬毛，叶脉于两面稍隆起，全缘，小叶柄根短，密披棕褐色硬毛，基部具小托叶，细小而呈针状。花蝶形，淡红紫色，腋生总状花序，花萼钟状，5裂，旗瓣近圆形，雄蕊常为10枚，单体。子房上位，1室。荚果线状长椭圆形，略弯曲，种子2～4粒。

85. 蔓黄耆 *Phyllolobium chinense* Fisch. ex DC.

主根圆柱状，长达1 m。茎平卧，单1至多数，长20～100 cm，有棱，无毛或疏被粗短硬毛，分枝。羽状复叶具9～25片小叶；托叶离生，披针形，长3 mm；小叶椭圆形或倒卵状长圆形，长5～18 mm，宽3～7 mm，先端钝或微缺，基部圆形，上面无毛，下面疏被粗伏毛，小叶柄短。总状花序生3～7花，较叶长；总花梗长1.5～6 cm，疏被粗伏毛；苞片钻形，长1～2 mm；花梗短；小苞片长0.5～1 mm；花萼钟状，被灰白色或白色短毛，萼筒长2.5～3 mm，萼齿披针形，与萼筒近等长；花冠乳白色或带紫红色，旗瓣长10～11 mm，宽8～9 mm，瓣片近圆形，长7.5～8 mm，先端微缺，基部突然收狭，瓣柄长2.7～3 mm，翼瓣长8～9 mm，瓣片长圆形，长6～7 mm，宽2～2.5 mm，先端圆形，瓣柄长约2.8 mm，龙骨瓣长9.5～10 mm，瓣片近倒卵形，长7～7.5 mm，宽2.8～3 mm，瓣柄长约3 mm；子房有柄，密被白色粗伏毛，柄长1.2～1.5 mm，柱头被簇毛。荚果略膨胀，狭长圆形，长达35 mm，宽5～7 mm，两端尖，背腹压扁，微被褐色短粗伏毛，有网纹，果颈不露出宿萼外；种子淡棕色，肾形，长1.5～2 mm，宽2.8～3 mm，平滑。花期7—9月，果期8—10月。

86. 斜茎黄耆 *Astragalus adsurgens* Pall.

多年生草本，高20～100 cm。根较粗壮，暗褐色，有时长主根。茎多数或数个丛生，直立或斜上，有毛或近无毛。羽状复叶有9～25片小叶，叶柄较叶轴短；托叶三角形，渐尖，基部稍合生或有时分离，长3～7 mm；小叶长圆形、近椭圆形或狭长圆形，长10～25（35）mm，宽2～8 mm，基部圆形或近圆形，有时稍尖，上面疏被伏贴毛，下面较密。总状花序长圆柱状、穗状、稀近头状，生多数花，排列密集，有时较稀疏；总花梗生于茎的上部，较叶长或与其等长；花梗极短；苞片狭披针形至三角形，先端尖；花萼管状钟形，长5～6 mm，被黑褐色或白色毛，或有时被黑白混生毛，萼齿狭披针形，长为萼筒的1/3。花冠近蓝色或红紫色，旗瓣长11～15 mm，倒卵圆形，先端微凹，基部渐狭，翼瓣较旗瓣短，瓣片长圆形，与瓣柄等长，龙骨瓣长7～10 mm，瓣片较瓣柄稍短；子房被密毛，有极短的柄。荚果长圆形，长7～18 mm，两侧稍扁，背缝凹入成沟槽，顶端具下弯的短喙，被黑色、褐色或和白色混生毛，假2室。花期6—8月，果期8—10月。

87. 黄耆 *A. chinensis* L.

多年生草本，高50～100 cm。主根肥厚，木质，常分枝，灰白色。茎直立，上部多分枝，有细棱，被白色柔毛。羽状复叶有13～27片小叶，长5～10 cm；叶柄长0.5～1 cm；托叶离生，卵形，披针形或线状披针形，长4～10 mm，下面被白色柔毛或近无毛；小叶椭圆形或长圆状卵形，长7～30 mm，宽3～12 mm，先端钝圆或微凹，具小尖头或不明显，基部圆形，上面绿色，近无毛，下面被伏贴白色柔毛。总状花序稍密，有10～20朵花；总花梗与叶近等长或较长，至果期显著伸长；苞片线状披针形，长2～5 mm，背面被白色柔毛；花梗长3～4 mm，连同花序轴稍密被棕色或黑色柔毛；小苞片2；花萼钟状，长5～7 mm，外面被白色或黑色柔毛，有时萼筒近于无毛，仅萼齿有毛，萼齿短，三角形至钻形，长仅为萼筒的1/5～1/4；花冠黄色或淡黄色，旗瓣倒卵形，长12～20 mm，顶端微凹，基部具短瓣柄，翼瓣较旗瓣稍短，瓣片长圆形，基部具短耳，瓣柄较瓣片长约1.5倍，龙骨瓣与翼瓣近等长，瓣片半卵形，瓣柄较瓣片稍长；子房有柄，被细柔毛。荚果薄膜质，稍膨胀，半椭圆形，长20～30 mm，宽8～12 mm，顶端具刺尖，两面被白色或黑色细短柔毛，果颈超出萼外；种子3～8颗。花期6—8月，果期7—9月。

88. 扁茎黄耆 *A. complanatus* R.Br.

多年生草本，具粗而长的主根，全株生有单毛。茎数个至多数、有棱，稍扁压，通常平卧，长可达1 m以上，不分枝或稍分枝，下部通常无毛，上部常有小刚毛。奇数羽状复叶，具6～9对小叶；托叶离生，披针形，长2～3.5 mm。小叶椭圆形或卵状椭圆形，长5～17 mm，宽3～7 mm，基部圆，先端钝或圆、稀微凹，全缘，表面无毛，背面密被短伏毛。总状花序腋生，比叶长，花3～7朵，疏生，苍白色或带紫色，长9～12 mm；苞锥形，比花梗稍长或稍短，萼钟形，长约6 mm，被白色或黑色短硬毛，萼齿披针形或近锥形，与萼筒等长或比萼筒稍短，在萼的下方常有2枚小苞。旗瓣近圆形，顶端深凹，基部有短爪，龙骨瓣梢短或有时近等长，翼瓣比龙骨瓣短且狭窄。子房长圆形，密被毛，有柄，花柱弯曲，柱头生有画笔状髯毛。荚果纺锤状或长圆状，长25～35 mm，较膨胀，腹背压扁，顶端具小尖喙，基部有短柄，表面被短毛，成熟后变黑色，1室，具10～30粒种子。花期（7）8—9月，果期（8）9—10月。

89. 达乌里黄耆 *A. dahuricus*（Pall.）DC.

小叶长圆形至倒卵状长圆形，稀近椭圆形，长10～20（22）mm，宽（2）3～6 mm，基部圆形或近楔形，先端稍尖或圆形，表面疏生白伏毛，背面毛较密。总状花序腋生，通常超出叶，总花梗长2～5 cm，花序稍稀疏或较紧密，具10～20朵花。花紫红色，长10～15（16）mm；苞狭线形或刚毛状，比花梗长；萼钟状，被长柔毛，萼齿不相等，上萼齿（上萼齿即生于旗瓣一方，与龙骨瓣对称者）狭披针状线形，与萼筒近等长，下萼齿（下萼齿即生于龙骨瓣一方，与旗瓣列称者）线形，比萼筒长约1倍；旗瓣瓣片广椭圆形，顶端微缺，基部具短爪，龙骨瓣比翼瓣长，比旗瓣稍短，翼瓣狭窄，宽为龙骨瓣的1/3～1/2；子房有毛，有极短的子房柄。荚果线形，成镰刀状弯曲或有时近直，背缝线凹入成深沟，纵隔为2室，顶端具直或稍弯的喙，基部具短柄，长（1.5）2～2.5 cm，宽（1.5）2～3 mm，果壁近膜质，表面具横纹，被白色短毛。花期7—9（10）月，果期8—10月。

90. 山野豌豆
Vicia amoena Fisch.ex DC.

多年生草本，高30～100 cm。茎具棱，多分枝，细软，斜升或攀援。偶数羽状复叶，长5～12 cm，几无柄，顶端卷须有2～3分支；托叶半箭头形，长0.8～2 cm，边缘有3～4裂齿；小叶4～7对，互生或近对生，椭圆形至卵披针形，长1.3～4 cm，宽0.5～1.8 cm；先端圆，微凹，基部近圆形，上面被贴伏长柔毛，下面粉白色；沿中脉毛被较密，侧脉扇状展开直达叶缘。总状花序通常长于叶；花冠红紫色、蓝紫色或蓝色花期颜色多变；花萼斜钟状，萼齿近三角形。荚果长圆形，两端渐尖，无毛。种子1～6粒，圆形。花期4—6月。

91. 鸡眼草 *Kummerowia striata*（Thunb.）Schindl.

一年生草本，高20～80 cm，全株被短柔毛和散生的毛。叶膜质，卵形、阔卵形或菱状卵形，长2～5.5 cm，宽1.5～3.5 cm，顶端急尖或短渐尖，基部浅心形，有时楔形，上半部边缘具圆锯齿；基出脉3～5条；叶柄细长，长2.5～6 cm，具短柔毛；托叶披针形，长约5 mm。雌雄花同序，花序1～3个腋生，长5～9 mm，花序梗几无，雌花苞片3～5枚，长约5 mm，掌状深裂，裂片长圆形，宽1～2 mm，最外侧的裂片通常长不及1 mm，苞腋具1朵雌花；雄花密生于花序上部，呈头状或短穗状，苞片卵形，长0.2 mm；有时花序轴顶端具1朵异形雌花；雄花：花萼花蕾时球形，长0.3 mm，疏生短柔毛；雄蕊7～8枚；花梗长0.5 mm；雌花：萼片3枚，近长圆形，长0.4 mm，具缘毛；子房疏生长毛和柔毛，花柱3，长约1.5 mm，撕裂3～5条；花梗短；异形雌花：萼片4枚，长约0.5 mm；子房陀螺状，1室，长约1 mm，被柔毛，顶部具一环齿裂，膜质，花柱1枚，位于子房基部，撕裂。蒴果直径2 mm，具3个分果爿，果皮具疏生柔毛和毛基变厚的小瘤体；种子卵状，长约1.2 mm，种皮稍粗糙；假种阜细小。花期5—12月。

92. 五脉山黧豆 *Lathyrus quinquenervius*（Miq.）Litv.

多年生草本，根状茎不增粗，横走。茎通常直立，单一，高20～50 cm，具棱及翅，

有毛，后渐脱落。偶数羽状复叶，叶轴末端具不分枝的卷须，下部叶的卷须短，成针刺状；托叶披针形到线形，长7～23 mm，宽0.2～2 mm；叶具小叶1～2（～3）对；小叶质坚硬，椭圆状披针形或线状披针形，长35～80 mm，宽5～8 mm，先端渐尖，具细尖，基部楔形，两面被短柔毛，上面稀疏，老时毛渐脱落，具5条平行脉，两面明显凸出。总状花序腋生，具5～8朵花。花梗长3～5 mm；萼钟状，被短柔毛，最下一萼齿约与萼筒等长；花紫蓝色或紫色，长（12）15～20 mm；旗瓣近圆形，先端微缺，瓣柄与瓣片约等长，翼瓣狭倒卵形，与旗瓣等长或稍短，具耳及线形瓣柄，龙骨瓣卵形，具耳及线形瓣柄；子房密被柔毛。荚果线形，长3～5 cm，宽4～5 mm。花期5—7月，果期8—9月。

93. 家山黧豆 *L. sativus* L.

多年生草本，根状茎不增粗，横走。茎通常直立，单一，高20～50 cm，具棱及翅，有毛，后渐脱落。偶数羽状复叶，叶轴末端具不分枝的卷须，下部叶的卷须短，成针刺状；托叶披针形到线形，长7～23 mm，宽0.2～2 mm；叶具小叶1～2（～3）对；小叶质坚硬，椭圆状披针形或线状披针形，长35～80 mm，宽5～8 mm，先端渐尖，具细尖，基部楔形，两面被短柔毛，上面稀疏，老时毛渐脱落，具5条平行脉，两面明显凸出。总状花序腋生，具5～8朵花。花梗长3～5 mm；萼钟状，被短柔毛，最下一萼齿约与萼筒等长；花紫蓝色或紫色，长（12～）15～20 mm；旗瓣近圆形，先端微缺，瓣柄与瓣片约等长，翼瓣狭倒卵形，与旗瓣等长或稍短，具耳形及线形瓣柄，龙骨瓣卵形，具耳形及线形瓣柄；子房密被柔毛。荚果线形，长3～5 cm，宽4～5 mm。花期5—7月，果期8—9月。

94. 短梗胡枝子 *Lespedeza cyrtobotrya* Miq.

短梗胡枝子是直立灌木植物，高1～3 m，多分枝。小枝褐色或灰褐色，具棱，贴生疏柔毛。羽状复叶具3小叶；托叶2，线状披针形，长2～5 mm，暗褐色；叶柄长1～2.5 cm；小叶宽卵形，卵状椭圆形或倒卵形，长1.5～4.5 cm，宽1～3 cm，先端圆或微凹，具小刺尖，上面绿色，无毛，下面贴生疏柔毛，侧生小叶比顶生小叶稍小。总状花序腋生，比叶短，稀与叶近等长；总花梗短缩或近无总花梗，密被白毛；苞片小，卵状渐尖，暗褐色；花梗短，被白毛；花萼筒状钟形，长2～2.5 mm，5裂至中部，裂片披针形，渐尖，表面密被毛；花冠红紫色，长约11 mm，旗瓣倒卵形，先端圆或微凹，基部具短柄，翼瓣长圆形，比旗瓣和龙骨瓣短约1/3，先端圆，基部具明显的耳和瓣柄，龙骨瓣顶端稍弯，与旗瓣近等长，基部具耳和柄。荚果斜卵形，稍扁，长6～7 mm，宽约5 mm，表面具网纹，且密被毛。花期7—8月，果期9月。

95. 胡枝子 *L. bicolor* Turcz.

直立灌木，高1～3 m，多分枝，小枝黄色或暗褐色，有条棱，被疏短毛；芽卵形，长2～3 mm，具数枚黄褐色鳞片。羽状复叶具3小叶；托叶2枚，线状披针形，长3～4.5 mm；叶柄长2～7（～9）cm；小叶质薄，卵形、倒卵形或卵状长圆形，长1.5～6 cm，宽1～3.5 cm，先端钝圆或微凹，稀稍尖，具短刺尖，基部近圆形或宽楔形，全缘，上面绿色，无毛，下面色淡，被疏柔毛，老时渐无毛。

总状花序腋生，比叶长，常构成大型、较疏松的圆锥花序；总花梗长4～10 cm；小苞片2，卵形，长不足1 cm，先端钝圆或稍尖，黄褐色，被短柔毛；花梗短，长约2 mm，密被毛；花萼长约5 mm，5浅裂，裂片通常短于萼筒，上方2裂片合生成2齿，裂片卵形或三角状卵形，先端尖，外面被白毛；花冠红紫色，极稀白色，长约10 mm，旗瓣倒卵形，先端微凹，翼瓣较短，近长圆形，基部具耳和瓣柄，龙骨瓣与旗瓣近等长，先端钝，基部具较长的瓣柄；子房被毛。荚果斜倒卵形，稍扁，长约10 mm，宽约5 mm，表面具网纹，密被短柔毛。花期7—9月，果期9—10月。

96. 兴安胡枝子 *L. davurica*（Laxm.）Schindl.

小灌木，高达1 m。茎通常稍斜升，单一或数个簇生；老枝黄褐色或赤褐色，被短柔毛或无毛，幼枝绿褐色，有细棱，被白色短柔毛。羽状复叶具3小叶；托叶线形，长2～4 mm；叶柄长1～2 cm；小叶长圆形或狭长圆形，长2～5 cm，宽5～16 mm，先端圆形或微凹，有小刺尖，基部圆形，上面无毛，下面被贴伏的短柔毛；顶生小叶较大。总状花序腋生。较叶短或与叶等长；总花梗密生短柔毛；小苞片披针状线形，有毛；花萼5深裂，外面被白毛，萼裂片披针形，先端长渐尖，成刺芒状，与花冠近等长；花冠白色或黄白色，旗瓣长圆形，长约

1 cm，中央稍带紫色，具瓣柄，翼瓣长圆形，先端钝，较短，龙骨瓣比翼瓣长，先端圆形；闭锁花生于叶腋，结实。荚果小，倒卵形或长倒卵形，长3～4 mm，宽2～3 mm，先端有刺尖，基部稍狭，两面凸起，有毛，包于宿存花萼内。花期7—8月，果期9—10月。

97. 白车轴草 *Trifolium repens* L.

多年生草本；为栽培植物，有时逸生为杂草，侵入旱作物田，危害不重，对局部地区的蔬菜、幼林有危害。生长期达6年，高10～30 cm。主根短，侧根和须根发达，茎匍匐蔓生，上部稍上升，节上生根，全株无毛。掌状三出复叶；托叶卵状披针形，膜质，基部抱茎成鞘状，离生部分锐尖。花序球形，顶生，直径15～40 mm；总花梗甚长，比叶柄长近1倍，具花20～50（～80）朵，密集；无总苞；苞片披针形，膜质，锥尖；花长7～12 mm；花梗比花萼稍长或等长，开花立即下垂；萼钟形，具脉纹10条，萼齿5，披针形，稍不等长，短于萼筒，萼喉开张，无毛；花冠白色、乳黄色或淡红色，具香气。旗瓣椭圆形，比翼瓣和龙骨瓣长近1倍，龙骨瓣比翼瓣稍短；子房线状长圆形，花柱比子房略长，胚珠3～4粒。荚果长圆形；种子通常3粒。种子阔卵形。

（十五）牻牛儿苗科 Geraniaceae

草本，稀为亚灌木或灌木。叶互生或对生，叶片通常状或羽状分裂，具托叶。聚伞花序腋生或顶生，稀花单生；花两性，整齐，辐射对称或稀为两侧对称；萼片通常5或稀为4，覆瓦状排列；花瓣5或稀为4，覆瓦状排列；雄蕊10～15，2轮，外轮与花瓣对生，花丝基部合生或分离，花药丁字着生，纵裂；蜜腺通常5，与花瓣互生；子房上位，心皮（2）3～5，通常3～5室，每室具1～2倒生胚珠，花柱与心皮同数，通常下部合生，上部分离。

果实为蒴果，通常由中轴延伸成喙，稀无喙，室间开裂或稀不开裂，每果瓣具1种子，成熟时果瓣通常爆裂或稀不开裂，开裂的果瓣常由基部向上反卷或成螺旋状卷曲，顶部通常附着于中轴顶端。种子具微小胚乳或无胚乳，子叶折叠。

98. 牻牛儿苗 *Erodium stephanianum* Willd.

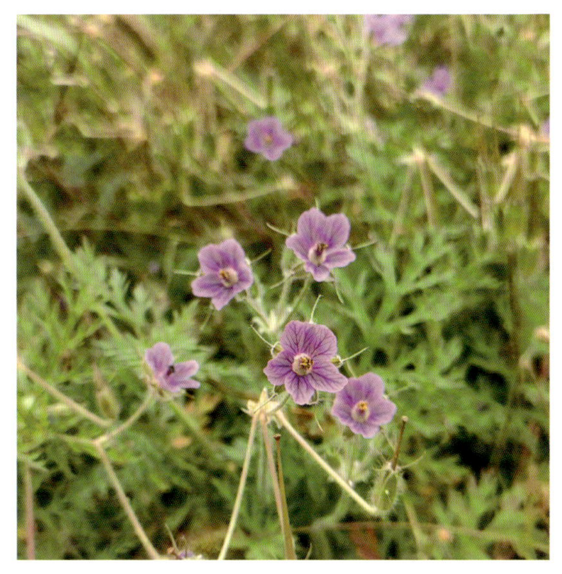

一年生草本，高10～30 cm。茎平卧或斜升，紫红色，多分枝，节上丛生毛。叶密集枝端，较下的叶分开，不规则互生，叶片细圆柱形，有时微弯，长1～2.5 cm，直径2～3 mm，顶端圆钝，无毛；叶柄极短或近无柄，叶腋常生一撮白色长柔毛。花单生或数朵簇生枝端，直径2.5～4 cm，日开夜闭；总苞8～9片，叶状，轮生，具白色长柔毛；萼片2，淡黄绿色，卵状三角形，长5～7 mm，顶端急尖，多少具龙骨状凸起，两面均无毛。花期6—9月，果期8—11月。

99. 突节老鹳草 *Geranium krameri* Franch. et Sav.

多年生草本，高40～80 cm。根状茎短，具多数粗根。茎直立，向上2～3次二歧分枝，具倒生白毛，夫节处略膨大。托叶卵形，渐尖；叶柄伏生柔毛；叶片肾形或圆形，质厚；基生叶和茎生叶掌状5～7深裂，裂至基部或近基部，裂片倒卵伏楔形；茎上部叶无柄，3深裂，裂片倒披针形，具缺刻或粗牙齿，表面有伏毛，背面主要沿脉有伏毛。花序顶生或腋生，长约4 cm，具2朵花；花梗花期较短，花后显著伸长，具倒生白伏毛，果期向下弯，长达4 cm；花径2.5～3 cm，萼片椭圆状卵形，长0.6～1 cm，有5～7条脉，具疏柔毛，花瓣淡红色或苍白色，具浓红紫色脉，广倒卵形，长1.2～1.5 cm，基部楔形，密生白色髯毛围着基部呈环状；花丝基部扩大部分具缘毛；花柱长2～3 mm。花柱分枝长5～6 mm。蒴果长约2.5 cm。种子具极细小点。

100. 鼠掌老鹳草 *G. sibiricum* L.

一年生或多年生草本，高30～70 cm，根为直根，有时具不多的分枝。茎纤细，仰卧或近直立，多分枝，具棱槽，被倒向疏柔毛。叶对生；托叶披针形，棕褐色，长8～12 cm，先端渐尖，基部抱茎，外被倒向长柔毛；基生叶和茎下部叶具长柄，柄长为叶片的2～3倍；下部叶片肾状五角形，基部宽心形，长3～6 cm，宽4～8 cm，掌状5深裂，裂片倒卵形、菱形或长椭圆形，中部以上齿状羽裂或齿状深缺刻，下部楔形，两面被疏伏毛，背面沿脉被毛较密；上部叶片具短柄，3～5裂。总花梗丝状，单生于叶腋，长于叶，被倒向柔毛或伏毛，具1花或偶具2花；苞片对生，棕褐色、钻伏、膜质，生于花梗中部或基部；萼片卵状椭圆形或卵状披针形，长约5 mm，先端急尖，具短尖头，背面沿脉被疏柔毛；花瓣倒卵形，淡紫色或白色，等于或稍长于萼片，先端微凹或缺刻状，基部具短爪；花丝扩大成披针形，具缘毛；花柱不明显，分枝长约1 mm。蒴果长15～18 mm，被疏柔毛，果梗下垂。种子肾状椭圆形，黑色，长约2 mm，宽约1 mm。花期6—7月，果期8—9月。

（十六）蒺藜科 Zygophyllaceae

蒺藜科一般为灌木，也有少数是乔木或多年生草本植物，叶为两个至多数的羽状复叶，托叶成对；花两性，雄蕊花丝基部有鳞状附属物；果实为蒴果，稀为浆果或核果。本科植物多数是重要的防风固沙植物，有的品种种子可榨取工业用油或提取染料。

101. 蒺藜 *Tribulus terrestris* L.

一年生草本。茎平卧，无毛，被长柔毛或长硬毛，枝长20～60 cm，偶数羽状复叶，长1.5～5 cm；小叶对生，3～8对，矩圆形或斜短圆形，长5～10 mm，宽2～5 mm，先端锐尖或钝，基部稍偏科，被柔毛，全缘。花腋生，花梗短于叶，花黄色；萼片5，宿存；花瓣5；雄蕊10，生于花盘基部，基部有鳞片状腺体，子房5棱，柱头5裂，每室3～4胚珠。果有分果瓣5，硬，长4～6 mm，无毛或被毛，中部边缘有锐刺2枚，下部常有小锐刺2枚，其余部位常有小瘤体。花期5—8月，果期6—9月。

（十七）大戟科 Euphorbiaceae

乔木、灌木或草本，植物体常有乳状汁液。叶互生，少有对生或轮生，单叶，稀为复叶，基部或顶端有时具有1～2枚腺体；托叶2，着生于叶柄的基部两侧，早落或宿存，稀托叶鞘状，脱落后具环状托叶痕。花单性，雌雄同株或异株，单花或组成各式花序，穗状或圆锥状花序；萼片分离或在基部合生，覆瓦状或镊合状排列，在特化的花序中有时萼片极度退化或无；花瓣有或无；花盘环状或分裂成为腺体状，稀无花盘；花柱3裂，柱头6裂。子房上位，3室，稀2室或4室，或更多或更少，每室有1～2颗胚珠着生于中轴胎座上，花柱与子房室同数，分离或基部连合。果为蒴果，或为浆果或核果状；种子常有显著种阜，胚乳丰富、肉质或油质，胚大而直或弯曲，子叶通常扁而宽，稀卷叠式。

102. 铁苋菜 *Acalypha australis* L.

一年生草本，高0.2～0.5 m。小枝细长，被贴毛柔毛，毛逐渐稀疏。叶膜质，长卵形、近菱状卵形或阔披针形，长3～9 cm，宽1～5 cm。雌雄花同序，花序腋生，稀顶生。花序梗长0.5～3 cm，花梗长0.5 mm。蒴果直径4 mm，具3个分果爿，果皮具疏生毛和毛基变厚的小瘤体。种子近卵状，种皮平滑，假种阜细长。花果期4—12月。

103. 地锦草 *Euphorbia humifusa* Willd.

一年生草本。根纤细，常不分枝。茎匍匐，自基部以上多分枝，基部常红色或淡红色，被柔毛或疏柔毛。叶对生，矩圆形或椭圆形，先端钝圆，基部偏斜，略渐狭，边缘常于中部以上具细锯齿；叶面绿色，叶背淡绿色，有时淡红色，两面被疏柔毛；叶柄极短，长1～2 mm。花序单生于叶腋，基部具1～3 mm的短柄；蒴果三棱状卵球形，长约2 mm，直径约2.2 mm，成熟时分裂为3个分果爿，花柱宿存。种子三棱状卵球形，长约1.3 mm，直径约0.9 mm，灰色，每个棱面无横沟，无种阜。花果期5—10月。

104. 斑地锦 *E. maculata* L.

一年生草本。根纤细，长4～7 cm，直径约2 mm。茎匍匐，长10～17 cm，直径约1 mm，被白色疏柔毛。叶对生，长椭圆形至肾状长圆形，长6～12 mm，宽2～4 mm，先端钝，基部偏斜，不对称，略呈渐圆形，边缘中部以下全缘，中部以上常具细小疏锯齿；叶面绿色，中部常具有一个长圆形的紫色斑点，叶背淡绿色或灰绿色，新鲜时可见紫色斑，干时不清楚，两面无毛；叶柄极短，长约1 mm；托叶钻状，不分裂，边缘具睫毛。花序单生于叶腋，基部具短柄，柄长1～2 mm；总苞狭杯状，高0.7～1.0 mm，直径约0.5 mm，外部具白色疏柔毛，边缘5裂，裂片三角状圆形；腺体4，黄绿色，横椭圆形，边缘具白色附属物。雄花4～5，微伸出总苞外；雌花1，子房柄伸出总苞外，且被柔毛；子房被疏柔毛；花柱短，近基部合生；柱头2裂。蒴果三角状卵形，长约2 mm，直径约2 mm，被稀疏柔毛，成熟时易分裂为3个分果爿。种子卵状四棱形，长约1 mm，直径约0.7 mm，灰色或灰棕色，每个棱面具5个横沟，无种阜。花果期4—9月。

105. 千根草 *E. thymifolia* L.

一年生草本。叶对生，椭圆形、长圆形或倒卵形，长4～8 mm，宽2～5 mm，先端圆，基部偏斜，不对称，呈圆形或近心形，边缘有细锯齿，稀全缘，两面常被稀疏柔毛，稀无毛；叶柄极短，长约1 mm，托叶披针形或

线形，长1～1.5 mm，易脱落。花序单生或数个簇生于叶腋，具短柄，长1～2 mm，被稀疏柔毛；总苞狭钟状至陀螺状，高约1 mm，直径约1 mm，外部被稀疏的短柔毛，边缘5裂，裂片卵形；腺体4，被白色附属物。雄花少数，微伸出总苞边缘；雌花1枚，子房柄极短；子房被贴伏的短柔毛；花柱3，分离；柱头2裂。蒴果卵状三棱形，长约1.5 mm，直径1.3～1.5 mm，被贴伏的短柔毛，成熟时分裂为3个分果爿。种子长卵状四棱形，长约0.7 mm，直径约0.5 mm，暗红色，每个棱面具4～5个横沟，无种阜。花果期6—11月。

106. 叶下珠 *Phyllanthus urinaria* L.

年生草本植物，高可达60 cm，茎通常直立，基部多分枝，叶片纸质，因叶柄扭转而呈羽状排列，长圆形或倒卵形，下面灰绿色，侧脉明显；叶柄极短；托叶卵状披针形，花雌雄同株，雄花簇生于叶腋，萼片倒卵形，花粉粒长球形，雌花单生于小枝中下部的叶腋内；萼片近相等，卵状披针形，黄白色；花盘圆盘状，边全缘；子房卵状，有鳞片状凸起，花柱分离，蒴果圆球状，红色，表面具小凸刺，有宿存的花柱和萼片，种子橙黄色。花期4—6月，果期7—11月。

（十八）葡萄科 Vitaceae

攀援木质藤本，稀草质藤本，具有卷须，或直立灌木，无卷须。单叶、羽状或掌状复叶，互生；托叶通常小而脱落，稀大而宿存。花小，两性或杂性同株或异株，排列成伞房状多歧聚伞花序、复二歧聚伞花序或圆锥状多歧聚伞花序，4～5基数；萼呈碟形或浅杯状，萼片细小；花瓣与萼片同数，分离或凋谢时呈帽状黏合脱落；雄蕊与花瓣对生，在两性花中雄蕊发育良好，在单性花雌花中雄蕊常较小或极不发达，败育；花盘呈环状或分裂，稀极不明显；子房上位，通常2室，每室有2颗胚珠，或多室而每室有1颗胚珠，果实为浆果，有种子1至数颗。胚小，胚乳形状各异，W形、T形或呈嚼烂状。

107. 爬山虎 *Parthenocissus tricuspidata*（Sieb. et Zucc.）Planch.

多年生大型落叶木质藤本植物，其形态与野葡萄藤相似。藤茎可长达18 m。夏季开花，花小，成簇不显，黄绿色或浆果紫黑色，与叶对生。表皮有皮孔，髓白色。枝条粗壮，老枝灰褐色，幼枝紫红色。枝上有卷须，卷须短，多分枝，卷须顶端及尖端有黏性吸盘，遇到物体便吸附在上面，无论是岩石、墙壁或是树木，均能吸附。花多为两性，雌雄同株，聚伞花序。花期6月，果期9—10月。

（十九）漆树科 Anacardiaceae

108. 火炬树 *Rhus typhina* L.

落叶小乔木。高达12 m。柄下芽。小枝密生灰色茸毛。奇数羽状复叶，小叶（11～）19～23（～31），长椭圆状至披针形，长5～13 cm，缘有锯齿，先端长渐尖，基部圆形或宽楔形，上面深绿色，下面苍白色，两面有茸毛，老时脱落，叶轴无翅。圆锥花序顶生、密生茸毛，花淡绿色，雌花花柱有红色刺毛。核果深红色，密生绒毛，花柱宿存、密集成火炬形。花期6—7月，果期8—9月。

（二十）卫矛科 Celastraceae

常绿或落叶乔木、灌木或藤本。单叶，对生或互生；托叶小或无。聚伞花序，少单生；花两性，稀单性；花被4～5，萼宿存；雄蕊4～5，与花瓣互生；花盘肥厚；子房上位，2～5室，与花盘分离或埋藏其内，每室胚珠2～6（或1），花柱单1。多为蒴果，稀核果、翅果或浆果；种子多有假种皮。

109. 桃叶卫矛 *Euonymus bungeanus* Maxim.

小乔木，高达6 m。叶卵状椭圆形、卵圆形或窄椭圆形，长4～8 cm，宽2～5 cm，先端长渐尖，基部阔楔形或近圆形，边缘具细锯齿，有时极深而锐利；叶柄通常细长，常为叶片的1/4～1/3，但有时较短。聚伞花序3至多花，花序梗略扁，长1～2 cm；花4数，淡白绿色或黄绿色，直径约8 mm；小花梗长2.5～4 mm；雄蕊花药紫红色，花丝细长，长1～2 mm。蒴果倒圆心状，4浅裂，长6～8 mm，直径9～10 mm，成熟后果皮粉红色；种子长椭圆状，长5～6 mm，直径约4 mm，种皮棕黄色，假种皮橙红色，全包种子，成熟后顶端常有小口。花期5—6月，果期9月。

（二十一）槭树科 Aceraceae

乔木或灌木，落叶稀常绿。冬芽具多数覆瓦状排列的鳞片，稀仅具2枚或4枚对生的鳞片或裸露。叶对生，具叶柄，无托叶。花序伞房状、穗状或聚伞状，由着叶的枝顶芽或侧芽生出。果实系小坚果常有翅又称翅果；种子无胚乳，外种皮很薄，膜质，胚倒生，子叶扁平，折叠或卷折。

110. 茶条槭 *Acer ginnala* Maxim.

落叶灌木或小乔木，高可达6 m。树皮粗糙、灰色，小枝细瘦，无毛，冬芽细小，淡褐色，鳞片近边缘具长柔毛，叶片长圆卵形或长圆椭圆形，中央裂片锐尖或狭长锐尖，上面深绿色，无毛，下面淡绿色，近于无毛，叶柄细瘦，绿色或紫绿色，伞房花序无毛，具多数的花；花梗细瘦，花杂性，雄花与两性花同株；萼片卵形，黄绿色，花瓣长圆卵形白色，较长于萼片；花丝无毛，花药黄色；花盘无毛，果实黄绿色或黄褐色；花期5月，果期10月。

111. 色木槭 *A. mono* Maxim.

落叶乔木。高可达20 m。叶片纸质，先端锐尖或尾状锐尖，上面深绿色，无毛，下面淡绿色。花多数，杂性，雄花与两性花同株；萼片黄绿色，花瓣淡白色，雄蕊8，花药黄色。翅果嫩时紫绿色，成熟时淡黄色；小坚果压扁状，翅长圆形，花期5月，果期9月。

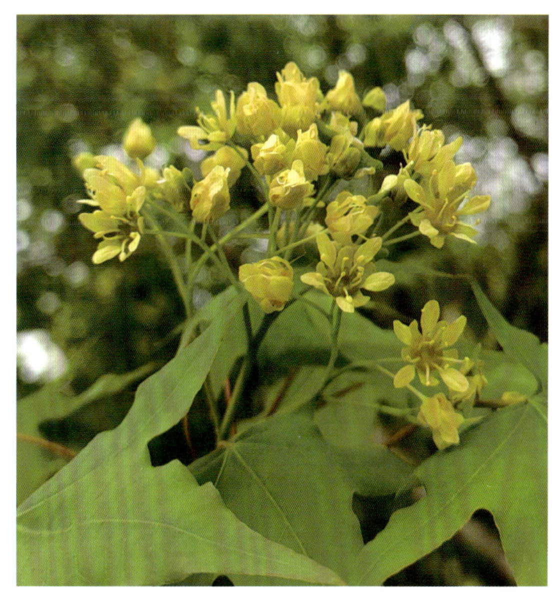

112. 糖槭 *A. saccharum* L.

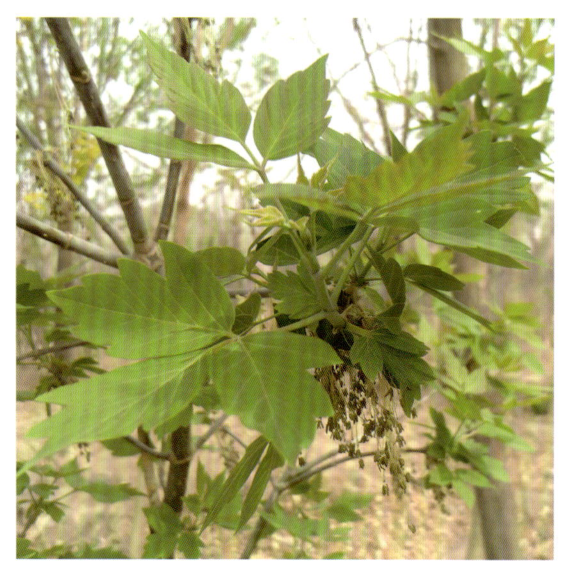

落叶乔木，高达20 m。树皮黄褐色或灰褐色。羽状复叶，长10～25 cm，小叶纸质，卵形或椭圆状披针形，先端渐尖，基部钝一形或阔楔形，边缘常有3～5个粗锯齿，稀全缘；叶柄长5～7 cm，嫩时有稀疏的短柔毛，其后无毛。雄花的花序聚伞状，雌花的花序总状，均由无叶的小枝旁边生出，常下垂，花梗长1.5～3 cm，花小，黄绿色，开于叶前，雌雄异株，无花瓣及花盘，雄蕊4～6，花丝很长，子房无毛。小坚果凸起，近于长圆形或长圆卵形，无毛；翅宽8～10 mm，稍向内弯，连同小坚果长3～3.5 cm，张开成锐角或近于直角。花期4—5月，果期9月。

（二十二）锦葵科 Malvaceae

草本、灌木至乔木。叶互生，单叶或分裂，叶脉通常掌状，具托叶。花腋生或顶生，单生、簇生、聚伞花序至圆锥花序；花两性，辐射对称；萼片3～5，分离或合生；其下面附有总苞状的小苞片（又称副萼）3至多数；花瓣5，彼此分离，但与雄蕊管的基部合生；雄蕊多数，连合成一管称雄蕊柱，花药1室，花粉被刺；子房上位，2至多室，通常以5室较多，由2～5枚或较多的心皮环绕中轴而成，花柱上部分枝或者为棒状，每室被胚珠1至多枚，花柱与心皮同数或为其2倍。

蒴果，常几枚果爿分裂，很少浆果状，种子肾形或倒卵形，被毛至光滑无毛，有胚乳。

子叶扁平，折叠状或回旋状。

113. 野西瓜苗 *Hibiscus trionum* L.

一年生草本，全体被有疏密不等的细软毛。茎稍柔软，直立或稍卧立。基部叶近圆形，边缘具齿裂，中间裂齿较大，中间和下部的掌状叶，3～5深裂，中间裂较大，裂片倒卵状长圆形，先端钝，边缘具羽状缺刻或大锯齿。花单生于叶腋，花梗长2～5 cm；小苞片多数，线形，具缘毛；花萼5裂，膜质，上具绿色纵脉；花瓣5，淡黄色，紫心；雄蕊多数，花丝相结合成筒状，包裹花柱；子房5室，花柱顶端5裂，柱头头状。蒴果圆球形，有长毛。种子成熟后黑褐色，粗糙而无毛。花期7—9月。

114. 苘麻 *Abutilon theophrasti* Medik.

一年生亚灌木草本，茎枝被柔毛。叶圆心形，边缘具细圆锯齿，两面均密被星状柔毛；叶柄被星状细柔毛；托叶早落。花单生于叶腋，花梗被柔毛；花萼杯状，裂片卵形；花黄色，花瓣倒卵形。蒴果半球形，种子肾形，褐色，被星状柔毛。花期7—8月。

（二十三）柽柳科 Tamaricaceae

灌木、半灌木或乔木。叶小，多呈鳞片状，互生，无托叶，通常无叶柄，多具泌盐腺体。花通常集成总状花序或圆锥花序，稀单生，通常两性，整齐；花萼4～5深裂，宿存；

花瓣4～5，分离，花后脱落或有时宿存；下位花盘常肥厚，蜜腺状；雄蕊4、5或多数，常分离，着生在花盘上，稀基部结合成束，或连合到中部成筒，花药2室，纵裂；雌蕊1，由2～5心皮构成，子房上位，1室，侧膜胎座，稀具隔，或基底胎座；胚珠多数，稀少数，花柱短，通常3～5，分离，有时结合。蒴果，圆锥形，室背开裂。种子多数，全面被毛或在顶端具芒柱，芒柱从基部或从一半开始被柔毛；有或无内胚乳，胚直生。

115. 柽柳 *Tamarix chinensis* Lour.

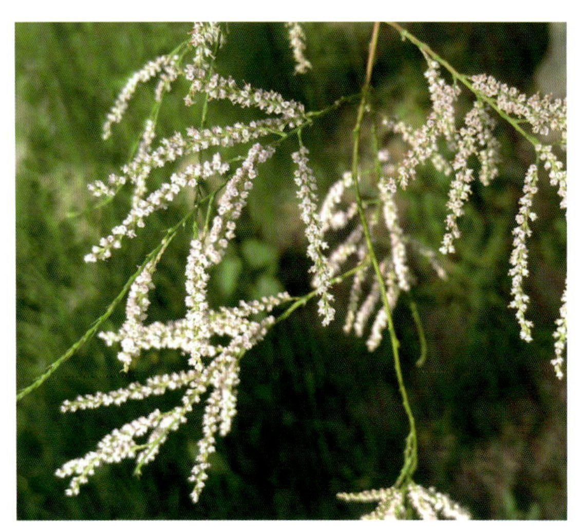

乔木或灌木，高3～6（～8）m；老枝直立，暗褐红色，光亮，幼枝稠密细弱，常开展而下垂，红紫色或暗紫红色，有光泽；嫩枝繁密纤细，悬垂。叶鲜绿色，从生木质化生长枝上生出的绿色营养枝上的叶长圆状披针形或长卵形，长1.5～1.8 mm，稍开展，先端尖，基部背面有龙骨状隆起，常呈薄膜质；上部绿色营养枝上的叶钻形或卵状披针形，半贴生，先端渐尖而内弯，基部变窄，长1～3 mm，背面有龙骨状突起。花期4—9月。

（二十四）堇菜科 Violaceae

多年生草本、半灌木或小灌木。单叶互生，少数对生，托叶小或叶状。花两性或单性，辐射对称或两侧对称，单生或组成腋生或顶生的穗状、总状或圆锥状花序，有2枚小苞片；萼片5，宿存；花瓣5，覆瓦状或旋转状，异形，下面1枚通常较大，基部囊状或有距；雄蕊5，分离或围绕子房成环状靠合，药隔延伸于药室顶端成膜质附属物，花丝很短或无，下方2枚雄蕊，基部有距状蜜腺；子房上位，完全被雄蕊覆盖，3～5心皮合生1室，侧膜胎座，胚珠1至多数，蒴果。

116. 紫花地丁 *Viola philippica* Cav.

多年生草本，属侧膜胎座目，堇菜科多年生草本，无地上茎，高4～14 cm，叶片下部呈三角状卵形或狭卵形，上部者较长，呈长圆形、狭卵状披针形或长圆状卵形，花中等大，紫堇色或淡紫色，稀呈白色，喉部色较淡并带有紫色条纹；蒴果长圆形，长5～12 mm，种子卵球形，长1.8 mm，淡黄色。花果期4月中下旬至9月。

117. 早开堇菜 *Viola prionantha* Bunge

多年生草本，高达35 cm。根茎横走，粗约2 mm，褐色，密生多数纤维状根，向上发出多条地上茎或匍匐枝，地上茎通常数条丛生，淡绿色，节间较长；匍匐枝蔓生，节上生不定根。基生叶三角状心形或卵状心形，先端急尖，稀渐尖，基部通常心形，边缘有疏锯齿，长1.5～3 cm，宽2～5.5 cm，具长柄；茎生叶与基生叶片相似，叶柄较短；托叶披针形，长5～10 cm，全缘或具极稀疏的细齿和缘毛。花淡紫色或白色，单生于叶腋，具长梗，花梗中部以上有2枚线形小苞片；花萼卵状披针形，基部附属物极短呈半圆形；花瓣狭倒卵形，下方花瓣较短，有明显的暗紫色条纹，基部具长约2 mm的短距。子房无毛，花柱呈棍棒状，柱头2裂，两侧裂片肥厚，向上直立，中央部分隆起呈鸡冠状。蒴果长圆形，长6～8 mm，粗约3 mm，无毛，先端尖。花果期较长。

（二十五）千屈菜科 Lythraceae

草本、灌木或乔木；枝通常四棱形，有时具棘状短枝。叶对生，稀轮生或互生，全缘，叶片下面有时具黑色腺点；托叶细小或无托叶。花两性，通常辐射对称，稀左右对称，单生或簇生，或组成顶生或腋生的穗状花序、总状花序或圆锥花序；花萼筒状或钟状，平滑或有棱，有时有距，与子房分离而包围子房，3～6裂，很少至16裂，镊合状排列，裂片间有或无附属体；花瓣与萼裂片同数或无花瓣，花瓣如存在，则着生萼筒边缘，在花芽时呈褶皱状，雄蕊通常为花瓣的倍数，有时较多或较少，着生于萼筒上，但位于花瓣的下方，花丝长短不在芽时常内折，花药2室，纵裂；子房上位，通常无柄，2～16室，每室具倒生胚珠数颗，极少减少1～3或2颗，着生于中轴胎座上，其轴有时不到子房顶部，花柱单生，长短不一，柱头头状，稀2裂。蒴果革质或膜质，2～6室，稀1室，横裂、瓣裂或不规则开裂，稀不裂；种子多数，形状不一，有翅或无翅，无胚乳；子叶平坦，稀折叠。

118. 千屈菜 *Lythrum salicaria* L.

年生草本，根茎横卧于地下，粗壮；茎直立，多分枝，全株青绿色，略被粗毛或密被绒毛，枝通常具4棱。叶对生或三叶轮生，披针形或阔披针形，顶端钝形或短尖，基部圆形或心形，有时略抱茎，全缘，无柄。花组成小聚伞花序，簇生，因花梗及总梗极短，因此花枝全形似一大型穗状花序；苞片阔披针形至三角状卵形、三角形；附属体针状，直立，红紫色或淡紫色，倒披针状长椭圆形，基部楔形，着生于萼筒上部，有短爪，稍皱缩；伸出萼筒之外；子房2室，花柱长短不一。蒴果扁圆形。

（二十六）伞形科 Umbelliferae

一年生至多年生草本，很少是矮小的灌木（在热带与亚热带地区）。根通常直生，肉质而粗，有时为圆锥形或有分枝自根颈斜出，很少根成束、圆柱形或棒形。茎直立或匍匐上升，通常圆形，稍有棱和槽，或有钝棱，空心或有髓。

叶互生，叶片通常分裂或多裂，1回掌状分裂或1～4回羽状分裂的复叶，或1～2回三出式羽状分裂的复叶，很少为单叶；叶柄的基部有叶鞘，通常无托叶，稀为膜质。

花小，两性或杂性，成顶生或腋生的复伞形花序或单伞形花序，很少为头状花序；伞形花序的基部有总苞片，全缘、齿裂、很少羽状分裂；小伞形花序的基部有小总苞片，全缘或很少羽状分裂；花萼与子房贴生，萼齿5或无；花瓣5，在花蕾时呈覆瓦状或镊合状排列，基部狭窄，有时成爪或内卷成小囊，顶端钝圆或有内折的小舌片或顶端延长如细线；雄蕊5，与花瓣互生。

子房下位，2室，每室有1个倒悬的胚珠，顶部有盘状或短圆锥状的花柱基；花柱2，直立或外曲，柱头头状。

果实在大多数情况下是干果，通常裂成2个分生果，很少不裂，呈卵形、圆心形、长圆形至椭圆形，果实由2个背面或侧面扁压的心皮合成，成熟时2心皮从合生面分离，每个心皮有1纤细的心皮柄和果柄相连而倒悬其上，因此2个分生果又称双悬果，心皮柄顶端分裂或裂至基部，心皮的外面有5条主棱（1条背棱、2条中棱、2条侧棱），外果皮表面平滑或有毛、皮刺、瘤状突起，棱和棱之间有沟槽，有时槽处发展为次棱，而主棱不发育，很少全部主棱和次棱（共9条）都同样发育；中果皮层内的棱槽内和合生面通常有纵走的油管1至多数。

胚乳软骨质，胚乳的腹面有平直、凸出或凹入的，胚小。

119. 蛇床 *Cnidium monnieri* (L.) Cuss.

一年生草本植物，高10～60 cm。根圆锥状，较细长；茎直立或斜上，多分枝；下部叶具短柄，上部叶柄全部鞘

状；复伞形花序直径2～3 cm；总苞片6～10，小总苞片多数，小伞形花序具花15～20；花瓣白色，先端具内折小舌片；花柱基略隆起；分生果长圆状，胚乳腹面平直。花期4—7月，果期6—10月。

120. 水芹 *Oenanthe javanica*（Bl.）DC.

多年生草本植物，茎直立或基部匍匐。基生叶有柄，基部有叶鞘；叶片轮廓三角形。复伞形花序顶生；无总苞；伞幅不等长，直立和展开；萼齿线状披针形，花瓣白色，倒卵形，有一长而内折的小舌片；花柱基圆锥形，直立或两侧分开。果实近四角状椭圆形或筒状长圆形，侧棱较背棱和中棱隆起，木栓质。花期6—7月，果期8—9月。

（二十七）报春花科 Primulaceae

多年生或一年生草本，稀为亚灌木。

茎直立或匍匐，具互生、对生或轮生之叶，或无地上茎而叶全部基生，并常形成稠密的莲座丛。

花单生或组成总状、伞形或穗状花序，两性，辐射对称；花萼通常5裂，稀4或6～9裂，宿存；花冠下部合生成短或长筒，上部通常5裂，稀4或6～9裂，仅1单种属（海乳草属*Glaux* L.）无花冠；雄蕊多少贴生于花冠上，与花冠裂片同数而对生，极少具1轮鳞片状退化雄蕊，花丝分离或下部连合成筒。

子房上位，仅1属（水茴草属*Samolus* L.）半下位，1室；花柱单一；胚珠通常多数，生于特立中央胎座上。蒴果通常5齿裂或瓣裂，稀盖裂；种子小，有棱角，常为盾状，种脐位于腹面的中心；胚小而直，藏于丰富的胚乳中。

121. 东北点地梅 *Androsace filiformis* Retz.

一年生草本，主根不发达，具多数纤维状须根。莲座状叶丛单生，直径2～8 cm；叶长圆形至卵状长圆形，长6～25 mm，先端钝或稍锐尖，基部短渐狭，边缘具稀疏小牙齿，无毛；叶柄纤细，等长于或稍长于叶片。花葶通常3至多枚自叶丛中抽出，高2.5～15 cm，无毛或仅上部被稀疏短腺毛；伞形花序多花；苞片线状披针形，长约2 mm；花梗丝状，长短不等，长2～7 cm；花萼杯状，长2～2.5 mm，分裂约达中部，裂片三角形，先端锐尖，具极狭的膜质边缘，无毛或有时疏被腺毛；花冠白色，直径约3 mm，筒部比花萼稍短，裂片长圆形。蒴果近球形，直径约2 mm，果皮近膜质，带白色。花期5月，果期6月。

（二十八）木樨科 Oleaceae

乔木，直立或藤状灌木。叶对生，稀互生或轮生，单叶、三出复叶或羽状复叶，稀羽状分裂，全缘或具齿；无托叶；具叶柄；花萼4裂，有时多达12裂，稀无花萼；花冠4裂，有时多达12裂，浅裂、深裂至近离生，或有时在基部成对合生，稀无花冠，花蕾时呈覆瓦状或镊合状排列；雄蕊2枚，稀4枚，着生于花冠管上或花冠裂片基部，花药纵裂，花粉通常具3沟；子房上位，由2心皮组成2室，每室具胚珠2枚，有时1或多枚，胚珠下垂，稀向上，花柱单一或无花柱，柱头2裂或头状。果为翅果、蒴果、核果、浆果或浆果状核果；种子具1枚伸直的胚；具胚乳或无胚乳；子叶扁平；胚根向下或向上。染色体基数x=11～24。

122. 紫丁香 *Syringa oblata* Lindl.

多年生灌木或小乔木，高可达4 m，枝条粗壮无毛。叶广呈卵形，通常宽度大于长度，或楔形，全缘，两面无毛。圆锥花序长6～15 cm；花萼钟状，有4齿；花冠堇紫色，端4裂开展；花药生于花冠中部或中上部。蒴果长圆形，顶端尖，平滑。花期4月。

123. 连翘 *Forsythia suspensa*（Thund.）VahlEnim.

落叶灌木，是木樨科连翘属植物。连翘早春先叶开花，花开香气淡艳，满枝金黄，艳丽可爱，是早春优良观花灌木，株高可达3 m，枝干丛生，小枝黄色，拱形下垂，中空。叶对生，单叶或3小叶，卵形或卵状椭圆形，缘具齿。花冠黄色，1～3朵生于叶腋；果卵球形、卵状椭圆形或长椭圆形，先端喙状渐尖，表面疏生皮孔；果梗长0.7～1.5 cm。花期3—4月，果期7—9月。

（二十九）夹竹桃科 Apocynaceae

乔木，直立灌木或木质藤木，也有多年生草本；具乳汁或水液；无刺，稀有刺。单叶对生、轮生，稀互生，全缘，稀有细齿；羽状脉；通常无托叶或退化成腺体，稀有假托叶。花两性，辐射对称，单生或多杂组成聚伞花序，顶生或腋生；花萼裂片5枚，稀4枚，基部合生成筒状或钟状，裂片通常为双盖覆瓦状排列，基部内面通常有腺体；花冠合瓣，高脚碟状、漏斗状、坛状、钟状、盆状稀辐状，裂片5枚，稀4枚，覆瓦状排列，其基部边缘向左或向右覆盖，稀镊合状排列，花冠喉部通常有副花冠或鳞片或膜质或毛状附属体；雄蕊5枚，着生于花冠筒上或花冠喉部，内藏或伸出，花丝分离，花药长圆形或箭头状，2室，分离或互相黏合并贴生在柱头上；花粉颗粒状；花盘环状、杯状或成舌状，稀无花盘；子房上位，稀半下位，1～2室，或为2枚离生或合生心皮所组成；花柱1枚，基部合生或裂开；柱头通常呈环状、头状或棍棒状，顶端通常2裂；胚珠1至多颗，着生于腹面的侧膜胎座上。果为浆果、核果、蒴果或蓇葖；种子通常一端被毛，稀两端被毛或仅有膜翅或毛翅均缺，通常有胚乳及直胚。

124. 罗布麻 *Apocynum venetum* L.

多年生草本，高1～2 m，全株含有乳汁。茎直立，无毛。叶对生，椭圆形或长圆状披针形，基部圆形或楔形，先端钝。具有中脉延长的刺尖。边缘稍反卷，平滑无毛；叶柄短。聚伞花序生于茎端或分枝上；苞小形，膜质，披针形，先端尖；萼5裂，裂片披针形或三角状卵形，长约2 mm，被短毛：花冠粉红色或浅紫色，钟形，下部筒状，上端5裂，花冠里面基部有副花冠5；花盘边缘有蜜腺；雄蕊5，花药孔裂；雌蕊1，柱头2裂。绿色。蓇葖果长角状，熟时黄褐色，带紫晕，成熟后沿粗脉开裂，散出种子。种子多数，黄褐色，近似枣核形，顶端簇生白色细长毛。花期6—7月，果期8—9月。

125. 杠柳 *Periploca sepium* Bunge

落叶蔓性灌木，长可达1.5 m。主根圆柱状，外皮灰棕色，内皮浅黄色。具乳汁，除花以外，全株无毛；茎皮灰褐色；小枝通常对生，有细条纹，具皮孔。叶卵状长圆形，长5～9 cm，宽1.5～2.5 cm，顶端渐尖，基部楔形，叶面深绿色，叶背淡绿色；花期5—6月，果期7—9月。

（三十）萝藦科 Asclepiadaceae

木本，草本，具乳汁。单叶对生，全缘，叶柄顶端常具腺体。花两性，辐射对称；花萼筒短，先端5列，内面基部常有腺体；花冠顶端5列，常具副花冠，着生于合蕊冠或花冠管上；雄蕊5枚，与雌蕊合生成合蕊柱；子房上位，2心皮离生；花柱2，顶部合生，柱头膨大，常与花药合生。蓇葖果双生，或一个不育单生。种子多数，顶端具白色丝状毛。

126. 鹅绒藤 *Cynanchum chinense* R.Br.

多年生草本，全株被短柔毛。根圆柱形，灰黄色。茎缠绕，多分枝。叶对生，宽三角状心形，长3～7 cm，宽3～6 cm，先端渐尖，基部心形，全缘，具长2～5 cm的叶柄。伞状聚伞花序腋生，总花梗长3～5 cm，具多花；花萼5深裂，裂片披针形，花冠白色，辐状，具5深裂，裂片为条状披针形，

长4～5 mm；副花冠杯状，外轮5浅裂，裂片三角形，裂片间具5条丝状体，内轮具5条较短的丝状体；花粉块每室1个，下垂；柱头近五角形。蓇葖果圆柱形，长8～12 cm；种子矩圆形，长约5 mm，黄棕色，顶端具白绢状种毛。花期6—7月，果期8—9月。

127. 萝藦 *Metaplexis japonica*（Thunb.）Makino

多年生草本。成株全体含乳汁。茎缠绕，长可达2 m以上，幼时密被短柔毛。叶对生，卵状心形，长5～12 cm，宽4～7 cm，两面无毛，叶背面粉绿或灰绿色；叶具2～5 cm的长柄，顶端丛生腺体。子叶长椭圆形，长1.5 cm，宽0.7 cm，先端钝圆，叶基圆形，有明显羽状脉，全缘，具叶柄。上、下胚轴都很发达，绿色。初生叶2片，对生，卵形，先端急尖，叶基钝圆，具长柄，后生叶与初生叶相似。

（三十一）旋花科 Convolvulaceae

旋花科草本、亚灌木或灌木，偶为乔木（产马尔加什的*Humbertia*属），在干旱地区有些种类变成多刺的矮灌丛，或在寄生牵牛属*Parasitipomoea*为寄生植物；被各式单毛或分叉的毛；常有乳汁；具双韧维管束；有些种类地下具肉质的块根。茎缠绕或攀援，有时平卧或匍匐，偶有直立。叶互生，螺旋排列，寄生种类无叶，通常为单叶，全缘，或不同深度的掌状或羽状分裂至全裂；无托叶，有时有假托叶（为缩短的腋枝的叶）；有叶柄。花通常显著，美丽，单生于叶腋，或少花至多花组成腋生聚伞花序，有时呈总状、圆锥状、伞形或头状，极少为二歧蝎尾状聚伞花序。雄蕊与花冠裂片等数互生，着生花冠管基部或中部稍下，花丝丝状，有时基部稍扩大，等长或不等长；花药2室，内向开裂或侧向纵长开裂；花粉粒无刺或有刺。通常为蒴果，室背开裂、周裂、盖裂或不规则破裂，稀为不开裂的浆果或果应干燥坚硬呈坚果状。种子和胚珠同数，或由于不育而减少，通常呈三棱形，种皮光滑或有各式毛；胚乳小，肉质至软骨质；胚大，具宽的、褶皱或折扇状，全缘或凹头或2裂的子叶。

128. 打碗花 *Calystegia hederacea* Wall.

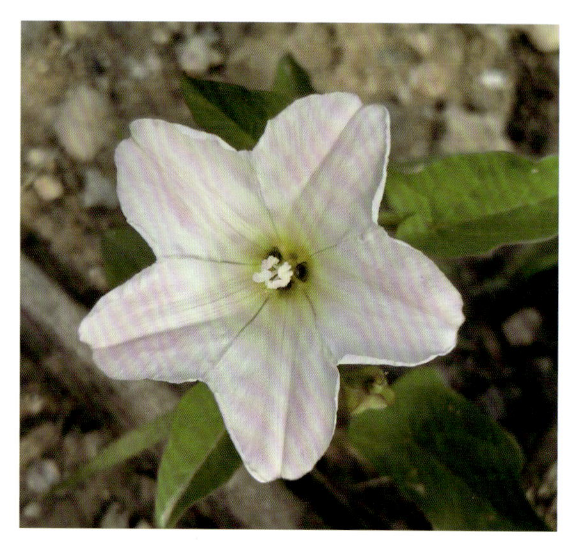

一年生草本，全体不被毛，植株通常矮小，高8～30（～40）cm，常自基部分枝，具细长白色的根。茎细，平卧，有细棱。基部叶片长圆形，长2～3（～5.5）cm，宽1～2.5 cm，顶端圆，基部戟形，上部叶片3裂，中裂片长圆形或长圆状披针形，侧裂片近三角形，全缘或2～3裂，叶片基部心形或戟形；叶柄长1～5 cm。花腋生，1朵，花梗长于叶柄，有细棱。

129. 日本打碗花 *C. japonica*

多年生草本，丛生细毛。茎缠绕或匍匐，基部分枝。叶互生，长圆形或披针状长卵形，长4～8 cm，宽1～3 cm，先端圆钝，具细尖头，基部心脏戟形，下部叶全缘，上部叶常3裂，中裂片长圆或披针形，两侧裂片较短，三角形，开展，叶柄短于叶片。花单生于叶腋，花梗长达3～10 cm；萼5，萼外有2枚大形苞片；花冠漏斗形，粉红色，5浅裂；雄蕊5，内藏；雌蕊1。蒴果球形，光滑。种子卵圆形，无毛。

130. 田旋花 *Convolvulus arvensis* L.

中国旋花一般指田旋花为多年生草质藤本，近无毛。根状茎横走。茎平卧或缠绕，有棱。叶柄长1～2 cm；叶片戟形或箭形，长2.5～6 cm，宽1～3.5 cm，全缘或3裂，先端近圆或微尖，有小突尖头；中裂片卵状椭圆形、狭三角形、披针状椭圆形或线形；侧裂片开展或呈耳形。蒴果球形或圆锥状，无毛；种子椭圆形，无毛。花期5—8月，果期7—9月。

131. 菟丝子 *Cuscuta chinensis* Lam.

一年生寄生草本。茎缠绕，黄色，纤细，直径约1 mm，无叶。花序侧生，少花或多花簇生成小伞形或小团伞花序，近于无总花序梗；苞片及小苞片小，鳞片状；花梗稍粗壮，长仅1 mm许；花萼杯状，中部以下连合，裂片三角状，长约1.5 mm，顶端钝；花冠白色，壶形，长约3 mm，裂片三角状卵形，顶端锐尖或钝，向外反折，宿存；雄蕊着生于花冠裂片弯缺微下处；鳞片长圆形，边缘长流苏状；子房近球形，花柱2，等长或不等长，柱头球形。蒴果球形，直径约3 mm，几乎全为宿存的花冠所包围，成熟时整齐地周裂。种子2～49，淡褐色，卵形，长约1 mm，表面粗糙。

132. 牵牛 *Pharbitis nil* L.

一年生缠绕草本，茎上被倒向的短柔毛及杂有倒向或开展的长硬毛。叶宽卵形或近圆形，深或浅的3裂，偶5裂，长4～15 cm，宽4.5～14 cm，基部圆，心形，中裂片长圆形或卵圆形，渐尖或骤尖，侧裂片较短，三角形，裂口锐或圆，叶面或疏或密被微硬的柔毛；叶柄长2～15 cm，毛被同茎。

133. 圆叶牵牛 *Ipomoea purpurea*（L.）Roth, Bot.

一年生缠绕草本植物，叶片圆心形或宽卵状心形，基部圆，心形，顶端锐尖、骤尖或渐尖，两面疏或密被刚伏毛；花腋生，着生于花序梗顶端成伞形聚伞花序，花序梗比叶柄短或近等长，苞片线形，萼片渐尖，花冠漏斗状，紫红色、红色或白色，花冠管通常白色，花丝基部被柔毛；子房无毛，柱头头状；花盘环状。蒴果近球形，种子卵状三棱形，黑褐色或米黄色，被极短的糠秕状毛。花期5—10月，果期8—11月。

（三十二）紫草科 Boraginaceae

多为草本，少灌木或乔木。单叶互生。聚伞花序，两性辐射对称，子房2室。核果小坚果。体积从最小的勿忘草属、紫草属到直径大于100 μm。花粉粒常具3孔沟并同时常具3假沟，4孔沟有时同时具4假沟，及多沟或多孔沟（聚合草属）。有的花粉粒如齿缘草属每沟具2个内孔，有的花粉粒如鹤虱属、紫草属内孔偏于沟的一端。花粉粒表面有小刺状、细网状或颗粒状雕纹。

134. 鹤虱 *Lappula myosotis* Moench

呈圆柱状，细小，长3～4 mm，直径不及1 mm。表面黄褐色或暗褐色鹤虱，具多数纵棱。一端收缩呈细喙叶，先端扩展成灰白色圆环；另一端稍尖，有着生痕迹。果皮薄，纤维性，种皮菲薄透明，子叶2，类白色，稍有油性。气特异，味微苦。

135. 卵盘鹤虱 *L. redowskii*（Hornem.）Greene

一年生草本。茎直立，高30～50 cm，上部有分枝，被开展或近贴伏的灰色柔毛，茎下部的毛渐脱落。基生叶常呈莲座状，长圆形，长2～7 cm，宽3～8 mm，全缘，先端钝，基部渐狭成叶柄，两面被开展或近开展的具基盘的灰色糙毛；茎生叶似基生叶，但较小而狭，无叶柄。花序疏松，果期强烈伸长；苞片线形，下方者比果实长，上方者比果实短；花梗短，果期伸长，下方者长3～5 mm，中部者长2～3 mm，直立而粗壮，基部渐细；花萼深裂至基部，裂片线形，花期直立，长2～3 mm，果期增大，长约5 mm，常星状开展；花冠淡蓝色，钟状，长3～3.5 mm，檐部直径2～4 mm，喉部白色或淡黄色，附属物梯形。小坚果卵形，长3～3.5 mm，背面长圆状披针形，有小疣状突起，边缘有2行锚状刺，内行刺黄色，长1.5～2 mm，基部扩展相互连合成狭翅，外行刺比内行刺短，通常生于小坚果腹面的中下部，小坚果腹面具疣状突起；花柱隐藏于小坚果上方锚状刺之中。花果期6—9月。

136. 砂引草 *Tournefortia sibirica* L.

多年生草本，高10～30 cm，有细长的根状茎。茎单一或数条丛生，直立或斜升，通常分枝，密生糙伏毛或白色长柔毛。叶披针形、倒披针形或长圆形，长1～5 cm，宽6～10 mm，先端渐尖或钝，基部楔形或圆，密生糙伏毛或长柔毛，中脉明显，上面凹陷，下面突起，侧脉不明显，无柄或近无柄。花序顶生，直径1.5～4 cm；萼片披针形，长3～4 mm，密生向上的糙伏毛；花期5月，果期7月。

137. 附地菜 *Trigonotis peduncularis*（Trev.）Benth.ex Baker et Moore

一年生草本，高5～30 cm；茎通常自基部分枝，纤细。匙形、椭圆形或披针形的小叶互生，基部狭窄，两面均具平伏粗毛。螺旋聚伞花序，花冠蓝色，花序顶端呈旋卷状。4枚四面体形小坚果。花期5—6月。

138. 多苞斑种草 *Bothriospermum secundum* Maxim.

一年生草本。高达40 cm，茎1条或数条丛生，直立，有分枝，枝常细，被开展糙硬毛及短伏毛，基生叶倒卵状长圆形，长2～5 cm，先端钝，基部渐窄至叶柄，花梗长2～3 mm，常下垂；花萼裂至基部，长约3 mm，被毛，裂片披针形，小坚果长约2 mm。花果期7—9月。

139. 大果琉璃草 *Cynoglossum divaricatum* Steph. ex Lehm.

多年生草本植物，高可达100 cm，茎直立，中空，具肋棱，基生叶和茎下部叶片长圆状披针形或披针形，先端钝或渐尖，基部渐狭成柄，灰绿色，上下面均密生贴伏的短柔毛；花序顶生及腋生，花稀疏，集为疏松的圆锥状花序；苞片狭披针形或线形；花梗细弱，花萼外面密生短柔毛，裂片卵形或卵状披针形，果期几不增大，向下反折；花冠蓝紫色，喉部有梯形附属物，花药卵球形，着生花冠筒中部以上；花柱肥厚，扁平。小坚果卵形，密生锚状刺，背面平。花期6—7月，果期8月。

（三十三）唇形科 Labiatae

一年生至多年生草本，半灌木或灌木，极稀乔木或藤本，常具含芳香油的表皮，有柄或无柄的腺体，及各式各样的单毛、具节毛、甚至于星状毛和树枝状毛，常具有四棱及沟槽的茎和对生或轮生的枝条。

根纤维状，稀增厚成纺锤形，极稀具小块根。偶有新枝形成具多少退化叶的气生走茎或地下匍匐茎，后者往往具肥短节间及无色叶片。叶为单叶，全缘至具有各种锯齿，浅裂至深裂，稀为复叶，对生（常交互对生），稀3～8枚轮生，极稀部分互生。花很少单生。花序聚伞式，通常由2个小的3至多花的二歧聚伞花序在节上形成明显轮状的轮伞花序（假轮）；或多分枝而过渡到成为一对单歧聚伞花序，稀仅为1～3花的小聚伞花序，后者形成每节双花的现象。由于主轴完全退化而形成密集的无柄花序，或主轴及侧枝均或多或少发达，苞叶退化成苞片状，而由数个至许多轮伞花序聚合成顶生或腋生的总状，穗状，圆锥状，稀头状的复合花序，稀由于花向主轴一面聚集而成背腹状（开向一面），极稀每苞叶承托一花，由于花亦互生而形成真正的总状花序。苞叶常在茎上向上逐渐过渡成苞片，每花下常又有一对纤小的小苞片（在单歧花序中则仅一片发达）；很少有不具苞片及小苞片，或苞片及小苞片趋于发达而有色，具针刺，叶状或特殊形状。

果通常裂成4枚果皮干燥的小坚果，稀核果状（锥花亚科Prasioideae Brig.）而具多少坚硬的内果皮及肉质或多汁的外果皮，倒卵圆形或四棱形，光滑，具毛或有皱纹、雕纹，稀具边或顶生或周生的翅（有时背腹压扁，稀背腹分化），具小的基生果脐，稀由于侧腹面相接而形成大而显著、高度有时超过果轴一半的果脐，极稀近背面相接（具基部一背部的合生面，如薰衣草属*Lavandula* L.），稀花托的小部分与小坚果分离而形成一油质体（elaiosome）（如筋骨草属*Ajuga* L.，野芝麻属*Lamium* L.，及迷迭香属*Rosmarinus* L.）；种子每坚果单生，直立，极稀横生而皱曲，具薄而以后常全部被吸收的种皮，基生，稀侧生。胚乳在果时无或如存在则极不发育。胚具扁平，稀凸或有折，微肉质，与果轴平行或横生的子叶；幼根短，在下面，例外的为弯曲而位于一片子叶上（背依子叶，如黄芩属*Scutellaria* L.）。

140. 益母草 *Leonurus japonicus* Houtt.

一年生或二年生草本，有于其上密生须根的主根。茎直立，通常高30～120 cm，钝四棱形，微具槽，有倒向糙伏毛，在节及棱上尤为密集，在基部有时近于无毛，多分枝，或仅于茎中部以上有能育的小枝条。花序最上部的苞叶近于无柄，线形或线状披针形，长3～12 cm，宽2～8 mm，全缘或具稀少牙齿。轮伞花序腋生，具8～15花，轮廓为圆球形，径2～2.5 cm，多数远离而组成长穗状花序；小苞片刺状，向上伸出，基部略弯曲，比萼筒短，长约5 mm，有贴生的微柔毛；花梗无。花期通常在6—9月，果期9—10月。

141. 水苏 *Stachys japonica* Miq.

多年生草本，高20～80 cm，有在节上生须根的根茎。茎单一，直立，基部多少匍匐，四棱形，具槽，在棱及节上被小刚毛，余部无毛。茎叶长圆状宽披针形，长5～10 cm，宽1～2.3 cm，先端微急尖，基部圆形至微心形，边缘为圆齿状锯齿，上面绿色，下面灰绿色，两面均无毛，叶柄明显，长3～17 mm，近茎基部者最长，向上渐变短；苞叶披针形，无柄，近于全缘，向上渐变小，最下部者超出轮伞花序，上部者等于或短于轮伞花序。花期5—7月，果期7月以后。

142. 水棘针 *Amethystea caerulea* L.

一年生草本，基部有时木质化，呈金字塔形分枝状。茎四棱形，紫色，灰紫黑色或紫绿色，被疏柔毛或微柔毛，以节上较多。叶片纸质或近膜质，三角形或近卵形，3深裂，稀不裂或5裂。花序为由松散具长梗的聚伞花序所组成的圆锥花序；苞叶与茎叶同形，变小，小苞片微小，线形，具缘毛。花萼钟形，外面被乳头状突起及腺毛，内而无毛，果时花萼增大。花冠蓝色或紫蓝色，冠筒内藏或略长于花萼，外面无毛。花盘环状，具相等浅裂片。小坚果倒卵状三棱形，背面具网状皱纹，腹面具棱，两侧平滑，合生面大。花期8—9月，果期9—10月。

143. 风轮菜 *Clinopodium chinense*

多年生草本植物。茎基部匍匐生根，多分枝。叶卵圆形，不偏斜，先端急尖或钝，基部圆形呈阔楔形，边缘具大小均匀的圆齿状锯齿。轮伞花序多花密集，半球状；苞叶叶状，向上渐小至苞片状，苞片针状，极细，无明显中肋；总梗分枝多数。花萼狭管状，常染紫红色。花冠紫红色，外面被微柔毛，内面在下唇下方喉部具二列毛茸，冠筒伸出，向上渐扩大。雄蕊4，前对稍长。花柱微露出，先端不相等2浅裂，裂片扁平。花盘平顶。子房无毛。小坚果倒卵形，黄褐色。

144. 地瓜苗 *Lycopus lucidus* Turcz.

多年生草本植物。广泛分布于中国各地，并有栽培；株高40～100 cm。根状茎横生，白色，肥厚肉质。茎直立，单一而少分枝，四棱形，髓中空，叶对生，几乎无柄，狭披针形，轮伞花序腋生，花小密集，花冠白色，雄蕊4，前对雄蕊能育，小坚果扁平，蝉褐色。花期7—9月。果期9—10月。

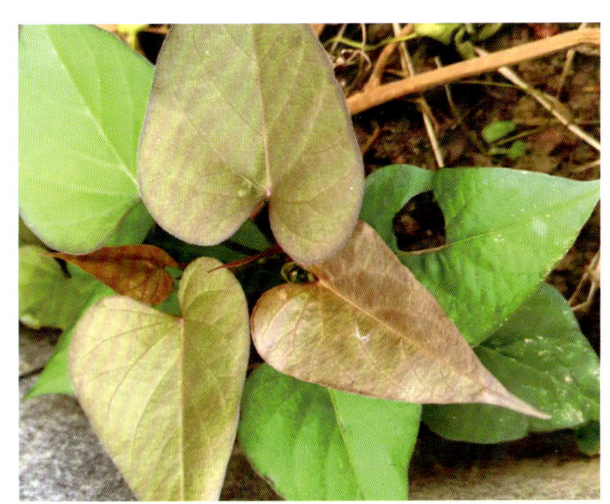

145. 糙苏 *Phlomis umbrosa*（Turcz.）Kamelin & Makhm.

多年生草本；根粗厚，须根肉质，长约30 cm，粗约1 cm。茎高50～150 cm，多分枝。叶近圆形、圆卵形至卵状长圆形，长5.2～12 cm，宽2.5～12 cm。轮伞花序通常4～8花，多数，生于主茎及分枝上；苞片线状钻形，较坚硬，常呈紫红色。花萼管状，长约10 mm，宽约3.5 mm，外面被星状微柔毛。花冠通常粉红色，下唇较深色。雄蕊内藏，花丝无毛，无附属器。小坚果无毛。花期6—9月，果期9月。

146. 鼠尾草 *Salvia japonica* Thunb.

一年生草本植物。茎直立，株高30～100 cm，植株呈丛生状，植株被柔毛。茎呈四角柱状，且有毛下部略木质化。叶对生，长椭圆形，绿色叶脉明显，两面无毛，下面具腺点。须根密集。顶生总状花序，花序长达15 cm或以上；苞片较小，蓝紫色，开花前包裹着花蕾；花梗密被蓝紫色的柔毛。花萼钟形，蓝紫色，萼外沿脉上被具腺柔毛。花期6—9月。

（三十四）茄科 Solanaceae

一年生至多年生草本、半灌木、灌木或小乔木；直立、匍匐、扶升或攀援；有时具皮刺，稀具棘刺。单叶全缘、不分裂或分裂，有时为羽状复叶，互生或在开花枝段上大小不等的二叶双生；无托叶。花单生，簇生或为蝎尾式、伞房式、伞状式、总状式、圆锥式聚伞花序，稀为总状花序；顶生、枝腋或叶腋生，或者腋外生；两性或稀杂性，辐射对称或稍微两侧对称，通常5基数、稀4基数。花萼通常具5牙齿、5中裂或5深裂，稀具2、3、4至10牙齿或裂片，极稀截形而无裂片，裂片在花蕾中镊合状、外向镊合状、内向镊合状或覆瓦状排列，或者不闭合，花后几乎不增大或极度增大，果时宿存，稀自近基部周裂而仅基部宿存；花冠具短筒或长筒，辐状、漏斗状、高脚碟状、钟状或坛状，檐部5（稀4～7或10）浅裂、中裂或深裂，裂片大小相等或不相等，在花蕾中覆瓦状、镊合状、内向镊合状排列或折合而旋转；雄蕊与花冠裂片同数而互生，伸出或不伸出于花冠，同形或异形（花丝不等长或花药大小或形状相异）、有时其中1枚较短而不育或退化，插生于花冠筒上，花丝丝状或在基部扩展，花药基底着生或背面着生、直立或向内弓曲、有时靠合或合生成管状而围绕花柱，药室2，纵缝开裂或顶孔开裂；子房通常由2枚心皮合生而成，

2室、有时1室或有不完全的假隔膜而在下部分隔成4室、稀3～5（～6）室，2心皮不位于正中线上而偏斜，花柱细瘦，具头状或2浅裂的柱头；中轴胎座；胚珠多数、稀少数至1枚，倒生、弯生或横生。果实为多汁浆果或干浆果，或者为蒴果。种子圆盘形或肾脏形；胚乳丰富、肉质；胚弯曲成钩状、环状或螺旋状卷曲、位于周边而埋藏于胚乳中，或直而位于中轴位上。

147. 曼陀罗 *Datura stramonium* L.

直立木质一年生草本植物，在低纬度地区可长成亚灌木，高0.5～1.5 m，全体近于平滑或在幼嫩部分被短柔毛。茎粗壮，圆柱状，淡绿色或带紫色，下部木质化。叶互生，上部呈对生状，叶片卵形或宽卵形，顶端渐尖，基部不对称楔形，有不规则波状浅裂，裂片顶端急尖，有时亦有波状牙齿，侧脉每边3～5条，直达裂片顶端，长8～17 cm，宽4～12 cm；叶柄长3～5 cm。蒴果直立生，卵状，长3～4.5 cm，直径2～4 cm，表面生有坚硬针刺或有时无刺而近平滑，成熟后淡黄色，规则4瓣裂。种子卵圆形，稍扁，长约4 mm，黑色。一般花期6—10月，果期7—11月。

148. 酸浆 *Physalis alkekengi* L.

多年生直立草本植物，株高50～80 cm，地上茎常不分枝，有纵棱，茎节膨大，幼茎被有较密的柔毛。根状茎白色，横卧地下，多分枝，节部有不定根。叶互生，每节生有1～2片叶，叶有短柄，长1～3 cm，叶片卵形，长6～9 cm，宽5～7 cm，先端渐尖，基部宽楔形，边缘有不整齐的粗锯齿或呈波状，无毛。花5基数，单生于叶腋内，每株5～10朵。花期5—9月，果期6—10月。

149. 龙葵 *Solanum nigrum* L.

一年生直立草本植物，高0.25～1 m，茎无棱或棱不明显，绿色或紫色，近无毛或被微柔毛。叶卵形，长2.5～10 cm，宽1.5～5.5 cm，先端短尖，基部楔形至阔楔形而下延至叶柄，全缘或每边具不规则的波状粗齿，光滑或两面均被稀疏短柔毛，叶脉每边5～6条，叶柄长1～2 cm。浆果球形，直径约8 mm，熟时黑色。种子多数，近卵形，直径1.5～2 mm，两侧压扁。

150. 黄果龙葵 *S. diphyllum* L.

多年生常绿小灌木，株高80～150 cm；茎枝黑绿色，分枝甚多；单叶，互生，常一大一小着生节上，椭圆形或倒卵状椭圆形，长4～10 cm，宽2～4 cm，先端凸尖偶凹入，基部渐狭尖或急尖成柄；花单生或5～7朵成簇，腋生或与叶对生；萼淡绿色，钟形，5浅裂；花冠白花或淡绿色，5裂，裂片卵形或狭卵形；雄蕊5枚，花药直生，黄色；花柱细，柱头不明显；浆果幼果绿色，成熟后渐转成橙黄色，球形；种子黄色，圆肾形。

151. 碧冬茄 *Petunia hybrida* Vilm.

一年生草本，高30～60 cm，全体生腺毛。叶有短柄或近无柄，卵形，顶端急尖，基部阔楔形或楔形，全缘，长3～8 cm，宽1.5～4.5 cm，侧脉不显著，每边5～7条。花单生于叶腋，花梗长3～5 cm。花萼5深裂，裂片条形，长1～1.5 cm，宽约3.5 mm，顶端钝，果时宿存；花冠白色或紫堇色，有各式条纹，漏斗状，长5～7 cm，筒部向上渐扩大，檐部开展，有折襞，5浅裂；雄蕊4长1短；花柱稍超过雄蕊。

（三十五）玄参科 Mazaceae

草本、灌木或少有乔木。叶互生、下部对生而上部互生、或全对生、或轮生，无托叶。花序总状、穗状或聚伞状，常合成圆锥花序，向心或更多离心。花常不整齐，萼下位，常宿存，5少有4基数；花冠4～5裂，裂片多少不等或作二唇形；雄蕊常4枚，而有1枚退化，少有2～5枚或更多，药1～2室，药室分离或多少汇合；花盘常存在，环状、杯状或小而似腺；子房2室，极少仅有1室；花柱简单，柱头头状或2裂或2片状；胚珠多数，少有各室2枚，倒生或横生。果为蒴果，少有浆果状，具生于1游离的中轴上或者生于果爿边缘的胎座上；种子细小，有时具翅或有网状种皮，脐点侧生或在腹面，胚乳肉质或缺少；胚伸直或弯曲。

152. 弹刀子菜 *Mazus stachydifolius*（Turcz.）Maxim.

多年生草本，高10～50 cm。粗壮，全株被白色长柔毛。根状茎短；茎直立，稀上升，圆柱形，不分枝或基部分枝，老时基部木质化。基生叶匙形，有短柄，常早枯；茎生叶对生，上部的常互生，无柄；叶片长椭圆形至倒卵状披针形；纸质，长2～7 cm，以茎中部的量大，边缘具锯齿。花期4—6月，果期7—9月。

（三十六）忍冬科 Caprifoliaceae

灌木或木质藤本，有时为小乔木或小灌木，叶对生，很少为奇数羽状复叶（接骨木属），无托叶或具叶柄间托叶，花序聚伞状，常具发达的小苞片。花两性，花冠合瓣，辐状、筒状、高脚碟状、漏斗状或钟状，有时花冠两唇形，子房下位，每室含胚珠。果实为肉质浆果、核果、蒴果、瘦果或坚果。

153. 新疆忍冬 *Lonicera tatarica* L.

落叶灌木，高达3 m。小枝中空，老枝皮灰白色。叶卵形或卵状椭圆形，长2～6 cm，顶端尖，基部圆形或近心形，两面均无毛。花成对腋生，总花梗长1～2 cm，相邻两花的萼筒分离，花冠唇形，粉红色或白色，外面光滑，里面有毛；雄蕊5，短于花冠。浆果红色，常合生。花期5月，果期9月。

154. 锦带花 *Weigela florida*（Bunge）A.DC.

落叶灌木，高达1～3 m；树皮灰色；芽顶端尖，具3～4对鳞片，常光滑；叶矩圆形、椭圆形至倒卵状椭圆形，顶端渐尖，基部阔楔形至圆形，边缘有锯齿，上面疏生短柔毛，脉上毛较密，下面密生短柔毛或绒毛，具短柄至无柄；花单生或成聚伞花序生于侧生短枝的叶腋或枝顶；花冠紫红色或玫瑰红色，外面疏生短柔毛，裂片不整齐，开展，内面浅红色；花丝短于花冠，花药黄色；子房上部的腺体黄绿色，花柱细长，柱头2裂；果实长1.5～2.5 cm，顶有短柄状喙，疏生柔毛；种子无翅；花期4—6月。

（三十七）列当科 Orobanchaceae

寄生草本，无叶绿素，或只有少许叶绿素。叶鳞形，互生。花单生于叶腋或苞腋，常集成顶生总状或穗状花序，两性，萼2～5裂，花冠5裂，二唇形，裂片覆瓦状排列。雄蕊4，着生花冠上，雌蕊由2（稀3）心皮结合而成，子房上位，常1室，有多数倒生胚珠，蒴果室背裂开。有13属180种。主产于北温带欧亚大陆，少数产于美洲及热带地区。以列当属为最大，含140种。

155. 弯管列当

Orobanche cernua Loefl.

全株密被蛛丝状长绵毛。茎直立，不分枝，列当具明显的条纹，基部常稍膨大。叶干后黄褐色，生于茎下部的较密生或多年生寄生草本，上部的渐变稀疏，卵状披针形，长1.5～2 cm，宽5～7 mm，连同苞片和花萼外面及边缘密被蛛丝状长绵毛。花期4—7月，果期7—9月。

（三十八）车前科 Plantaginaceae

一年生、二年生或多年生草本，稀为小灌木，陆生、沼生，稀为水生。根为直根系或须根系。茎通常变态成紧缩的根茎，根茎通常直立，少数具直立和节间明显的地上茎。叶螺旋状互生，通常排成莲座状，或于地上茎上互生、对生或轮生。

156. 平车前 *Plantago depressa* Willd.

一年生或二年生草本。直根长，具多数侧根，多少肉质。根茎短。叶基生呈莲座状，平卧、斜展或直立；叶片纸质，椭圆形、椭圆状披针形或卵状披针形，长3～12 cm，宽1～3.5 cm，先端急尖或微钝，边缘具浅波状钝齿、不规则锯齿或牙齿，基部宽楔形至狭楔形，下延至叶柄，脉5～7条，上面略凹陷，于背面明显隆起，两面疏生白色短柔毛；叶柄长2～6 cm，基部扩大成鞘状。蒴果卵状椭圆形至圆锥状卵形，长4～5 mm，于基部上方周裂。种子4～5，椭圆形，腹面平坦，长1.2～1.8 mm，黄褐色至黑色；子叶背腹向排列。花期5—7月，果期7—9月。

157. 车前 *P. asiatica* L.

多年生草本，连花茎高达50 cm，具须根。叶根生，具长柄，几与叶片等长或长于叶片，基部扩大；叶片卵形或椭圆形，长4～12 cm，宽2～7 cm，先端尖或钝，基部狭窄成长柄，全缘或呈不规则波状浅齿，通常有5～7条弧形脉。花茎数个，高12～50 cm，具棱角，有疏毛；穗状花序为花茎的2/5～1/2；花淡绿色，每花有宿存苞片1枚，三角形；花萼4，基部稍合生，椭圆形或卵圆形，宿存；花冠小，胶质，花冠管卵形，先端4裂，裂片三角形，向外反卷；种子4～8枚或9枚，近椭圆形，黑褐色。花期6—9月，果期7—10月。

158. 大车前 *P. major* L.

二年生或多年生草本。须根多数。根茎粗短。叶基生呈莲座状，平卧、斜展或直立；叶片草质、薄纸质或纸质，宽卵形至宽椭圆形，长3～18（～30）cm，宽2～11（～21）cm，先端钝尖或急尖，边缘波状、疏生不规则牙齿或近全缘，两面疏生短柔毛或近无毛，少数被较密的柔毛，脉（～3）5～7条；叶柄长（1～）3～10（～26）cm，基部鞘状，常被毛。花序1至数个；花序梗直立或弓曲上升，长（2）5～18（～45）cm，有纵条纹，被短柔毛或柔毛；穗状花序细圆柱状，（～1）3～20（～40）cm，基部常间断；苞片宽卵状三角形，长1.2～2 mm，宽与长约相等或略超过，无毛或先端疏生短毛，龙骨突宽厚。花无梗；花萼长1.5～2.5 mm，萼片先端圆形，无毛或疏生短缘毛，边缘膜质，龙骨突不达顶端，前对萼片椭圆形至宽椭圆形，后对萼片宽椭圆形至近圆形。花冠白色，无毛，冠筒等长或略长于萼片，裂片披针形至狭卵

形，长1～1.5 mm，于花后反折。雄蕊着生于冠筒内面近基部，与花柱明显外伸，花药椭圆形，长1～1.2 mm，通常初为淡紫色，稀白色，干后变淡褐色。胚珠12～40个。蒴果近球形、卵球形或宽椭圆球形，长2～3 mm，于中部或稍低处周裂。种子（～8）12～24（～34），卵形、椭圆形或菱形，长0.8～1.2 mm，具角，腹面隆起或近平坦，黄褐色；子叶背腹向排列。花期6—8月，果期7—9月。

（三十九）茜草科 Rubiaceae

多为木本，少数为草本。叶对生，很少3枚轮生，通常全缘，具托叶。本科的共同解剖构造有：①气孔常分布于叶片的下面，为2至多个辅助细胞所伴随，这些细胞平均列于孔口的边旁；②叶片无腺毛，③茎的维管束为单一并生型。早期的分类系统（克朗奎斯特分类法）将茜草科分类在茜草目内，濒危种。

159. 茜草 *Rubia cordifolia* L.

草质攀援藤木，长通常1.5～3.5 m；根状茎和其节上的须根均红色；茎数至多条，从根状茎的节上发出，细长，方柱形，有4棱，棱上生倒生皮刺，中部以上多分枝。叶通常4片轮生，纸质，披针形或长圆状披针形，长0.7～3.5 cm，顶端渐尖，有时钝尖，基部心形，边缘有齿状皮刺，两面粗糙，脉上有微小皮刺；基出脉3条，极少外侧有1对很小的基出脉。果球形，直径通常4～5 mm，成熟时橘黄色。花期8—9月，果期10—11月。

（四十）菊科 Compositae

草本、亚灌木或灌木，稀为乔木。有时有乳汁管或树脂道。叶通常互生，稀对生或轮生，全缘或具齿或分裂，无托叶，或有时叶柄基部扩大成托叶状。

花两性或单性，极少有单性异株，整齐或左右对称，五基数，少数或多数密集成头状花序或为短穗状花序，为1层或多层总苞片组成的总苞所围绕；头状花序单生或数个至多数排列成总状、聚伞状、伞房状或圆锥状；花序托平或凸起，具窝孔或无窝孔，无毛或有毛；具托片或无托片；萼片不发育，通常形成鳞片状、刚毛状或毛状的冠毛；花冠常辐射对称，管状，或左右对称，两唇形，或舌状，头状花序盘状或辐射状，有同形的小花，全部为管状花或舌状花，或有异形小花，即外围为雌花，舌状，中央为两性的管状花。

雄蕊4～5个，着生于花冠管上，花药内向，合生成筒状，基部钝，锐尖，戟形或具尾；花柱上端两裂，花柱分枝上端有附器或无附器；子房下位，合生心皮2枚，1室，具1个直立的胚珠；果为不开裂的瘦果；种子无胚乳，具2个，稀1个子叶。

160. 黄花蒿 *Artemisia annua* L.

一年生草本，植株有浓烈的挥发性香气。根单生，垂直，狭纺锤形；茎单生，高100～200 cm，基部直径可达1 cm，有纵棱，幼时绿色，后变褐色或红褐色，多分枝；茎、枝、叶两面及总苞片背面无毛或初时背面微有极稀疏短柔毛，后脱落无毛。纸质，绿色；茎下部叶宽卵形或三角状卵形，长3～7 cm，宽2～6 cm，绿色，两面具细小脱落性的白色腺点及细小凹点，三（至四）回栉齿状羽状深裂，每侧有裂片5～8（10）枚，裂片长椭圆状卵形，再次分裂，小裂片边缘具多枚栉齿状三角形或长三角形的深裂齿，裂齿长1～2 mm，宽0.5～1 mm，中肋明显，在叶面上稍隆起，中轴两侧有狭翅而无小栉齿，稀上部有数枚小栉齿，叶柄长1～2 cm，基部有半抱茎的假托叶；中部叶二（至三）回栉齿状的羽状深裂，小裂片栉齿状三角形。果：瘦果小，椭圆状卵形，略扁。花果期8—11月。

161. 野艾蒿 *A. lavandulifolia* Candolle

多年生草本，主根稍明显，侧根多；根状茎稍粗，直径4～6 mm，常匍地，有细而短的营养枝。茎少数，成小丛，稀少单生，高50～120 cm，具纵棱，分枝多，长5～10 cm，斜向上伸展；茎、枝被灰白色蛛丝状短柔毛。瘦果长卵形或倒卵形。花果期8—10月。

162. 茵陈蒿 *A. capillaris* Thunb

半灌木状草本，植株有浓烈的香气。主根明显木质，垂直或斜向下伸长；根茎直径5～8 mm，直立，稀少斜上展或横卧，常有细的营养枝。茎单生或少数，高40～120 cm或更长，红褐色或褐色，有不明显的纵棱，基部木质，上部分枝多，向上斜伸展；茎、枝初时密生灰白色或灰黄色绢质柔毛，后渐稀疏或脱落无毛。营养枝端有密集叶丛，基生叶密集着生，常呈莲座状。花果期7—10月。

163. 白叶蒿 *A. leucophylla* C.B.Clarke

多年生草本。主根稍明显，侧根多；根状茎稍粗，垂直或斜向上，直径3～8 mm，常有营养枝，具有水土保持作用。茎少数，常成丛，或单生，高40～70 cm，有纵棱；上半部分枝，长3～8（～10）cm，向上斜展；茎、枝微被蛛丝状柔毛。瘦果倒卵形。花果期7—10月。

164. 蒙古蒿 *A. mongolica*（Fisch. ex Bess.）Nakai

多年生草本植物。根细，侧根多；根状茎短，半木质化，高可达120 cm，具明显纵棱；分枝多，叶纸质或薄纸质，上面绿色，上部叶片与苞片叶卵形或长卵形，羽状全裂，裂片披针形或线形，无裂齿或偶有浅裂齿，无柄。头状花序多数，椭圆形，无梗，直立或倾斜，有线形小苞叶，总苞片覆瓦状排列，雌花花冠狭管状，檐部具裂齿，紫色，花柱伸出花冠外，先端反卷，叉端尖；两性花，花冠管状，背面具黄色小腺点，檐部紫红色，花药线形，瘦果小，长圆状倒卵形。花果期8—10月。

165. 柳叶蒿 *A. inegrifolia* L.

多年生草本。主根明显，侧根稍多；根状茎略粗，直径0.3～0.4 cm。茎通常单生，稀少数，高50～120 cm，紫褐色，具纵棱，中部以上有向上斜展的分枝，枝长4～10 cm；茎、枝被蛛丝状薄毛。叶无柄，不分裂，全缘或边缘具稀疏深或浅锯齿或裂齿，上面暗绿色，初时被灰白色短柔毛，后脱落无毛或近无毛，背面除叶脉外密被灰白色密绒毛；总苞片3～4层，覆瓦状排列，外层总苞片略小，卵形，中层总苞片长卵形，背面疏被灰白色蛛丝状柔毛，中肋绿色，边缘宽膜质，褐色或红褐色，内层总苞片长卵形，半膜质，背面近无毛；雌花10～15朵，花冠狭管状，基部稍宽，檐部具2裂齿，花柱长，伸出花冠外，先端2叉，叉端尖；两性花20～30朵，花冠管状，檐部外反，花药披针状线形，先端附属物尖，长三角形，基部有短尖头，花柱与花冠等长，先端2叉，花后外弯，叉端扇形并有睫毛，瘦果倒卵形或长圆形。花果期8—10月。

166. 宽叶蒿 *A. latifolia* Ledeb.

多年生草本植物，高20～70 cm；茎单生草质，茎叶的小裂片为尖齿状的栉齿；叶两面有小凹点，无毛；叶柄长3～6 cm，基部无假托叶；苞片叶线形，花冠狭管状，头状花序直径3～4 mm。总苞片3～4层，内、外层近等长，外层总苞片卵形，背面无毛或近无毛，黄褐色，边缘宽膜质，褐色，

常有撕裂，中层总苞片椭圆形或长圆形，边缘宽膜质，内层膜质；花序托凸起；雌花5～9朵，花冠狭管状，外面有腺点，檐部具2（～3）裂齿，花柱伸出花冠外，先端2叉，叉端尖，开展或弯曲；两性花18～25朵，花冠管状，外面有腺点，花药长线形，上端附属物尖，长三角形，基部圆钝，花柱略比花冠管短或近与花冠管等长，先端分叉短，开花时叉开。瘦果倒卵形或稍呈棱形，纵纹稍明显。花果期7—10月。

167. 红足蒿 *A. rubripes* Nakai

年生草本；茎直立，高90～180 cm，近无毛或上部有微毛，上部有花序枝，下部叶在花期枯萎；中部叶一回或二回羽状深裂，长7～15 cm，宽4～10 cm，羽状深裂，侧裂片2对稀3对，裂片又常裂或侧裂片不裂，裂片狭长披针形，渐尖，边缘无齿，常稍反卷。上面近无毛，下面除中脉以外被灰白色蛛丝状密毛，柄稍短，有条形假托叶；上部叶裂或不裂，条形。头状花序极多数，排列成稍密集的复总状花序，有短梗及条形苞叶，矩图形或钟形，直立或开展，长2～2.5 mm，宽1.5 mm，总苞片约3层，矩圆形，稍蛛丝状毛，背面有绿色中脉，边缘膜质、花黄色，外层雌性，内层两性。瘦果微小，无毛。花期8—9月，果期9—10月。

168. 万年蒿 *A. sacrorum* Ledeb.

多年生草本，半灌木状，高50～100 cm。茎直立，具条棱，暗紫红色，下部无毛，中上部沿棱微被柔毛。基生叶花期枯萎；茎生叶柄具翼，基部具托叶状小叶片，分裂或不分裂；叶片卵形或长圆状卵形，长7～14 cm，二回羽状深裂，裂片长椭圆形，斜上，互相接近，先端钝，羽状全裂或具缺刻状锯齿，小裂片长圆形或广披针形，宽2.5～4.0 mm，全缘或具锯齿，短尖头，两面初被蛛丝状毛，表面绿色，具腺点，背面苍绿色，多少被灰白色绵毛或无毛，叶轴栉齿状。头状花序球形或圆筒状半球形，具短梗，下垂，多数，排列成直立开展的圆锥花序，总苞片3层。覆瓦状排列，外层卵状长圆形，内层广椭圆形，边缘宽膜质，边花5～8，雌性，狭管状；中央花16～21，两性，花冠具腺点；花柱分枝先端截形，具画笔状毛，花全部结实；花托突起，裸露。瘦果长圆形，具纵肋，无毛。花期8—9月，果期9—10月。

169. 蒌蒿 *A. selengensis* Turcz. ex Bess.

多年生草本；植株具清香气味。主根不明显或稍明显，具多数侧根与纤维状须根；根状茎稍粗，直立或斜向上，直径4～10 mm，有匍匐地下茎。叶纸质或薄纸质，上面绿色，无毛或近无毛，背面密被灰白色蛛丝状平贴的绵毛；茎下部叶宽卵形或卵形，近呈掌状或指状，5或3全裂或深裂，分裂叶的裂片线形或线状披针形。头状花序多数，长圆形或宽卵形，并在茎上组成狭而伸长的圆锥花序。瘦果卵形，略扁，上端偶有不对称的花冠着生面。花果期7—10月。

170. 大籽蒿 *A. sieversiana* Ehrhart ex Willd.

一年生、二年生草本植物。主根垂直，狭纺锤形。茎单生，直立，高可达150 cm，分枝多；茎、枝被灰白色微柔毛。下部与中部叶片宽卵形或宽卵圆形，两面被微柔毛，裂片常再呈不规则的羽状全裂或深裂，头状花序大，多数，半球形或近球形，总苞片长卵形或椭圆形，中肋绿色，边缘狭膜质，内层长椭圆形，花序托凸起，半球形，有白色托毛；花冠狭圆锥状，花柱线形，花冠管状，花药披针形或线状披针形，花柱与花冠等长。瘦果长圆形。花果期6—10月。

171. 阴地蒿 *A. sylvatica* Maxim.

多年生草本；植株有香气主根稍明显，侧根细，垂直或斜向下；根状茎稍粗短，斜向上，直径3～6 mm。茎少数或单生，直立，高80～130 cm，有纵纹；中部以上分枝，枝细长，开展，长10～20 cm或更长；茎、枝初时微被短柔毛，后脱落。叶薄纸质或纸质，上面绿色，初时叶面微有短柔毛并疏生少量白色腺点，后脱落无毛，无腺点。头状花序多数，近球形或宽卵形，直径1.52（～2.5）cm，具短梗及细小、线形的小苞叶，下垂，在分枝的小枝上排成穗状花序式的一总状花序，而在分枝上排成复总状花序，在茎上常再组成疏松、开展、具多级分枝的圆锥花序；总苞片3～4层，外层略小，外、中层总苞片卵形或长卵形，背面初时微被蛛丝状薄毛，后脱落，近无毛，中肋绿色，边膜质，内层总苞片长卵形或长圆状倒卵形，半膜质，背面近无毛；雌花4～7朵，花冠狭管状或狭圆锥状，花柱伸出花冠外，先端2叉，叉端尖；两性花8～14朵，花冠管状，外面有腺点，花药线形，先端附属物尖，长三角形，基部圆钝，花柱近与花冠等长，先端2叉，叉端截形，有睫毛。瘦果小，狭卵形或狭倒卵形。花果期9—10月。

172. 狼杷草 *Bidens tripartita* L.

一年生草本。茎直立，高30～80 cm，有时可达90 cm；叶对生，无毛，叶柄有狭翅，中部叶通常羽状，3～5裂，顶端裂片较大，椭圆形或长椭圆状披针形，边缘有锯齿；上部叶3深裂或不裂。头状花序顶生或腋生，直径1～3 cm；总苞片多数，外层倒披针形，叶状，长1～4 cm，有睫毛；花黄色，全为两性管状花。瘦果扁平，倒卵状楔形，边缘有倒刺毛，顶端有芒刺2，少有3～4枚，两侧有倒刺毛。

173. 鬼针草 *B. pilosa* L.

一年生草本，茎直立，钝四棱形。茎下部叶较小，很少为具小叶的羽状复叶，两侧小叶椭圆形或卵状椭圆形。头状花序直径8～9 mm。总苞基部被短柔毛，条状匙形，上部稍宽。无舌状花，盘花筒状，冠檐5齿裂。瘦果黑色，条形，略扁，具棱，上部具稀疏瘤状突起及刚毛，顶端芒刺3～4枚，具倒刺毛。花期8—9月，果期9—11月。

174. 大狼杷草 *B. frondosa* L.

一年生草本。茎直立，分枝，高20～120 cm，被疏毛或无毛，常带紫色。叶对生，具柄，为一回羽状复叶，小叶3～5枚，披针形，长3～10 cm，宽1～3 cm，先端渐尖，边缘有粗锯齿，通常背面被稀疏短柔毛，至少顶生者具明显的柄。头状花序单生茎端和枝端，连同总苞苞片直径12～25 mm，高约12 mm。总苞钟状或半球形，外层苞片5～10枚，通常8枚，披针形或匙状倒披针形，叶状，边缘有缘毛，内层苞片长圆形，长5～9 mm，膜质，具淡黄色边缘，无舌状花或舌状花不发育，极不明显，筒状花两性，花冠长约3 mm，冠檐5裂；瘦果扁平，狭楔形，长5～10 mm，近无毛或是糙伏毛，顶端芒刺2枚，长约2.5 mm，有倒刺毛。瘦果扁平，狭楔形，长5～10mm，先端芒刺2枚，有侧束毛。花果期8—10月。

175. 刺儿菜 *Cirsium setosum*（Willd.）MB.

多年生草本，地下部分常大于地上部分，有长根茎。茎直立，幼茎被白色蛛丝状毛，有棱，高30～80（100～120）cm，基部直径3～5 mm。有时可达1 cm，上部有分枝，花序分枝无毛或有薄绒毛。叶互生，基生叶花时凋落，下部和中部叶椭圆形或椭圆状披针形，长7～10 cm，宽1.5～2.2 cm，表面绿色，背面淡绿色，两面有疏密不等的白色蛛丝状毛，顶端短尖或钝，基部狭窄或钝圆，近全缘或有疏锯齿，无叶柄。

176. 野蓟 *C. maackii* Maxim.

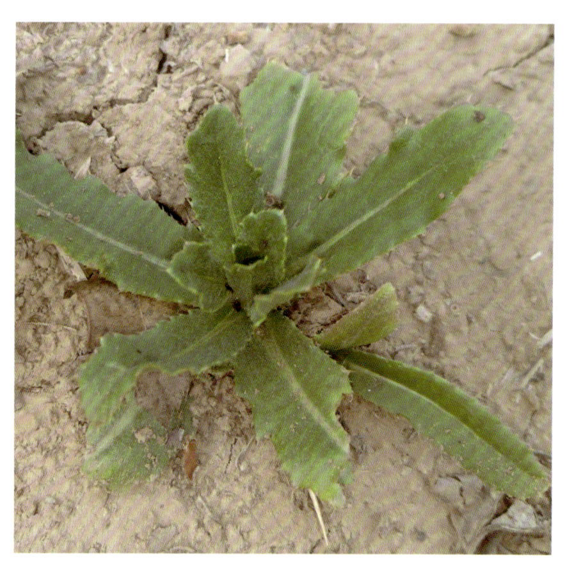

多年生草本，茎被长毛，上端接头状花序下部灰白色，有密绒毛，基生叶和下部茎生叶长椭圆形、披针形或披针状椭圆形，向下渐窄成翼柄，柄基有时半抱茎，连翼柄长20～25 cm，头状花序单生茎端，或排成伞房花序，瘦果淡黄色，偏斜倒披针状；冠毛白色，花果期6—9月。

177. 烟管蓟 *C. pendulum* FIisch.ex DC.

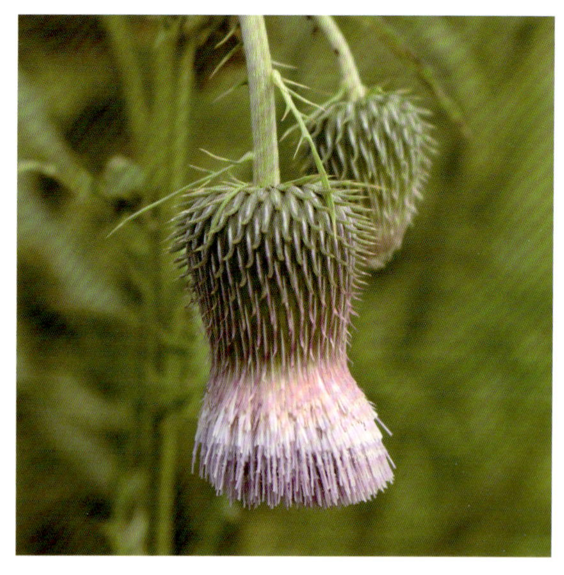

多年生草本，高1～3 m。茎直立，粗壮，上部分枝，全部茎枝有条棱，被极稀疏的蛛丝状及多细胞长节毛，上部花序分枝上的蛛丝毛稍稠密。全部叶两面同色，绿色或下面稍淡，无毛，边缘及齿顶或裂片顶端针刺长可达3 mm。头状花序下垂，在茎枝顶端排成总状圆锥花序。总苞钟状，直径3.5～5 cm，无毛。总苞片约10层，覆瓦状排列，外层与中层长三角形至钻状披针形，全长1～4 cm，宽1～2.5 mm，上部或中部以上钻状，向外反折或开展，内层及最内层披针形或线状披针形，长1.2～2.5 cm，宽1.5～2 mm，顶端短钻状渐尖。小花紫色或红色，花冠长

2.2 cm，细管部细丝状，长1.6 cm，檐部短，长6 mm，5浅裂。瘦果偏斜楔状倒披针形，顶端斜截形，长4 mm，宽2 mm，稍压扁。冠毛污白色，多层，基部连合成环，整体脱落；冠毛长羽毛状，长达2.2 cm，向顶端渐细。花果期6—9月。

178. 蓟 *C. japonicum* Fisch. ex DC.

多年生草本植物，块根纺锤状或萝卜状，茎直立，高可达150 cm，基生叶较大，全形卵形、长倒卵形、椭圆形或长椭圆形，羽状深裂或几全裂，全部侧裂片排列稀疏或紧密，宽狭变化极大，叶片呈现较为明显的二回状分裂状态，顶裂片披针形或长三角形。头状花序直立，少有头状花序单生茎端的。总苞钟状，总苞片覆瓦状排列，向内层渐长，瘦果压扁，偏斜楔状倒披针状，小花红色或紫色，冠毛浅褐色，多层，冠毛刚毛长羽毛状。花果期4—11月。

179. 旋覆花 *Inula japonica* Thunb.

茎具纵棱，绿色或微带紫红色。叶互生，椭圆形、椭圆状披针形或窄长椭圆形，长6～10 cm，宽1～2.5 cm，先端尖，基部稍狭，有时呈小耳、半抱茎，全缘或具细锯齿，上面绿色，疏被糙毛，下面淡绿色，密被糙伏毛。花冠先端5齿裂，裂片卵状三角形，雄蕊5，聚药，花丝分离而短，雌蕊1，花柱线形，柱头2裂。瘦果长椭圆形，被白色硬毛，冠毛白色。花期7—10月，果期8—11月。生于山坡、路旁、田边或水旁湿地。

180. 柳叶旋覆花 *I. salicina* L.

多年生草本。地下茎细长。茎从膝曲的基部直立，高30～70 cm，不分枝或上部有2～3个稀达7个花序枝，有深或浅沟，下部有疏或密或有时脱落的短硬毛；全部有较密的叶，节间长1～2.5 cm。下部叶在花期常凋落，长圆状匙形；中部叶较大，稍直立，椭圆或长圆状披针形，长3～8 cm，宽1～1.5 cm，基部稍狭，心形或有圆形小耳，半抱茎，边缘有小尖头状或明显的细齿，顶端尖，稍革质，两面无毛或仅下面中脉有短硬毛，边缘有密糙毛；侧脉5～6对与网脉在两面稍凸起；上部叶较小。瘦果有细沟及棱，无毛。花期7—9月，果期9—10月。

181. 苦荬菜 *Ixeris polycephala* Cass.

一年生草本，茎无毛；基生叶线形或线状披针形，基部渐窄成柄；中下部茎生叶披针形或线形，基部箭头状半抱茎；舌状小花黄色，稀白色；瘦果长椭圆形，顶端喙细丝状；花果期3—6月。

182. 抱茎苦荬菜 *I. sonchifolia*（Bunge）Hance

多年生草本，具白色乳汁，光滑。根细圆锥状，长约10 cm，淡黄色。茎高30～60 cm，

上部多分枝。基部叶具短柄，倒长圆形，长3～7 cm，宽1.5～2 cm，先端钝圆或急尖，基部楔形下延，边缘具齿或不整齐羽状深裂，叶脉羽状；中部叶无柄，中下部叶线状披针形，上部叶卵状长圆形，长3～6 cm，宽0.6～2 cm，先端渐狭成长尾尖，基部变宽成耳形抱茎，全缘，具齿或羽状深裂。花期4—5月，果期5—6月。

183. 全叶马兰 *Aster pekinensis*（Hance）Kitag.

多年生草本，有长纺锤状直根。茎直立，单生或数个丛生，被细硬毛，中部以上有近直立的帚状分枝。下部叶在花期枯萎；中部叶多而密，条状披针形、倒披针形或矩圆形，顶端钝或渐尖，常有小尖头，基部渐狭无柄，全缘，边缘稍反卷；上部叶较小，条形；全部叶下面灰绿，两面密被粉状短绒毛；中脉在下面凸起。头状花序单生枝端且排成疏伞房状。总苞半球形，总苞片3层，覆瓦状排列，外层近条形，内层矩圆状披针形，顶端尖，上部单质，有短粗毛及腺点。舌状花1层，20余个，有毛，舌片淡紫色，管状花花冠有毛。瘦果倒卵形，浅褐色，扁，有浅色边肋，或一面有肋而果呈三棱形，上部有短毛及腺。冠毛带褐色，不等长，弱而易脱落。花期6—10月，果期7—11月。

184. 狗娃花 *A. hispidus* Thunb.

一年生或二年生草本，有垂直的纺锤状根。茎高30～50 cm，有时达150 cm；全部叶质薄，两面被疏毛或无毛，边缘有疏毛，中脉及侧脉显明。头状花序径3～5 cm，单生于枝端而排列成伞房状；舌状花约30个，管部长2 mm；管状花花冠长5～7 mm，管部长1.5～2 mm。瘦果倒卵形；花期7—9月，果期8—9月。

185. 马兰 *A. indicus* L.

多年生草本植物，根状茎有匍枝，茎直立，高可达70 cm，上部有短毛，基部叶在花期枯萎；茎部叶倒披针形或倒卵状矩圆形，全部叶稍薄质，头状花序单生于枝端并排列成疏伞房状。总苞半球形，总苞片覆瓦状排列；外层倒披针形，内层倒披针状矩圆形，上部草质，有疏短毛，边缘膜质，花托圆锥形。舌状花，舌片浅紫色，瘦果倒卵状矩圆形，极扁，花期5—9月，果期8—10月。

186. 山马兰 *A. lautureanus*（Debeaux）Franch.

多年生草本植物，高可达100 cm。茎直立，具沟纹，被白色向上的糙毛，叶片厚或近革质，下部叶花期枯萎；中部叶披针形或矩圆状披针形，全部叶两面疏生短糙毛或无毛，边缘均有短糙毛。头状花序单生于分枝顶端且排成伞房状，总苞半球形，总苞片覆瓦状排列，上部绿色，无毛，外舌状花淡蓝色，管状花黄色，瘦果倒卵形，冠毛淡红色。

187. 蒙山莴苣 *Lactuca tatarica*（l.）C.A.Mey.

多年生草本。高10～70 cm，具长根状茎。根圆锥形，棕褐色。茎直立，单生或数个丛生，具纵棱，不分枝或上部分枝。春季只具基生叶，初夏抽出花葶并开花。基生叶与茎下部叶灰绿色，稍肉质，长椭圆形、矩圆形或披针形，基部渐狭成具翅的短叶柄，柄基半抱茎；叶片具不规则的羽状或倒羽状浅裂或深裂，侧裂片三角形，边缘具细小的刺齿，茎中部叶少分裂或全缘，茎上部叶较小，披针形或条状披针形，无柄，有时全缘。茎顶为展开的圆锥花序，上生多数头状花序，梗不等长；总苞片3层，带紫红色，边缘狭膜质，花全呈舌状，两性，紫色或淡紫色。瘦果长椭圆形，灰色或黑色，不压扁或稍压扁，具5～7条纵肋，冠毛单毛状，白色。花果期6—9月。

188. 山莴苣 *L. sibirica*（L.）Benth. ex Maxim.

多年生草本，高50～130 cm。根垂直直伸。茎直立，通常单生，常淡红紫色，上部伞房状或伞房圆锥状花序分枝，全部茎枝光滑无毛。中下部茎叶披针形、长披针形或长椭圆状披针形，长10～26 cm，宽2～3 cm，顶端渐尖、长渐尖或急尖，基部收窄，无柄，心形、心状耳形或箭头状半抱茎，边缘全缘、几全缘、小尖头状微锯齿或小尖头，极少边缘缺刻状或羽状浅裂，向上的叶渐小，与中下部茎叶同形。瘦果长椭圆形或椭圆形，褐色或橄榄色，压扁，长约4 mm，宽约1 mm，中部有4～7条线形或线状椭圆形的不等粗的小肋，顶端短收窄，果径长约1 mm，边缘加宽、加厚成厚翅。冠毛白色，2层，冠毛刚毛纤细，锯齿状，不脱落。花果期7—9月。

189. 毛脉翅果菊 *L. raddeana* Maxim.

二年生草本，根有萝卜状增粗的分枝。茎单生，直立，高0.8～2 m，上部圆锥状或圆锥状伞房花序分枝，中下部常有稠密的长柔毛，上部无毛。中下部茎叶大，羽状分裂或大头羽状深裂或浅裂，长5～11 cm，宽2～8.5 cm，有长或短具宽翼或狭翼的叶柄，柄长4～10 cm，顶裂片大或较大，极少与侧裂片等大，三角状、卵状三角形，几菱形或卵状披针形，顶端急尖，边缘有不等大的三角形锯齿，侧裂片1～3对，椭圆形，小或极小，顶端急尖，边缘有小齿，基部与叶轴宽融合；向上的叶渐小，卵形、椭圆形、长椭圆形或卵状椭圆形，顶端急尖或渐尖，基部楔形收窄成宽短的翼柄，全部叶两面沿脉有长柔毛。头状花序沿茎顶端排成狭圆锥花序或伞房状圆锥花序，含15枚舌状小花。总苞果期长卵球形，长约1 cm，宽约5 mm。总苞片4层，外层短，三角形或宽三角形，长1～1.8 mm，宽不足1～1.5 mm，顶端急尖，中内层披针形或椭圆状披针形，长4～10 mm，宽1.2～1.8 mm，顶端钝，全部总苞片淡紫红色。舌状小花黄色，9～10枚。瘦果椭圆形、椭圆状披针形，黑色，压扁，顶端急尖成粗短之喙，喙长0.1～0.3 mm，每面有3条高起的细脉纹，边缘有宽厚翅。冠毛2层，白色，长6 mm，纤细，几单毛状。花果期5—9月。

190. 鸦葱 *Scorzonera austriaca* Willd.

多年生草本，高10～20 cm，植株无毛。根粗，直立，根茎处常分枝形成地下直立或斜上升的根状茎，分枝或不分枝，外被深褐色的残存叶柄所成粗纤维。茎单生或数个丛生，直立或外倾。头状花序单生茎端。总苞圆柱状，直径1～2 cm。总苞片约5层，外层三角形或卵状三角形，长6～8 mm，宽约6.5 mm，中层偏斜披针形或长椭圆形，长1.6～2.1 cm，宽5～7 mm，内层线状长椭圆形，长2～2.5 cm，宽3～4 mm。花果期4—7月。

191. 苣荬菜 *Sonchus arvensis* L.

多年生草本，全株有乳汁。茎直立，高30～80 cm。地下根状茎匍匐，多数须根著生。地上茎少分支，直立，平滑。多数叶互生，披针形或长圆状披针形。长8～20 cm，宽2～5 cm，先端钝，基部耳状抱茎，边缘有疏缺刻或浅裂，缺刻及裂片都具尖齿；基生叶具短柄，茎生叶无柄。头状花序顶生，单一或呈伞房状，直径2～4 cm，总苞钟形；花全为舌状花，鲜黄色；雄蕊5枚，花药合生；雌蕊1，子房下位，花柱纤细，柱头2裂，花柱与柱头都有白色腺毛。瘦果，有棱，侧扁，具纵肋，先端具多层白色冠毛。冠毛细软。花期7—翌年3月，果期8—10月至翌年4月。

192. 蒲公英 *Taraxacum mongolicum* Handel-Mazzetti

多年生草本植物。根圆锥状，表面棕褐色，皱缩，叶边缘有时具波状齿或羽状深裂，基部渐狭成叶柄，叶柄及主脉常带红紫色，花葶上部紫红色，密被蛛丝状白色长柔毛；头状花序，总苞钟状，瘦果暗褐色，长冠毛白色。花果期4—10月。

193. 淡红座蒲公英 *Taraxacum erythropodium* Kitag.

多年生草本。根略呈圆锥状，弯曲，长4～10 cm，表面棕褐色，皱缩，根头部有棕色或黄白色的毛茸。叶成倒卵状披针形、倒披针形或长圆状披针形，长4～20 cm，宽1～5 cm，先端钝或急尖，边缘有时具波状齿或羽状深裂，有时倒向羽状深裂或大头羽状深裂，顶端裂片较大，三角形或三角状戟形，全缘或具齿，每侧裂片3～5片，裂片三角形或三角状披针形，通常具齿，平展或倒向，裂片间常夹生小齿，基部渐狭成叶柄，叶柄及主脉常带红紫色，疏被蛛丝状白色柔毛或几无毛。花葶1至数个，与叶等长或稍长，高10～25 cm，上部紫红色，密被蛛丝状白色长柔毛；头状花序直径30～40 mm；总苞钟状，长12～14 mm，淡绿色；总苞片2～3层，外层总苞片卵状披针形或披针形，长8～10 mm，宽1～2 mm，边缘宽膜质，基部淡绿色，上部紫红色，先端增厚或具小到中等的角状突起；内层总苞片线状披针形，长10～16 mm，宽2～3 mm，先端紫红色，具小角状突起；舌状花黄色，舌片长约8 mm，宽约1.5 mm，边缘花舌片背面具紫红色条纹，花药和柱头暗绿色。瘦果倒卵状披针形，暗褐色，长4～5 mm，宽1～1.5 mm，上部具小刺，下部具成行排列的小瘤，顶端逐渐收缩为长约1 mm的圆锥至圆柱形喙基，喙长6～10 mm，纤细；冠毛白色，长约6 mm。花期4—9月，果期5—10月。

194. 白花蒲公英 *T. albiflos* Kirschner et Štepanek

叶线状披针形，近全缘或浅裂，稀半裂，具小齿，长（2～）3～5（～8）cm，两面无毛。花葶1至数个，长2～6 cm，无毛或顶端疏被蛛丝状柔毛；头状花序直径2.5～3 cm；总苞长0.9～1.3 cm，总苞片绿或淡绿色，先端背面具小角或增厚，外层卵状披针形，稍宽于至等于内层，具宽膜质边缘；舌状花白色，稀淡黄色，边缘花舌片背面有暗色条纹，柱头干时黑色。瘦果倒卵状长圆形，枯麦秆黄、淡褐或灰褐色，长4 mm，上部1/4具小刺，顶端渐收缩成长0.5～1.2 mm喙基，喙较粗，长3～6 mm，冠毛长4～5 mm，带淡红色，稀污白色。

195. 东北蒲公英 *T. ohwianum* Kitam.

多年生草本。叶倒披针形，长10～30 cm，先端尖或钝，不规则羽状浅裂至深裂，顶端裂片菱状三角形或三角形，每侧裂片4～5片，稍向后，裂片三角形或长三角形，全缘或边缘疏生齿，两面疏生短柔毛或无毛。花葶多数，高10～20 cm，花期超出叶或与叶近等长，微被疏柔毛，近顶端处密被白色蛛丝状毛；头状花序直径25～35 mm；总苞长13～15 mm；外层总苞片花期伏贴，宽卵形，长6～7 mm，宽4.5～5 mm，先端锐尖或稍钝，无或有不明显的增厚，暗紫色，具狭窄的白色膜质边缘，边缘疏生缘毛；内层总苞片线状披针形，长于外层总苞片2～2.5倍，先端钝，无角状突起；舌状花黄色，边缘花舌片背面有紫色条纹。瘦果长椭圆形，麦秆黄色，长3～3.5 mm，上部有刺状突起，向下近平滑，顶端略突然缢缩成圆锥至圆柱形喙基，长0.5～1 mm；喙纤细，长8～11 mm；冠毛污白色，长8 mm。花果期4—6月。

196. 苍耳 *Xanthium sibiricum* Patrin. ex Widder

一年生草本植物，高可达90 cm。根纺锤状，茎下部圆柱形，上部有纵沟，叶片三角状卵形或心形，近全缘，边缘有不规则的粗锯齿，上面绿色，下面苍白色，被糙伏毛；雄性的头状花序球形，总苞片长圆状披针形，花托柱状，托片倒披针形，花冠钟形，花药长圆状线形；雌性的头状花序椭圆形，外层总苞片小，披针形，喙坚硬，锥形，瘦果倒卵形。花期7—8月，果期9—10月。

197. 意大利苍耳 *X. italicum* Moretti

一年生草本，侧根分支很多，长达2.1 m；直根深入地下达1.3 m，植物体高20～200 cm，子叶狭长，6.0～7.5 mm，常宿存于成熟植物体上。茎直立，粗壮，基部木质化，有棱，常多分枝，粗糙具毛，有紫色斑点。单叶互生，或茎下部叶近于对生；叶片三角状卵形至宽卵形，长9～13（～15）cm，宽8～12（～14）cm，3～5浅裂，有3条主脉，边缘具不规则的齿或裂，两面被短硬毛；叶柄长3～10 cm。头状花序单性同株；雄花序直径约5 mm，

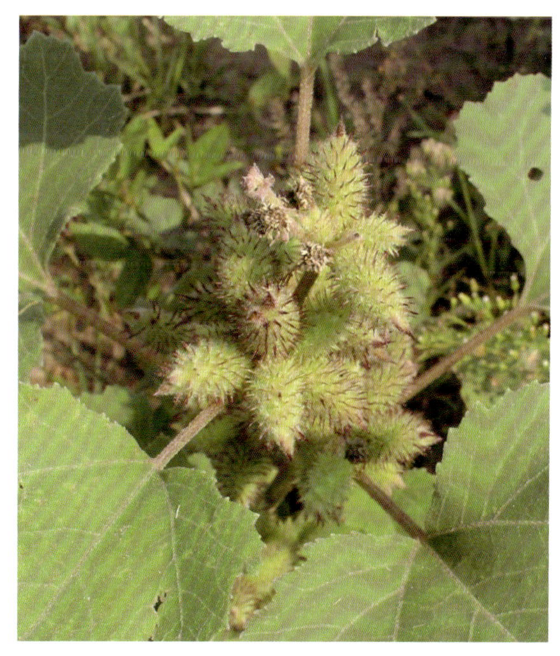

生于雌花序的上方；雌花序具2花；总苞结果时长圆形，长1.9～3 cm，直径1.2～1.8 cm，外面特化成长4～7 mm的倒钩刺，刺上被白色透明的刚毛和短腺毛。在北京十渡风景区的野外观察可知，5月8日前后出苗，7月开始开花，8—9月果实（种子）成熟，9月底植株开始陆续枯死，生育期约145 d。

198. 蒙古苍耳 *X. mongolicum* Kitag.

一年生草本，高达1 m以上。根粗壮，纺锤状，具多数纤维状根。茎直立，坚硬，圆柱形，分枝，有纵沟，被短糙伏毛。叶互生，具长柄，宽卵状三角形或心形，长5～9 cm，宽4～8 cm，3～5浅裂，顶端钝或尖，基部心形，与叶柄连接处呈相等的楔形，边缘有不规则的粗锯齿，具三基出脉，叶脉两面微凸，密被糙伏毛，侧脉弧形而直达叶缘，上面绿色，下面苍白色，叶柄长4～9 cm。具瘦果的总苞成熟时变坚硬，椭圆形，绿色，或黄褐色，连喙长18～20 mm，宽8～10 mm，两端稍缩小成宽楔形，顶端具1或2个锥状的喙，喙直而粗，锐尖，外面具较疏的总苞刺，刺长2～5.5 mm（通常5 mm），直立，向上部渐狭，基部增粗，径约1 mm，顶端具细倒钩，中部以下被柔毛，上端无毛。瘦果2个，倒卵形。花期7—8月，果期8—9月。

199. 飞廉 *Carduus nutans* L.

二年生或多年生草本。茎单生或簇生，茎枝疏被蛛丝毛和长毛。中下部茎生叶长卵形或披针形，长（5～）10～40 cm，羽状半裂或深裂，侧裂片5～7对，斜三角形或三角状卵形，两面同色，两面沿脉被长毛。头状花序下垂或下倾，单生茎枝顶端；总苞钟状或宽钟状，径4～7 cm，总苞片多层，向内层渐长，无毛或疏被蛛丝状毛，最外层长三角形，宽4～4.5 mm，中层及内层三角状披针形，长椭圆形或椭圆状披针形，宽约5 mm，最内层苞片宽线形或线状披针形，宽2～3 mm。小花紫色。瘦果灰黄色，楔形，稍扁，有多数浅褐色纵纹及横纹，果缘全缘；冠毛白色，锯齿状。花果期6—10月。

200. 豚草 *Ambrosia artemisiifolia* L.

一年生草本，高20～150 cm；茎直立，上部有圆锥状分枝，有棱，被疏生密糙毛。下部叶对生，具短叶柄，二次羽状分裂，裂片狭小，长圆形至倒披针形，全缘。上面深绿色，被细短伏毛或近无毛，背面灰绿色，被密短糙毛。雄头状花序半球形或卵形，径4～5 mm，具短梗，下垂，在枝端密集成总状花序。总苞宽半球形或碟形；花冠淡黄色，长2 mm，有短管部，上部钟状，有宽裂片。瘦果倒卵形，无毛，藏于坚硬的总苞中。花期8—9月，果期9—10月。

201. 三裂叶豚草 *A. trifida* L.

一年生粗壮草本植物，高50～120 cm，有时可达170 cm，有分枝。叶对生，有时互生，具叶柄，下部叶

3～5裂，上部叶3裂或有时不裂，上面深绿色，背面灰绿色，两面被短糙伏毛。在枝端密集成总状花序。总苞浅碟形，绿色；总苞片结合，外面有3肋。花托无托片，具白色长柔毛，每个头状花序有20～25不育的小花；小花黄色，长1～2 mm，花冠钟形，上端5裂，雌头状花序在雄头状花序下面上部的叶状苞叶的腋部聚作团伞状，具一个无被能育的雌花。花期8月，果期9—10月。

202. 牛蒡 *Arctium lappa* L.

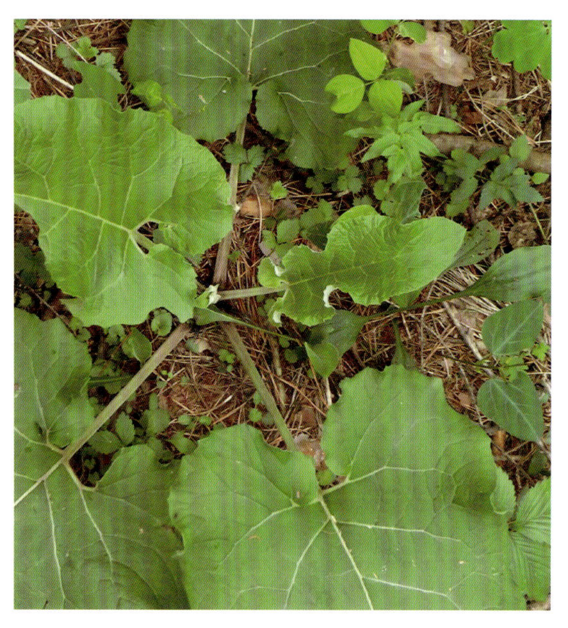

二年生草本，具粗大的肉质直根，长达15 cm，径可达2 cm，有分枝支根。茎直立，高达2 m，粗壮，基部直径达2 cm，通常带紫红或淡紫红色，有多数高起的条棱，分枝斜升，多数，全部茎枝被稀疏的乳突状短毛及长蛛丝毛并混杂以棕黄色的小腺点。总苞卵形或卵球形，直径1.5～2 cm。总苞片多层，多数，外层三角状或披针状钻形，宽约1 mm，中内层披针状或线状钻形，宽1.5～3 mm；全部苞近等长，长约1.5 cm，顶端有软骨质钩刺。小花紫红色，花冠长1.4 cm，细管部长8 mm，檐部长6 mm，外面无腺点，花冠裂片长约2 mm。瘦果倒长卵形或偏斜倒长卵形，长5～7 mm，宽2～3 mm，两侧压扁，浅褐色，有多数细脉纹，有深褐色的色斑或无色斑。冠毛多层，浅褐色；冠毛刚毛糙毛状，不等长，长达3.8 mm，基部不连合成环，分散脱落。花果期6—9月。

203. 金挖耳 *Carpesium divaricatum* Sieb. et Zucc.

多年生草本，高50～100 cm，全株被白色毛。茎直立，质略硬，有槽。叶互生；茎下部叶大，卵状长圆形，长可达15 cm，宽6 cm，边缘有不整齐锯齿；茎上部叶小，越上则越小，披针形，几乎全缘。头状花序，单生于茎端或分枝的顶端，下垂，径10～16 mm；总苞扁球形，外层苞片长披针形，内层苞片膜质，椭圆状披针形；全部管状花，黄色，外围数层为雌性花，中央为两性花。瘦果细长，无冠毛。

204. 秋英 *Cosmos bipinnatus* Cavanilles

一年生或多年生草本，高1～2 m。根纺锤状，多须根，或近茎基部有不定根。茎无毛或稍被柔毛。叶二次羽状深裂，裂片线形或丝状线形。头状花序单生，径3～6 cm。总苞片外层披针形或线状披针形，近革质，淡绿色，具深紫色条纹。舌状花紫红色，粉红色或白色；舌片椭圆状倒卵形，长2～3 cm，宽1.2～1.8 cm，有3～5钝齿；管状花黄色，长6～8 mm，管部短，上部圆柱形，有披针状裂片。瘦果黑紫色，无毛，上端具长喙，有2～3尖刺。花期6—8月，果期9—10月。

205. 还阳参 *Crepis rigescens* Diels.

多年生草本，高20～60 cm。根木质，粗或细，不分枝或分枝。茎上部或中部以上分枝。基部茎生叶鳞片状或线状钻形；中部叶线形，长3～8 cm，坚硬，全缘，反卷，两面无毛，无柄。头状花序直立，排成伞房状花序；总苞圆柱状或钟状，长8～9 mm，总苞片4层，背面被白色蛛丝状毛或无毛，外层线形或披针形，长达3 mm，内层披针形或椭圆状披针形，长7～9 mm，边缘白色膜质，内面无毛；舌状小花黄色，花冠管外面无毛。瘦果纺锤形，长4 mm，黑褐色，无喙，有10～16条纵肋，肋上疏被刺毛；冠毛白色。

206. 狭叶还阳参 *C. tectorum* L.

一年生或二年生草本，根长倒圆锥状，生多数须根。茎直立，自基部或自中部伞房花序状或伞房圆锥花序状分枝，分枝多数，斜升，极少自上部少分枝，全部茎枝被白色的蛛丝状短柔毛。基生叶及下部茎叶全形披针状线形、披针形或倒披针形，顶端急尖，基部楔形渐窄成短翼柄，边缘有稀疏的锯齿或凹缺状锯齿至羽状全裂，羽片披针形或线形，全部叶两面被稀疏的小刺毛及头状具柄的腺毛。头状花序多数或少数，在茎枝顶端排成伞房花序或伞房圆锥花序。总苞钟状，总苞片3～4层，外层及最外层短，不等长，线形，全部总苞片外面被稀疏的蛛丝状毛及头状具柄的长或短腺毛。舌状小花黄色，花冠管外面被白色短柔毛。瘦果纺锤形，向顶端渐狭，顶端无喙，冠毛白色。花果期7—10月。

207. 加拿大蓬 *Erigeron canadensis* L.

一年生草本植物，根纺锤状，茎直立，高可达100 cm或更高，圆柱状，叶密集，基部叶花期常枯萎，下部叶倒披针形，近无柄或无柄，头状花序多数，小，花序梗细，总苞近圆柱状，总苞片淡绿色，线状披针形或线形，花托平，雌花多数，舌状，白色，舌片小，稍超出花盘，线形，两性花淡黄色，花冠管状，瘦果线状披针形，被贴微毛；冠毛污白色，花期5—9月。

208. 牛膝菊 *Galinsoga parviflora* Cav.

一年生草本植物，高可达80 cm。茎纤细，叶对生，叶片卵形或长椭圆状卵形，有叶柄，头状花序半球形，有长花梗，总苞半球形或宽钟状，总苞片外层短，内层卵形或卵圆形，舌状花，舌片白色，筒部细管状，托片纸质，瘦果常压扁，花果期7—10月。

209. 菊芋 *Helianthus tuberosus* L.

多年宿根性草本植物。高1～3 m，有块状的地下茎及纤维状根。茎直立，有分枝，被白色短糙毛或刚毛。叶通常对生，有叶柄，但上部叶互生；下部叶卵圆形或卵状椭圆形。头状花序较大，少数或多数，单生于枝端，有1～2个线状披针形的苞叶，直立，舌状花通常12～20个，舌片黄色，开展，长椭圆

形，管状花花冠黄色，长6 mm。瘦果小，楔形，上端有2～4个有毛的锥状扁芒。花期8—9月。

210. 泥胡菜 *Hemistepta lyrata* Bunge

一年生草本，高30～100 cm。茎单生，很少簇生，通常纤细，被稀疏蛛丝毛，上部长分枝，少有不分枝的。头状花序在茎枝顶端排成疏松伞房花序，少有植株仅含一个头状花序而单生茎顶的。总苞宽钟状或半球形，直径1.5～3 cm。总苞片多层，覆瓦状排列，最外层长三角形，长2 mm，宽1.3 mm；外层及中层椭圆形或卵状椭圆形，长2～4 mm，宽1.4～1.5 mm；最内层线状长椭圆形或长椭圆形，长7～10 mm，宽1.8 mm。瘦果小，楔状或偏斜楔形，长2.2 mm，深褐色，压扁，有13～16条粗细不等的突起的尖细肋，顶端斜截形，有膜质果缘，基底着生面平或稍见偏斜。冠毛异型，白色，两层，外层冠毛刚毛羽毛状，长1.3 cm，基部连合成环，整体脱落；内层冠毛刚毛极短，鳞片状，3～9个，着生一侧，宿存。花果期3—8月。

211. 火绒草 *Leontopodium leontopodioides* (Willd.) Beauv.

多年生草本植物，地下茎粗壮，为短叶鞘包裹，有多数生的花茎和与花茎同形的根出条，无莲座状叶丛。茎直立，高5～45 cm，被长柔毛或销

状毛。叶直立，条形或条状披针形，无鞘，无柄，两面被白色密绵毛。苞叶少数，矩圆形或条形，两面被白色或灰白色厚毛，多少开展成苞叶群或不排列成位叶群。头状花序大，3～7个密集，或有总花梗面排列成拿房状；总位半球形，被白色缩毛；冠毛基部稍黄。瘦果有乳头状突起或密粗毛。花期7—10月，果期7—10月。

212. 兴安毛莲菜 *Picris japonica* Thunb.

基部叶花期枯萎；茎生叶互生，无柄，披针形或长圆状披针形，长8～15（～20）cm，宽 1～4 cm，基部渐狭，先端钝尖，边缘有疏齿，密生长硬毛，两面密被钩状分叉硬毛；茎中上部叶渐向上渐小，稍抱茎；茎上部叶全缘。头状花序排列成聚伞状；花序梗密被钩状分叉硬毛；苞叶狭披针形，密被硬毛；总苞筒状，密被或疏被长硬毛及白色疏柔毛，稀仅有疏柔毛，外层狭披针形，长5 mm，先端锐尖，内层披针形，长10 mm，先端渐尖；舌状花黄色，长1.5 cm，先端5齿裂。瘦果稍弯曲，纺锤形，长5 mm，红褐色，具纵沟及横皱纹，冠毛2层，外层较短，糙毛状，内层长，羽毛状。花期7—9月，果期8—10月。

213. 草地风毛菊 *Saussurea amara*（L.）DC.

多年生草本。茎直立，高15～60 cm，基部直径7 mm，无翼，被白色稀疏的短柔毛或通常无毛，上部或仅在顶端有短伞房花序状分枝或自中下部有长伞房花序状分枝。基生叶与下部茎叶有长或短柄，柄长2～4 cm，叶片披针状长椭圆形、椭圆形、长圆状椭圆形或长披针形，长4～18 cm，宽0.7～6 cm，顶端钝或急尖，基部楔形渐狭，边缘通常全缘或有极少的钝而大的锯齿或波状浅齿而锯齿不等大；中上部茎叶渐小，有短柄或无柄，椭圆形或披针形，基部有时有小耳；全部叶两面绿色，下面色淡，两面被稀疏的短柔毛及稠密的金黄色小腺点。头状花序在茎枝顶端排成伞房状或伞房圆锥花序。总苞钟状或圆柱形，直径8～12 mm；总苞片4层，外层披针形或卵状披针形，长3～5 mm，宽1 mm，顶端急尖，有时黑绿色，有细齿或3裂，外层被稀疏的短柔毛，中层与内层线状长椭圆形或线形，长9 mm，宽1.5 mm，外面有白色稀疏短柔毛，顶端有淡紫红色而边缘有小锯齿的扩大的圆形附片，全部苞片外面绿色或淡绿色，有少数金黄色小腺点或无腺点。小花淡紫色，长1.5 cm，细管部长9 mm，檐部长6 mm。瘦果长圆形，长3 mm，有4肋。冠毛白色，2层，外层短，糙毛状，长1 mm，内层长，羽毛状，长1.7 cm。花果期7—10月。

214. 豨签 *Siegesbeckia orientalis* L.

多年生草本，高60～150 cm。根粗厚。茎粗壮，四棱形，具槽及条纹，上部密被星瘙短绒毛，下部疏被星状疏柔毛，有分枝。下部的茎生叶叶柄长7～13 cm；叶片心形或阔卵形，上部卵形，长7～18 cm，宽6～15 cm，先端急尖或尾状渐尖，基部心形至圆形，边缘为具胼胝尖的中齿状，上面疏生星状短柔毛及单毛，下面密被星状短柔毛；苞片卵一菜或卵状披针形，超过花序很多，柄长0.5～5.5 cm。轮伞花序具总梗；苞片叶状，线状披针形，通常长4～13 mm，宽1.5～5 mm；花萼管状，外面被灰色星状短毡毛，萼齿5齿；花冠白色或黄色，冠檐二唇形，上唇边缘流苏状，内面被髯

毛，下唇3圆裂，侧裂片较小；雄蕊4，二强，内藏花丝被毛，后对花丝在毛环上方有钩状反折的附属器；花柱先端不等的2短裂。小坚果无毛。

215. 毛豨莶 *S. pubescens* Makino

一年生草本。茎直立，粗壮，高30～110 cm，上部多分枝，被开展的灰白色长柔毛和糙毛。基部叶卵状披针形，花期枯萎；中部叶卵圆形或卵形，开展，长3.5～12 cm，宽1.8～6 cm，基部宽楔形，下延成具翼而长1～3 cm的柄，先端渐尖，边缘有尖头状规则或不规则的粗齿；上部叶渐小，披针形或卵状披针形；全部叶上面深绿色，下面淡绿色，基出三脉，侧脉和网脉明显，两面被平伏短柔毛，沿脉有长柔毛。头状花序径18～22 mm，多数生于枝端，排列成松散的圆锥花序；花梗较长，密生紫褐色头状具柄腺毛和长柔毛；总苞宽钟状；总苞片2层，叶质，背面密生紫褐色头状具柄腺毛，外层线状匙形或宽线形，长7～14 mm，内层卵状长圆形，长3.5 mm。舌状花花冠管部长1～1.2 mm，舌片先端2～3齿裂，有时5齿裂；两性管状花长约2.5 mm，冠檐钟状，先端4～5裂。瘦果倒卵圆形，4棱，顶端有灰褐色环状突起。花期5—8月，果期6—10月。

216. 万寿菊 *Tagetes erecta* L.

一年生草本，高50～150 cm。茎直立，粗壮，具纵细条棱，分枝向上平展。叶羽状分裂，长5～10 cm，宽4～8 cm，裂片长椭圆形或披针形，边缘具锐锯齿，上部叶裂片的齿端有长细芒；沿叶缘有少数腺体。头状花序单生，径5～8 cm，花序梗顶端棍棒状膨大；总苞长1.8～2 cm，宽1～1.5 cm，杯状，顶端具齿尖；舌状花黄色或暗橙色；长2.9 cm，舌片倒卵形，长1.4 cm，宽1.2 cm，基部收缩成长爪，顶端微弯缺；管状花花冠黄色，长约9 mm，顶端具5齿裂。瘦果线形，基部缩小，黑色或褐色，长8～11 mm，被短微毛；冠毛有1～2个长芒和2～3个短而钝的鳞片。花期7—9月。

217. 三肋果 *Tripleurospermum limosum*（Maxim.）Pobed.

一年生或二年生草本。茎直立，高10～35 cm，不分枝或自基部分枝，有条纹，无毛。基部叶花期枯萎；茎下部和中部叶倒披针状矩圆形或矩圆形，长5.5～9.5 cm，宽2.5～3 cm，三回羽状全裂，基部抱茎，裂片狭条形，宽0.5 mm，两面无毛，上部叶渐小。头状花序异型，少数或多数单生于茎枝顶端，直径1～1.5 cm，花序梗顶端膨大且常疏生柔毛；总苞半球形；总苞片2～3层，近等长，外层宽披针形，内层矩圆形，顶端圆形，淡绿色或苍白色，光滑，有宽而亮的白色或稍带褐色的膜质边缘；花托卵状圆锥形。舌状花舌片白色，短而宽，长4（6）mm，宽1.5（2）mm，管部长约1 mm。管状花黄色，长约2 mm，冠檐5裂，裂片顶端有红色腺点。瘦果褐色，有3条淡白色宽肋，长2.5 mm，宽1 mm，有皱纹，背面顶部有2个大的红色腺体，冠状冠毛膜质，长约0.5 mm，有3个三角状裂齿。花果期6—7月。

（四十一）香蒲科 Typhaceae

多年生沼生、水生或湿生草本。根状茎横走，须根多。地上茎直立，粗壮或细弱。叶二列，互生；鞘状叶很短，基生，先端尖；条形叶直立，或斜上，全缘，边缘微向上隆起，先端钝圆至渐尖，中部以下腹面渐凹，背面平突至龙骨状凸起，横切面呈新月形、半圆形或三角形；叶脉平行，中脉背面隆起或否；叶鞘长，边缘膜质，抱茎，或松散。花单性，雌雄同株，花序穗状；雄花序生于上部至顶端，花期时比雌花序粗壮，花序轴具柔毛，或无毛；雌性花序位于下部，与雄花序紧密相接，或相互远离；苞片叶状，着生于雌雄花序基部，亦见于雄花序中；雄花无被，通常由1～3枚雄蕊组成，花药矩圆形或条形，二室，纵裂，花粉粒单体，或四合体，纹饰多样；雌花无被，具小苞片，或无，子房柄基部至下部具白色丝状毛；孕性雌花柱头单侧，条形、披针形、匙形，子房上位，一室，胚珠1枚，倒生；不孕雌花柱头不发育，无花柱，子房柄不等长、果实纺锤形、椭圆形，果皮膜质，透明，或灰褐色，具条形或圆形斑点。种子椭圆形，褐色或黄褐色，光滑或具突起，含1枚肉质或粉状的内胚乳，胚轴直，胚根肥厚。

218. 香蒲 *Typha orientalis* Presl.

多年生水生或沼生草本。根状茎乳白色。地上茎粗壮，向上渐细，高1.3～2 m。叶片条形，长40～70 cm，宽0.4～0.9 cm，光滑无毛，上部扁平，下部腹面微凹，背面逐渐隆起呈凸形，横切面呈半圆形，细胞间隙大，海绵状；叶鞘抱茎。花果期5—8月。

219. 达香蒲 *T. davidiana* （Kronf.）Hand-Mazz.

多年生沼生草本植物。根茎白色，横走。茎直立，高1～1.5 m。叶窄线形，宽2～3.5 mm，下部鞘状，具膜质边缘。肉穗花序，顶生，雌花序与雄花序间隔一段距离，雄花序在土，长8～11 cm；雌花序在下，长3～5 cm，直径0.5～0.8 mm；雌花有小苞片，子房无柄；柱头线形，弯曲。花期6—7月，果期7—8月。

220. 水烛 *T. angustifolia* L.

多年生草本。植株高约1.5 m。叶片扁平，狭长线形，叶鞘有白色，长7～17 cm。雌雄花序相距2.5～6.9 cm；雌花序圆柱形，长5～7 cm，红褐色；雌花梗有狭长匙形的苞片；膜质边缘。雄穗状花序较长，雌花基部的白色柔毛稍超出或不超出柱头；柱头线状圆柱形。花果期6—8月。

（四十二）眼子菜科 Potamogetonaceae

沼生、淡水生至咸水生或海水生一年生或多年生草本。具根茎匍匐茎，节上生须根和直立茎，稀无根茎。叶沉水、浮水或挺水，或两型，兼具沉水叶与浮水叶，互生或基生，稀对生或轮生；叶片形态各异，具柄或鞘，或柄鞘皆无；托叶有或无，膜质或草质，鞘状抱茎，开放型，极少呈封闭的套管状。花序顶生或腋生，多呈简单的穗状或聚伞花序，稀为复聚伞花序或复穗状花序，极少为单顶花序，开花时花序挺出水面、漂浮水面，或没于水中，花后皆沉没水中；传粉途径包括风媒、水表传粉、水媒或闭花受精；花小或极简化，辐射对称或两侧对称，3、2或4基数；两性或单性；花被有或无；雄蕊1～6枚，通常无花丝，花药长圆形、肾形或近球形，外向，1室或2室，纵裂，有时雄蕊背部连生，药隔很宽或伸长，或极为退化；花粉粒圆形或椭圆形，稀线形或弓曲形；雌蕊具心皮1～4枚或多枚，离生或近离生，稀合生；花柱短粗，或无，柱头盘状、头状、毛刷状或丝状，每子房室含胚珠1枚，稀多枚，弯生或直生。果实多为小核果状或小坚果状，常卵圆形，略偏斜而侧扁，顶端具喙，稀为纵裂的蒴果。种子无胚乳；胚通常弯曲，稀直立，具1枚弯曲或扭卷的子叶和发达的下胚轴。

221. 菹草 *Potamogeton crispus* L.

多年生沉水草本植物。生于池塘、湖泊、溪流中，静水池塘或沟渠较多，水体多呈微酸至中性。茎扁圆形，具有分枝。叶披针形，先端钝圆，叶缘波状并具锯齿。具叶托，无叶柄。花序穗状。秋季发芽，冬春生长，4—5月开花结果，夏季6月后逐渐衰退腐烂，同时形成鳞枝（冬芽）以度过不适环境。冬芽坚硬，边缘具有齿，形如松果，在水温适宜时在开始萌发生长。叶条形，无柄。花果期4—5月。

222. 眼子菜 *P. distinctus* A.Bennett

多年生水生草本。根茎发达，白色，直径1.5～2 mm，多分枝，常于顶端形成纺锤状休眠芽体，并在节处生有稍密的须根。茎圆柱形，直径1.5～2 mm，通常不分枝。浮水叶革质，披针形、宽披针形至卵状披针形，长2～10 cm，宽1～4 cm，先端尖或钝圆，基部钝圆或有时近楔形，具5～20 cm长的柄；叶脉多条，顶端连接；花果期5—10月。

223. 竹叶眼子菜 *P. malaianus* Miq.

多年生浮叶或沉水草本植物。根茎发达，白色，节处生有须根。茎圆柱形，直径约2 mm。叶条形或条状披针形，具长柄，稀短于2 cm。穗状花序顶生，具花多轮，密集或稍密集。果实倒卵形，长约3 mm，两侧稍扁，背部明显3脊，中脊狭翅状，侧脊锐。花果期6—10月。

（四十三）鸭跖草科 Commelinaceae

多年生常绿草本，单叶互生，叶全缘，叶脉平行，茎枝多汁粗厚，植株形态有蔓性、匍匐性或簇生之短茎直立型。花多整齐的两性花，常着生于叶腋，或茎顶簇生成聚伞或圆锥花序，花色白、蓝或粉色，多只绽放1 d，花数多为3或3的倍数，蒴果。

224. 鸭跖草 *Commelina communis* L.

一年生披散草本。茎匍匐生根，多分枝，长可达1 m，下部无毛，上部被短毛。叶披针形至卵状披针形，长3～9 cm，宽1.5～2 cm。总苞片佛焰苞状，有1.5～4 cm的柄，与叶对生，折叠状，展开后为心形，顶端短急尖，基部心形，长1.2～2.5 cm，边缘常有硬毛；聚伞花序，下面1枝仅有花1朵，具长8 mm的梗，不孕；上面1枝具花3～4朵，具短梗，几乎不伸出佛焰苞。

（四十四）禾本科 Poaceae

一年生、二年生或多年生草本或木本；根的类型绝大多数为须根；地上茎（秆）中空，很少实心；无棱；有节；茎生叶呈二行排列；叶鞘开裂；颖花；颖果、浆果或坚果。

225. 假苇拂子茅 *Calamagrostis pseudophragmites*（A.Haller）Koeler

秆直立，高40～100 cm，径1.5～4 mm。叶鞘平滑无毛，或稍粗糙，短于节间，有时在下部者长于节间；叶舌膜质，长4～9 mm，长圆形，顶端钝而易破碎；叶片长10～30 cm，宽1.5～5（7）mm，扁平或内卷，上面及边缘粗糙，下面平滑。圆锥花序长圆状披针形，疏松开展，长10～20（～35）cm，宽（2～）3～5 cm，分枝簇生，直立，细弱，稍糙涩；小穗长5～7 mm，草黄色或紫色；颖线状披针形，成熟后张开，顶端长渐尖，不等长，第二颖较第一颖短1/4～1/3，具1脉或第二颖具3脉，主脉粗糙；外稃透明膜质，长3～4 mm，具3脉，顶端全缘，稀微齿裂，芒自顶端或稍下伸出，细直，细弱，长1～3 mm，基盘的柔毛等长或稍短于小穗；内稃长为外稃的1/3～2/3；雄蕊3，花药长1～2 mm。花果期7—9月。

226. 拂子茅 *C. epigeios*（L.）Roth

多年生，具根状茎。秆直立，平滑无毛或花序下稍粗糙，高45～100 cm，径2～3 mm。叶鞘平滑或稍粗糙，短于或基部者长于节间；叶舌膜质，长5～9 mm，长圆形，先端易破裂；叶片长15～27 cm，宽4～8（～13）mm，扁平或边缘内卷，上面及边缘粗糙，下面较平滑。圆锥花序紧密，圆筒形，劲直、具间断，长10～25（～30）cm，中部径1.5～4 cm，分枝粗糙，直立或斜向上升；小穗长5～7 mm，淡绿色或带淡紫色；两颖近等长或第二颖微短，先端渐尖，具1脉，第二颖具3脉，主脉粗糙；外稃透明膜质，长约为颖之半，顶端具2齿，基盘的柔毛几与颖等长，芒自稃体背中部附近伸出，细直，长2～3 mm；内稃长约为外2/3，顶端细齿裂；小穗轴不延伸于内稃之后，或有时仅于内稃之基部残留1微小的痕迹；雄蕊3，花药黄色，长约1.5 mm。花果期5—9月。

227. 虎尾草 *Chloris virgata* Sw.

一年生草本。秆直立或基部膝曲，光滑无毛。叶鞘背部具脊，包卷松弛，无毛；无毛或具纤毛；叶片线形，两面无毛或边缘及上面粗糙。指状着生于秆顶，常直立而并拢成毛刷状，有时包藏于顶叶之膨胀叶鞘中，成熟时常带紫色；小穗无柄，第一小花两性，外稃纸质，两侧压扁，呈倒卵状披针形，沿脉及边缘被疏柔毛或无毛，芒自背部顶端稍下方伸出，脊上被微毛；第二小花不孕，长楔形，仅存外稃，顶端截平或略凹，自背部边缘稍下方伸出。颖果纺锤形，淡黄色，光滑无毛而半透明。花果期6—10月。

228. 马唐 *Digitaria sanguinalis*（L.）Scop.

一年生草本。秆直立或下部倾斜，膝曲上升，无毛或节生柔毛。叶鞘短于节间，无毛或散生疣基柔毛；叶片线状披针形，基部圆形，边缘较厚，微粗糙，具柔毛或无毛。穗轴直伸或开展，两侧具宽翼，边缘粗糙；小穗椭圆状披针形，脉间及边缘大多具柔毛；第一外稃等长于小穗，具7脉，中脉平滑，两侧的脉间距离较宽，无毛，边脉上具小刺状粗糙，脉间及边缘生柔毛；第二外稃近革质，灰绿色，顶端渐尖，等长于第一外稃。花果期6—9月。

229. 稗 *Echinochloa crusgalli*（L.）Beauv.

一年生草本。秆高可达50 cm，光滑无毛，叶片扁平，线形，无毛，边缘粗糙。圆锥花序直立，近尖塔形，分枝斜上举，小穗卵形，第一颖三角形，第二颖与小穗等长，花通常中性，其外稃草质，第二外稃椭圆形，成熟后变硬，边缘内卷，夏秋季开花结果。

230. 长芒野稗 *Echinochloa crusgalli* var. Caudata

一年生草本。秆高1～2 m。叶鞘无毛或常有疣基毛（或毛脱落仅留疣基），或仅有粗糙毛或仅边缘有毛；叶舌缺；叶片线形，长10～40 cm，宽1～2 cm，两面无毛，边缘增厚而粗糙。圆锥花序稍下垂，长10～25 cm，宽1.5～4 cm；主轴粗糙，具棱，疏被疣基长毛；分枝密集，常再分小枝；小穗卵状椭圆形，常带紫色，长3～4 mm，脉上具硬刺毛，有时疏生疣基毛；第一颖三角形，长为小穗的1/3～2/5，顶端尖，具三脉；第二颖与小穗等长，顶端具长0.1～0.2 mm的芒，具5脉；第一外稃草质，顶端具长1.5～5 cm的芒，具5脉，脉上疏生刺毛，内稃膜质，顶端具细毛，边缘具细睫毛；第二外稃质，光亮，边缘包着同质的内稃；鳞被2，楔形，折叠，具5脉；雄蕊3；花柱基分离。花期7—8月，果期8—9月。

231. 牛筋草 *Eleusine indica*（L.）Gaertn.

一年生草本。根系极发达。秆丛生，基部倾斜。叶鞘两侧压扁而具脊，松弛，无毛或疏生疣毛；叶舌长约1 mm；叶片平展，线形，无毛或上面被疣基柔毛。穗状花序2～7个指状着生于秆顶，很少单生；小穗长4～7 mm，宽2～3 mm，含3～6小花；颖披针形，具脊，脊粗糙。囊果卵形，基部下凹，具明显的波状皱纹。鳞被2，折叠，具5脉。花果期6—10月。

232. 牛鞭草 *Hemarthria sibirica*（Gand.）Ohwi

多年生草本，有长而横走的根茎。秆直立部分可高达1 m，直径约3 mm，一侧有槽。叶鞘边缘膜质，鞘口具纤毛；叶舌膜质，白色，长约0.5 mm，上缘撕裂状；叶片线形，长15～20 cm，宽4～6 mm，两面无毛。总状花序单生或簇生，长6～10 cm，直径约2 mm。无柄小穗卵状披针形，长5～8 mm，第一颖革质，等长于小穗，背面扁平，具7～9脉，两侧具脊，先端尖或长渐尖；第二颖厚纸质，贴生于总状花序轴凹穴中，但其先端游离；第一小花仅存膜质外稃；第二小花两性，外稃膜质，长卵形，长约4 mm；内稃薄膜质，长约为外稃的2/3，先端圆钝，无脉。有柄小穗长约8 mm，有时更长；第二颖完全游离于总状花序轴；第一小花中性，仅存膜质外稃；第二小花两稃均为膜质，长约4 mm。花果期为夏、秋季。

233. 白茅 *Imperata cylindrica*（L.）Beauv.

多年生草本植物，秆直立，高可达80 cm，节无毛。叶鞘聚集于秆基，叶舌膜质，秆生叶片窄线形，通常内卷，顶端渐尖呈刺状，下部渐窄，质硬，基部上面具柔毛。圆锥花序稠密，第一外稃卵状披针形，第二外稃与其内稃近相等，卵圆形，顶端具齿裂及纤毛；花柱细长，紫黑色，颖果椭圆形，花果期4—6月。

234. 羊草 *Leymus chinensis*（Trin.）Tzvel.

多年生草本。须根具沙套。秆散生，直立，高40～90 cm，具4～5节，叶鞘平滑，基部残留叶鞘呈纤维状，枯黄色；叶舌截平，顶端具齿裂，纸质，叶片长7～18 cm，宽3～6 mm，扁平或内卷，上面及边缘粗糙，下面较平滑。花果期6—8月。

235. 赖草 *L. secalinus*（Georgi）Tzvel.

多年生草本，具下伸和横走的根茎。秆单生或丛生，直立，高40～100 cm，具3～5节，光滑无毛或在花序下密被柔毛。叶鞘光滑无毛，或在幼嫩时边缘具纤毛；叶舌膜质，截平，长1～1.5 mm；叶片长8～30 cm，宽4～7 mm，扁平或内卷，上面及边缘粗糙或具短柔毛，下面平滑或微粗糙。穗状花序直立，长10～15（～24）cm，宽10～17 mm，灰绿色；穗轴被短柔毛，节与边缘被长柔毛，节间长3～7 mm，基部者长达20 mm；小穗通常2～3稀1枚或4枚生于每节，长10～20 mm，含4～7（～10）个小花；小穗轴节间长1～1.5 mm，贴生短毛；颖短于小穗，线状披针形，先端狭窄如芒，不覆盖第一外稃的基部，具不明显的3脉，上半部粗糙，边缘具纤毛，第一颖短于第二颖，长8～15 mm；外稃披针形，边缘膜质，先端渐尖或具长1～3 mm的芒，背具5

脉, 被短柔毛或上半部无毛, 基盘具长约1 mm的柔毛, 第一外稃长8～10（～14）mm；内稃与外稃等长，先端常微2裂，脊的上半部具纤毛；花药长3.5～4 mm。花果期6—10月。

236. 早熟禾 *Poa annua* L.

一年生或冬性禾草植物。秆直立或倾斜，质软，高可达30 cm，平滑无毛。叶鞘稍压扁，叶片扁平或对折，质地柔软，常有横脉纹，顶端急尖呈船形，边缘微粗糙。圆锥花序宽卵形，小穗卵形，含小花，绿色；颖质薄，外稃卵圆形，顶端与边缘宽膜质，花药黄色，颖果纺锤形，花期4—5月。果期6—7月。

237. 草地早熟禾 *P. pratensis* L.

多年生草本植物，匍匐根状茎。直立，高可达90 cm，叶舌膜质，叶片线形，扁平或内卷，顶端渐尖，蘖生叶片较狭长。圆锥花序金字塔形或卵圆形，分枝开展，小枝上着生小穗，小穗柄较短；小穗卵圆形，绿色至草黄色，含小花，外稃膜质，顶端稍钝，颖果纺锤形。花期5—6月，果期7—9月。

238. 硬质早熟禾 *P. sphondylodes* Trin.

多年生，密丛型草本。秆高30～60 cm，具3～4节，顶节位于中部以下，上部长裸露，紧接花序以下和节下均多少糙涩。叶鞘基部带淡紫色，顶生者长4～8 cm，长于其叶片，叶舌先端尖，叶片稍粗糙。圆锥花序紧缩而稠密，小穗绿色，熟后草黄色，含4～6小花；颖具3脉，先端锐尖，硬纸质，稍粗糙，第一颖稍短于第二颖；外稃坚纸质，具5脉，间脉不明显，先端极窄膜质下带黄铜色，脊下部2/3和边脉下部1/2具长柔毛，基盘具中量绵毛，第一外稃长约3 mm；内稃等长或稍长于外稃，脊粗糙具微细纤毛，先端稍凹；花果期6—8月。

239. 泽地早熟禾 *P. palustris* L.

多年生，疏丛生。秆倾斜上升，直立，高40～80（～170）cm，具5～6节。叶鞘平滑无毛；叶舌长1～3 mm；叶片扁平，长8～20 cm，宽约2（～4）mm，先端渐尖或成粗尖头。圆锥花序狭金字塔形，长10～20（～30）cm；分枝长约5 cm，下部裸露，4～6枚簇生于主轴下部各节，粗糙；小穗卵状长圆形，含3～5小花，长4.5～5 mm，黄绿色；第一颖长约

2.5 mm，具3脉，脊上部糙涩，先端尖，第二颖较宽，长约3 mm；外稃长3～3.5 mm，间脉不明显，脊与边脉下部具柔毛，基盘有绵毛；内稃与外稃近等长，两脊具细密小刺而粗糙；花药长1.2～1.5 mm。花期6—7月。

240. 狗尾草 *Setaria viridis*（L.）Beauv.

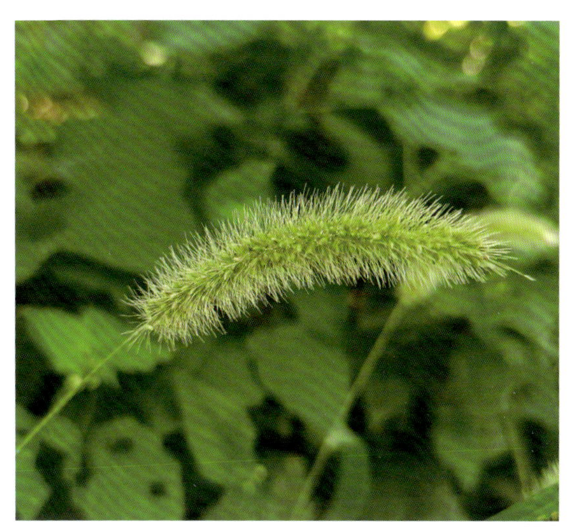

一年生草本。根为须状，高大植株具支持根。秆直立或基部膝曲。叶鞘松弛，无毛或疏具柔毛或疣毛；叶舌极短；叶片扁平，长三角状狭披针形或线状披针形。圆锥花序紧密呈圆柱状或基部稍疏离；小穗2～5个簇生于主轴上或更多的小穗着生在短小枝上，椭圆形，先端钝；第二颖几与小穗等长，椭圆形；第一外稃与小穗第长，先端钝，其内稃短小狭窄；第二外稃椭圆形，顶端钝，具细点状皱纹，边缘内卷，狭窄；鳞被楔形，顶端微凹；花柱基分离；叶上下表皮脉间均为微波纹或无波纹的、壁较薄的长细胞。颖果灰白色。花果期5—10月。

241. 大狗尾草 *S. faberi* R.A.W.Herrmann

植株粗壮高大，60～90 cm，基部数节具不定根，基部茎约7 mm。叶鞘较松，上部不太包秆，无毛，边缘具密生细长纤毛；叶舌为一圈密长纤毛；叶片线形，长16～32 cm，宽1～1.7 cm，两面无毛。圆锥花序长7～24 cm，宽1.5～2.5 cm（包括刚毛），刚毛长7～12 mm，浅紫色、浅褐色、绿色，小穗长2.5 mm以上。其花序大，小穗密集，花序基部簇生小穗的小枝延伸而稍疏离等特征近似粱*Setarialtalica*（L.）Beauv。但梁的小穗不连颖片脱落，第二外稃背部光亮无点状皱纹。

242. 金狗尾 *S. pumila*（Poir.）Roem. et Schuit.

一年生草本；单生或丛生。秆直立或基部倾斜膝曲，光滑无毛，仅花序下面稍粗糙。叶鞘下部扁压具脊，上部圆形；叶舌具一圈长约1 mm的纤毛，叶片线状披针形或狭披针形，先端长渐尖，基部钝圆，上面粗糙，下面光滑，近基部疏生长柔毛。圆锥花序紧密呈圆柱状或狭圆锥状，直立，主轴具短细柔毛，刚毛金黄色或稍带褐色，粗糙，先端尖，通常在一簇中仅具一个发育的小穗，第一颖宽卵形或卵形，长为小穗的1/3～1/2，先端尖，具3脉；第二颖宽卵形，长为小穗的1/2～2/3，先端稍钝，具5～7脉，第一小花雄性或中性，第一外稃与小穗等长或微短，具5脉，其内稃膜质，等长且等宽于第二小花，具2脉，通常含3枚雄蕊或无；第二小花两性，外稃革质，等长于第一外稃。先端尖，成熟时，背部极隆起，具明显的横皱纹；鳞被楔形；花柱基部连合。花果期6—10月。

243. 中华结缕草 *Zoysia japonicab* Steud.

多年生草本。具横走根茎，须根细弱。秆直立，基部常有宿存枯萎的叶鞘。叶鞘无毛；叶舌纤毛状；叶片扁平或稍内卷，表面疏生柔毛，背面近无毛。总状花序呈穗状；小穗柄通常弯曲，长可达5 mm；小穗卵形，淡黄绿色或带紫褐色，颖果卵形。花果期5—8月。

244. 芦苇 *Phragmites australis*（Cav.）Trin.

多年生根状茎十分发达。秆直立，高1～3（～8）m，直径1～4 cm，具20多节，基部和上部的节间较短，最长节间位于下部第4～6节，长20～25（～40）cm，节下被腊粉。芦苇的叶鞘下部者短于上部者，长于其节间；叶舌边缘密生一圈长约1 mm的短纤毛，两侧缘毛长3～5 mm，易脱落；叶片披针状线形，长30 cm，宽2 cm，无毛，顶端长渐尖成丝形。花期8—12月。

245. 毛芦苇 *Phragmites hirsuta*

多年生，具粗壮匍匐的根茎。秆高大，常带紫色而有白霜，节部被短柔毛。叶鞘圆筒形，外面及边缘具密或疏的硬糙毛，稀除边缘有睫毛外无毛；叶舌极短；叶片披针状线形，扁平，两面密被短硬毛，稀无毛而边缘粗糙，圆锥花序卵状长圆形，近直立，分枝粗糙；小穗常含5花，长约12 mm；颖不等长，具3脉，第1颖长4～5 mm，第2颖长约6.5 mm；外稃长约10 mm；内稃明显短于外稃，先端微2齿裂，肋上有缘毛。基盘具白色长柔毛。花果期7—9月。

246. 纤毛鹅观草 *Elymus ciliaris*（Trinius ex Bunge）Tzvelev

多年生草本；秆单生或成疏丛，直立，基部节常膝曲，平滑无毛，常被白粉。叶鞘无毛，稀可基部叶鞘于接近边缘处具有柔毛；叶片扁平，两面均无毛，边缘粗糙。穗状花序直立或多少下垂，小穗通常绿色，含（6～）7～12小花；颖椭圆状披针形，先端常具短尖头，两侧或一侧常具齿，具5～7脉，边缘与边脉上具有纤毛，第一颖长7～8 mm，第二颖长8～9 mm；外稃长圆状披针形，背部被粗毛，边缘具长而硬的纤毛，上部具有明显的5脉，通常在顶端两侧或一侧具齿，第一外稃长8～9 mm，顶端延伸成粗糙反曲的芒；内稃长为外稃的2/3，先端钝头，脊的上部具少许短小纤毛。

247. 鹅观草 *E. kamoji*（Ohiw）S.L.Chen

多年生草本。须根深15～30 cm。秆直立或基部倾斜，疏丛生，高30～100 cm。叶鞘外侧边缘常被纤毛；叶舌截平，长0.5 mm；叶片扁平，光滑或稍粗糙。穗状花序长7～20 cm，下垂，小穗绿色或呈紫色，长13～25 mm（芒除外），含3～10花；颖披针形，边缘为宽膜质，顶端具2～7 mm的短芒，有3～5脉，第一颖较第二颖短；外稃披针形，边缘宽膜质，背部及基盘近无毛，芒长20～40 mm；内稃约与外稃等长，先端钝，脊有翼。颖果稍扁，黄褐色。

248. 老芒麦 *E. sibiricus* L.

多年生丛生草本植物。秆高可达90 cm，粉红色，叶鞘光滑无毛；叶片扁平，有时上面生短柔毛，穗状花序较疏松而下垂，穗轴边缘粗糙或具小纤毛；小穗灰绿色或稍带紫色，含小花；颖狭披针形，脉上粗糙，背部无毛，外稃披针形，背部粗糙无毛或全部密生微毛，内稃几与外稃等长，脊上全部具有小纤毛，脊间亦被稀少而微小的短毛。

249. 糙毛鹅观草 *Roegneria hirsuta*（Keng）J. L. Yang et al.

多年生草本，植株具根头，嫩枝基部常倾斜横卧。秆基部具鞘内分蘖，坚硬直立，高40～70 m，紧接花序下被短柔毛，具2～3节，第二节有时膝曲。叶鞘无毛；叶片质较厚，扁平或边缘内卷，长6～9 cm（蘖生者长可达25 cm），宽3～5 mm，两面无毛或上面疏生柔毛，下面有的密生微毛，边缘具短硬纤毛。穗状花序直立，长（3）6～8 cm，宽7～10 mm，淡绿色或淡紫色；小穗密接呈覆瓦状排列，或下部者较疏松，长10～15 mm（芒除外），含3～7小花；颖卵状长圆形，淡绿色，先端渐尖或具短尖头，第一颖长4.5～6 mm，第二颖长5～7 mm（包括长约1.5 mm的小尖头），具3～4脉，无毛或主脉上半部粗糙；外稃全部具长硬毛，黄棕色，具5脉，第一外稃长8～10 mm，先端芒糙涩，长2～6 mm，劲直或稍向后反曲；内稃与外稃等长或稍短，先端微凹，脊上具刺状纤毛；花药铅绿色。

250. 华北剪股颖 *Agrostis clavata* Trin.

多年生草本，具细弱根茎。秆丛生，直立或基部微膝曲，高3 590 cm，直径12 mm，平滑，具34节。叶鞘无毛，一般短于节间；叶舌膜质，长24 mm，先端钝或撕裂，背面微粗糙；叶片扁平，线形，长615 cm，宽1.53（5）mm，微粗糙。圆锥花序疏松开展，长1 024 cm，宽510 cm，分枝纤细，微粗糙，向上伸展，每节具分枝2至多数；小穗黄绿色或带紫色，长达2.2 mm，一般为2 mm；两颖近等长，第一颖较第二颖可长达0.2 mm，脊上粗糙，外稃长约1.8 mm，与颖近等长，先端钝，无芒，脉不明显，基盘两侧具长0.2 mm之毛；内稃长0.2～0.5 mm，似倒卵形，先端平截，明显具齿；花药长0.4～0.6 mm。颖果扁平，纺锤形，长约1.2 mm。花果期为夏、秋季。

251. 看麦娘 *Alopecurus aequalis* Sobol.

一年生草本。秆少数丛生，细瘦，光滑，节处常膝曲，高15～40 cm。叶鞘光滑，短于节间；叶舌膜质，长2～5 mm；叶片扁平，长3～10 cm圆锥花序圆柱状，灰绿色，长2～7 cm，宽3～6 mm；小穗椭圆形或卵状长圆形，长2～3 mm；颖膜质，基部互相连合，具3脉，脊上有细纤毛，侧脉下部有短毛；外稃膜质，先端钝，等大或稍长于颖，下部边缘互相连合，芒长1.5～3.5 mm，约于稃体下部1/4处伸出，隐藏或稍外露；花药橙黄色，长0.5～0.8 mm。种子细小而轻，千粒重仅0.76～0.83 g。颖果长约1 mm。花果期4—8月。看麦娘因芒的长短有所变化，常被定为不同的种。实际上芒之长短的变化与植物的生育期相关，而与生长的地区无关。例如，中国东北地区与四川省的植物，芒长均在3 mm左右，宽2～6 mm。

252. 荩草 *Arthraxon hispidus*（Thunb.）Makino

一年生草本。秆细弱无毛，基部倾斜，高30～45 cm，分枝多节。叶鞘短于节间，有短硬疣毛；叶舌膜质，边缘具纤毛；叶片卵状披针形，长2～4 cm，宽8～15 mm，除下部边缘生纤毛以外，余均无毛。总状花序细弱，长1.5～3 cm，2～10个成指状排列或簇生于秆顶，穗轴节间无毛，长为小穗的2/3～3/4，小穗孪生，有柄小穗退化成0.2～1 mm的柄；无柄小穗长4～4.5 mm，卵状披针形，灰绿色或带紫色；第一颖边缘带膜质，具7～9脉，脉上粗糙，先端钝；第二颖近膜质，与第一颖等长，舟形，具3脉，侧脉不明显，先端尖；第一外稃，长圆形，先端尖，长约为第颖的2/3，第二外稃与第一外稃等长，近基部伸出1膝曲的芒，芒长6～9 mm，下部扭转；雄蕊2；花黄色或紫色，长0.7～1 mm。颖果长圆形，与稃体几等长。花果期8—11月。

253. 野燕麦 *Avena fatua* L.

一年生草本。须根较坚韧。秆直立，光滑无毛，高60～120 cm，具2～4节。叶鞘松弛，光滑或基部者被微毛；叶舌透明膜质，长1～5 mm；叶片扁平，长10～30 cm，宽4～12 mm，微粗糙，或上面和边缘疏生柔毛。圆锥花序开展，金字塔形，长10～25 cm，分枝具棱角，粗糙；小穗长18～25 mm，含2～3小花，其柄弯曲下垂，顶端膨胀；小穗轴密生淡棕色或白色硬毛，其节脆硬易断落，第一节间长约3 mm；颖草质，几相等，通常具9脉；外稃质地坚硬，第一外稃长15～20 mm，背面中部以下具淡棕色或白色硬毛，芒自稃体中部稍下处伸出，长2～4 cm，膝曲，芒柱棕色，扭转。颖果被淡棕色柔毛，腹面具纵沟，长6～8 mm。花果期4—9月。

254. 菵草 *Beckmannia syzigachne*（Steud.）Fern.

一年生草本。秆丛生，高15～90 cm，具2～4节。叶鞘无毛，多长于节间；叶舌膜质透明，长3～8 mm；叶片扁平，长5～30 cm，宽3～10 mm，粗糙或叶背平滑。圆锥花序长10～30 cm，分枝稀疏或斜升；小穗压扁，圆形，灰绿色，常含1小花，有时含2小花，长约3 mm；颖草质，边缘质薄，白色，背部灰绿色，具淡色的横纹；外稃披针形，具5脉。常具伸出颖外的短尖头；花药黄色，长约1 mm。颖果黄褐色，长圆形，长约1.5 mm，先端有丛生短毛。

255. 无芒雀麦 *Bromus inermis* Leyss.

多年生草本，具横走根状茎。秆直立，疏丛生，高50～120 cm，无毛或节下具倒毛。叶鞘闭合，无毛或有短毛；叶舌长1～2 mm；叶片扁平，长20～30 cm，宽4～8 mm，先端渐尖，两面与边缘粗糙，无毛或边缘疏生纤毛。

圆锥花序长10～20 cm，较密集，花后开展；分枝长达10 cm，微粗糙，着生2～6枚小穗，3～5枚轮生于主轴各节；小穗含6～12花，长15～25 mm；小穗轴节间长2～3 mm，生小刺毛；颖披针，具膜质边缘，第一颖长4～7 mm，具1脉，第二颖长6～10 mm，具3脉；外稃长圆状披针形，长8～12 mm，具5～7脉，无毛，基部微粗糙，顶端无芒，钝或浅凹缺；内稃膜质，短于其外稃，脊具纤毛；花药长3～4 mm。颖果长圆形，褐色，长7～9 mm。花果期7—9月。

256. 小叶章 *Deyeuxia angustifolia*（Kom）Y.L.Chang

多年生草本，具短根状茎。秆直立，平滑无毛，高30～100 cm，具3～4节。叶鞘平滑，常短于节间；叶舌膜质，长3～5 mm，顶端钝或碎裂；叶片纵卷，线形，长10～25 cm，宽1.5～2（～4）mm，两面微粗糙。圆锥花序稍疏松，长5～12 cm，宽约5 cm，分枝粗糙，斜向上升；小穗长2～3.5 mm，黄绿色或淡紫色；颖片窄披针形，先端渐尖，平滑，似膜质，两颖近等长、第一颖具1脉，第二颖具3脉，中脉粗糙；外稃长1.5～2.5 mm，膜质，顶端具细齿，基盘两侧的柔毛等长或稍长于稃体，芒自稃体背中部附近伸出，细直、长1～2 mm；内稃约短于外稃1/2；延伸小穗轴长0.8～1 mm，与其所被柔毛共长2～3 mm；花药长1～1.5 mm。花期7—8月。

257. 野青茅 *D. pyramidalis*（Host）Veldkamp

多年生草本。秆直立，其节膝曲，丛生，基部具被鳞片的芽，高50～60 cm，平滑。叶鞘疏松裹茎，长于或上部者短于节间，无毛或鞘颈具柔毛；叶舌膜质，长2～5 mm，顶端常撕裂；叶片扁平或边缘内卷，长5～25 cm，宽2～7 mm，无毛，两面粗糙，带灰白色。圆锥花序紧缩似穗状，长6～10 cm，宽1～2 cm，分枝3或数枚簇生，长1～2 cm，直立贴生，与小穗柄均粗糙；小穗长5～6 mm，草黄色或带紫色；颖片披针形，先端尖，稍粗糙，两颖近等长或第一颖较第二颖长约1 mm，具1脉，第二颖具3脉；外稃长4～5 mm，稍粗糙，顶端具微齿裂，基盘两侧的柔毛长为稃体的1/5～1/3，芒自外稃近基部或下部1/5处伸出，长7～8 mm，近中部膝曲，芒柱扭转；内稃近等长或稍短于外稃；延伸小穗轴长1.5～2 mm，与其所被柔毛共长3～4 mm；花药长2～3 mm。花果期6—9月。

258. 少花蒺藜草 *Cenchrus pauciflorus* Cav.

一年生草本植物，须根系，茎圆柱形中空，半匍匐状，高可达100 cm，有明显的节和节间，分蘖力极强，节上可生不定根。叶片狭长，条状互生，叶鞘具脊，叶舌短，具纤毛。穗状花序顶生，穗轴粗糙，小穗簇生，其外围是由不孕小穗愈合而成的刺苞，每个刺苞含种子；刺苞呈球形，淡黄色到深黄色或紫色；小穗卵形，第一颖缺如，第二颖与第一外稃均具脉；外稃质硬，前面平坦，先端尖，颖果，球形，黄褐色或黑褐色，顶端具残存的花柱。

259. 宽叶隐子草

Cleistogenes hackelii var. *nakaii*（Keng）Ohwi

多年生草本，丛生。秆常具多节。叶片线形或线状披针形，扁平或内卷，质较硬，与鞘口相接处有一横痕，易自此处脱落；叶鞘内常有隐生小穗。圆锥花序狭窄两侧压扁，具短柄；二颖不等长，质薄，近膜质，第一颖常具1脉或稀无脉，第二颖具3～5脉，先端尖或钝；外稃常具3～5脉，灰绿色被深绿色的花纹，亦常带紫色，先端具细短芒或小尖头，两侧具2微齿，稀不裂而渐尖，无毛或边缘疏生柔毛；基盘短钝，具短毛；内稃稍长于或短于外稃，具2脊，雄蕊3枚，花药线形；柱头羽毛状，紫色。

260. 糙隐子草 *C. squarrosa*（Trin.）Keng

多年生草本植物。秆直立或铺散，密丛，纤细，高可达30 cm，具多节，植株绿色，秋季经霜后常变成紫红色。叶鞘多长于节间，无毛，叶舌具短纤毛；叶片线形，扁平或内卷，粗糙。圆锥花序狭窄，小穗含小花，绿色或带紫色；颖具脉，边缘膜质，外稃披针形，花药长约2 mm。花果期7—9月。

261. 龙常草 *Diarrhena mandshurica* Maxim.

多年生。具短根状茎及被鳞状苞片之芽体，须根纤细。秆直立，高60～120 cm，具5～6节，节下被微毛，节间粗糙。叶鞘密生微毛，短于其节间；叶舌长约1 mm，顶端截平或有齿裂；叶片线状披针形，长15～30 cm，宽5～20 mm，质地较薄，上面密生短毛，下面粗糙，基部渐狭。圆锥花序有角棱，基部主枝长5～7 cm，贴向主轴，直伸，通常单纯而不分枝，各枝具2～5枚小穗；小穗轴节间约2 mm，被微毛；小穗含2～3枚小花，长5～7 mm；颖膜质，通常具1（3）脉，第一颖长1.5～2 mm，第二颖长2.5～3 mm；外稃具3～5脉，脉糙涩，长4.5～5 mm；内稃与其外稃几等长，脊上部2/3具纤毛；雄蕊2枚。颖果成熟时肿胀，长达4 mm，黑褐色，顶端圆锥形之喙呈黄色。花果期7—9月。

262. 长芒草 *Stipa bungeana* Trin

圆锥花序狭，常为叶鞘所包，成熟后伸出鞘外，长8～20 cm，分枝细弱，微粗糙，2～4枚簇生，直立或斜长芒草升；小穗灰绿色或浅紫色，稀疏生于分枝上部，颖长

9～15 mm，具3～5脉，顶端具细芒，外稃长4～6 mm，背部具排列成纵行的短毛，顶端关节处具圈短毛，基盘长约1 mm，尖锐，密生柔毛，芒2回膝曲，第一芒柱长10～15 mm，第二芒柱长5～10 mm；芒针长3～5 cm；内稃与外稃等长，具2脊。颖果长圆柱形，隐藏在基部叶鞘中的小穗的果为卵形。花果期5—7月。

263. 大针茅 *S. grandis* P. Smirn.

多年生密丛草本。秆高50～100 cm，具3～4节，基部宿存枯萎叶鞘。叶鞘粗糙或老时变平滑，下部者通常长于节间；基生叶舌长0.5～1 mm，钝圆，缘具睫毛，秆生者长3～10 mm，披针形；叶片纵卷似针状，上面具微毛，下面光滑，基生叶长可达50 cm。圆锥花序基部包藏于叶鞘内，长20～50 cm，分枝细弱，直立上举；小穗淡绿色或紫色；颖长3～4.5 cm，尖披针形，先端丝状，第一颖具3～4脉，第二颖具5脉；外稃长1.5～1.6 cm，具5脉，顶端关节处生1圈短毛，背部具贴生成纵行的短毛，基盘尖锐，具柔毛，长约4 mm，芒两回膝曲扭转，微糙涩，第一芒柱长7～10 cm，第二芒柱长2～2.5 cm，芒针卷曲，长11～18 cm；内稃与外稃等长，具2脉；花药长约7 mm。花果期5—8月。

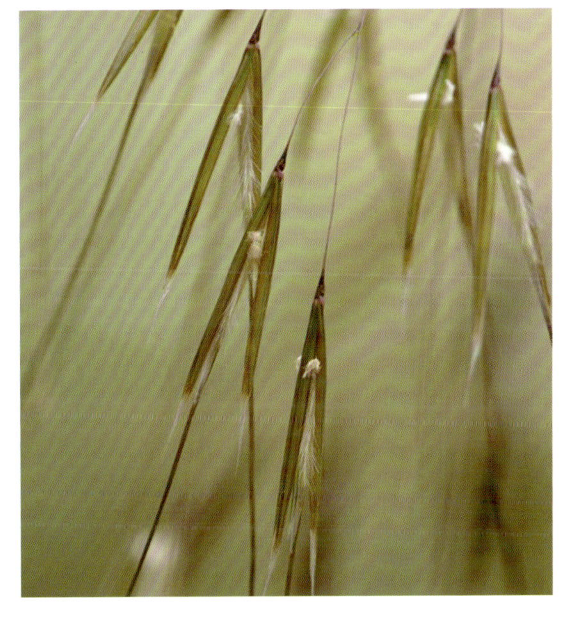

264. 小画眉草 *Eragrostis minor* Host

一年生草本，新鲜时有臭腥味。秆纤细，丛生，膝曲上升，高15～50 cm，具3～4节，节下常有1圈腺体。叶鞘脉上有腺体，鞘口具柔毛；叶舌退化成1圈长柔毛；叶片线形，扁平或内卷，长3～15 cm，宽2～4 mm，下面光滑，上面粗糙并疏生柔毛，主脉及边缘常有腺体。圆锥花序，长6～15 cm，花序轴、小枝以及柄上都有腺体；小穗长圆形，长3～8 mm，含3～16小花，绿色或深绿色，小穗柄长3～6 mm；颖锐尖，具1脉，脉上有腺点，第一颖长约1.6 mm，第二颖长约1.8 mm；第一外稃长约2 mm，具3脉，内稃主脉上有腺体，稍短于外稃，脊上具极短的纤毛，宿存；雄蕊3，花药长约0.3 mm。颖果红褐色，近球形，径约0.5 mm。花果期6—9月。

265. 画眉草 *E. pilosa*（L.）Beauv.

一年生草本，或斜上升，高20～60 cm，通常具4节，光滑。叶鞘稍压扁，鞘口常具长柔毛；叶舌退化为1圈纤毛；叶片线形，长6～20 cm，宽2～3 mm，扁平或内卷，背面光滑；表面粗糙。圆锥花序较开展，长15～25 cm，分枝腋间具长柔毛，小穗成熟后，暗绿色或带紫黑色，长3～10 mm，有4～14朵小花；颖披针形，先端钝或第二颖稍尖，第一颖长约1 mm，常无脉，第二颖长1～1.5 mm，具1脉；外稃侧脉不明显，第一外稃广卵形，长1.5～2 mm，先端尖，具3脉，内稃作弓形弯曲，长约1.5 mm，脊上有纤毛，迟落或宿存；雄蕊3，花药长约0.3 mm。颖果长圆形，长约0.8 mm。花果期8—11月。

266. 野黍 *Eriochloa villosa*（Thunb.）Kunth

一年生草本。秆直立，基部分枝，稍倾斜，高30～100 cm。叶鞘无毛或被毛或鞘缘一侧被毛，松弛包茎，节具髭毛；叶舌具长约1 mm纤毛；叶片扁平，长5～25 cm，宽5～15 mm，表面具微毛，背面光滑，边缘粗糙。圆锥花序狭长，长7～15 cm，由4～8枚总状花序组成；总状花序长1.5～4 cm，密生柔毛，常排列于主轴之一侧；小穗卵状椭圆形，长4.5～5（～6）mm；基盘长约0.6 mm；小穗柄极短，密生长柔毛；第一颖微小，短于或长于基盘；第二颖与第一外稃皆为膜质，等长于小穗，均被细毛，前者具5～7脉，后者具5脉；第二外稃革质，稍短于小穗，先端钝，具细点状皱纹；鳞被2，折叠，长约0.8 mm，具7脉；雄蕊3；花柱分离。颖果卵圆形，长约3 mm。花果期7—10月。

267. 狭叶甜茅 *Glyceria spiculosa*（Schmidt）Roshev.

多年生，具长而粗的根茎，节处密生须根。秆单生或基部分枝呈疏丛，直立，高50～120 cm，径2.5～7 mm，具9～12节。叶鞘闭合几达口部，无毛，具横脉纹，上部者短于节间；叶舌透明膜质，顶端钝圆，长约1 mm；叶片坚硬，扁平或常纵卷，长20～30 cm，宽3～5 mm，稍带灰色，上面及边缘稍粗糙，下面光滑。圆锥花序大型，花期稍紧缩，成熟时伸展，长15～25 cm，每节具3～4分枝；分枝细长，平滑无毛；小穗含5～9小花，长4～8（～10）mm，黄绿色带灰白色或带紫色；颖膜质，披针形，顶端尖，具1脉，第一颖长3～4 mm，第二颖长4～4.5 mm；外稃草质，长圆状披针形，有时带紫色，顶端尖，膜质，第一外稃长3.2～4.5 mm，具7脉；内稃短于或等长于外稃，顶端微凹或尖，长3～4 mm；雄蕊3，花药黄色或带紫色，长1～2 mm。花期6—7月。

268. 芒麦草 *Hordeum jubatum* L.

越年生草本植物 。秆丛生，直立或基部稍倾斜，平滑无毛，高30～45 cm，径约2 mm，具3～5节。叶鞘下部者长于而中部以上者短于节间；叶舌干膜质、截平，长约0.5 mm；叶片扁平，粗糙，长6～12 cm，宽1.5～3.5 mm。

穗状花序柔软，绿色或稍带紫色，长约10 cm（包括芒）；穗轴成熟时逐节断落，节间长约1 mm，棱边具短硬纤毛；三联小穗两侧者各具长约1 mm的柄，两颖为长5～6 cm弯软细芒状，其小花通常退化为芒状，稀为雄性；中间无柄小穗的颖长4.5～6.5 cm，细而弯；外稃披针形，具5脉，长5～6 mm，先端具长达7 cm的细芒；内稃与外稃等长。花果期5—8月。

269. 荻 *Miscanthus sacchariflorus*（Maxim.）Hackel

多年生高大草本，具发达被鳞片的长匍匐根状茎，节处生有粗根与幼芽。秆直

立，高1～1.5 m，直径约5 mm，具10多节，节生柔毛。叶鞘无毛，长于或上部者稍短于其节间；叶舌短，长0.5～1 mm，具纤毛；叶片扁平，宽线形，长20～50 cm，宽5～18 mm，除上面基部密生柔毛以外两面无毛，边缘锯齿状粗糙，基部常收缩成柄，顶端长渐尖，中脉白色，粗壮。圆锥花序疏展呈伞房状，长10～20 cm，宽约10 cm；主轴无毛，具10～20枚较细弱的分枝，腋间生柔毛，直立而后开展；总状花序轴节间长4～8 mm，或具短柔毛；小穗柄顶端稍膨大，基部腋间常生有柔毛，短柄长1～2 mm，长柄长3～5 mm；小穗线状披针形，长5～5.5 mm，成熟后带褐色，基盘具长为小穗2倍的丝状柔毛；第一颖2脊间具1脉或无脉，顶端膜质长渐尖，边缘和背部具长柔毛；第二颖与第一颖近等长，顶端渐尖，与边缘皆为膜质，并具纤毛，有3脉，背部无毛或有少数长柔毛；第一外稃稍短于颖，先端尖，具纤毛；第二外稃狭窄披针形，短于颖片的1/4，顶端尖，具小纤毛，无脉或具1脉，稀有1芒状尖头；第二内稃长约为外稃之半，具纤毛；雄蕊3枚，花药长约2.5 mm；柱头紫黑色，自小穗中部以下的两侧伸出。颖果长圆形，长1.5 mm。染色体$2n=38$～40，57，74，76，95（Adati，Mitsuishi，1956，1958）。花果期8—10月。

270. 糠稷 *Panicum bisulcatum* Thunb.

一年生草本。秆纤细，较坚硬，高0.5～1 m，直立或基部伏地，节上可生根。叶鞘松弛，边缘被纤毛；叶舌膜质，长约0.5 mm，顶端具纤毛；叶片质薄，狭披针形，长5～20 cm，宽3～15 mm，顶端渐尖，基部近圆形，几无毛。圆锥花序长15～30 cm，分枝纤细，斜举或平展，无毛或粗糙；小穗椭圆形，长2～2.5 mm，绿色或有时带紫色，具细柄；第一颖近三角形，长约为小穗的1/2，具1～3脉，基部略微包卷小穗；第二颖与第一外稃同形并且等长，均具5脉，外被细毛或后脱落；第一内稃缺；第二外稃椭圆形，长约1.8 mm，顶端尖，表面平滑，光亮，成熟时黑褐色。鳞被长约0.26 mm，宽约0.19 mm，具3脉，透明或不透明，折叠。染色体 $2n=36$（Chen et Hsu，1961）。花果期9—11月。

（四十五）莎草科 Cyperaceae

多年生草本，较少为一年生；多数具根状茎少有兼具块茎。大多数具有三棱形的秆。叶基生和秆生，一般具闭合的叶鞘和狭长的叶片，或有时仅有鞘而无叶片。

花序多种多样，有穗状花序、总状花序、圆锥花序、头状花序或长侧枝聚伞花序；小穗单生，簇生或排列成穗状或头状，具2至多数花，或退化至仅具1花；花两性或单性，雌雄同株，少有雌雄异株，着生于鳞片（颖片）腋间，鳞片复瓦状螺旋排列或二列，无花被或花被退化成下位鳞片或下位刚毛，有时雌花为先出叶所形成的果囊所包裹；雄蕊3个，少有1～2个，花丝线形，花药底着；子房1室，具1个胚珠，花柱单一，柱头2～3个。果实为小坚果，三棱形，双凸状，平凸状，或球形。

271. 扁秆荆三棱 *Bolboschoenus planiculmis*（F.Schmidt）T.V.Egorova

叶扁平，宽2～5 mm，向顶部渐狭，具长叶鞘。叶状苞片1～3枚，常长于花序，边缘粗糙；长侧枝聚伞花序短缩成头状，或有时具少数辐射枝，通常具1～6个小穗；小穗卵形或长圆状卵形，锈褐色，长10～16 mm，宽4～8 mm，具多数花；鳞片膜质，长圆形或椭圆形，长6～8 mm，褐色或深褐色，外面被稀少的

柔毛，背面具一条稍宽的中肋，顶端或多或少缺刻状撕裂，具芒；下位刚毛4～6条，上生倒刺，长为小坚果的1/2～2/3；雄蕊3，花药线形，长约3 mm，药隔稍突出于花药顶端；花柱长，柱头2。小坚果宽倒卵形，或倒卵形，扁，两面稍凹，或稍凸，长3～3.5 mm。花期5—6月，果期7—9月。

272. 荆三棱 *B.yagara*（*Ohwi*） Y.C.Yang et M.Zhan

多年生草本。高0.7～1.2 m。根状茎横走，通常单一，间或有分枝，常膨大，末端具块茎，长2～4 cm，直径1.5～3 cm，黑褐色，两头尖，质地轻泡。秆高大粗壮，高70～150 cm，锐三棱形，直立，光滑。叶互生，窄条形，长20～30 cm，宽6～10 mm，全缘，先端渐尖，基部鞘状抱茎。夏季开花，复穗状花序，多数花穗于茎顶聚成无梗伞形花丛，花序梗不等长，上具叶状苞片3～4枚；小穗长圆形，长约1 cm，颖长椭圆形，稍膜质，先端尖，芒状；雄蕊3，药线形或长圆形；雌蕊花柱长，柱头2裂。瘦果三角倒卵形，褐色。花果期5—7月。

273. 碎米莎草 *Cyperus iria* L.

一年生草本。秆丛生，高8～85 cm，扁三棱形。叶片长线形，短于秆，宽3～5 mm，叶鞘红棕色。叶状苞片3～5枚；长侧枝聚伞花序复出，辐射枝4～9枚，长达12 cm，每辐射枝具5～10个穗状花序；穗状花序长

1～4 cm，具小穗5～22个；小穗排列疏松，长圆形至线状披针形，压扁，长4～10 mm，具花6～22朵，鳞片排列疏松，膜质，宽倒卵形，先端微缺，具短尖，有脉3～6条；雄蕊3；花柱短，柱头3。小坚果倒卵形或椭圆形、三棱形，褐色。花果期6—10月。

274. 水莎草 *C. serotinus* Rottb.

多年生草本，散生。根状茎长。秆高35～100 cm，粗壮水莎草，扁三棱形，平滑。叶片少，短于秆或有时长于秆，宽3～10 mm，平滑，基部折合，上面平张，背面中肋呈龙骨状突起。小坚果椭圆形或倒卵形，平凸状，长约为鳞片的4/5，棕色，稍有光泽，具突起的细点。花果期7—10月。

275. 叠穗莎草 *C. imbricatus* Retz.

一年生草本，高50～90 cm。根状茎短，生多数须根。秆粗壮，散生，钝三棱形，光滑，基部稍膨大。叶线形，短于秆，宽4～8 mm，先端狭尖，边缘不粗糙，叶鞘长，红棕色。花序顶生，叶状苞片3～4，长于花序，边缘粗糙；复出长侧枝聚伞花序有3～8个辐射枝，辐射枝长短不等，最长可达12 cm；穗状花序无总花梗，近圆形、椭圆形或长圆形，长1～3 cm，宽6～15 mm，有极多数的小穗，小穗多列，排列紧密，小穗线状披针形或线形，稍扁平，长5～10 mm，宽1.5～2 mm，有花8～16朵，小穗轴有白色透明的翅；鳞片排列疏

松，膜质，近长圆形，长约2 mm，棕红色，先端钝，背部无龙骨状突起，边缘内卷，脉不明显；雄蕊小，花药长圆形，暗血红色，药隔突出；花柱长，柱头3，较短。小坚果长圆状三棱形，长约1 mm，灰褐色，有明显的网纹。花期6－8月，果期8－10月。

276. 旋鳞莎草 *C. michelianus*（L.）Link

一年生草本，具许多须根。秆密丛生，高2～25 cm，扁三棱形，平滑。叶长于或短于秆，宽1～2.5 mm，平张或有时对折；基部叶鞘紫红色。苞片3～6枚，叶状，基部宽，较花序长很多；长侧枝聚散花序呈头状，卵形或球形，直径5～15 mm，具极多数密集小穗；小穗卵形或披针形，长3～4 mm，宽约1.5 mm，具10～20朵花；鳞片螺旋状排列，膜质，长圆状披针形，长约2 mm，淡黄白色，稍透明，有时上部中间具黄褐色呈红褐色条纹，具3～5条脉，中脉呈龙骨状突起，绿色，延伸出顶端呈一短尖；雄蕊2，少1，花药长圆形；花柱长，柱头2，少3，通常具黄色乳头状突起。小坚果狭长圆形，三棱形，长为鳞片的1/3～1/2，表面包有一层白色透明疏松的细胞。花果期6—9月。

277. 翼果薹草
Carex neurocarpa Maxim.

根状茎短，木质。秆丛生，全株密生锈色点线，粗壮，扁钝三棱形，平滑，基部叶鞘无叶片，淡黄锈色。叶短于或长于秆，平张，边缘粗糙，先端渐尖，基部具鞘，鞘腹面膜质，锈色。苞片下部的叶状，显著长于花序，无鞘，上部的刚毛状。小穗多数，雄雌顺序，卵形；穗状花序紧密，呈尖塔状圆柱形。雄花鳞片长圆形，锈黄色，密生锈色点线；雌花鳞片卵形至长圆状椭圆形，顶端急尖，具芒尖，基部近圆形，锈黄色，密生锈色点线。果囊长于鳞片，卵形或宽卵形，稍扁，膜质，密生锈色点线，两面具多条细脉，无毛，中部以上边缘具宽而微波状不整齐的翅，锈黄色，上部通常具锈色点线，基部近圆形，里面具海绵状组织，有短柄，顶端急缩成喙，喙口2齿裂。小坚果疏松地包于果囊中，卵形或椭圆形，平凸状，淡棕色，平滑，有光泽，具短柄，顶端具小尖头；花柱基部不膨大，柱头2个。花果期6—8月。

278. 陌上菅 *C. thunbergii* Steud.

根状茎短，具长匍匐茎。秆高40～100 cm，三棱形，平滑，上部稍粗糙，基部叶鞘无叶片或具叶片，淡褐色，稍细裂成纤维状或网状。叶短于或稍长秆，近平张，宽约3 mm，边缘稍粗糙。苞片叶状，长于或等长于花序，基部无鞘。小穗3～5个，远离，上部1～2个雄性，线形，长约3.5 cm；其余小穗雌性，圆柱形，长2.5～4 cm，宽3～4 mm，花密生；下部小穗具短柄。雌花鳞片长圆形，顶端钝，长2.5～2.8 mm，锈褐色或淡褐色，边缘为白色膜质，中部绿色，具3脉。果囊长于鳞片，椭圆形或长椭圆形，平凸状，膜质，绿黄色，密生小瘤状突起，具4～5脉，基部具短柄，顶端急缩成极短的喙，喙口微凹或全缘。小坚果疏松地包于果囊中，倒卵形，平凸状，顶端圆形；花柱基部不膨大，柱头2个。

279. 尖嘴薹草 *C. leiorhyncha* C.A.Mey.

多年生草本植物，根状茎短。秆丛生，高20～70 cm，三棱形，上部粗糙。基部叶

鞘无叶片，褐色，疏松抱茎，腹面膜质，具横皱纹，顶端截形；叶片线形，扁平，与秆等长或短于秆，宽3～5 mm，两面密生褐色斑点。苞片刚毛状，长于小穗，花序最下部者较长，长2～5 cm，上部者较短约1 cm；穗状花序圆柱形，长5～8 cm，宽不及1 cm；小穗雄雌顺序，多数，卵形或长圆形，长5～13 mm；雌花鳞片锈黄色，卵形或卵状披针形，长约2.5 mm，顶端渐尖或呈芒状，有时具红褐色斑点。果囊长圆状卵形或卵形，长3～3.5（～4）mm，淡黄色或淡绿黄色，平凸状，具红褐色斑点，边缘无翅，平滑，具多数细脉，基部具短柄，顶端渐狭，具长喙，喙平滑，喙口二齿裂。小坚果疏松包于果囊中，椭圆形或近卵形，微双凸状，长约1.2 mm，基部稍收缩，顶端圆。花柱基部不膨大，柱头2。花果期5—7月。

280. 萤蔺 *Scirpus juncoides* Roxb.

丛生，根状茎短，具许多须根。秆稍坚挺，圆柱状，少数近于有稜角，平滑，基部具2～3个鞘；鞘的开口处为斜截形，顶端急尖或圆形，边缘为干膜质，无叶片。苞片1枚，为秆的延长，直立，长3～15 cm；小穗（2～）3～5（～7）个聚成头状，假侧生，卵形或长圆状卵形，长8～17 mm，宽3.5～4 mm，棕色或淡棕色，具多数花；鳞片宽卵形或卵形，顶端骤缩成短尖，近于纸质，长3.5～4 mm，背面绿色，具1条中肋，两侧棕色或具深棕色条纹；下位刚毛5～6条，长等于或短于小坚果，有倒刺；雄蕊3，花药长圆形，药隔突出；花柱中等长，柱头2，极少3个。小坚果宽倒卵形，或倒卵形，平凸状，长约2 mm或更长些，稍皱缩，但无明显的横皱纹，成熟时黑褐色，具光泽。花果期8—11月。

281. 东方藨草 *S. orientalis* Ohwi.

高80～120 cm，直径7～12 mm，靠近花序部分为三棱形，有秆生叶和节；茎具匍匐根，叶等长或短于花序，宽0.5～1.5 cm，叶片边缘和背面中肋常有锯齿，叶鞘和叶片背面有隆起横脉；苞片2～4枚，叶状，下面1～2枚长于花序；多次复出长侧枝聚伞花序顶生，辐射枝多数，长达10 cm，辐射枝和小穗柄上部粗糙；小穗暗绿色，单生或2～3（～5）聚合，卵状披针形或卵形，长4～6 mm，宽约2 mm，多花；鳞片宽卵形，膜质，长约1.5 mm，背面黄绿色，3脉，稀5脉，两侧黑绿色；下位刚毛直，5～6，等长或稍长于小坚果，全部有倒刺；雄蕊3，花药线状长圆形，长约1 mm，药隔稍突出；花柱中等长，柱头3；小坚果倒卵形或宽倒卵形，扁三棱形，淡黄色。花期6—7月，果期8月。

282. 藨草 *S. triqueter* L.

匍匐根状茎长，直径1～5 mm，干时呈红棕色。秆散生，粗壮，高20～90 cm，三棱形，基部具2～3个鞘，鞘膜质，横脉明显隆起，最上一个鞘顶端具叶片。叶片扁平，长1.3～5.5（～8）cm，宽1.5～2 mm。苞片1枚，为秆的延长，三棱形，长1.5～7 cm。简单长侧枝聚伞花序假侧生，有1～8个辐射枝；辐射枝三棱形，棱上粗糙，长可达5 cm，每辐射枝顶端有1～8个簇生的小穗；小穗卵形或长圆形，长6～12（～14）mm，宽3～7 mm，密生许多花。鳞片长圆形、椭圆形或宽卵形，顶端微凹或圆形，长3～4 mm，膜质，黄棕色，背面具1条中肋，稍延伸出顶端呈短尖，边缘疏生缘毛；下位刚毛3～5条，几等长或稍长于小坚果，全长都生有倒刺；雄蕊3，花药线形，药隔暗褐色，稍突出；花柱短，柱头2，细长。小坚果倒卵形，平凸状，长2～3 mm，成熟时褐色，具光泽。花果期6—9月。

283. 球穗藨草 *S. wichurae* Boeckeler

多年生草本，散生，具匍匐根状茎和块茎，块茎小，呈卵形。秆高10～50 cm，三棱形，平滑，中部以上生叶。叶扁平，线形，稍坚挺，宽1～4 mm，在秆上部的叶长于秆或等长于秆，边缘和背面中肋上不粗糙或稍粗糙。叶状苞片2～3枚，长于花序；长侧枝聚伞花序常短缩成头状，少有具短辐射枝，通常具1～10余个小穗；小穗卵形，长10～16 mm，宽3.5～7 mm，具多数花。鳞片长圆状卵形，膜质，淡黄色，长5～6 mm，外面微被短毛，顶端有缺刻，背面具1条中肋，延伸出顶端成芒；下位刚毛6条，其中4条短、2条较长，长为小坚果的一半或更长些，上生倒刺；雄蕊3，花药线状长圆形，长约1 mm，药隔突出部分较长；花柱细长，柱头2。小坚果宽倒卵形，双凸状，长约2.5 mm，黄白色，成熟时呈深褐色，具光泽。花果期6—9月。

（四十六）天南星科 Araceae

草本植物，具块茎或伸长的根茎；稀为攀援灌木或附生藤本，富含苦味水汁或乳汁。叶单1或少数，有时花后出现，通常基生，如茎生则为互生，二列或螺旋状排列，叶柄基部或一部分鞘状；叶片全缘时多为箭形、戟形，或掌状、鸟足状、羽状或放射状分裂；大都具网状脉，稀具平行脉（如菖蒲属*Acorus*）。

花小或微小，常极臭，排列为肉穗花序；花序外面有佛焰苞包围。果为浆果，极稀紧密结合而为聚合果（隐棒花属*Cryptocoryne*）；种子1或多数，圆形、椭圆形、肾形或伸长，外种皮肉质，有的上部流苏状；内种皮光滑，有窝孔，具疣或肋状条纹，种脐扁平或隆起，短或长。胚乳厚，肉质，贫乏或不存在。

284. 菖蒲 *Acorus calamus* L.

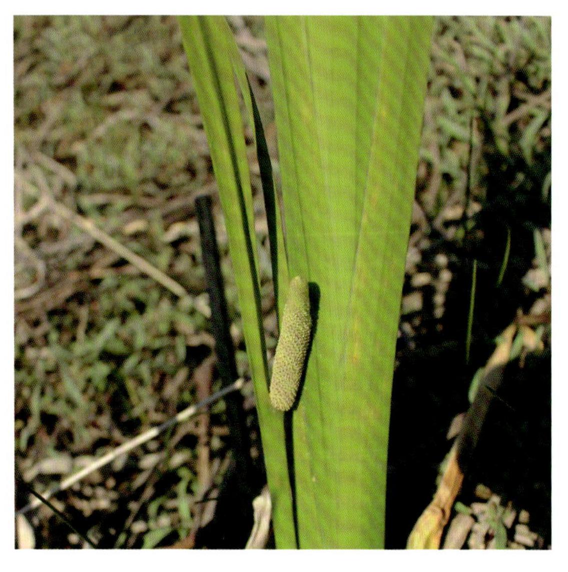

多年生草本植物。根茎横走，稍扁，分枝，直径5～10 mm，外皮黄褐色，芳香，肉质根多数，长5～6 cm，具毛发状须根。叶基生，基部两侧膜质叶鞘宽4～5 mm，向上渐狭，至叶长1/3处渐行消失、脱落。叶片剑状线形，长90～100（～150）cm，中部宽1～2（～3）cm，基部宽、对褶，中部以上渐狭，草质，绿色，光亮；中肋在两面均明显隆起，侧脉3～5对，平行，纤弱，大多伸延至叶尖。花序柄三棱形，长（15～）40～50 cm；叶状佛焰苞剑状线形，长30～40 cm；肉穗花序斜向上或近直立，狭锥状圆柱形，长4.5～6.5（～8）cm，直径6～12 mm。花黄绿色，花被片长约2.5 mm，宽约1 mm；花丝长2.5 mm，宽约1 mm；子房长圆柱形，长3 mm，粗1.25 mm。浆果长圆形，红色。花期（2—）6—9月。

285. 浮萍 *Lemna minor* L.

漂浮植物。叶状体对称，表面绿色，背面浅黄色或绿白色或常为紫色，近圆形，倒卵形或倒卵状椭圆形，全缘，长1.5～5 mm，宽2～3 mm，上面稍凸起或沿中线隆起，脉3条，不明显，背面垂生丝状根1条，根白色，长3～4 cm，根冠钝头，根鞘无翅。叶状体背面一侧具囊，新叶状体于囊内形成浮出，以极短的细柄与母体相连，随后脱落。雌花具弯生胚珠1枚，果实无翅，近陀螺状，种子具凸出的胚乳并具12～15条纵肋。

286. 紫萍 *Spirodela polyrhiza*（L.）Schleid.

紫萍植物的叶状体扁平，阔倒卵形，长5～8 mm，宽4～6 mm，先端钝圆，表面绿色，背面紫色，具掌状脉5～11条，背面中央生5～11条根，根长3～5 cm，白绿色，根冠尖，脱落；根基附近的一侧囊内形成圆形新芽，萌发后，幼小叶状体渐从囊内浮出，由一细弱的柄与母体相连。花未见，肉穗花序有2个雄花和1个雌花。

（四十七）灯心草科 Juncaceae

多年生或稀为一年生草本，极少为灌木状（如灌木蔺属*Prionium*）。根状茎直立或横走，须根纤维状。茎多丛生，圆柱形或压扁，表面常具纵沟棱，内部具充满或间断的髓心或中空，常不分枝，绿色。在某些种类茎秆常行光合作用。叶全部基生成丛而无茎生叶，或具茎生叶数片，常排成三列，稀为二列［寒蔺属（*Distichia*）和刺蔺属（*Oxychloe*）］。花单生或集生成穗状或头状，头状花序往往再组成圆锥、总状、伞状或伞房状等各式复花序；头状花序下通常有数枚苞片，最下面1枚常比花长。花柱1，常较短；柱头3分叉，线形，多扭曲；胚珠多数，着生于侧膜胎座或中轴胎座上，或仅3枚（地杨梅属），基生胎座；倒生胚珠具双珠被和厚珠心。果实通常为室背开裂的蒴果，稀不开裂。种子卵球形、纺锤形或倒卵形，有时两端（或一端）具尾状附属物（常称为锯屑状，在地杨梅属则常称为种阜）；种皮常具纵沟或网纹；胚乳富含淀粉，胚小，直立，位于胚乳的基部中心，具一大而顶生的子叶。染色体：通常染色体基数，地杨梅属x=6；灯心草属x=20。

287. 灯心草 *Juncus effusus* L.

多年生草本，高27～91 cm，有时更高；根状茎粗壮横走，具黄褐色稍粗的须根。茎丛生，直立，圆柱形，淡绿色，具纵条纹，直径（1～）1.5～3（～4）mm，茎内充满白色的髓心。叶全部为低出叶，呈鞘状或鳞片状，包围在茎的基部，长1～22 cm，基部红褐色至黑褐色；叶片退化为刺芒状。聚伞花序假侧生，含多花，排列紧密或疏散；总苞片圆柱形，生于顶端，似茎的延伸，直立，长5～28 cm，顶端尖锐；小苞片2枚，宽卵形，膜质，顶端尖；花淡绿色；花被片线状披针形，长2～12.7 mm，宽约0.8 mm，顶端锐尖，背脊增厚突出，黄绿色，边缘膜质，外轮者稍长于内轮；雄蕊3枚（偶有6枚），长约为花被片的2/3；花药长圆形，黄色，长约0.7 mm，稍短于花丝；雌蕊具3室子房；花柱极短；柱头3分叉，长约1 mm。蒴果长圆形或卵形，长约2.8 mm，顶端钝或微凹，黄褐色。种子卵状长圆形，长0.5～0.6 mm，黄褐色。染色体：$2n$=40，42。花期4—7月，果期6—9月。

（四十八）百合科 Liliaceae

通常为具根状茎、块茎或鳞茎的多年生草本，很少为亚灌木、灌木或乔木状。叶基生或茎生，后者多为互生，较少为对生或轮生，通常具弧形平行脉，极少具网状脉。花两性，很少为单性异株或杂性，通常辐射对称，极少稍两侧对称；花被片6枚，少有4枚或多数，离生或不同程度的合生（成筒），一般为花冠状；雄蕊通常与花被片同数，花丝离生或贴生于花被筒上；药室2，纵裂，较少汇合成一室而为横缝开裂；心皮合生或不同程度的离生；子房上位，极少半下位，一般3室（很少为2室、4室、5室），具中轴胎座，少有1室而具侧膜胎座；每室具1至多数倒生胚珠。果实为蒴果或浆果，较少为坚果。种子具丰富的胚乳，胚小。

288. 薤白 *Allium macrostemon* Bunge

鳞茎圆柱状，具粗壮的根鳞茎外皮白色，膜质，不裂或很少破裂成纤维状。叶条形，扁平，具明显的中脉，近与花葶等长，宽4～10 mm。花葶棱柱状，具2～3纵棱或窄翅，高20～50（～60）cm，中部粗（1.5～）2～3.5 mm，下部被叶鞘总苞2～3裂，早落伞形花序少花，松散，小花梗近等长，比花被片长2～5倍，顶端常俯垂，基部无小苞片。花钟状开展，红紫色至紫色花被片长8～12 mm，先端平截或凹缺，外轮的宽矩圆形，舟状，内轮的卵状矩圆形，比外轮的稍长而狭花丝等长，略长于或等长于花被片，锥形，在最基部合生并与花被片贴生子房倒卵状球形，顶端有时具6枚角状突起花柱伸出花被。花果期8—10月。

（四十九）泽泻科 Alismataceae

水生或沼生草本，具球茎。叶基生，叶柄基部鞘状。花常轮生于花葶上；花两性或单性，辐射对称；花被片6枚，外轮3枚绿色，萼片状，宿存，内轮3枚花瓣状；雄蕊多数至6枚；雌蕊多数至6枚，离生，子房上位。聚合瘦果。

花序总状、圆锥状或呈圆锥状聚伞花序，稀1～3花单生或散生。花两性、单性或杂性，辐射对称；花被片6枚，排成2轮，覆瓦状，外轮花被片宿存，内轮花被片易枯萎、凋落；雄蕊6枚或多数，花药2室，外向，纵裂，花丝分离，向下逐渐增宽，或上下等宽；心皮多数，轮生，或螺旋状排列，分离，花柱宿存，胚珠通常1枚，着生于子房基部。

瘦果两侧压扁，或为小坚果，多少胀圆。种子通常为褐色、深紫色或紫色；胚马蹄形，无胚乳。

289. 泽泻 *Alisma plantago-aquatica* L.

多年生水生或沼生草本。块茎直径1～3.5 cm，或更大。通常多数；沉水叶条形或披针形；挺水叶宽披针形、椭圆形至卵形，长2～11 cm，宽1.3～7 cm，先端渐尖，稀急尖，基部宽楔形、浅心形，叶脉通常5条，叶柄长1.5～30 cm，基部渐宽，边缘膜质。瘦果椭圆形，或近矩圆形，长约2.5 mm，宽约1.5 mm，背部具1～2条不明显浅沟，下部平，果喙自腹侧伸出，喙基部凸起，膜质。种子紫褐色，具凸起。花果期5—10月。

290. 慈姑 *Sagittaria trifolia* L.var. sinensis（Sims）Makino

多年生草本植物，生在水田里，叶子像箭头，开白花。地下有球茎，黄白色或青白色，以球茎作蔬菜食用。可以吃。也叫茨菰。本变种与原变种不同在于：植株高大，粗壮；叶片宽大，肥厚，顶裂片先端钝圆，卵形至宽卵形；匍匐茎末端膨大呈球茎，球茎卵圆形或球形，可达（5～8）cm×（4～6）cm；圆锥花序高大，长20～60 cm，有时可达80 cm以上，着生于下部，具1～2轮雌花，主轴雌花3～4轮，位于侧枝之上；雄花多轮，生于上部，组成大型圆锥花序，果期常斜卧水中；果期花托扁球形，直径4～5 mm，高约3 mm。种子褐色，具小凸起。

（五十）鸢尾科 Iridaceae

多年生、稀一年生草本。地下部分通常具根状茎、球茎或鳞茎。叶多基生，少为互生，条形、剑形或为丝状，基部成鞘状，互相套迭，具平行脉。大多数种类只有花茎，少数种类有分枝或不分枝的地上茎。花两性，色泽鲜艳美丽，辐射对称，少为左右对称，单生、数朵簇生或多花排列成总状、穗状、聚伞及圆锥花序；花或几花序下有1至多个草质或膜质的苞片，簇生、对生、互生或单一；花被裂片6，两轮排列，内轮裂片与外轮裂片同形等大或不等大，花被管通常为丝状或喇叭形；雄蕊3，花药多外向开裂；花柱1，上部多有3个分枝，分枝圆柱形或扁平呈花瓣状，柱头3～6，子房下位，3室，中轴胎座，胚珠多数。蒴果，成熟时室背开裂；种子多数，半圆形或为不规则的多面体，少为圆形，扁平，表面光滑或皱缩，常有附属物或小翅。

291. 马蔺 *Iris lactea* Pall.

多年生草本宿根植物，是白花马蔺的变种，多年生密丛草本。根茎叶粗壮，须根稠密发达，长度可达1 m以上，呈伞状分布。叶基生，宽线形，高度可达到1 250 px，宽度0.4～25 px，灰绿色，花茎高约250 px，2～4朵花，花为浅蓝色、蓝色或蓝紫色，花被上有较深色的条纹；蒴果长椭圆状柱形，有6条明显的肋，顶端有短喙；长4～150 px，种子为不规则的多面体，棕褐色，略有光泽，种子9月成熟。花期5—6月，果期6—9月。

（五十一）亚麻科 Linaceae

通常为草本或稀为灌木。单叶，全缘，互生或对生，无托叶或具不明显托叶。花序为聚伞花序、二歧聚伞花序或蝎尾状聚伞花序（此时花序外形似总状花序）；花整齐，两性，4～5数；萼片覆瓦状排列，宿存，分离；花瓣辐射对称或螺旋状，常早落，分离或基部合生；雄蕊与花被同数或为其2～4倍，排成一轮或有时具一轮退化雄蕊，花丝基部扩展，合生成筒或环；子房上位，2～3（～5）室，心皮常由中脉处延伸成假隔膜，但隔膜不与中柱胎座联合，每室具1～2枚胚珠；花柱与心皮同数，分离或合生，柱头各式。果实为室背开裂的蒴果或为含1粒种子的核果。种子具微弱发育的胚乳，胚直立。该科石海椒属和亚麻属少数种的叶提取物经水解后有肉桂酸衍生物。后者尚普遍含氰化物，其种子含丰富的油类，称为亚麻仁（籽）油。

292. 野亚麻 *Linum stelleroides* Planch.

又名繁缕亚麻。一年生或二年生草本，高20～90 cm。茎直立，圆柱形，基部木质化，有凋落的叶痕点，不分枝或自中部以上多分枝，无毛。叶互生，线形、线状披针形或狭倒披针形，长1～4 cm，宽1～4 mm，顶部钝、锐尖或渐尖，基部渐狭，无柄，全缘，两面无毛，6脉3基出。单花或多花组成聚伞花序；花梗长3～15 mm，花直径约1 cm；萼片5，绿色，长椭圆形或阔卵形，长3～4 mm，顶部锐尖，基部有不明显的3脉，边缘稍为膜质并有易脱落的黑色头状带柄的腺点，宿存；花瓣5，倒卵形，长达9 mm，顶端啮蚀状，基部渐狭，淡红色、淡紫色或蓝紫色；雄蕊5枚，与花柱等长，基部合生，通常有退化雄蕊5枚；子房5室，有5棱；花柱5枚，中下部结合或分离，柱头头状，干后黑褐色。蒴果球形或扁球形，直径3～5 mm，有纵沟5条，室间开裂。种子长圆形，长2～2.5 mm。花期6—9月，果期8—10月。

（五十二）水鳖科 Hydrocharitaceae

一年生或多年生淡水和海草本，沉水或漂浮水面。根扎于泥里或浮于水中。茎短缩，直立，少有匍匐。叶基生或茎生，基生叶多密集，茎生叶对生、互生或轮生。佛焰苞合生，稀离生，无梗或有梗，常具肋或翅，先端多为2裂，其内含1至数朵花。花辐射对称，稀为左右对称；单性，稀两性，常具退化雌蕊或雄蕊。花被片离生，3枚或6枚，有花萼花瓣之分，或无花萼花瓣之分。实肉果状，果皮腐烂开裂。种子多数，形状多样；种皮光滑或有毛，有时具细刺瘤状凸起。胚直立，胚芽极不明显，海生种类有发达的胚芽，无胚乳。

293. 苦草 *Vallisneria natans*（Lour.）Hara

花单性；雌雄异株；雄佛焰苞卵状圆锥形，长1.5～2 cm，宽0.5～1 cm，每佛焰苞内含雄花200余朵或更多，成熟的雄花浮在水面开放；萼片3，大小不等，两片较大，长0.4～0.6 mm，宽约0.3 mm，成舟形浮于水上，中间一片较小，长约0.3 mm，宽约0.2 mm，中肋部龙骨状，向上伸展似帆；雄蕊1枚，花丝先端不分裂或部分2裂，基部具毛状凸起和1～2枚膜状体；花粉粒白色，长圆形，无萌发孔，表面具有不规则的颗粒状凸起；雌佛焰苞筒状，先端2裂，绿色或暗紫红色，长1.5～2 cm，梗纤细，绿色或淡红色，长30～50 cm，甚至更长，随水深而改变，受精后螺旋状卷曲；雌花单生于佛焰苞内，萼片3，先端钝，绿紫色，质较硬，长2～4 mm，宽约3 mm；花瓣3，极小，白色，与萼片互生；花柱3，先端2裂；退化雄蕊3枚；子房下位，圆柱形，光滑；胚珠多数，直立，厚珠心形，外珠被长于内珠被。果实圆柱形，长5～30 cm，直径约5 mm。种子倒长卵形，有腺毛状凸起。

（五十三）山茱萸科 Cornaceae

落叶或常绿乔、灌木，极稀草本。单叶对生或互生，少数近于轮生；叶脉羽状，稀掌状；边缘全缘或有锯齿；无托叶或有托叶，分裂或不裂。花两性或单性异株，常组成圆锥、伞形、聚伞花序，个别属为头状花序，具苞片或总苞片；花萼管状，与子房合生，先端具3～5萼片；花瓣3～5，镊合状或覆瓦状排列；雄蕊与花瓣同数而互生，子房下位。果实为核果或浆果状核果。

294. 红瑞木 *Cornus alba* L.

灌木，高达3 m；树皮紫红色；幼枝有淡白色短柔毛，后即秃净而被蜡状白粉，老枝红白色，散生灰白色圆形皮孔及略为突起的环形叶痕。冬芽卵状披针形，长3～6 mm，被灰白色或淡褐色短柔毛。伞房状聚伞花序顶生，较密，宽3 cm，被白色短柔毛；总花梗圆柱形，长1.1～2.2 cm，被淡白色短柔毛；花小，白色或淡黄白色，长5～6 mm，直径6～8.2 mm，花萼裂片4，尖三角形，果期8—10月。

（五十四）菱科 Trapaceae

花丝纤细，花药背着，呈丁字形着生，内向；雌蕊，基部膨大为子房，花柱细，柱头头状，子房半下位或稍呈周位，2室，每室胚珠1颗，生于室内之上部，下垂，仅1颗胚珠发育。果实为坚果状，革质或木质，在水中成熟，有刺状角1个、2个、3个或4个，稀无角，不开裂，果的顶端具1果喙；胚芽、胚根和胚茎三者共形成一个锥状体，藏于果颈和果喙内的空腔中，胚根向上，位于胚芽之一侧而较胚芽为小，萌发时由果喙伸出果外，果实表面有时由花萼、花瓣、雄蕊退化残存而成各形结节物和形成刺角。种子1颗，子叶2片，通常1大1小，其间有一细小子叶柄相连接，较大一片萌发后仍保留在果实内，另一片极小，鳞片状，位于胚芽和胚根之间，随胚茎伸长而伸出果外，有时也有2片子叶等大的，萌发后，均留在果内；胚乳不存在。开花在水面之上，果实成熟后掉落水底；子叶肥大，充满果腔，内富含淀粉。花丝纤细，花药背着，呈“丁”字形着生，内向；雌蕊，基部膨大为子房，花柱细，柱头头状，子房半下位或稍呈周位，2室，每室胚珠1颗，生于室内之上部，下垂，仅1颗胚珠发育。果实为坚果状，革质或木质，在水中成熟，有刺状角

1个、2个、3个或4个，稀无角，不开裂，果的顶端具1果喙；胚芽、胚根和胚茎三者共形成一个锥状体，藏于果颈和果喙内的空腔中，胚根向上，位于胚芽之一侧而较胚芽为小，萌发时由果喙伸出果外，果实表面有时由花萼、花瓣、雄蕊退化残存而成各形结节物和形成刺角。种子1颗，子叶2片，通常1大1小，其间有一细小子叶柄相连接，较大一片萌发后仍保留在果实内，另一片极小，鳞片状，位于胚芽和胚根之间，随胚茎伸长而伸出果外，有时也有2片子叶等大的，萌发后，均留在果内；胚乳不存在。开花在水面之上，果实成熟后掉落水底；子叶肥大，充满果腔，内富含淀粉。

295. 菱 *Trapa bispinosa* Roxb.

一年生浮水水生草本。根二型：着泥根细铁丝状，着生水底；同化根，羽状细裂，裂片丝状。茎柔弱分枝。叶二型：浮水叶互生，聚生于主茎或分枝茎的顶端，呈旋叠状镶嵌排列在水面成莲座状的菱盘，叶片菱圆形或三角状菱圆形，长3.5～4 cm，宽4.2～5 cm，表面深亮绿色，无毛，背面灰褐色或绿色，主侧脉在背面稍突起，密被淡灰色或棕褐色短毛，脉间有棕色斑块，叶边缘中上部具不整齐的圆凹齿或锯齿，边缘中下部全缘，基部楔形或近圆形；叶柄中上部膨大不明显，长5～17 cm，被棕色或淡灰色短毛；沉水叶小，早落。花小，单生于叶腋，两性；萼筒4深裂，外面被淡黄色短毛；花瓣4，白色；雄蕊4；雌蕊，具半下位子房，2心皮，2室，每室具1倒生胚珠，仅1室胚珠发育；花盘鸡冠状。果三角状菱形，高2 cm，宽2.5 cm，表面具淡灰色长毛，2肩角直伸或斜举，肩角长约1.5 cm，刺角基部不明显粗大，腰角位置无刺角，丘状突起不明显，果喙不明显，果颈高1 mm，径4～5 mm，内具1白种子。花期5—10月，果期7—11月。

（五十五）柳叶菜科 Onagraceae

一年生或多年生草本或灌木，稀乔木。单叶对生或互生，稀轮生，托叶早落或缺。腋生穗状花序或总状花序或单花，偶为圆锥花序；花两性，（2～）4（～7）数；花萼管与子房合生，萼片4～6；花瓣4或与萼同数，稀无，常有爪；雄蕊与萼同数或2倍，1轮或2轮，花药丁字着生或基生，2室，纵裂或十字裂；子房下位，2～4室，中轴胎座或侧膜胎座，胚珠每室1至多数，花柱1，柱头裂片与萼同数，棒状或球形。蒴果开裂或为不裂坚果或浆果。种子小，平滑或有各种纹饰，具冠毛或翅，胚直立，胚乳缺。

296. 月见草 *Oenothera biennis* L.

直立二年生粗状草本，基生莲座叶丛紧贴地面；茎高50～200 cm，不分枝或分枝，被曲柔毛与伸展长毛（毛的基部疱状），在茎枝上端常混生有腺毛。基生叶倒披针形，长10～25 cm，宽2～4.5 cm，先端锐尖，基部楔形，边缘疏生不整齐的浅钝齿，侧脉每侧12～15条，两面被曲柔毛与长毛；叶柄长1.5～3 cm。

（五十六）虎耳草科 Saxifragaceae

草本，灌木，小乔木或藤本。叶互生或对生，通常无托叶。花两性，有时单性，边花有时不育；花序多样；通常为聚伞状、圆锥状或总状花序，稀单花；花被片通常4～5基数，稀6～10基数，覆瓦状、镊合状或施转状排列；萼片有时花瓣状；花瓣通常离生，或无；雄蕊（4～）5～10，或多数；有时存在退化雄蕊或腺体；心皮2～5（～10），近离生或多少合生，子房上位、半下位至下位。多室而具中轴胎座，或1室且具侧膜胎座，稀具顶生胎座，胚珠具厚珠心或薄珠心，有时为过渡型，通常多数，2列至多列，稀1粒，具1～2层珠被，孢原通常为单细胞；花柱离生或多少合生。蒴果，浆果，小蓇葖果或核果。本科的导管，在木本植物中，通常具梯状穿孔板，而在草本植物中则常具单穿孔板。染色体x=6～18，21。本科植物的花托，或上位花的子房顶部，或退化雄蕊面向子房的表面，通常分泌蜜汁，引诱昆虫，帮助完成传粉。

297. 绣球花 *Hydrangea macrophylla*（Thunb.）Ser.

八仙花为落叶灌木，小枝粗壮，皮孔明显。叶大而稍厚，对生，倒卵形，边缘有粗锯齿，叶面鲜绿色，叶背黄绿色，叶柄粗壮。花大型，由许多不孕花组成顶生伞房花序。花色多变，初时白色，渐转蓝色或粉红色。高1～4 m；茎常于基部发出多数放射枝而形成一圆形灌丛；枝圆柱形，粗壮，无毛，具少数长形皮孔。叶纸质或近革质，近圆形或阔卵形，长1.4～2.4 cm，宽1～2.4 cm，粉红色、淡蓝色或白色；孕性花极少数，具2～4 mm长的花梗；萼筒倒圆锥状，长1.5～2 mm，与花梗疏被卷曲短柔毛，萼齿卵状三角形，长约1 mm；花瓣长圆形，长3～3.5 mm；雄蕊10枚，近等长，不突出或稍突出，花药长圆形，长约1 mm；子房大半下位，花柱3，结果时长约1.5 mm，柱头稍扩大，半环状。蒴果未成熟，长陀螺状，连花柱长约4.5 mm，顶端突出部分长约1 mm，约等于蒴果长度的1/3；种子未熟。花期6—8月。

298. 扯根菜 *Penthorum chinense* Pursh

叶互生，无柄或近无柄，披针形至狭披针形，长4～10 cm，宽0.4～1.2 cm，先端渐尖，边缘具细重锯齿，无毛。聚伞花序具多花，长1.5～4 cm；花序分枝与花梗均被褐色腺毛；苞片小，卵形至狭卵形；花梗长1～2.2 mm；花小型，黄白色；萼片5，革质，三角形，长约1.5 mm，宽约1.1 mm，无毛，单脉；无花瓣；雄蕊10，长约2.5 mm；雌蕊长约3.1 mm，心皮5（～6），下部合生；子房5（～6）室，胚珠多数，花柱5（～6），较粗。蒴果红紫色，直径4～5 mm；种子多数，卵状长圆形，表面具小丘状突起。

（五十七）大麻科 Cannabaceae

乔木或灌木，稀为草本或草质藤本；单叶，互生或对生，基部偏斜或对称，羽状脉、基出3脉或掌状分裂；托叶早落，有时形成托叶环；单被花，两性或单性，雌雄同株或异株；花被裂片（0～）4～8；雄蕊常与花被裂片同数而对生；子房上位，通常1室，胚珠1枚，倒生，花柱2，柱头丝状；果常为核果，稀为瘦果或带翅的坚果。

299. 大麻 *Cannabis sativa* L.

一年生直立草本，高1～3 m，枝具纵沟槽，密生灰白色贴伏毛。叶掌状全裂，裂片披针形或线状披针形，长7～15 cm，中裂片最长，宽0.5～2 cm，先端渐尖，基部狭楔形，表面深绿，微被糙毛，背面幼时密被灰白色贴状毛后变无毛，边缘具向内弯的粗锯齿，中脉及侧脉在表面微下陷，背面隆起；叶柄长3～15 cm，密被灰

白色贴伏毛；托叶线形。雄花序长达25 cm；花黄绿色，花被5，膜质，外面被细伏贴毛，雄蕊5，花丝极短，花药长圆形；小花柄长2～4 mm；雌花绿色；花被1，紧包子房，略被小毛；子房近球形，外面包于苞片。瘦果为宿存黄褐色苞片所包，果皮坚脆，表面具细网纹。花期5—6月，果期为7月。

300. 葎草 *Humulus scandens*（Lour.）Merr.

叶纸质，肾状五角形，掌状5～7深裂稀为3裂，长宽7～10 cm，基部心脏形，表面粗糙，疏生糙伏毛，背面有柔毛和黄色腺体，裂片卵状三角形，边缘具锯齿；叶柄长5～10 cm。雄花小，黄绿色，圆锥花序，长15～25 cm；雌花序球果状，径约5 mm，苞片纸质，三角形，顶端渐尖，具白色绒毛；子房为苞片包围，柱头2，伸出苞片外。瘦果成熟时露出苞片外。花期春夏，果期秋季。

3

藻 类 篇

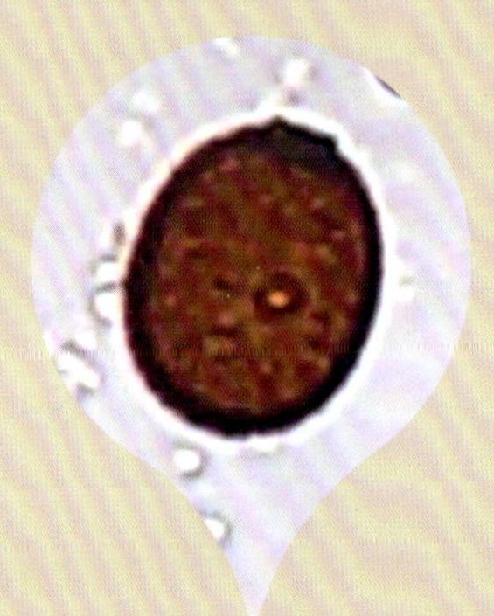
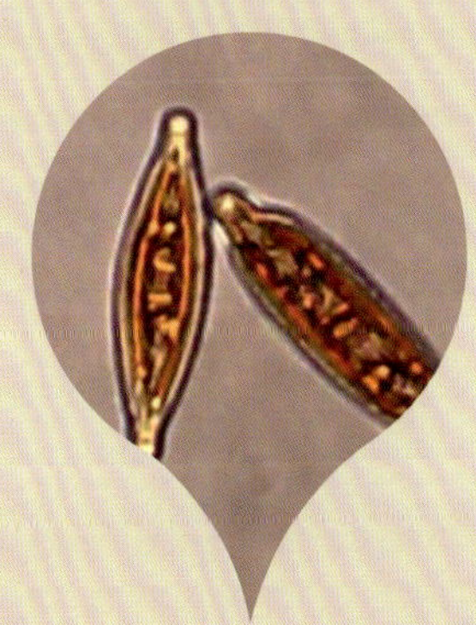
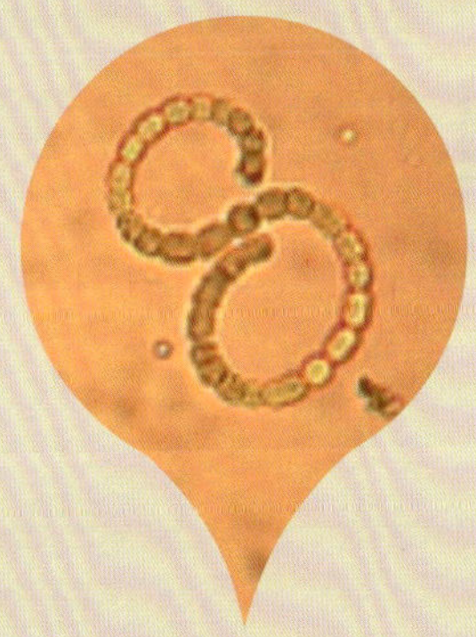

一、蓝藻门

一类原核生物，又称蓝细菌或蓝绿藻。蓝藻在地球上出现于35亿～33亿年前，是最早的光合放氧生物，对地球表面从无氧的大气环境变为有氧大气环境起了巨大作用。蓝藻分布广泛，各种水体、土壤中和部分生物体内外，甚至在岩石表面和其他恶劣环境（高温、低温、盐湖、荒漠和冰原等）中都可找到它们的踪迹。在一些营养丰富的水体中，有些蓝藻常于夏季大量繁殖，并在水面形成一层蓝绿色而有腥臭味的浮沫，称作水华。全球已知蓝藻约2 000种，中国有记录的约900种。

形态结构

蓝藻为单细胞，丝状或非丝状群体。非丝状群体有板状、中空球状、立方体等各种形态，但大多数为不定形群体，群体常具有一定形态和胶被。丝状群体由相连的一列细胞组成藻丝，藻丝及胶鞘合称“丝状体”。蓝藻细胞无色素体和真正的细胞核。色素区含叶绿素a、叶黄素和大量藻胆蛋白。由于叶绿素和藻胆素等色素含量不同，可呈蓝色或蓝绿色。同化产物以蓝藻淀粉为主，还含有藻蓝素颗粒体。无色中央区含有环形丝状的DNA，无核膜及核仁。细胞壁由氨基糖和氨基酸组成。有些种属的少数营养细胞分化成异形胞，比营养细胞大，内含丰富的固氮酶，是细胞固氮的场所。

繁殖方式

蓝藻只有无性生殖，一般以细胞分裂为主。蓝藻群体的细胞分裂后子细胞常具胶被，虽彼此分离，但仍形成胶群体（如微囊藻）。也有分裂的子细胞彼此不分离形成立方体（立方体藻）、平板状（平列藻）或丝状（念珠藻）。因此，单细胞类群的细胞分裂方式决定藻体形态，是蓝藻“科”“属”分类的重要特征。一些蓝藻还能形成内生孢子或外生孢子。丝状蓝藻除了细胞分裂，还能形成藻殖段。藻殖段是藻丝的5～15个细胞的藻列，从母体滑离后能形成新的藻丝。

分类地位

1971年，法国斯塔尼尔等基于蓝藻在原核、细胞壁组成，脂肪酸和DNA碱基组成等特性上与细菌相近似，提出蓝藻应命名为蓝细菌。蓝藻仅一个纲，即蓝藻纲，传统上被分为5个目，即色球藻目（Chroococcales）、宽球藻目（Pleurocapsales）、管胞藻目（Chamaesiphonales）、念珠藻目（Nostocales）和真枝藻目（Stigonemales）。

应用价值

有些蓝藻（如鱼腥藻）具有固氮酶，可以直接固定大气中的氮，因此可以用作氮肥以提高土壤肥力，使作物增产。蓝藻含有较高的蛋白质（一般为20%～25%），可以作为食物（如中国传统食品发菜、葛仙米、地耳等）。螺旋藻等含蛋白质高可达70%，为非洲乍得、拉丁美洲墨西哥的传统食品，已人工培养，作为商品。螺旋鱼腥藻在我国陕西省作为鱼种的饵料。有些鱼类（如罗非鱼）以蓝藻为食料。

蓝藻门的分类

蓝藻包括单细胞、群体和丝状体类型，在形态学结构方面最发展的类型则是多列的分枝丝状体。种的鉴定常常根据藻丝（细胞列）直径和鞘的形式，这两者在不同环境条件下都有所变化。在丝状体类形中异型胞已被用作一个重要的判断特征，但是没有考虑到异形胞的出现不仅取决于基因型，而且取决于综合氮素的浓度。因此分类描述应该根据培养观察和野外调查来进行。

辽河流域蓝藻主要隶属色球藻目和念珠藻目。

色球藻目

1. 微囊藻属（*Microcystis*）

群体为球形、长圆形，形状不规则网状或窗格状，微观或肉眼可见。群体具无色、柔软而有溶解性的胶被。细胞球形或长圆形，多数排列紧密；细胞淡蓝绿色或橄榄绿色，往往有气泡（假空胞）。自由漂浮于水中，或附着于水中的各种基质上。多数生活于各种淡水中，罕生于海水或盐水中 ， 在某些种的大量繁殖时，往往在水面形成一种绿色的粉末状团块，称作水华。全球有25种，中国有18种。其中有不少种是世界性分布的种类。微囊藻属在辽河流域有水华微囊藻（*Microcystis flos-aquae* Kirchner.）、边缘微囊藻［*M. marginata*（Menegh.）Kütz.］。

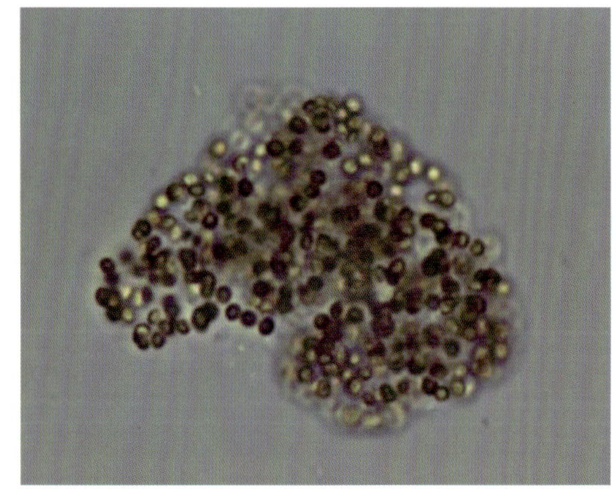

水华微囊藻
Microcystis flos-aquae Kirchner.

边缘微囊藻
Microcystis marginata (Menegh.) Kütz.

2. 粘球藻属（*Gloeocapsa*）

单细胞或群体，外被同心圆形黏胶质层。大部分陆生，见淤岩石和潮湿土壤。有些与真菌共生，形成地衣。粘球藻属在辽河流域有捏团粘球藻（*Gloeocapsa magma*）、居氏粘球藻（*G. kützingiana*）。

3. 棒胶藻属（*Rhabdogloea*）

植物体为单细胞，或由少数乃至多数细胞聚集形成群体，群体胶被无色透明。细胞细长，两端狭小而尖，直或多少呈螺旋形旋转，S形、C形或作不规则弯曲。

静止水体浮游或混生在其他藻类中。棒胶藻属在辽河流域有史氏棒胶藻（*Rhabdogloea smithii* Komarek）。

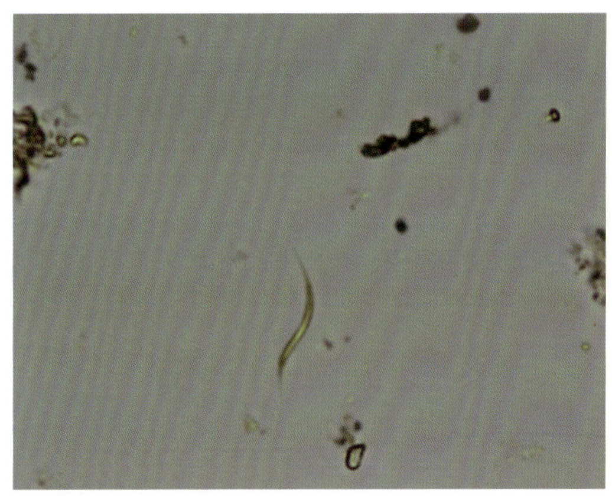

史氏棒胶藻
Rhabdogloea smithii Komarek

4. 色球藻属（*Chroococcus*）

细胞球形，近球形，刚分裂后呈半球形；一般由2个、4个、8个、16个或更多的细胞组成的群体，细胞内的原生质体为同质的，或含小颗粒体；原生质体呈各种颜色，灰蓝、淡蓝、蓝绿、橄榄绿、黄、橘黄、红或紫红色；每个细胞外都有均质的或有层理的胶鞘；坚固或柔弱而透明。细胞分裂面有3个。中国已报道18种，淡水或海洋都有生长，水生和亚气生多于气生，水生的营浮游或附着生活，亚气生的往往与他种蓝藻，如念珠藻等混生，或生长于藓类的茎叶间，有时大量出现成为优势种。色球藻属在辽河流域有色球藻（*Chroococcus* sp.）、微小色球藻［*C. minutus*（Kütz.）Näg.］。

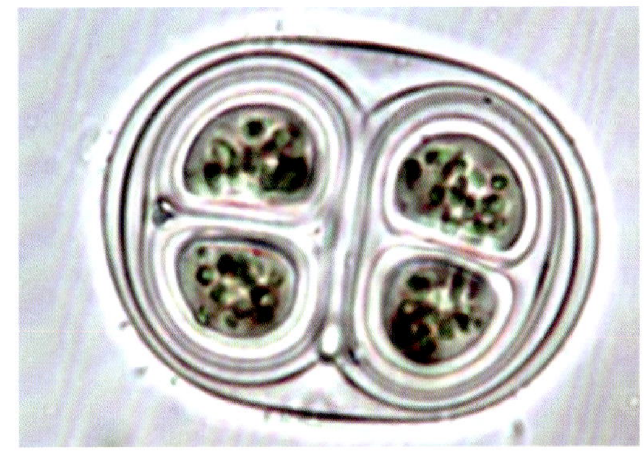

色球藻
Chroococcus sp.

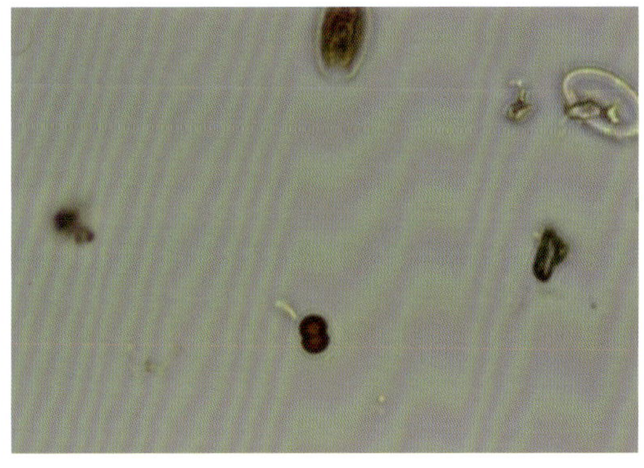

微小色球藻
Chroococcus minutus（Kütz.）Näg.

5. 腔球藻属（*Coelosphaerium*）

植物体大或微小，由多数细胞群集于空的球状胶被中。群体胶被宽厚透明。细胞位于球体表面下。细胞为球形或椭圆形，有或无伪空胞。腔球藻属在辽河流域有腔球藻（*Coelosphaerium* sp.）。

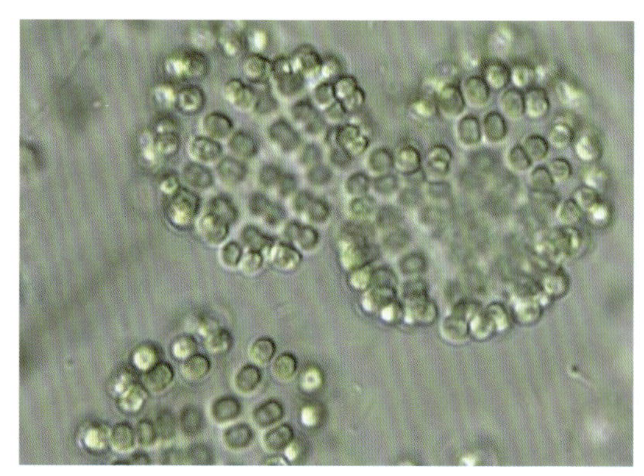

腔球藻
Coelosphaerium sp.

6. 平裂藻属（*Merismopedia*）

又称裂面藻属。藻体为一层细胞厚的平板状群体，小型，浮游生活。群体片状，方形或长方形。由32个至成百上千个细胞有规则的排列，两个成对，两对成一组，四组成一小群，许多小群集合成平板状藻体。群体胶被无色，透明而柔软。个体胶被不明显。细胞球形或椭圆形，内含物均匀，少数具伪空泡或微小颗粒，淡蓝绿色以至亮绿色，少数呈玫瑰色以至紫蓝色。现有13种，中国已报道10种。一般与其他浮游藻类混杂，生长在淡水静水水体中，喜较肥沃水质或长有水草的沿岸区；少数见于海水及微盐水中。平裂藻属在辽河流域有银灰平裂藻（*Merismopedia glauca*）、优美裂面藻（*M. elegans*）。

银灰平裂藻
Merismopedia glauca

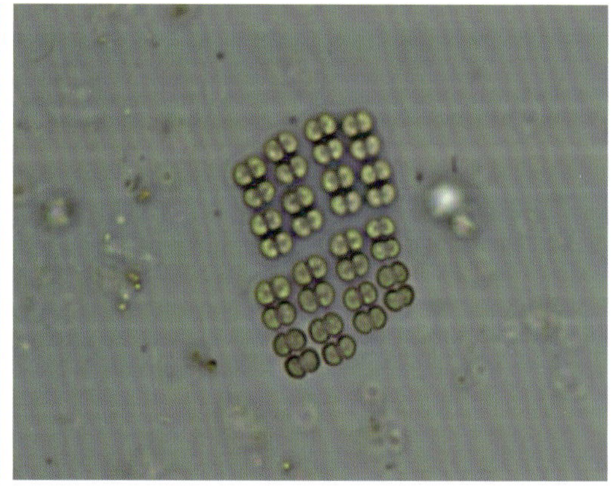

优美裂面藻
Merismopedia elegans

7. 集胞藻属（*Synechocystis*）

单细胞或由许多细胞密集而成球状的植物团块细胞球形；细胞外表面具一层极薄的透明而无色的胶质；细胞原生质均匀，蓝绿色，或具微小颗粒。集胞藻属在辽河流域有佩瓦集胞藻（*Synechocystis pevalikii* Ercegovie）。

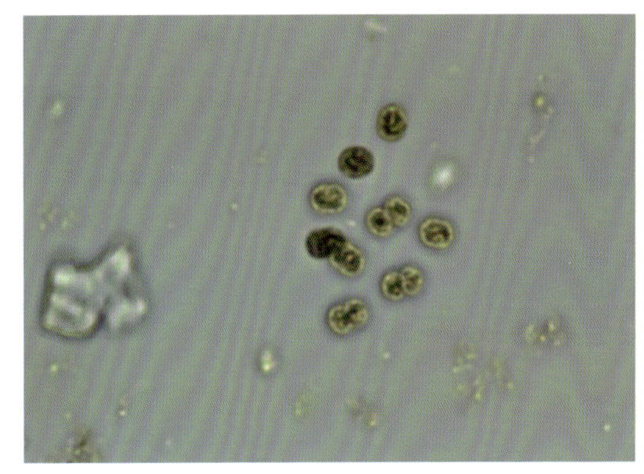

佩瓦集胞藻
Synechocystis pevalikii Ercegovie

8. 拟指球藻属（*Dactylococcopsis*）

植物体为单细胞，或由少数或多数细胞聚集形成群体。群体腔被无色透明，宽厚而均匀。细胞细长，纺锤形，椭圆形或圆柱形。多数两端狭小而尖，直或略作螺旋形旋转，呈“E”形或不规则弯曲。细胞内含物均匀，淡蓝绿色至亮蓝绿色，繁殖为细胞横分裂。蓝纤维藻属在辽河流域有拟指球藻（*Dactylococcopsis* sp.）。

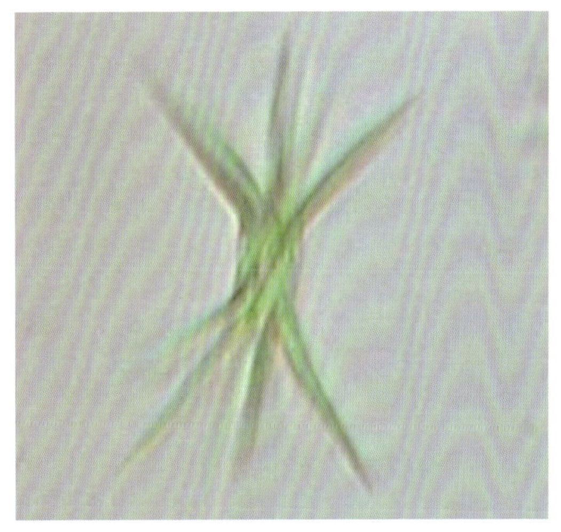

拟指球藻
Dactylococcopsis sp.

念珠藻目

9. 眉藻属（*Calothrix*）

植物体单生或成小束，群集成簇或延伸为绒毛状或垫状体。丝体略呈平行排列，多数直立，不分枝或具少数假分枝；藻鞘通常坚固，有时仅在藻丝基部存在。眉藻属在辽河流域有眉藻（*Calothrix* sp.）。

10. 双尖藻属（*Hammatoidea*）

双尖藻属两端尖细，外有鞘。藻丝两端均具长毛，藻鞘坚实。无异形胞，未见孢子，藻殖段繁殖。丝体中部弯曲，渐尖细的两个末端。整个丝状体细胞大小直径一般有变化，一般有基部分化及末端分化。双尖藻属在辽河流域有中华双尖藻（*Hammatoidea sinensis*）。

11. 尖头藻属（*Raphidiopsis*）

藻丝短，略弯曲或弯曲，无鞘，一端渐细或两端渐细，尖端具黏质或固体胶质刺毛，无异形胞。整个丝状体细胞大小直径一般有变化，一般有基部分化及末端分化。丝状体上无异形胞，两端或一端渐尖，外无鞘。尖头藻属在辽河流域有中华尖头藻（*Raphidiopsis sinensis* Jao）。

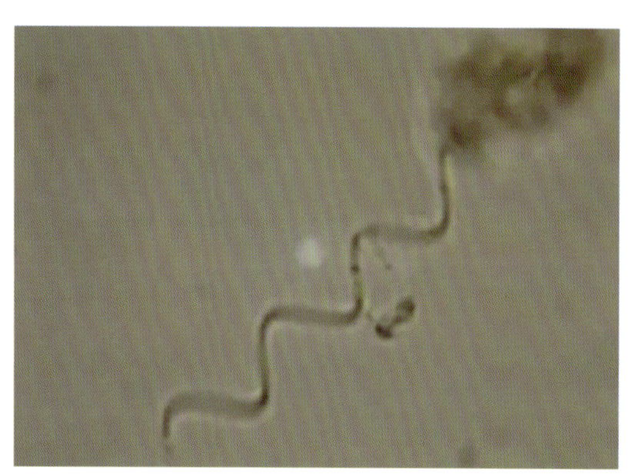

中华尖头藻
Raphidiopsis sinensis Jao

12. 束丝藻属（*Aphanizomenon*）

藻体为丝状体，不分支，直或略弯曲，单生或聚集成束，自由漂浮呈鳞片状。丝体中部细胞短圆柱形，或多或少有方形细胞，具伪空胞，末端细胞长些，略渐狭（有的呈毛状尖）呈无色。鞘疏散，不明显。异形胞间生，有圆柱形或球形、椭圆形。孢子圆柱形，或球状椭圆形，远离异形胞。大量繁殖导致水华发生。束丝藻属在辽河流域有水华束丝藻［*Aphanizomenon flos-aquae*（L.）Ralfs］。

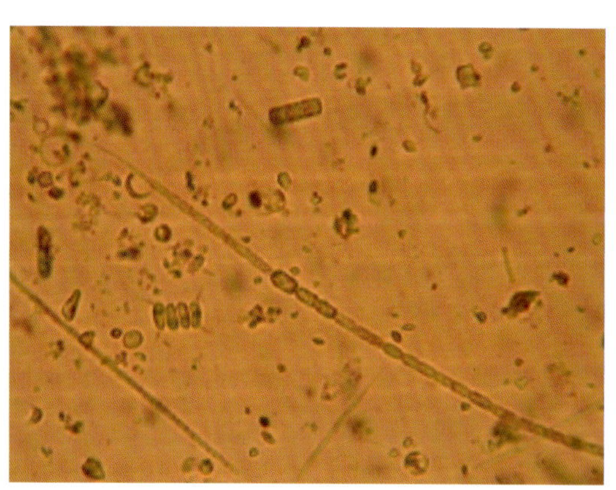

水华束丝藻
Aphanizomenon flos-aquae（L.）Ralfs

13. 节球藻属（*Nodularia*）

植物体单一，丝体或由多数丝体聚积形成的不定形胶质块，原植体含单根丝体，丝体多数直，少数弯曲，有鞘，但常水化，有时极薄，紧贴于藻丝；有时不明显，细胞短，盘状；异形胞间生，或在两藻殖段间，多为方形。节球藻属在辽河流域有节球藻（*Nodularia* sp.）。

14. 鱼腥藻属（*Anabaena*）

细胞球形或桶形。藻丝单一，或群集成群体；自由漂浮，或黏附在基质上。细胞沿着一个平面分裂并排列成链状丝，链状丝外包一层透明、无色的水样胶鞘，或许多链状丝包在一个共同的胶被内，形成不定形的胶块，在水中大量繁殖形成水华。整条藻丝粗细一致，或在其两端稍变细；藻丝直或弯曲，或作不规则绕曲。每条藻丝亦呈念珠状。该属和念珠藻属类似，二者的主要区别在于：①该属的厚壁孢子常大量在异形胞间形成，念珠藻属仅形成少数厚壁孢子。②该属群体无坚韧定形的总胶被，念珠藻属有。

鱼腥藻属约100种，中国已报道有31种和8个变种。绝大多数是淡水产，生长在水中或湿地上；另外有极少数的种生活于维管植物的组织间隙，营共生作用，如在满江红（又称红萍）的叶腔中的满江红鱼腥藻，在苏铁的珊瑚状根中的苏铁鱼腥藻。该属中有34种（不包括变种）已报道有固氮作用；中国已发现的固氮种有10余种（不包括变种），如苏铁鱼腥藻、满江红鱼腥藻、固氮鱼腥藻、水华鱼腥藻、雷万鱼腥藻、螺旋鱼腥藻、多变鱼腥藻、类颤鱼腥藻等。该属中的一些种如螺旋鱼腥藻（*Anabaena spiroides*）、水华鱼腥藻（*A. flos-aguae*）和卷曲鱼腥藻（*A. circinalis*）等，在池塘湖泊中往往形成水华，是水体富营养化的一个标志。有的水华含有

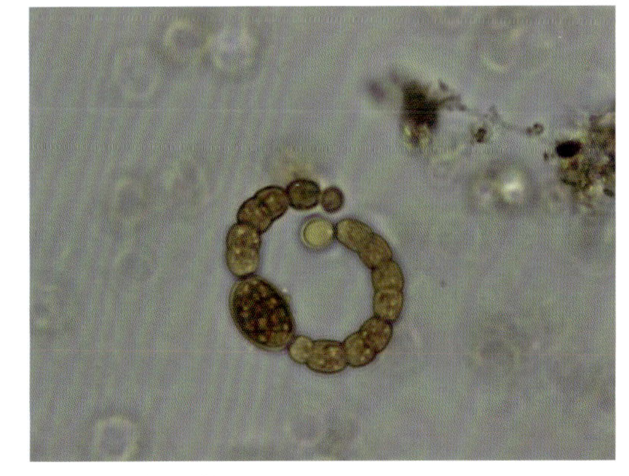

阿氏拟鱼腥藻
Anabaenopsis arnoldii Aptekarj

有毒物质。鱼腥藻属在辽河流域有阿氏拟鱼腥藻（*A. arnoldii* Aptekarj）、鱼腥藻（*A.* sp.）、固氮鱼腥藻（*A. azotica* Ley.）、类颤鱼腥藻（*A. oscillarioides* Bory.）、卷曲鱼腥藻（*A. circinalis* Rab）。

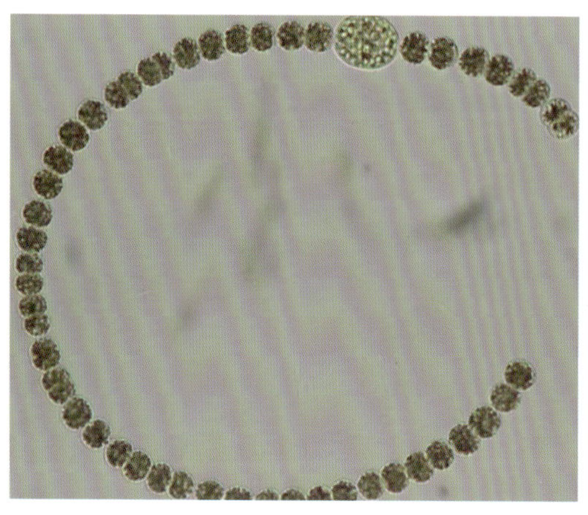

鱼腥藻
Anabaena sp.

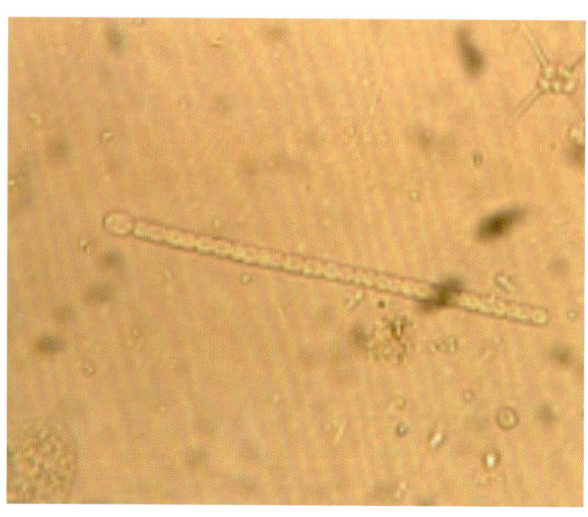

固氮鱼腥藻
Anabaena azotica Ley.

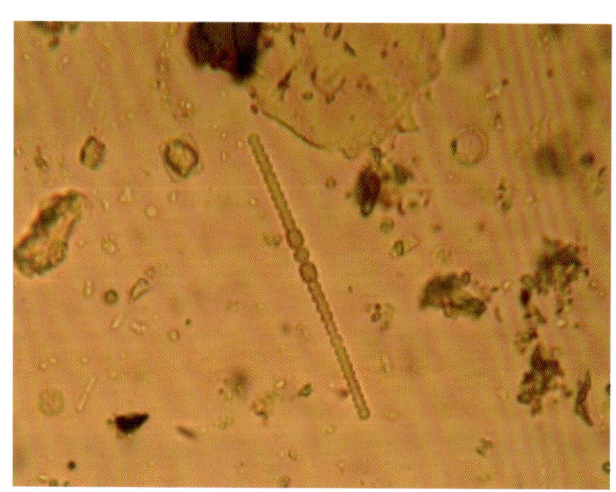

类颤鱼腥藻
Anabaena oscillarioides Bory.

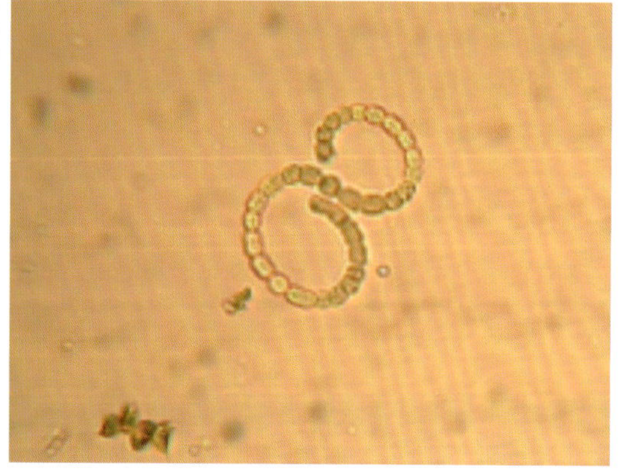

卷曲鱼腥藻
Anabaena circinalis Rab.

15. 螺旋藻属（*Spirulina*）

藻体为单一藻丝，往往多数藻丝聚集形成薄片状。藻丝弯曲，多数作有规律的螺旋状绕转，整个藻丝无胶鞘，细胞间无间隔。能沿其长轴扭曲旋转，向前运动。该属有30种，中国已发现9种。产于淡水、海水和微盐水中。浮游种类有时可大量繁殖，形成水华；有的混生其他藻类中或潮湿的土表。非洲乍得乍得湖产的钝顶螺旋藻和拉丁美洲墨西哥特斯科湖产的巨大螺旋藻被当地居民作为蛋白食品已有百年以上历史。这些藻含蛋白质为干重的55%～65%，有时高达70%，已有许多国家和地区培养螺旋藻作为人类健康食品和饲养动物的高蛋白质饲料。中国已生产。螺旋藻属在辽河流域有大螺旋藻（*Spirulina major* Kütz. ex Gomont.）

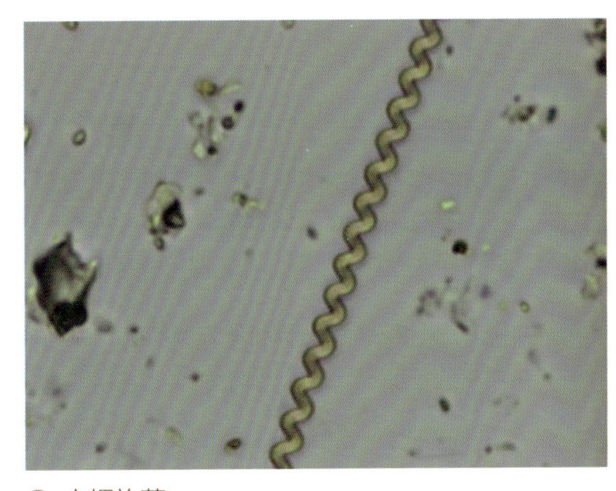

大螺旋藻
Spirulina major Kütz. *ex* Gomont.

16. 颤藻属（*Oscillatoria*）

该属生长于水中并不断颤动而得名。藻体单一不分枝，直走或弯曲；或许多藻丝互相交织而形成片状、束状或皮革状的蓝绿色团块。藻丝外表无胶鞘。藻丝端部细胞往往逐渐狭小而变尖细，有的弯曲如钩，或做螺旋状转向；有的其游离端处的壁增厚而成一帽状体。一般细胞为短圆柱形，细胞的内容物一般为灰蓝或深蓝绿色，有些种有伪空胞，无异形胞。以藻殖段繁殖。本属约有100种。常见的有大颤藻（*Oscillatoria Pirinceps*）等。

颤藻属的藻丝，能沿其长轴做滚转或匍匐的运动，称为滑溜运动。颤藻是蓝藻门中分布最广的属之一。能在各种生境中繁生；在淡水水体如井边、厨房外自来水龙头下、猪牛等厩外的潮湿土表、岩石上、稻田、沟渠、池塘、湖泊、沼泽、溪河以及海边都可发现。繁殖旺盛时往往产生难闻的气味，导致水体污染，不适于饮用。颤藻属在辽河流域有巨颤藻（*O.princeps*）、美丽颤藻（*O.fractana*）、悦目颤藻（*O.amoena* Gom.）、拟短形颤藻（*O. subbrevis* Schm.）、小颤藻（*O.tenuis*）。

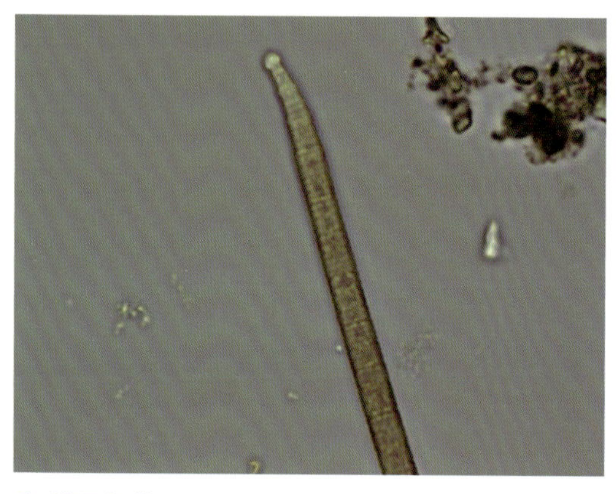

悦目颤藻
Oscillatoria amoena Gom.

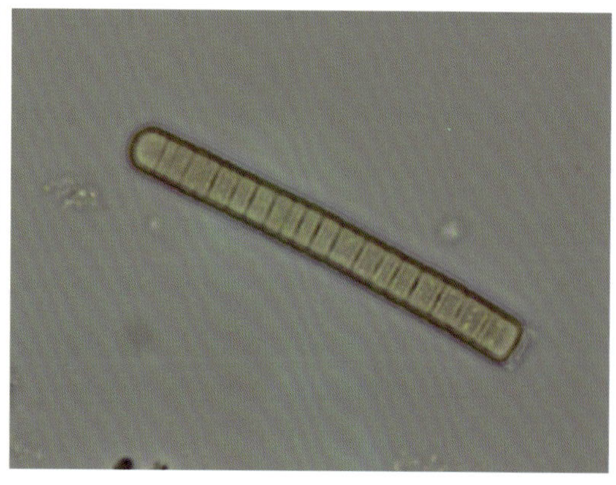

拟短形颤藻
Oscillatoria subbrevis Schm.

17. 席藻属（*Phormidium*）

植物体胶状或皮状，由许多丝体组成，着生或漂浮。多细胞。细胞间隔清楚，藻丝有衣鞘，但水化不明显！丝体不分支，直或弯曲。具鞘，有时略硬，彼此粘连，有时部分融合，薄而无色。藻丝呈圆柱形，横壁或缢缩或不缢缩，末端常渐尖，直或弯曲，末端细胞头状或不成头状，有的种类呈帽状体。席藻属在辽河流域有席藻（*Phormidiaceae* sp.）、蜂巢席藻［*P. favosum*（Bory）Gom.］。

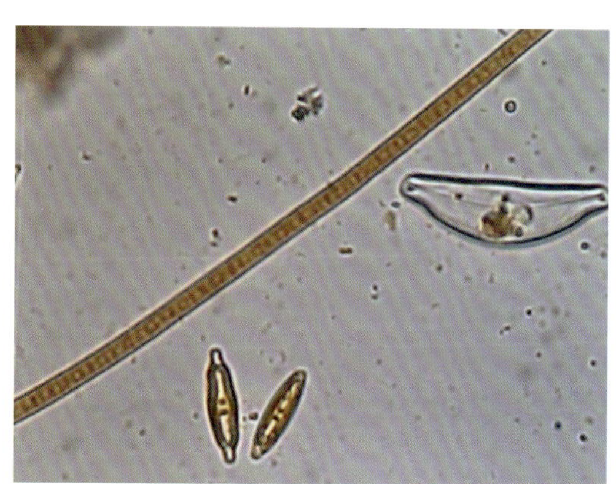

蜂巢席藻
Phormidium favosum（Bory）Gom.

18. 浮丝藻属（*Planktothrix*）

植物体单生，直或略弯曲，除不正常条件以外，无坚硬的鞘；藻丝从中部到顶端渐尖细，具帽状结构，不能运动或不明显运动，宽3.5～10 μm。浮丝藻属在辽河流域有多育浮丝藻［*Planktothrix prolifica*（Gom.）Anagn. et Kom.］、阿氏浮丝藻［*P. agardhii*（Gom.）Anagn. et Kom.］。

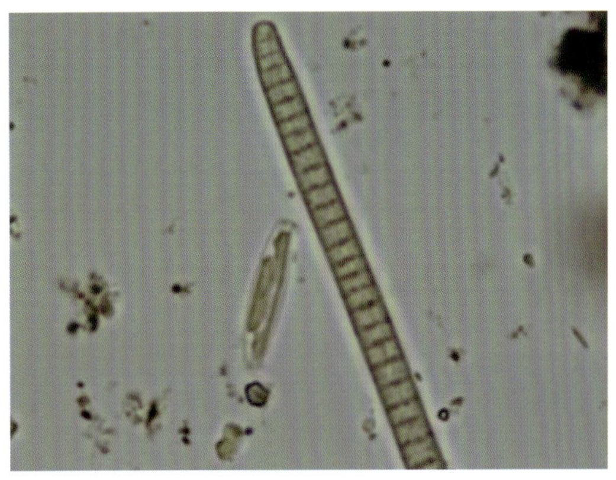

多育浮丝藻
Planktothrix prolifica（Gom.）Anagn. et Kom.

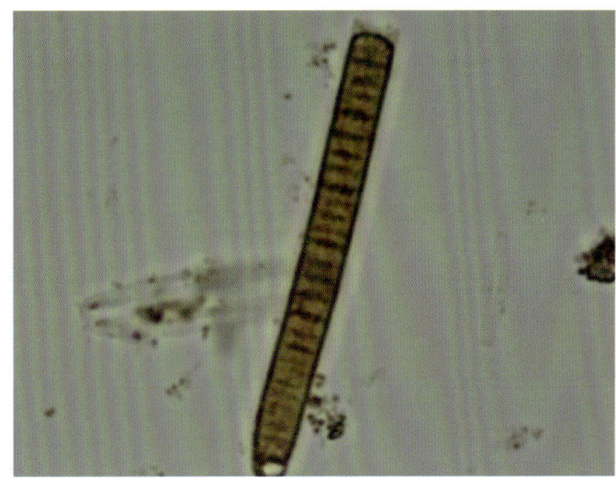

阿氏浮丝藻
Planktothrix agardhii（Gom.）Anagn. et Kom.

二、隐藻门

隐藻门是一大类的藻类，大多具有色素体，淡水中常见。细胞大小为10～50 μm，形状扁平，有2条稍微不等长的鞭毛。一个著名特征是能寄生于红藻中，形成一种内共生关系，并把藻胆素带给宿主。此门仅1纲，隐藻纲（Cryptophyceae），分5科，我国记载仅1科即隐鞭藻科。

形态结构

隐藻为单细胞，大部分种类不具纤维素细胞壁，细胞外有一层周质体，柔软或坚固。多数种类具有鞭毛，能运动。细胞长椭圆形或卵形，前端较宽，钝圆或斜向平截。有背腹之分，侧面观背部隆起，腹面平直或凹入。前端偏于一侧具有向后延伸的纵沟，有的种类具有1条口沟，自前端向后延伸，纵沟或口沟两侧常具有多个棒状的刺丝泡。鞭毛2条，略等长，自腹侧前端伸出或生于侧面。

隐藻的光合作用色素有叶绿素a、叶绿素c、β-胡萝卜素等。还有藻胆素。色素体1～2个，大型叶状。隐藻的颜色变化较大。多为黄绿色，黄褐色，也有蓝绿色、绿色或红色的。有的藻类无色素体，藻体无色。隐藻的贮存物质为淀粉，无色种类具有1个大的白色素，含有淀粉粒。

繁殖方式

隐藻的生殖多为细胞纵分裂。不具鞭毛的种类产生游动孢子，有些种类产生厚壁孢子。

分类地位

1914年，A. Pascher设立甲藻门（Pyrrophyta），依类囊体结构的不同和藻胆素的有无等而趋向于分为两个独立的门，即甲藻门和隐藻门。隐藻门约有24属100种，少数是单细胞，带有两条鞭毛（茸鞭型、片羽型各1条），具有四重套膜所包裹的二层类囊体。它们所含的藻胆素为藻蓝素和藻红素，这两种色素与光化学系统Ⅱ有关，与甲藻门的色素有很大的差别。作为藻绛素，含有藻青素、藻红蛋白、别蓝藻素，其作为光合作用的主要光捕捉色素，与涡鞭植物有很大的差异。

此门仅1纲——隐藻纲（Cryptophyceae），分5科。我国记载仅1科即隐鞭藻科。隐鞭藻科Cryptomonadaceae：单细胞，细胞不对称，有背腹之分，具2条鞭毛，多数种类具色素体，少数无。具纵沟和口沟，刺丝泡位口沟处或细胞周边。

应用价值

隐藻在海洋浮游生物群落中占有一定地位。隐藻喜生于有机物和氮丰富的水体，是我国传统高产肥水鱼池中极为常见的鞭毛藻类，有隐藻水华的鱼池，白鲢生长好、快，产量高，隐藻是水肥、水活、好水的标志。隐藻为单细胞，前端较宽，钝圆或斜向平截；多数种类具有鞭毛，能运动。

隐藻门的分类

隐鞭藻科

19. 隐藻属（*Cryptomonas*）

细胞椭圆形、豆形、卵形、圆锥形、“S”形等。背腹扁平，背侧明显隆起，腹侧平直或略凹入，前端钝圆或斜截，后端宽或狭的钝圆形。纵沟和口沟明显，鞭毛2条，略不等长，自口沟伸出，常小于细胞长度。色素体多为2个，有时1个，黄绿色或黄褐色，或有时为红色。细胞核1个，位于细胞后端。分布广，湖泊、鱼池极常见。常见有卵形隐藻（*Cryptomonas ovata*）和啮蚀隐藻（*C.erosa* Ehr.），两者区别是前者细胞后端规则，呈宽圆形，纵沟明显；后者细胞后端大多渐细，纵沟常不明显。隐藻属在辽河流域有啮蚀隐藻（*C. erosa* Ehr.）。

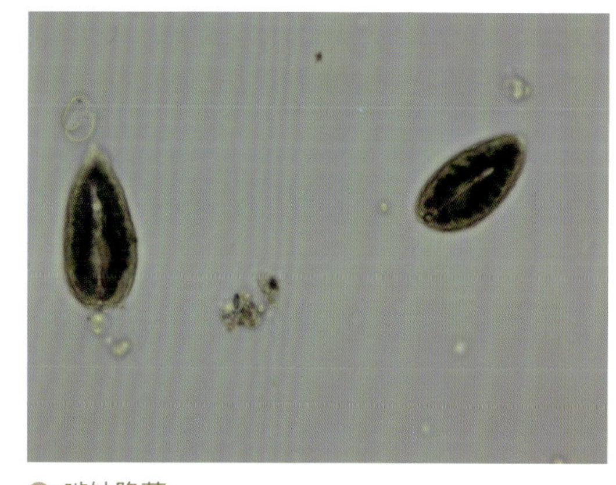

啮蚀隐藻
Cryptomonas erosa Ehr.

20. 蓝隐藻属（*Chroomonas*）

细胞长卵形，椭圆形、近球形、圆柱形或纺缍形。前端斜截或平直，先端钝圆或渐尖，背腹扁平，2条鞭毛不等长。纵沟或口沟常不明显。色素体多为1个，也有2个的，盘状，边缘常具浅缺刻，周生，呈蓝色到蓝绿色。细胞核1个，位细胞下半部。常见是尖尾蓝隐藻（*Crypotomonas acuta* Uterm.），细胞长7～10 μm、宽4.5～5.5 μm。蓝隐藻属在辽河流域有尖尾蓝隐藻（*C. acuta* Uterm.）。

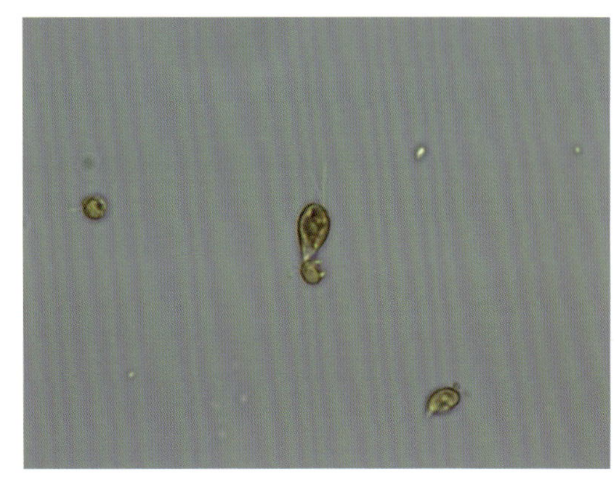

尖尾蓝隐藻
Crypotomonas acuta Uterm.

三、甲藻门

甲藻门是指藻类植物的1门，除少数裸型种类以外，都有厚的主要是纤维素组成的细胞壁称为壳。甲藻门中约有130属，1 000多种，多数为海产种类，少数产于淡水及半咸水水体中。大多数甲藻是单细胞，少数种类是球胞型或丝状体。细胞球形、长椭圆形。细胞裸露或具细胞壁，有的壁薄，有的壁厚而硬，含有纤维素。纵裂甲藻由左、右两个对称的半片组成，无纵沟和横沟。横裂甲藻的细胞壁由多个板片组成。

形态结构

甲藻门藻类色素体中含有叶绿素a、叶绿素c、β-胡萝卜素和4种叶黄素（环甲藻素、新甲藻素、甲藻黄素、硅甲藻素，其中前3种叶黄素是甲藻门所独有的色素）。

植物体通常呈黄绿色或黄褐色。同化产物为淀粉或脂肪，淡水种类均为淀粉。运动的种类单细胞占绝大多数，通常2条鞭毛，等长或不等长，侧生或先端偏开一侧发出。2条鞭毛以不同的方式运动。也有少数不运动的种类。

植物体略成球形、椭圆形等，有背腹之分。甲藻类细胞壁主要是由纤维素组成。多数种类具有纵沟或纵、横沟。横沟常将细胞分为上、下两部分（上甲，下甲）。上、下两部分由数片甲片组成。细胞核1个，大而明显。营养细胞多种多样，大多为自养性。也有少数种类营腐生性和动物性或混合性营养。植物体以纵分裂，横分裂，斜分裂进行繁殖。也有游泳孢子，不动孢子（似亲孢子）等。分布很广，在淡水，海水和半咸水中均有，其中隐藻类多为淡水产，是肥水养鱼池最常见的鱼类，也是淡水鱼的重要天然饵料之一。

繁殖方式

甲藻的繁殖以细胞纵裂为主，有些种类能产生游动孢子、不动孢子或厚壁休眠孢子；有性生殖是同配，仅在少数种中发现。

由于近海水域的富营养化，导致甲藻暴发式的增长繁殖［如夜光藻（*Noctiluca scintillans*）、海洋原甲藻（*Prorocentrum micans*）等］，形成水华，使水变色，发出腥臭味，形成赤潮。密度过大后又造成死亡藻体滋生腐生细菌，使水中溶解氧急剧下降，并产生甲藻毒素，对鱼虾贝类危害较大。通过无脊椎甲壳类动物（如蚝、牡蛎等）富集甲藻细胞所释放的毒素，对人类产生危害。

分类地位

1753年，贝克（Baker）首次对甲藻进行了描述：“一种引起海水发光的微小动物。”1773年，米勒（Müller）正式用“dinofkagellate”一词命名甲藻。直至1883年，斯坦因（Stein）首次出版了包含甲藻图片和形态描述的专著，标志着甲藻研究正式开始。在多夫兰（Doflein，1916）的分类系统中，甲藻目与金藻目、囊甲藻目并列为原生动物界鞭毛纲。20世纪中叶，遵循国际植物命名法规，加拿大学者泰勒（Taylor）明确将甲藻提到门的水平。《中国海洋生物名录》沿用泰勒的分类，将甲藻归为甲藻门，包含1个甲藻纲。一些科学家认为甲藻的鞭毛着生位置是一个非常重要的分类特征，应该据此特征将甲藻门划分为纵裂甲藻纲和横裂甲藻纲2个纲。

应用价值

分布十分广泛，在海水、淡水和半咸水均有分布，多数种类生活在海洋中，几乎遍及世界各大海域，是海洋浮游生物的一个重要类群。该门的藻类植物通过光合作用，合成大量有机化合物，是海洋小型浮游动物的重要饵料之一。属于该门的夜光藻具有在晚上发光的特性，人类可以利用这种特性来探索和追踪鱼群，这种方法已经应用在海洋渔业生产上。

甲藻门的分类

甲藻门绝大多数种类为单细胞，丝状的极少。甲藻门分为2纲，10目：原甲藻目（Prorocentrales）、鳍藻目（Dinophysiales）、裸甲藻目（Gymnodiniales）、夜光藻目（Noctilucales）、冠甲藻目（Lophodiniales）、多甲藻目（Peridiniales）、钙甲藻目（Theracosphaerales）、囊沟藻目（Blastodiniales）、植甲藻目（Phytodinales）、丝甲藻目（Dinotrichales）、变甲藻目（Dinamoebidales）、胶甲藻目（Gloeodiniales），共甲藻目（Syndiniales）。辽河流域蓝藻主要隶属多甲藻目（Peridiniales）、裸甲藻目（Czymnodiniales）。

多甲藻目

21. 多甲藻属（*Peridinium*）

植物体为单细胞，球形、卵形、椭圆形，胞壁厚，甲片缝常很清楚，甲片上有小刺和隆起的网纹。鞭毛2条，从横沟和纵沟相交处的鞭毛孔分别伸出。色素体多数，周生，圆盘状、颗粒状，呈黄色、褐色。多甲藻属在辽河流域有多甲藻（*Peridinium perardiforme*）、二角多甲藻（*P. bipes* Stein）、挨尔拟多甲藻（*P. elpatiewskyi* Bourrelly）。

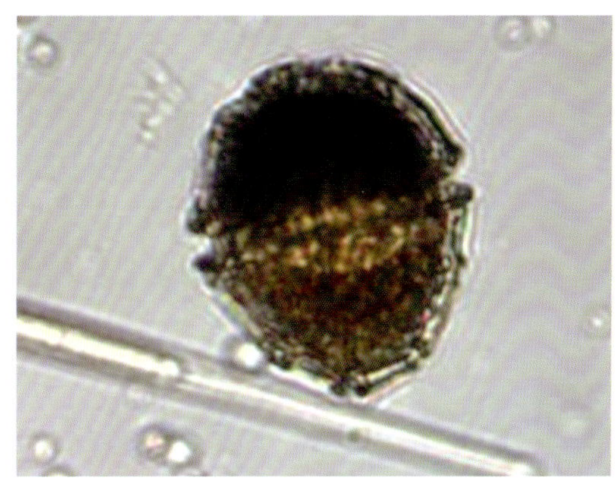

多甲藻
Peridinium perardiforme

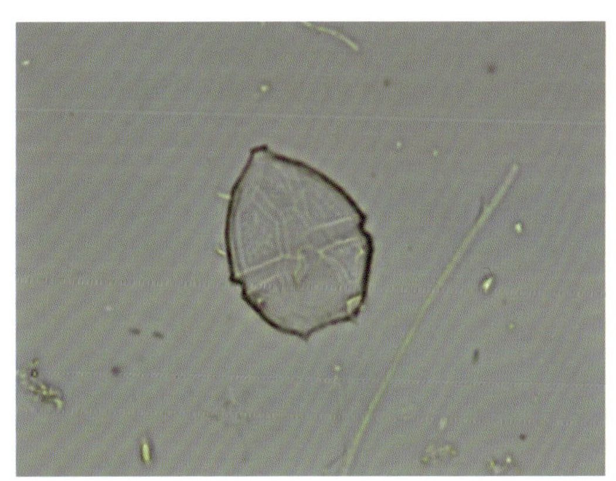

二角多甲藻
Peridinium bipes Stein

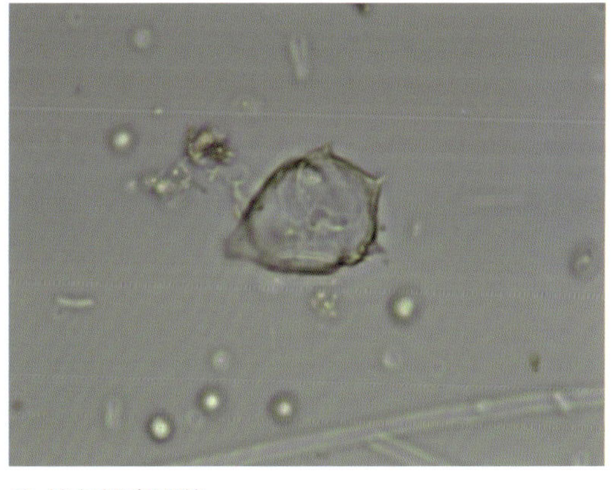

挨尔拟多甲藻
Peridiniopsis elpatiewskyi Bourrelly

22. 角甲藻属（*Ceratium*）

藻体为单细胞，明显不对称。藻体长，前后延伸，上体部长，略呈等腰三角形，细胞前后端都延伸呈为长的角。顶角一个，厚角2～3个。细胞长100～200 μm、宽30～50 μm。顶角与上体部无明显分界线。横沟部位最宽，呈环状，平直，细胞腹面中央为斜方形。鞭毛2条，从横沟和纵沟相交处得鞭毛孔伸出。色素体多数，周生，呈圆盘状，黄色、褐色、黄绿色。

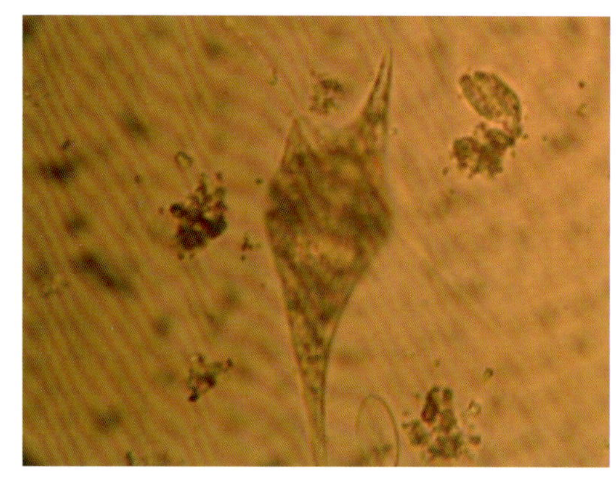

角甲藻
Ceratium hirundinella（Müll.）Schr.

世界广性分布，典型的沿岸表层性种，广泛分布于热带和寒带海洋，是渤海、东海和南海的常见种，在养鱼池有时形成红色水华。角甲藻属在辽河流域有角甲藻［*Ceratium hirundinella*（Müll.）Schr.］。

裸甲藻目

23. 裸甲藻属（*Gymnodinium*）

藻体为单细胞，卵圆形，无细胞壁，横沟位于细胞中部，环状或稍向左旋。营浮游生活，运动时呈左右摇摆状。细胞长15.6～31.2 μm。下椎部的底部中央有明显的凹陷，右侧底端略长于左侧。鞭毛2条，从横沟和纵沟相交处得鞭毛孔伸出。色素体多数，盘状、狭椭圆状或棒状，周生或辐射状排列，呈黄色、褐色、绿色或蓝色，有些种类无色素体。

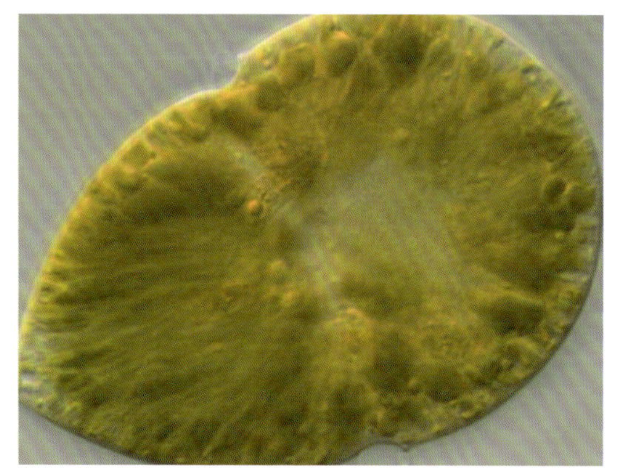

裸甲藻
Gymnodinium aeruginosum Stein

世界广布种，常见于热带和温带浅海水域，温暖季节大量繁殖，形成“赤潮”。裸甲藻属在辽河流域有裸甲藻（*Gymnodinium aeruginosum* Stein）。

四、金藻门

藻体为单细胞、群体和分枝丝状体。多数种类的藻体无细胞壁，具眼点、有鞭毛，能运动；载色体黄绿色、金黄色或褐色；储藏物质为金藻糖（chrysose）或脂滴。细胞有蜘蛸，壁常为套合的两半；主要以细胞分裂、群体断裂成片等方式进行繁殖；多分布于淡水，一般在温度低、有机质含量少、微酸性水体中生长较多。约200属，1 000多种。中国约有30种。

形态结构

金藻以具有鞭毛运动的单细胞或群体占优势。有些种类具伪足或有运动器官。不运动种类呈球形，能运动的个体大多没有细胞壁，所以标本不易保存。有的种类在细胞外还具有硅质或钙质的囊壳。具细胞壁的种类，构成细胞壁的物质以果胶质为主。

植物体通常呈金黄褐色，色素体含有的色素主要是叶绿素a、β-胡萝卜素和2种叶黄素（泥黄素和岩黄素，合称金藻素），色素体1～2个，片状，侧生，造粉核一般缺乏。同化产物主要是白糖素（又称白糖体，和碘不反应）和脂肪。白糖体为光亮不透明球体，常位于细胞后端。脂肪通常为黄色小油滴，散布在细胞质各处。细胞核1个，运动型种类有1条或2条等长或不等长的鞭毛。很少有3条。鞭毛基部有1～2个伸缩泡。有的种类有眼点。

繁殖方式

金藻单细胞运动型的繁殖，常以细胞纵分裂的方式形成2个子细胞；群体运动的种类，常以群体断裂成2个或2个以上的段片，每个段片发育成1个新的群体；有囊壳的种类，原生质体纵裂为两个子细胞，其中1个子细胞游出囊壳，固着于基质上，群体类型则附着于母囊壳边缘，子细胞原生质分泌出纤维素质的新壳；不能运动的种类，以游动孢子进行生殖。繁殖以细胞纵分裂增加个体。群体类型常在细胞增多，体积增大后，分割成为几个小群体，也常产生内生孢子（statospore，为金藻所特有）。有性生殖很少见。

分类地位

21世纪前，人们将金藻门列入动物界原生动物门。21世纪初，发现了具有典型植物性细胞壁构造的金球藻类和金枝藻类，其原生质体和生殖细胞的构造与具鞭毛的金藻类相同，从而将它们置于一个纲中，并将它们从动物界移到植物界。

金藻门的起源问题没有解决，由于发现了原绿藻，人们推论金藻可能由原核的，具叶绿素a和叶绿素c的藻类进化而来。藻类学家们还认为金藻门和黄藻门有密切的亲缘关系，因为两者在鞭毛、细胞壁及色素等方面相似。

应用价值

金藻类主要是淡水产，多分布于清洁的贫营养型淡水中，也有的生于半咸水或海水中。在透明度较大的软水中，低温季节大量繁殖，多分布在水的中下层。金藻类对环境尤其是温度比较敏感，因此在一年四季中数量有显著的变化。一般早春晚秋最多。

金藻类多数种类原生质裸露，并含有白糖素、油滴等丰富的营养物质，为鱼类容易吸收和食饵。而且大量出现的季节是在早春、晚秋的季节，此时其他藻类正少，更显其饵料意义。

金藻门的分类

金藻门约200属，1 000多种。中国约有30种。一些种类常作为贫营养型水体的指示生物（如鱼鳞藻、锥囊藻等）。

金藻门的分类系统主要是以植物体在进化上的关系为依据，根据它们在生长时期体制的类型，只有一个纲：金藻纲。分5目：①金胞藻目（*Chrysomonadales*），包括植物体为单细胞或群体而又具鞭毛的种类；金胞藻目（Chrysomonadales）又称金鞭藻目、金藻目。②根金藻目（Rhizochrysidales），包括具伪足的种类；③金囊藻目（Chrysocapsales），包括细胞不具鞭毛并形成具有胶被的群体；④金球藻目（Chrysosphaerales），包括植物体为典型植物性细胞的种类；⑤褐枝藻目（Phaeothamniales），包括植物体为丝状体制的种类。辽河流域蓝藻主要隶属金胞藻目（Chrysomonadales）。

金胞藻目

24. 锥囊藻属（*Dinobryon*）

植物体单细胞或连成树状群体。细胞着生于纤维素质的钟形囊壳中。细胞内有2载色体，眼点明显，顶端有2条不等长鞭毛，群体运动不灵活。通常进行营养繁殖，有性生殖是同配。

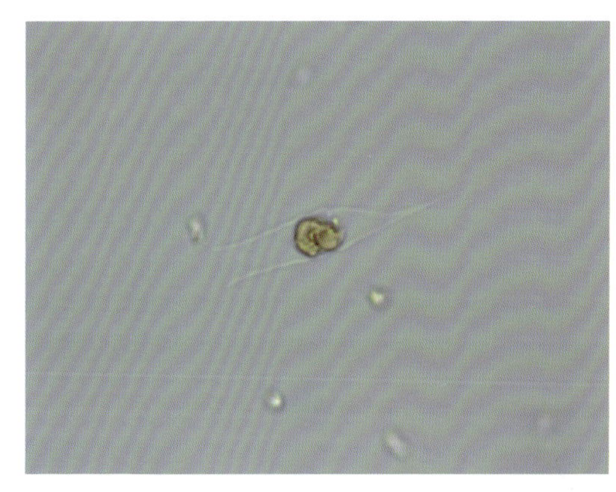

分歧锥囊藻
Dinobryon divergens Imhof

锥囊藻属约有17个种。多数浮游生活于贫营养的淡水中，水中有机质多时就消失，有的种也生活在酸性泥炭水体中。已知有2个种是海产。锥囊藻属在辽河流域有分歧锥囊藻（*Dinobryon divergens* Imhof.）。

五、黄藻门

一类属于不等鞭毛类的藻类生物。体类型为单细胞、群体、多核管状或丝状体。细胞壁含多量果胶质。运动的个体和动孢子具有2条不等长鞭毛，极少数具有1条鞭毛。色素体中含有叶绿素a、叶绿素c、β-胡萝卜素及叶黄素。色素体常呈黄绿色，1个或多个，盘状、片状。少数为带状或杯状，多数种类为单核。同化产物为油滴、金藻昆布糖及脂肪。黄藻门约有75属370多种。

形态结构

黄藻门同化产物是脂肪和白糖素，白糖素一般形成白色反光的颗粒。细胞壁主要是由果胶质组成，有时含有硅质，有些种类如黄丝藻等细胞壁中含有纤维素，很多种类的细胞壁是由两瓣套合而成。运动的个体有2条构造不同，长度也不同的鞭毛，长的1条茸鞭形向前，短的1条尾鞭型向后，故又称不等毛藻类，色素体大都为颗粒状，少有片状。通常无造粉核，多数种类只有1个细胞核，但也有多核的种类（如无隔藻等），细胞核通常很小，以至在生活的细胞中难以识别。

黄藻门在营养时期，大多数种类是不运动的单细胞群体，运动类型的种类不多。

繁殖方式

多数黄藻以产生游动孢子和不动孢子进行无性生殖；有些运动型和根足型黄藻可形成与金藻相似的不动孢子；有性生殖在黄藻中是少见的，据可靠的报道，仅有3个属有有性生殖：黄丝藻属（*Tribonema*）是同配生殖；气球藻属（*Botrydium*）是同配生殖和异配生殖；无隔藻属（*Vaucheria*）是卵配。繁殖经细胞分裂与群体碎裂。大多数种类能形成动孢子，有不等长的2条鞭毛着生于细胞前端，长鞭一般为短鞭的4～6倍，伸向前方，短鞭拖向后方，有时不易看到，动孢子是裸露的，梨形，常具1至数个伸缩泡和色素体，很少有眼点。也能形成不能孢子。有的种类能形成厚壁孢子。有性生殖很少见。

分类地位

19世纪，黄藻门作为1个纲包括在绿藻门中，19世纪末（1899年），鲁得尔（Luther）将它从绿藻门中分出来，称作不等鞭毛藻（*Heterokontae*）。由于黄藻在某些构造上与金藻相似，有的学者将它列入金藻门。但根据两者在色素等方面的差异，目前不少人将黄藻独立为门。黄藻的起源是悬而未决的问题。在黄藻门中可以看到与绿藻和金藻中各进化阶段相同的植物体，即平行进化，人们认为它和金藻门可能都是由含有叶绿素的原核藻进化而来。

黄藻门的分类

黄藻门只有1个纲。由于黄藻比较难研究，有些种仅有1次报道，因此种的数量是不十分准确的。根据黄藻植物体进化的不同阶段，一般分为6个目：异鞭藻目（Heterochloridales）、根黄藻目（Rhizochloridales）、异囊藻目（Heterogloeales）、柄球藻目（Mischococcales）、异丝藻目（Heterotrichales）、气球藻目（Botrydiales）。辽河流域蓝藻主要隶属黄丝藻目（Tribonema）、柄球藻目（Mischococcales）。

黄丝藻目

25. 黄丝藻属（*Tribonema*）

植物体为不分枝的丝状体。细胞圆柱形，长为宽的2～5倍。细胞壁由H形节片合成。注意与蓝藻门的束丝藻属区别。

春季在池沼会大量繁殖，漂浮在水面成黄绿色棉絮状。黄丝藻属在辽河流域有黄丝藻（*Tribonema* sp.）、近缘黄丝藻（*T. affine* G.S.West.）、小型黄丝藻［*T. minus*（Will.）Haz.］。

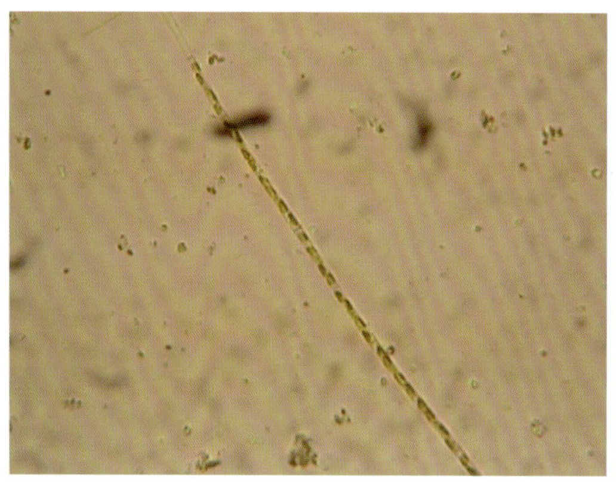

近缘黄丝藻
Tribonema affine G.S.West.

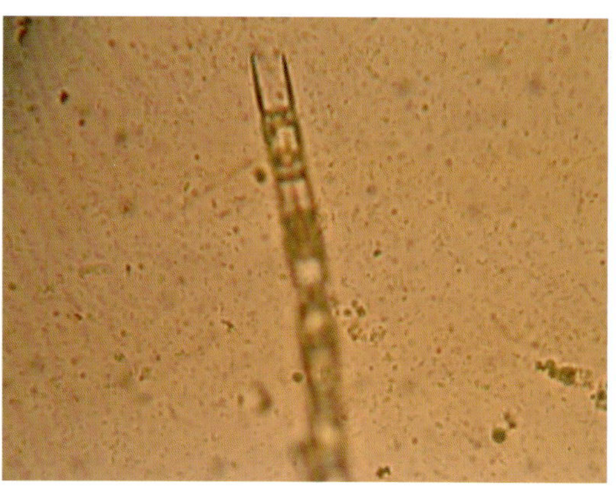

小型黄丝藻
Tribonema minus（Will.）Haz.

柄球藻目

26. 角绿藻属（*Goniochloris*）

植物体单细胞，漂浮。细胞侧扁，顶面观呈三角形或四角形，角上有或无小刺，侧面观由一纵脊将其分成对称或不对称的两等分。细胞壁具六角形的小眼孔纹，边缘锯齿状。色素体3～4个，周生、片状；具大油滴。常在酸性或高酸性水体中出现。角绿藻属在辽河流域有小刺角绿藻（*Goniochloris brevispinosa* Pasch）。

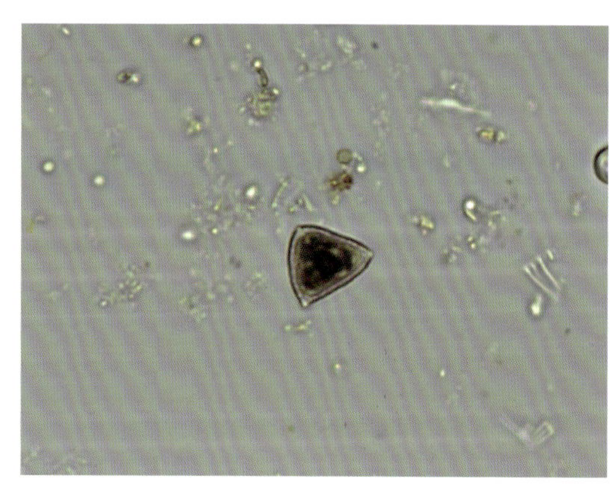

小刺角绿藻
Goniochloris brevispinosa Pasch

六、硅藻门

硅藻是藻类植物的一门，广泛分布于淡水、海水和半咸水中，几乎所有的水体都有硅藻的分布，主要生活在淡水、海水和湿土上。硅藻是海洋浮游植物的主要组分，是海洋初级生产力的主要贡献者，是鱼类和无脊椎动物的重要饵料，在中国沿海贝类的饲养中，硅藻是首选饵料。硅藻死后，遗留的细胞壁沉积成硅藻土，它是工业的重要原料，呈白色或浅黄色。硅藻土的主要矿物成分是蛋白石，质软而轻，多孔，易磨成粉末，有极强的吸水性，易溶于碱，不溶于酸，是热、声和电的不良导体，是优良的轻质、绝缘、隔声的建筑材料。藻体内分解的脂肪物质是形成石油的原料之一。硅藻也是形成赤潮的主要藻类之一。

形态结构

植物体单细胞，可以连接成丝状或其他形状的群体。细胞壁是由两个套合的半片所组成，称半片为瓣。外面的半片为上壳（epitheca），里面的半片为下壳（hypotheca）。瓣的正面叫作壳面（valve），侧面即两个瓣套合的地方，很像一条环形的带，称作环带（girdle band）。上壳和下壳都是由果胶质和硅质组成的，没有纤维素。壳面上有各种花纹。壳面可分为两种类型，一种是辐射硅藻类，圆形，辐射对称，壳面上的花纹也是自中央一点向四周呈辐射状排列；另一种是羽纹硅藻类，长形，花纹排列成两侧对称。硅藻载色体1至多数，小盘状或片状。电子显微镜下，载色体有4层膜，外边两层是载色体内质网膜，里边两层是载色体膜。外层载色体内质网膜与外层核膜相连。载色体呈现橙黄色或黄褐色。

硅藻营养体中没有游动细胞，仅精子具鞭毛。细胞中央有液泡，紧贴细胞壁之内有1厚层原生质，载色体分散在其中。细胞核1个，球形或卵形。有些羽纹硅藻有自发的运动，凡有运动能力的硅藻都有1条或两条脊缝。运动方向是沿着纵走轴的方向前进或后退。

繁殖方式

硅藻无性繁殖是通过简单的细胞分裂进行的，由一个母细胞直接分裂产生两个子细胞。分裂时，母细胞原生质变大，并沿着与瓣面平行的方向一分为二。其内细胞核、载色体、蛋白核等也随着分裂，上、下两壳略为分开但并不分离。一个子原生质体居于母细胞的上壳；另一个子原生质体居于母细胞的下壳，然后母细胞两壳分开，分别成为两个子细胞的上壳，同时子细胞由各自原生质体分泌壁物质形成一个新的下壳。细胞分裂的结果是一个子细胞和母细胞等大，另一个子细胞则比母细胞小，进行多代分裂后，只有小部分子细胞的体积与母细胞等大，大部分子细胞朝着体积不断缩小的方向发展，这样的发展趋势是不利于种系延续的。当细胞体积缩小到一定的程度时，硅藻通过有性生殖方式产生复大孢子（auxospore）来恢复其大小。

应用价值

生态价值：硅藻广泛分布于淡水、海水和半咸水中。硅藻是海洋浮游植物的主要组成部分，是海洋初级生产力的一个重要指标。

鱼池清塘排水后，往往最先生殖的是菱形藻、小环藻等硅藻。这类既能浮游又能底栖（附生）的兼性浮游植物，大量发生可能与浅水、光照好及清塘后，水中硅酸盐含量丰富有关。硅藻在季节上，一年四季都能形成优势种群。有明显的区域种类，受气候、盐度和酸碱度的制约。有的种可作为土壤和水体盐度、腐殖质含量和酸碱度的指示生物。

饵料价值：硅藻是鱼、贝、虾类特别是其幼体的主要饵料，它与其他植物一起，构成海洋的初级生产力。

经济价值：硅藻土的主要成分是二氧化硅，是由1万～2万年前死亡的硅藻遗体堆积而成。硅藻无色，但硅藻土为淡黄色或浅灰色，质地软而轻，表面积较大，化学性稳定，是工业的重要原料。硅藻泥是一种以硅藻土为原料，添加多种材料制成的建筑材料。它的颜色柔和，具有净化空气、防火阻燃、阻隔噪声、保温隔热、调节空气湿度等作用。

硅藻门的分类

硅藻分布极广。在淡水、半咸水、海水和陆地上都有。在水中浮游或着生在他物上。陆地上，凡潮湿的地方（如土壤、岩石、墙壁、树干及苔藓植物之间）都有它们生长。

硅藻种类很多，据可靠记载约有16 000种，分为中心硅藻纲（Centricae）和羽纹硅藻纲（Pennatae）2个纲。中心硅藻纲有3个目：圆筛藻目（Coscinodiscales）、根管藻目（Rhizoleniales）、盒形藻目（Biddulphiales）。羽纹硅藻纲有5个目：无壳缝目（Araphidiales）、单壳缝目（Monoraphidales）、拟壳缝目（Raphidionales）、双壳缝目（Biraphidinales）、管壳缝目（Aulonoraphidinales）。辽河流域蓝藻主要隶属圆筛藻目（Coscinodiscales）、根管藻目（Rhizoleniales）、盒形藻目（Biddulphiales）、无壳缝目（Araphidiales）、双壳缝目（Biraphidinales）、单壳缝目（Monoraphidiales）、管壳缝目（Aulonoraphidinales）。

圆筛藻目

27. 直链藻属（*Melosira*）

直链藻属硅藻植物体由细胞的壳面互相连成链状群体，多为浮游；细胞呈圆柱形，极少数呈圆盘形、椭圆形或球形；壳面呈圆形，平或凸起，有或无布纹，有的带有一条线形的环状缢缩，称为"槽沟"，环沟间平滑，其余部分平滑或具布纹，有两条环沟时，两条环沟间的部分称为"颈部"，细胞间有沟状的缢入部，称为"假环沟"；壳面常有棘或刺。细胞圆柱状或透镜状。细胞以壳面相连成链丝状。细胞壁较厚，有点纹或孔纹。在各类淡水种均可发现，早春、晚秋数量较多。该属共有190种，中国有16种以上。直链藻属在辽河流域有

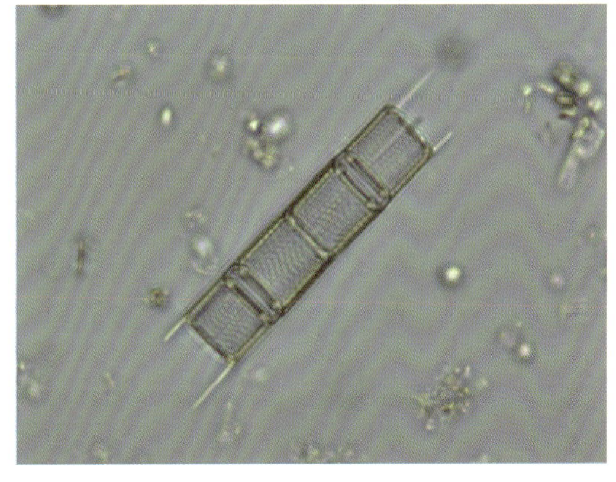

颗粒直链藻
Melosira granulata（Ehr.）Ralfs

颗粒直链藻［*Melosira granulata*（Ehr.）Ralfs］、变异直链藻（*M. varians*）、颗粒直链藻极狭变种（*M. granulate* var. *angustissima* O. Müller）。

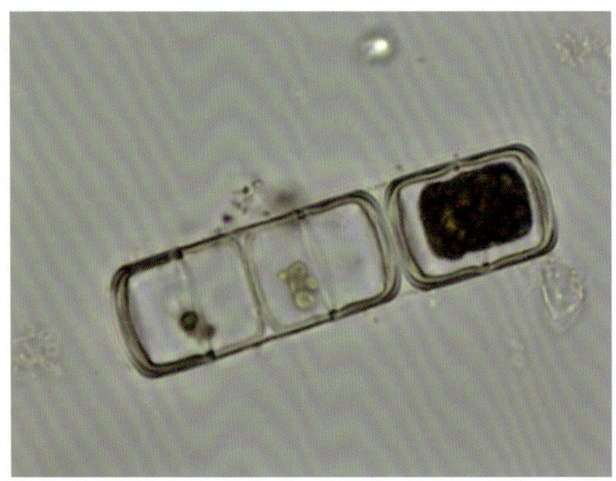

变异直链藻
Melosira varians

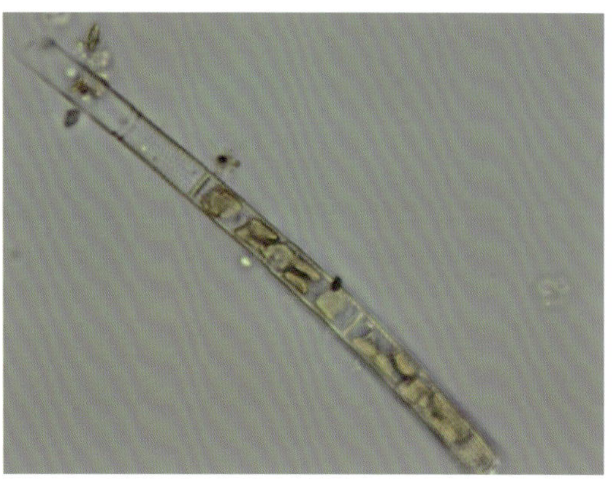

颗粒直链藻极狭变种
Melosira granulate var. *angustissima* O.Müller

28. 小环藻属（*Cyclotella*）

单细胞，或有些种类壳面互相连接成直的或螺旋的链状群体，或包在胶被中。细胞圆盘形或鼓形。壳面圆形，少数种类是椭圆形；常具同心圆的或与切线平行波状皱褶，边缘带有放射状排列的孔纹或线纹，中间部分平滑或具放射状排列的孔纹。带面平滑，没有间生带。色素体小盘状，多数。繁殖除细胞分裂以外，每个母细胞产生1个复大孢子。此属主要是浮游种类。早春时大量出现。小环藻属在辽河流域有梅尼小环藻（*Cyclotella meneghiniana*）、广缘小环藻（*C. bodanica* Eulenstein）。

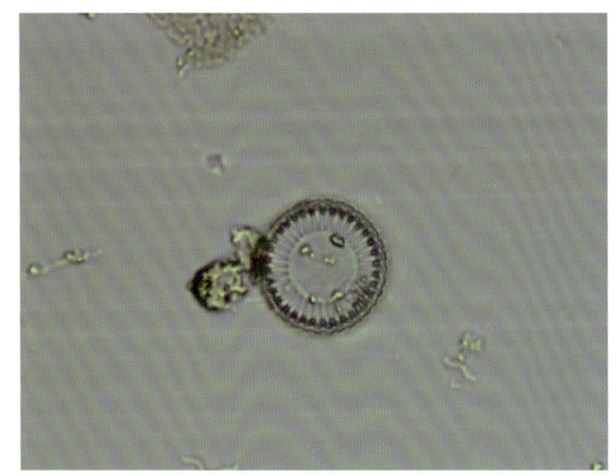

梅尼小环藻
Cyclotella meneghiniana

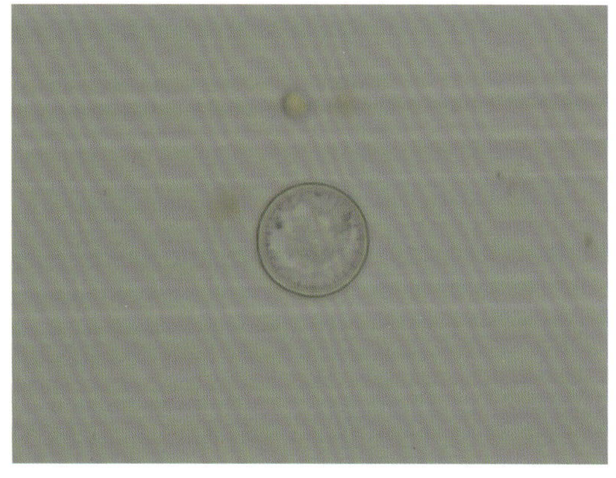

广缘小环藻
Cyclotella bodanica Eulenstein

29. 圆筛藻属（*Coscinodiscus*）

圆筛藻属（*Coscinodiscus*）是硅藻门、中心硅藻亚纲、盘状硅藻目、圆筛藻科的一属。该属约有450种（其中至少有1/3为重复种类，最多只有300种左右），中国有51种以上浮游于水中。多为海产，半咸水中也有，淡水中较少。细胞圆盘形，辐射对称，壳面孔纹或点纹排列均匀，无空白区。圆筛藻属在辽河流域有偏心圆筛藻（*Coscinodiscus excentricus* Ehrenberg）。

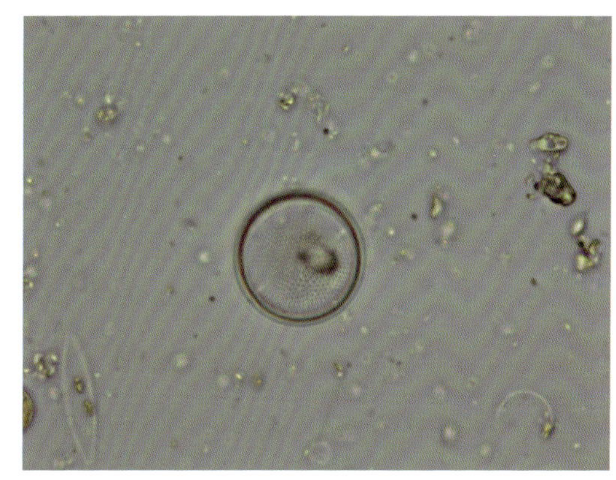

偏心圆筛藻
Coscinodiscus excentricus Ehrenberg

根管藻目

30. 根管藻属（*Rhizosolenia*）

硅藻门根管藻科的一属。细胞直，扁圆柱形，或稍弯。细胞常以其壳面的一个突起，或一个小刺，进入相连的细胞内相连成链状，也有单独生活的。该属55种，我国海域已记载根管藻17种、4变种和4变型。其中主要为热带性种，其次是温带性种和广分布种。以南海出现的根管藻种数最多，东海其次，黄海较少，渤海最少。根管藻属在辽河流域有长刺根管藻（*Rhizosolenia longiseta* Zacharias.）。

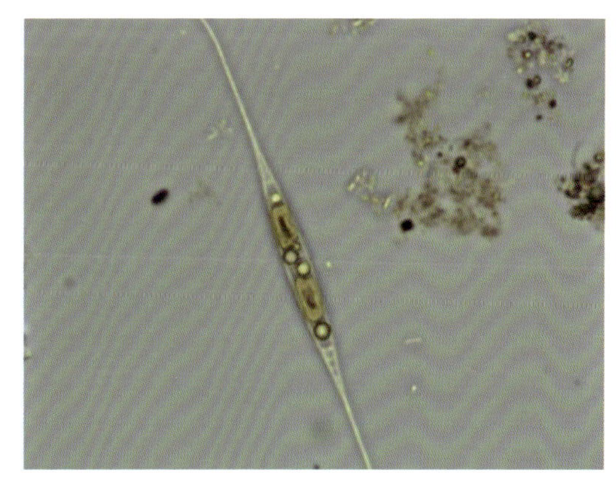

长刺根管藻
Rhizosolenia longiseta Zacharias.

盒形藻目

31. 四棘藻属

植物体为单细胞或2～3个细胞互相连成暂时性的链状群体；浮游；细胞三角锥形、四角锥形、不规则的多角锥形、扁平三角形或四角形，角广阔，角间的细胞壁略凹入，细胞扁圆柱形，细胞壁极薄，平滑或具通常难以分辨的细点纹；带面长方形。四棘藻属在辽河流域有扎卡四棘藻（*Attheya zachariasi* Brun）。

无壳缝目

32. 平板藻属（*Tabellaria*）

细胞常相连成锯齿状，也有部分脱离固着物而过浮游生活的。细胞长形，两端大小相同。细胞左右对称，花纹羽状排列形成假壳缝，不能运动。壳内有纵隔片，无横肋。壳面中部和两端膨大。点条纹横列，无肋纹。左右对称，但无壳缝。细胞内有与壳面平行的纵隔片，但没有贯穿整个细胞，所以称假隔片。从壳环面看，更为明显素体小而多。每细胞有复大孢子1个或2个。平板藻属在辽河流域有绒毛平板藻［*Tabellaria flocculosa*（Roth.）Kützing］。

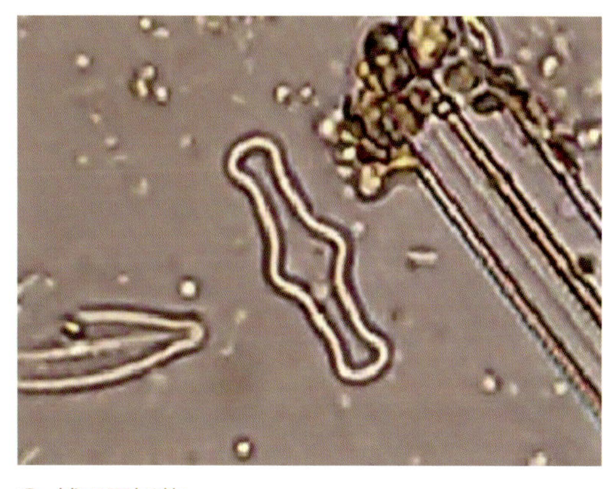

绒毛平板藻
Tabellaria flocculosa (Roth.) Kützing

33. 等片藻属（*Diatoma*）

单细胞或呈带状、锯齿状群体。细胞壳面成棒形或椭圆形，两端稍尖或呈乳头状。壳面舟形或狭舟形。拟壳缝不明显。无壳缝，不能行动。有横纹，横纹与细胞的横轴平行。有向内伸展的横隔片，壳的纵横两轴都对称。壳环面四方形或长方形，也可见横隔片。有复大孢子。细胞常相连成带状或锯齿状群体，半咸水或淡水产。等片藻属在辽河流域有冬生等片藻［*Diatoma hiemale*（Roth）Heriberg.］、冬生等片藻中型变种［*D. hiemale* var. *mesodon.*（Ehr.）Grunow］、纤细等片藻（*D. tenue* Agardh.）、普通等片藻（*D. vulgare*）。

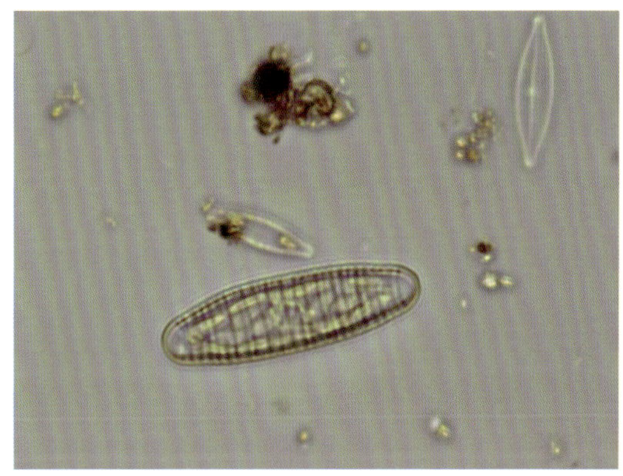

冬生等片藻
Diatoma hiemale（Roth）Heriberg.

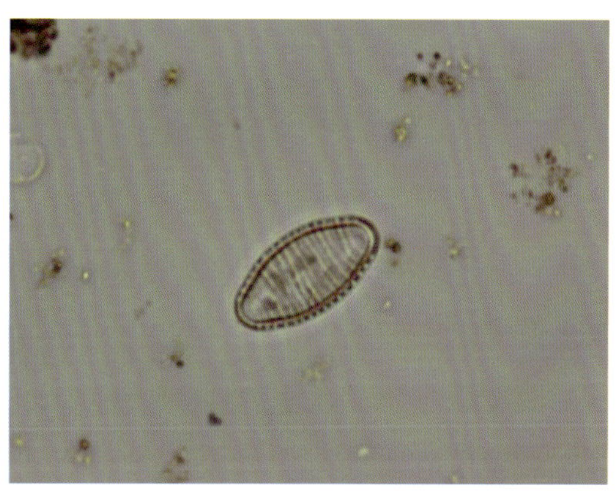

冬生等片藻中型变种
Diatoma hiemale var. *mesodon.*（Ehr.）Grunow

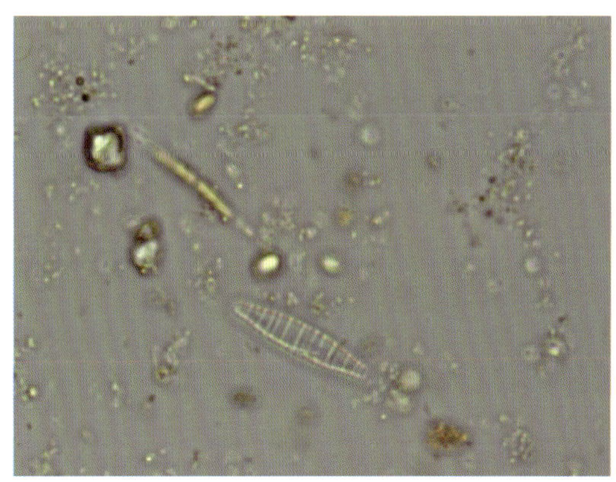

纤细等片藻
Diatoma tenue Agardh.

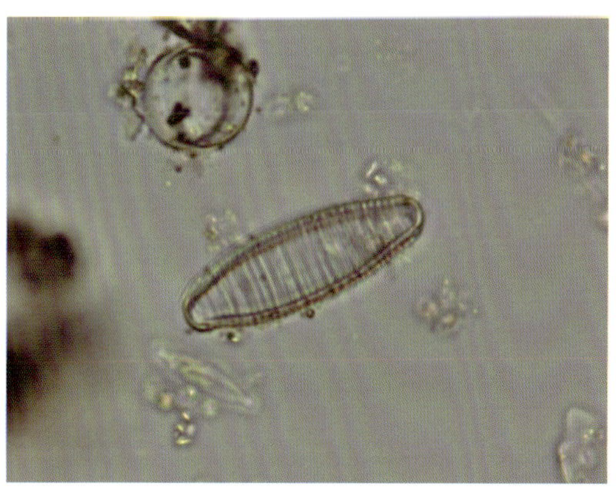

普通等片藻
Diatoma vulgare

34. 星杆藻属（*Asterionella*）

壳体长形常形成（组成）星状群体，壳体在壳面或壳环面观都有大小不等的末端。没有出现隔片和间生带。壳面观一端比另一端大，头状。细胞长60～85 μm，宽2～4 μm。群体通常由8个细胞组成，有时多达20个细胞。群体内细胞之间通过顶部胞外物质相邻连接，群体星形。星杆藻属在辽河流域有华丽星杆藻（*Asterionella formosa* Hassall.）。

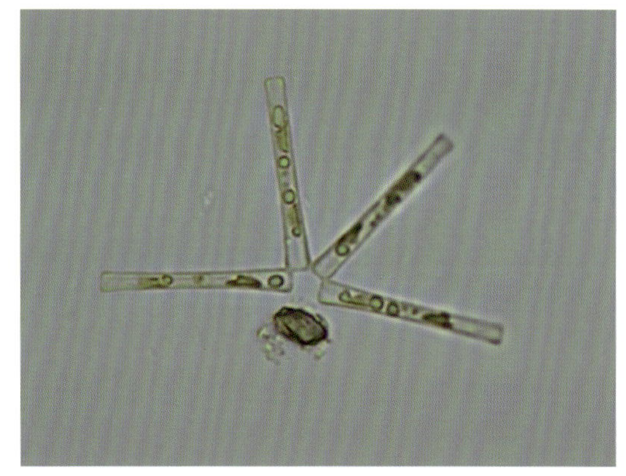

华丽星杆藻
Asterionella formosa Hassall.

35. 扇形藻属（*Meridion*）

植物体由细胞互相连成扇形或螺旋形群体；壳面棒形或倒卵形，纵轴对称，横轴不对称；假壳缝狭窄，其两侧具横细线纹和肋纹；带面楔形。扇形藻属在辽河流域有环状扇形藻［*Meridion circulare*（Grev.）Ag］。

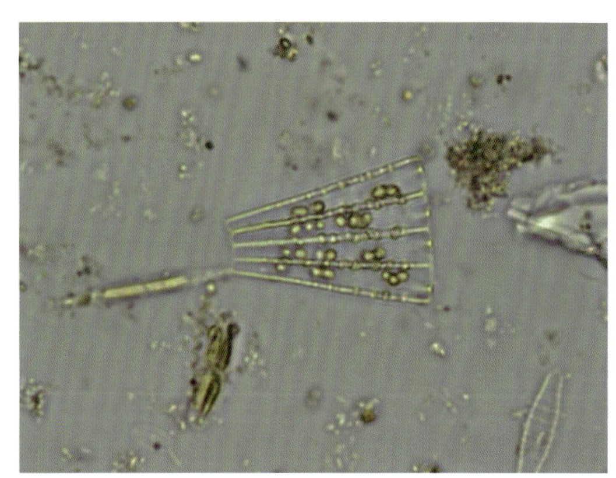

环状扇形藻
Meridion circulare（Grev.）Ag

36. 脆杆藻属（*Fragilaria*）

细胞以壳面连接成带状群体。壳面长披针形至细长线形，少数椭圆形到菱形；中间膨大或收缢。花纹左右对称，与纵轴垂直。纵轴上拟壳缝不明显，无壳缝。花纹为细线纹或点纹。带面长方形。

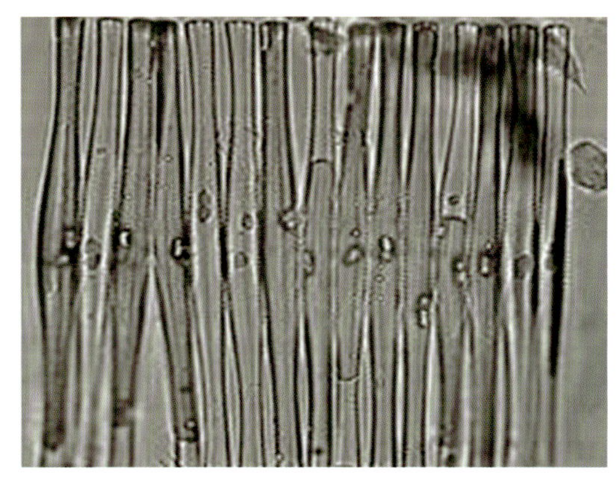

中型脆杆藻
Fragilaria intermedia

细胞内无隔片。色素体每细胞1～4个，也有多个的，依种类而异。复大孢子每细胞1个。脆杆藻属在辽河流域有中型脆杆藻（*Fragilaria intermedia*）、钝脆杆藻（*F. capucina* Desmaziéres.）、短线脆杆藻（*F. brevistriata* Grunow）。

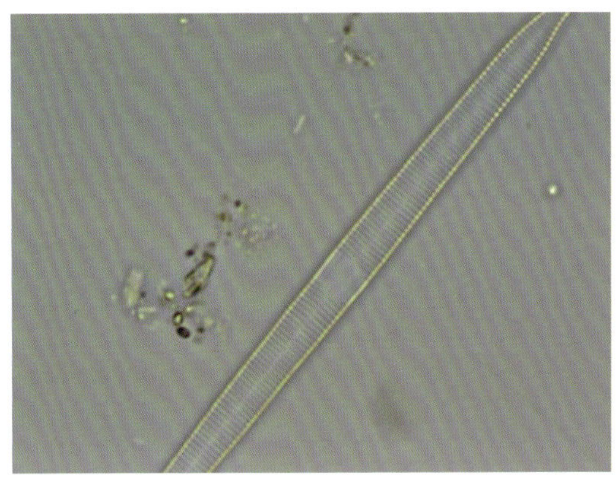

钝脆杆藻
Fragilaria capucina Desmaziéres.

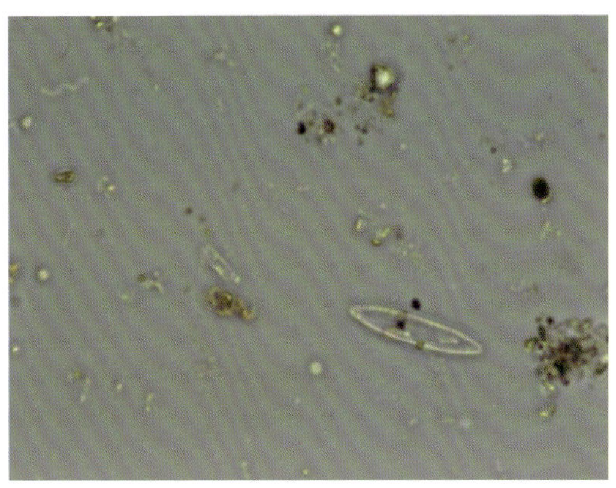

短线脆杆藻
Fragilaria brevistriata Grunow

37. 针杆藻属（*Synedra*）

细胞单独生活，或簇生成射出状或扇状体。大多数种类生长在淡水，少数是沿海底部生长的。细胞细长，附着在其他植物或其他物体上。壳面针形，无壳缝，只有拟壳缝，尚保留着拟中节和拟端节。色素体少。复大孢子每细胞有2个，非接合而成。浮游或着生生活，分布广泛。该属共有85种，中国有20种以上。针杆藻属在辽河流域有针

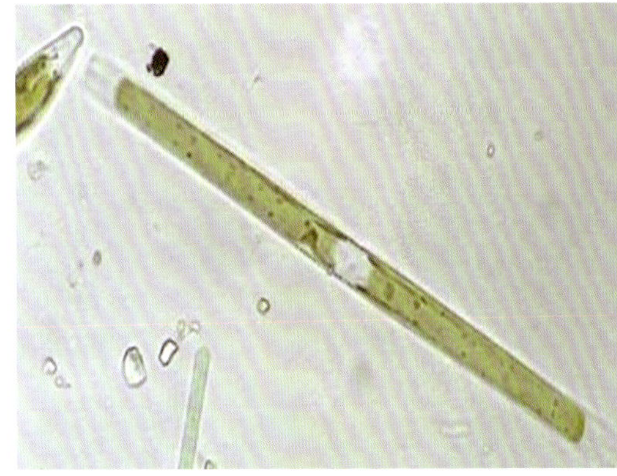

针杆藻
Synedra sp.

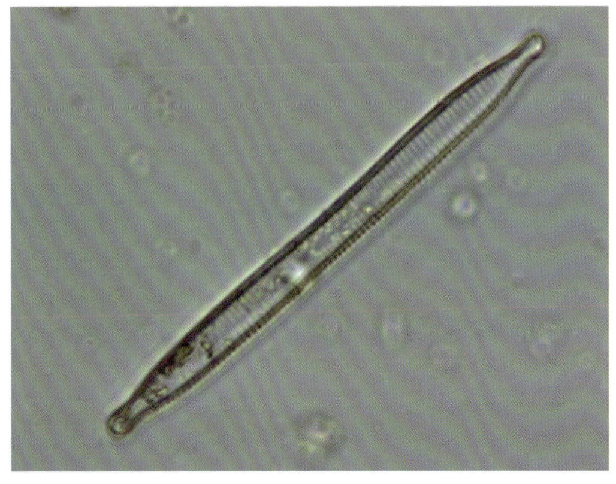

两头针杆藻
Synedra amphicephala Kützing

杆藻（*Synedra* sp.）、两头针杆藻（*S. amphicephala* Kützing）、平片针杆藻［*S. tabulata*（Ag.）Kützing.］、尖针杆藻（*S. acus*）、肘状针杆藻（*S. ulna*）、肘状针杆藻缢缩变种（*S. ulna* var. *constracta* Östrup.）。

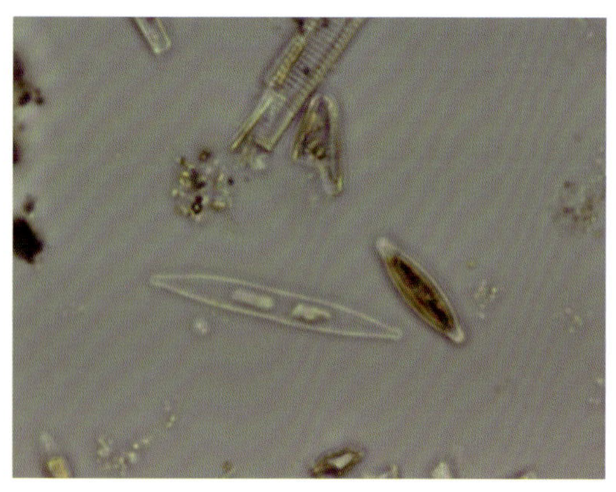

平片针杆藻
Synedra tabulata (Ag.) Kützing.

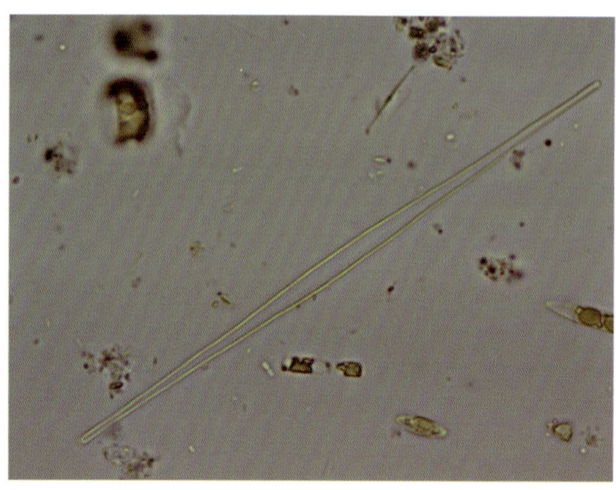

尖针杆藻
Synedra acus

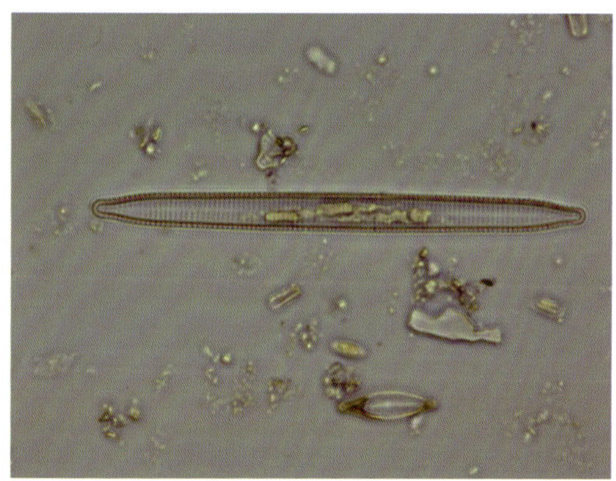

肘状针杆藻
Synedra ulna

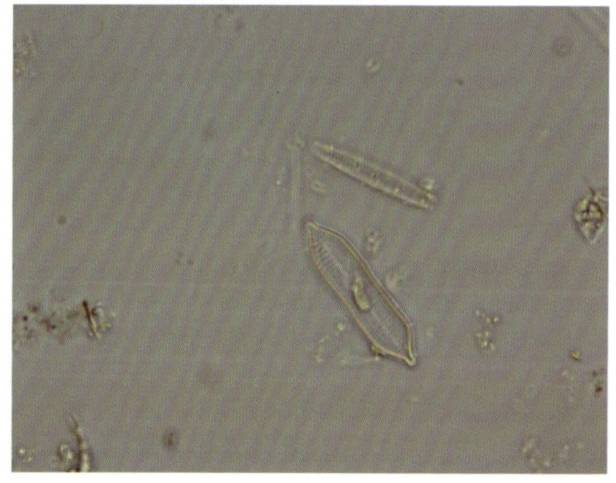

肘状针杆藻缢缩变种
Synedra ulna var. *constracta* Östrup.

双壳缝目

38. 布纹藻属（*Gyrosigma*）

壳面具细微的点纹，由点纹组成纵、横线纹并在壳面呈十字交叉构成布纹。轴区狭窄，中央节略膨大。壳缝"S"形，壳缝两侧具纵和横线纹十字形交叉构成的布纹；带面呈宽披针形，无间生带；色素体片状，2个，常具几个蛋白核。生长在淡水、半咸水或海水。布纹藻属在辽河流域有尖布纹藻（*Gyrosigma acuminatum*）、斯潘塞布纹藻［*G. spencerii*（Quek.）Griff.& Henfr.］。

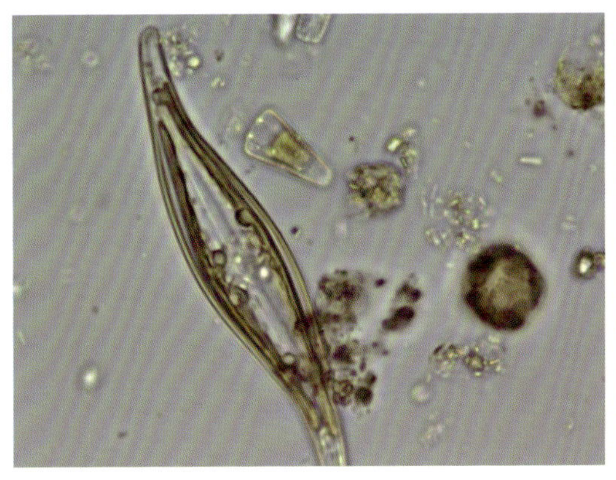

尖布纹藻
Gyrosigma acuminatum

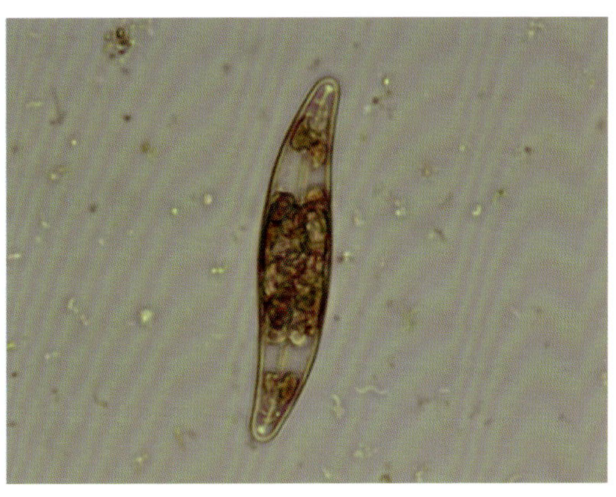

斯潘塞布纹藻
Gyrosigma spencerii（Quek.）Griff.& Henfr.

39. 美壁藻属（*Caloneis*）

植物体为单细胞；壳面线形、狭披针形、线形披针形、椭圆形或提琴形，中部两侧常膨大；壳缝直，具圆形的中央节和极节，壳缝两侧或中轴区两侧有一条或多条纵线，呈直线状或波浪状，位于壳缘或远离壳缝。该属外形极像舟形藻属（*Navicula*），但构造不同。美壁藻属在辽河流域有短角美壁藻（*Caioneis silicula*）、偏肿美壁藻截形变种［*C. ventricosa* var. *truncatula*（Grun.）Meister］。

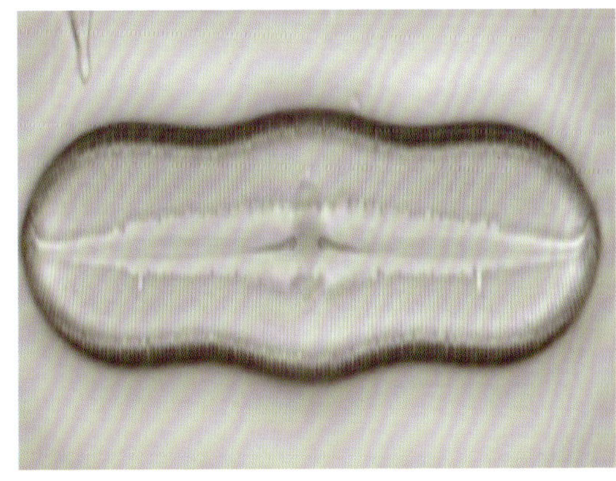

短角美壁藻
Caioneis silicula

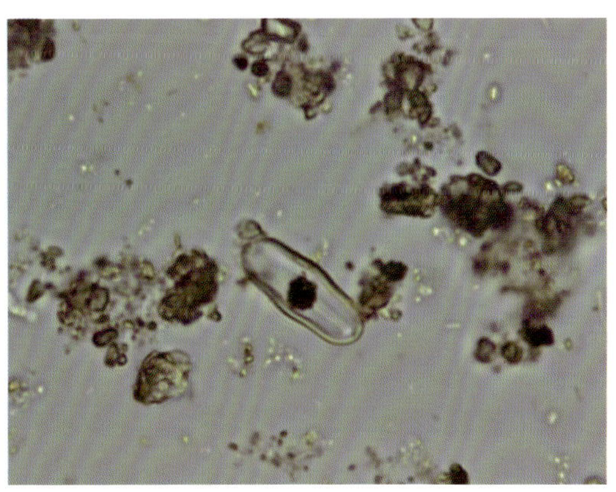

偏肿美壁藻截形变种
Caloneis ventricosa var. *truncatula*（Grun.）Meister

40. 长篦藻属（*Neidium*）

植物体为单细胞。壳面线形、狭披针形、椭圆形，两端逐渐狭窄，末端钝圆、近头状或近喙状。壳缝直，近中央区的一端呈相反方向弯曲。长篦藻属在辽河流域有长篦藻（*Neidium* sp.）、细纹长篦藻［*N. affine*（Ehr.）Pfitzer］。

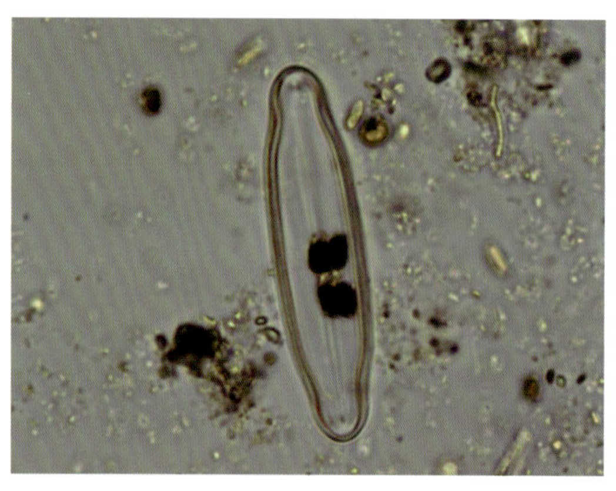

细纹长篦藻
Neidium affine（Ehr.）Pfitzer

41. 双壁藻属（*Diploneis*）

植物体为单细胞；壳面椭圆形、线形、卵圆形，末端钝圆，壳面构造比较复杂，个体大小也有明显差别。壳缝直，壳缝两侧具中央节侧缘延长形成的角状凸起。仅在我国四川省成都市附近的淡水中偶见缢缩型。双壁藻属在辽河流域有幼小双壁藻（*Diploneis puella*）、卵圆双壁藻［*Diploneis ovalis*（Hilse）Cleve］、卵圆双壁藻长圆变种（*Diploneis ovalis longiforme* var.）。

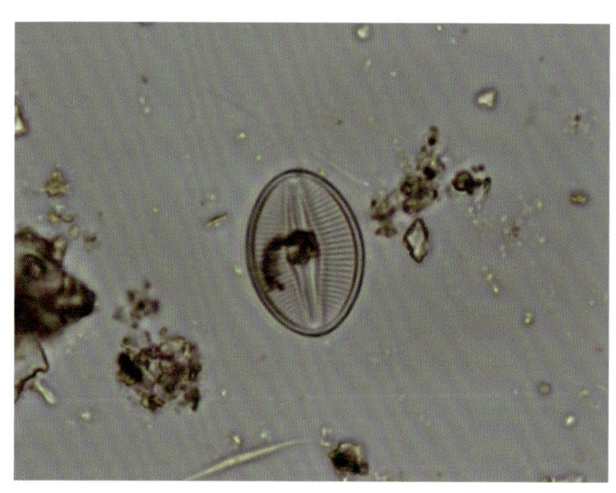

卵圆双壁藻
Diploneis ovalis（Hilse）Cleve

42. 辐节藻属（*Stauroneis*）

植物体为单细胞，少数为带状群体。壳面长椭圆形、狭披针形、舟形，末端头状、钝圆形或喙状；壳缝直，极节很细。中轴区极狭。中央横向扩展形成辐节。壳纹为线纹或点纹。辐节藻属在辽河流域有双头辐节藻（*Stauroneis anceps* Grun.）、双头辐节藻线形变型［*S. anceps* f. *linearis*（Ehr.）Hustedt］。

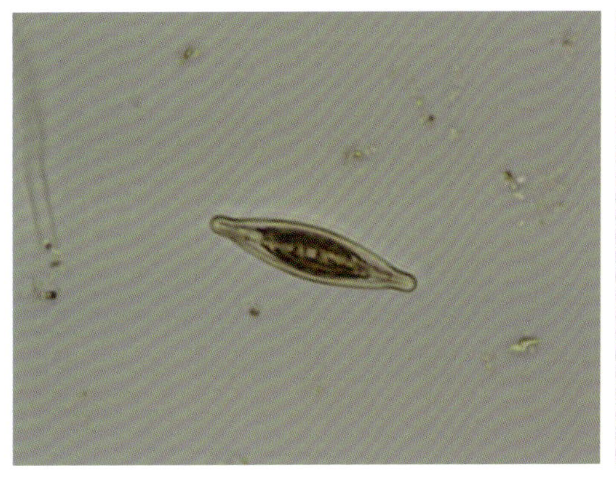

双头辐节藻
Stauroneis anceps Grun.

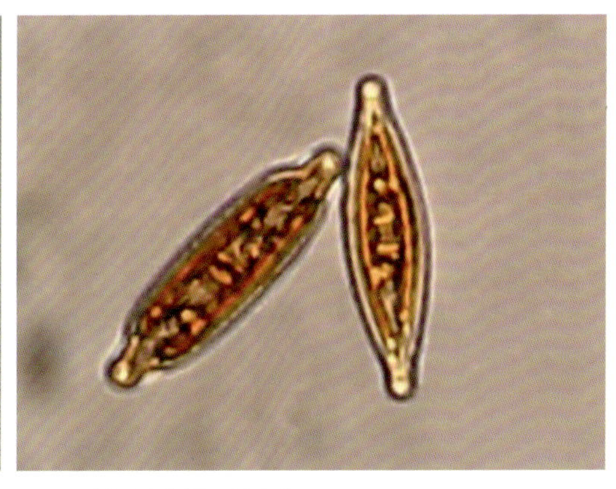

双头辐节藻线形变型
Stauroneis anceps f. *linearis* (Ehr.) Hustedt

43. 舟形藻属（*Navicula*）

单细胞，壳面纺锤形或椭圆形。壳面花纹多为点纹或细纹。具中央节和极节。细胞三轴皆对称，单独生活，也有以胶质营、胶质块形成群体的。壳面多为舟形，也有椭圆形、菱形、棍棒形和长方形等。具壳缝，壳缝直、明显。结节和由点组成的点条纹。每个细胞有载色体2～4个。细胞左右对称，花纹羽状排列形成假壳缝，不能运动。种类极多，各类水体均有分布。舟形藻属是硅藻门种类最多的一个属，有1 850种，中国有100多种。舟形藻属在辽河流域有简单舟形藻（*Navicula simples*）、双球舟形藻（*Navicula amphibola* C1）、尖头舟形藻（*Navicula cuspidata*）、喙头舟形藻（*Navicula rhynchocephala*）、

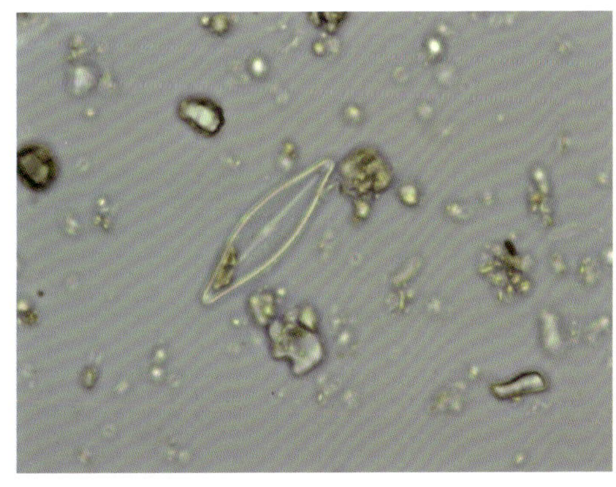

简单舟形藻
Navicula simples

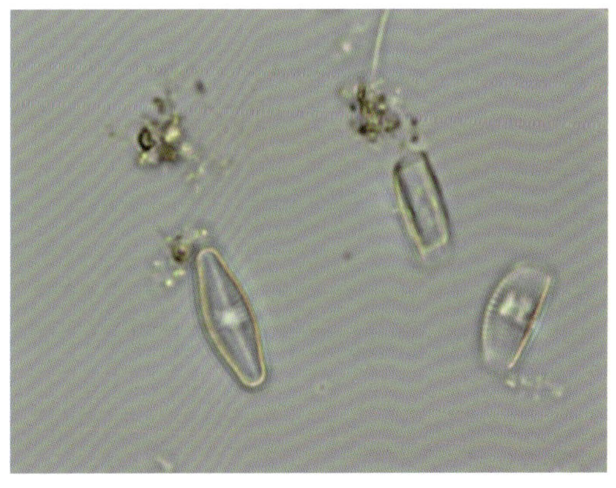

瞳孔舟形藻
Navicula pupula Kützing

瞳孔舟形藻（*Navicula pupula* Kützing）、扁圆舟形藻［*Navicula placentula*（Ehr.）Kützing.］、头端舟形藻（*Navicula capitata* Ehrenberg.）、英吉利舟形藻（*Navicula anglica* Ralfs.）、微型舟形藻（*Navicula minima* Grunow.）。

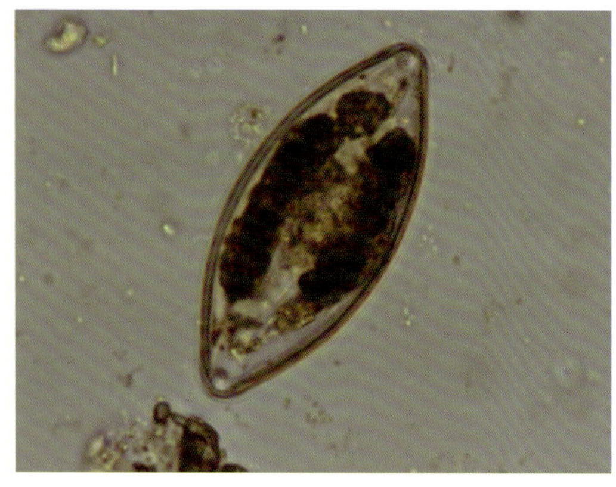

扁圆舟形藻
Navicula placentula (Ehr.) Kützing.

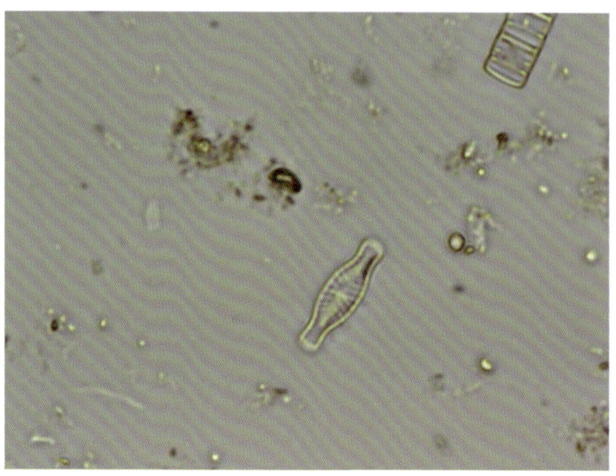

头端舟形藻
Navicula capitata Ehrenberg.

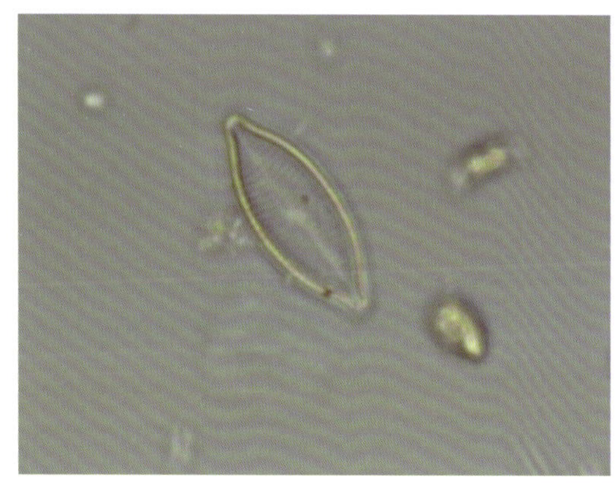

英吉利舟形藻
Navicula anglica Ralfs.

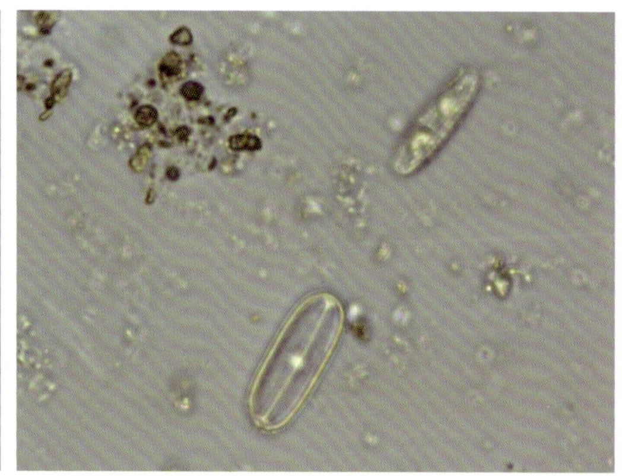

微型舟形藻
Navicula minima Grunow.

44. 羽纹藻属（*Pinnularia*）

多为单细胞。壳面两缘大体平行，两端稍宽，呈头状或喙状，少数种类两缘呈对称的波状起伏。壳面花纹为横肋纹，小型种类肋纹很细，似线纹。壳缝明显。肋的中部内侧有一椭圆形小孔，与细胞内部相通。肋纹在中部平行或射出状，在壳端为会聚状。有中节和端节。羽纹藻属与舟形藻属相近，除细胞体型以外，主要区别在于羽纹藻花纹由肋条组成，而舟形藻为点条纹。本属共有250种，中国有35种以上。羽纹藻属在辽河流域有北方羽纹藻（*Pinnularia borealis* Eer）、弯羽纹藻（*P. gibba*）、大羽纹藻［*P. major*（Kütz.）Ralenhorst］、细条羽纹藻［*P. microstauron*（Ehr.）Cleve］。

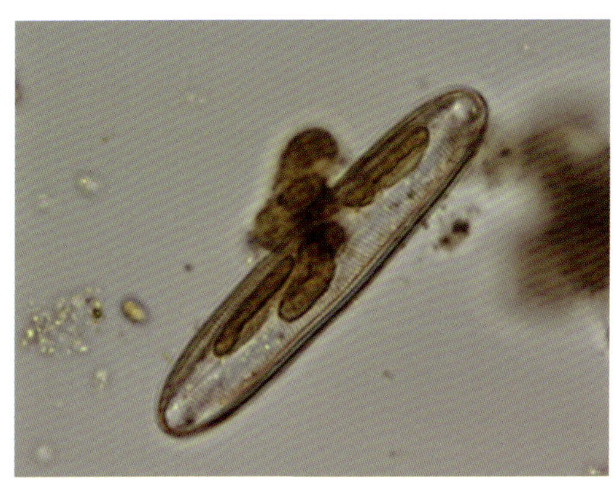

大羽纹藻
Pinnularia major (Kütz.) Ralenhorst

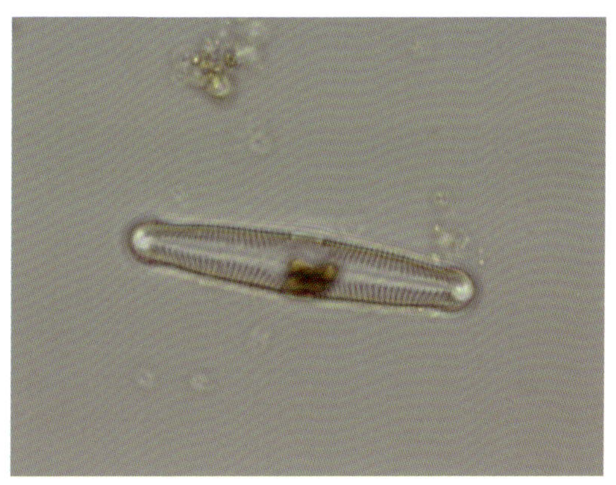

细条羽纹藻
Pinnularia microstauron (Ehr.) Cleve

45. 双眉藻属（*Amphora*）

植物体多数为单细胞，浮游或着生；壳面两侧不对称，明显有背腹之分，新月形、镰刀形，末端钝圆形或两端延长呈头状。双眉藻属在辽河流域有卵圆双眉藻［*Amphora ovalis*（Kütz.）Kützing.］。

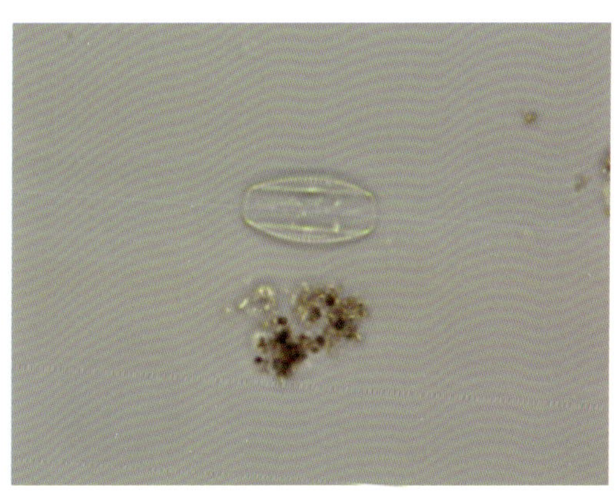

卵圆双眉藻
Amphora ovalis (Kütz.) Kützing.

46. 桥弯藻属（*Cymbella*）

壳面纵轴弯转，呈半月形，所以纵轴左右不对称。但花纹仍在纵轴两侧，左右相似。壳缝也在弯转的中线上。横轴和壳环轴的两侧，完全对称，所以桥弯藻像一个依纵轴弯转的舟形藻，壳面的孔纹为点条纹。有中节和端节。每个细胞只有1个色素体。有性复大孢子由互换大小配子而成。桥弯藻属共有250种，中国有20种以上。桥弯藻属在辽河流域有极小桥弯藻（*Cymbella perpusilla* Cl.）、偏肿桥弯藻（*C. ventricosa*）、桥弯藻（*C.* sp.）、胡斯特桥弯藻（*C. hustedtii*）、箱形桥弯藻［*C. cistula*（Hempr.）Kirchner.］、细小桥弯藻（*C. pusilla* Grunow.）、近缘桥弯藻（*C. affinis* Kützing.）、平滑桥弯藻（*C. laevis* Nägeli ex Kützing.）、胀大桥弯藻（*C. turgdiula* Grunow.）、膨胀桥弯藻（*C. tumida*）。

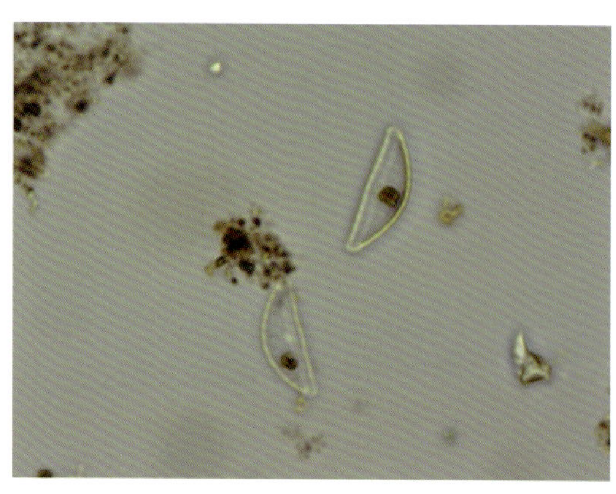

偏肿桥弯藻
Cymbella ventricosa

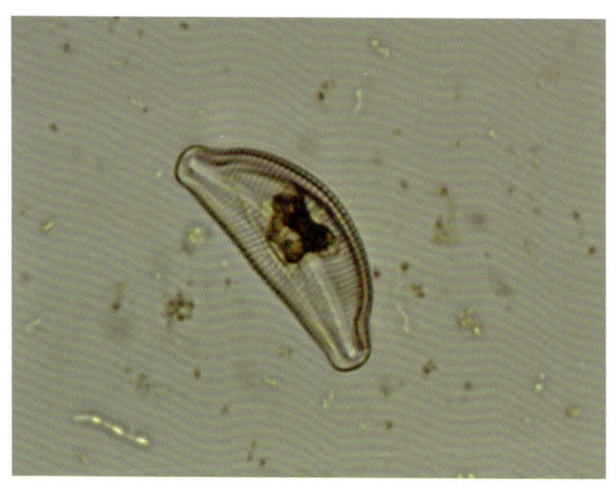

膨胀桥弯藻
Cymbella tumida

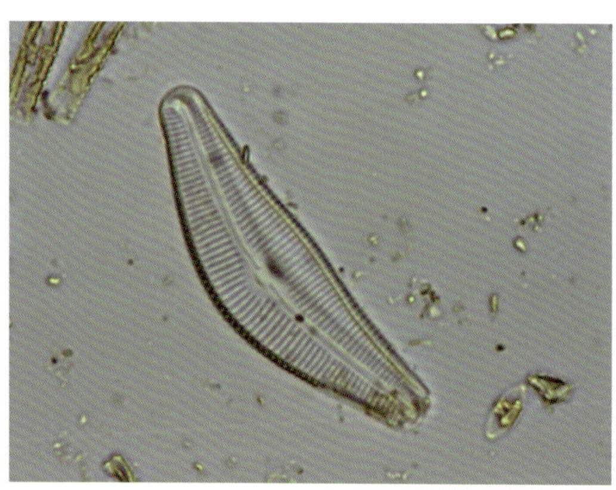

箱形桥弯藻
Cymbella cistula (Hempr.) Kirchner.

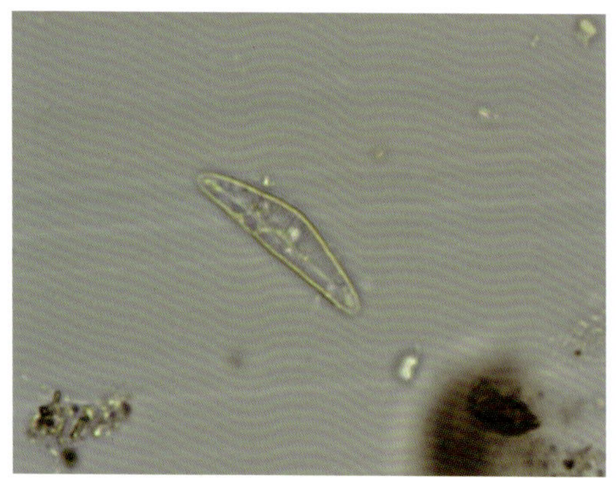

细小桥弯藻
Cymbella pusilla Grunow.

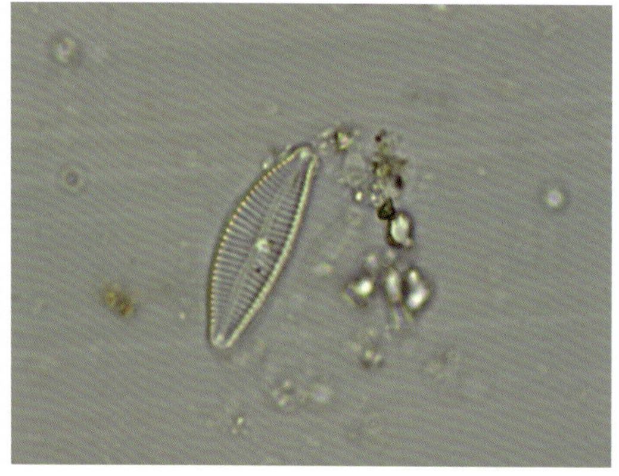

近缘桥弯藻
Cymbella affinis Kützing.

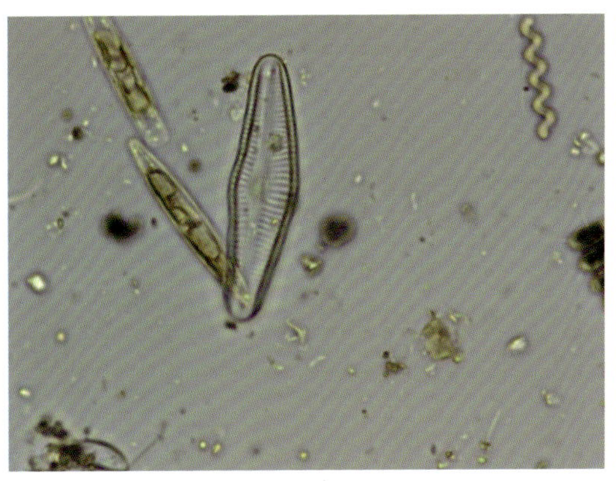

平滑桥弯藻
Cymbella laevis Nägeli ex Kützing.

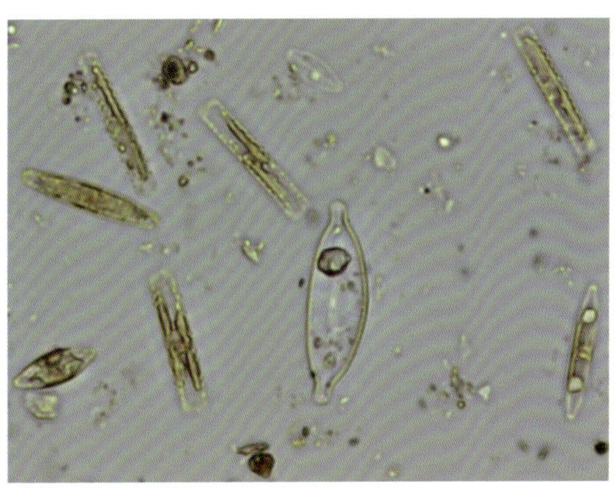

胀大桥弯藻
Cymbella turgdiula Grunow.

47. 异极藻属（*Gomphonema*）

又称异端藻。壳面棒状或线状披针状，两端不对称，一端比另一端粗。植物体为单细胞，或为不分枝或分枝的树状群体，细胞位于胶质柄的顶端，以胶质柄着生于基质上，有时细胞从胶质柄上脱落成为偶然性的单细胞浮游。异极藻属在辽河流域有缢缩异极藻（*Gomphonema constrictum*）、尖异极藻（*G. acuminatum*）、尖异极藻布雷变种［*G. acuminatum* var. *brebissonii*（Kütz.）Grunow.］、尖异极藻花冠变种［*G. acuminatum* var. *coronatum*（Ehr.）W. Smith］、窄异极藻延长变种（*G. angustatum* var. *productum* Grunow.）、纤细异极藻（*G. gracile*）、橄榄绿异极藻［*G. olivaceum*（Lyngbye）Kützing.］。

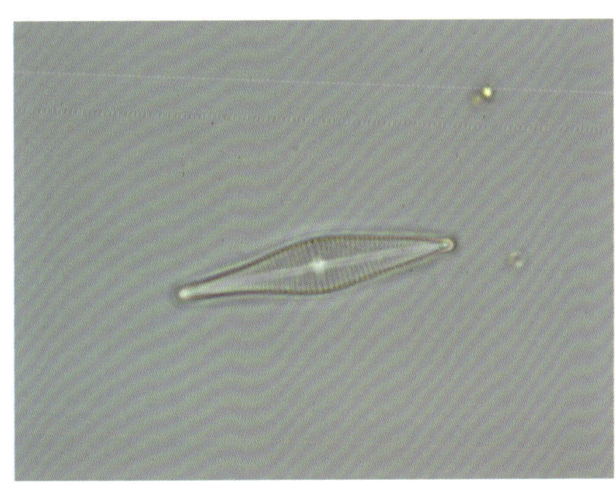

纤细异极藻
Gomphonema gracile

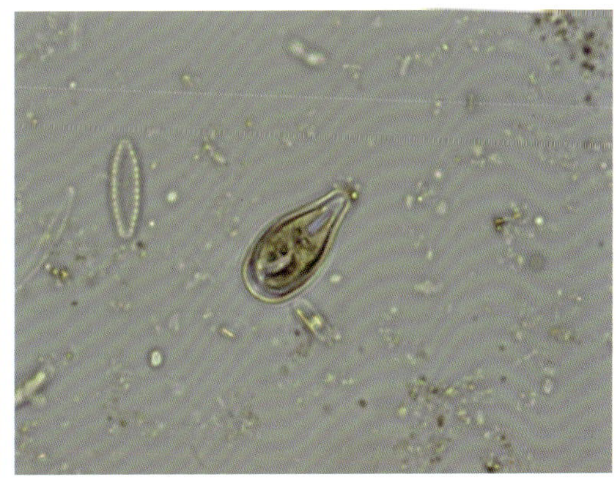

橄榄绿异极藻
Gomphonema olivaceum（Lyngbye）Kützing.

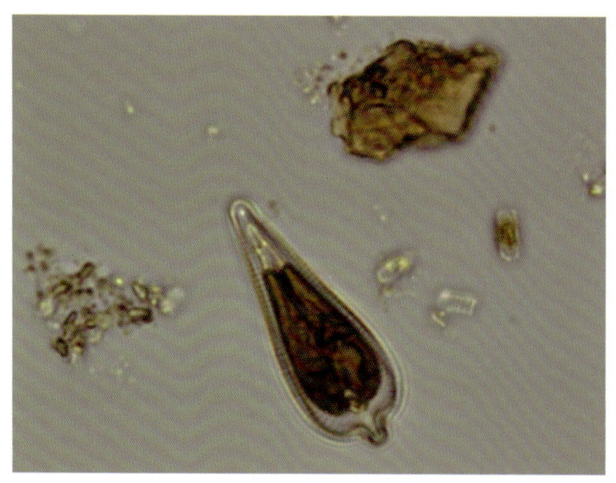

尖异极藻
Gomphonema acuminatum

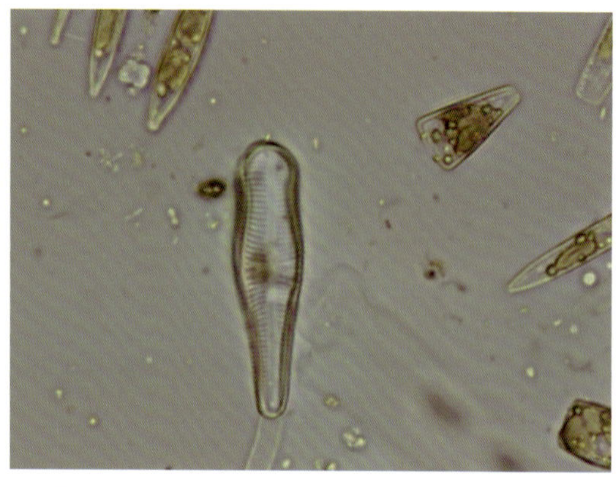

尖异极藻布雷变种
Gomphonema acuminatum var. *brebissonii* (Kütz.) Grunow.

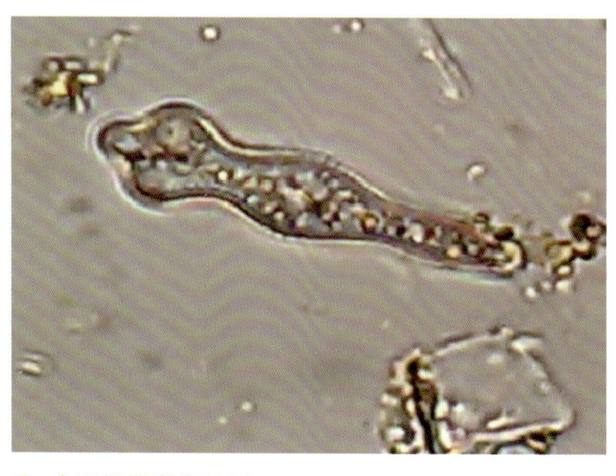

尖异极藻花冠变种
Gomphonema acuminatum var. *coronatum* (Ehr.) W. Smith

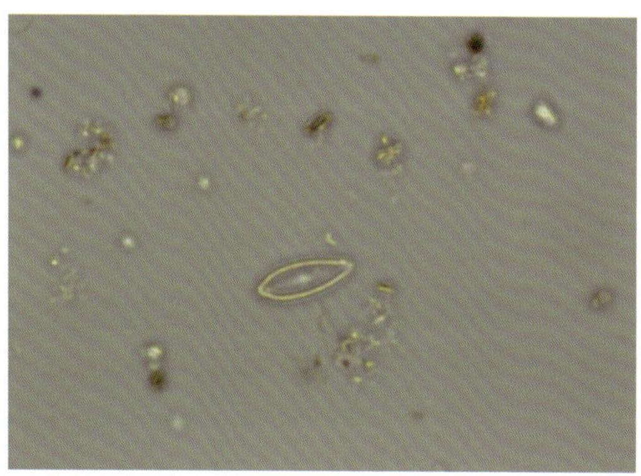

窄异极藻延长变种
Gomphonema angustatum var. *productum* Grunow.

单壳缝目

48. 卵形藻属（*Cocconeis*）

壳面椭圆形或近圆形。壳面花纹左右对称。花纹的粗细与排列方式上壳常与下壳略有不同或相似。上壳中线上只有拟壳缝，下壳有壳缝、中节和端节。它是由舟形藻目的硅藻演变而来的。壳的横轴略有弯曲，所以宽壳环面为长方形，而狭壳环面为弧形或称屈膝形。色素体只有1个。复大孢子由1个细胞或2个细胞所组成。本属共有190种。中国有15种以上。卵形藻属在辽河流域有扁圆卵形藻（*Cocconeis placentula* Ehrenberg.）、扁圆卵形藻多孔变种［*C. placentula* var. *euglypta*（Ehr.）Cleve］。

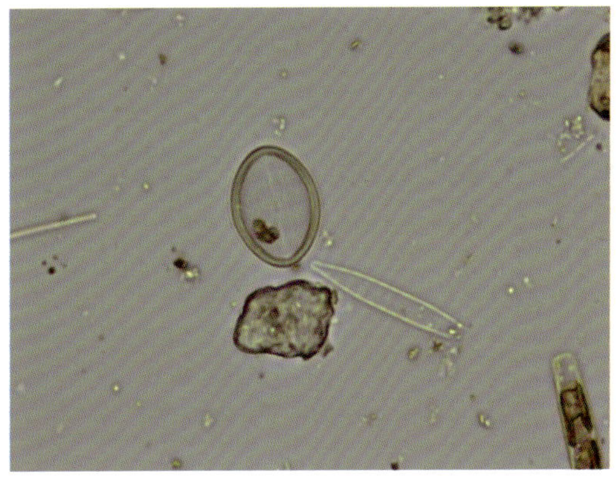
扁圆卵形藻
Cocconeis placentula Ehrenberg.

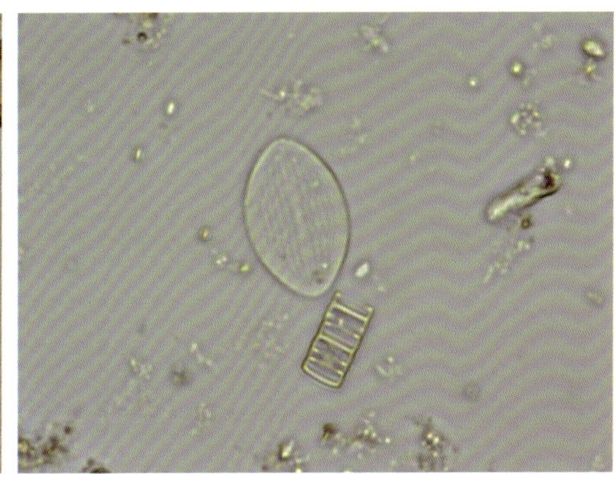
扁圆卵形藻多孔变种
Cocconeis placentula var. *euglypta*（Ehr.）Cleve

49. 曲壳藻属（*Achnanthes*）

壳面线形披针形或线形椭圆形，两端对称。壳体弯曲，带面观时上壳凸出下壳凹入。壳面花纹多为点纹或线纹。上壳为假壳缝，下壳为真壳缝。

广泛分布于各类水体。曲壳藻属在辽河流域有曲壳藻（*Achnanthes* sp.）、短小曲壳藻（*A. exigua*）。

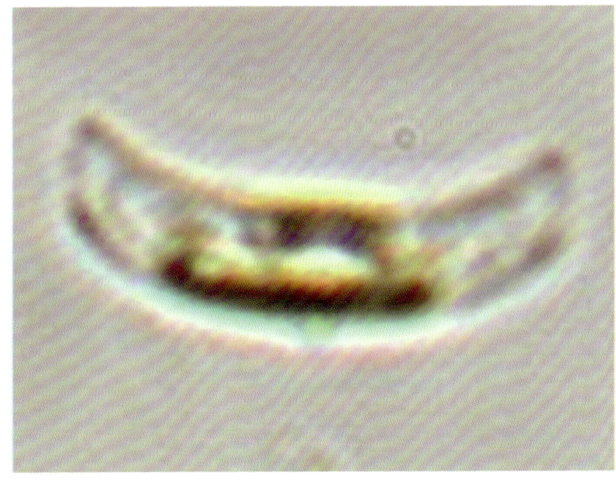
曲壳藻
Achnanthes sp.

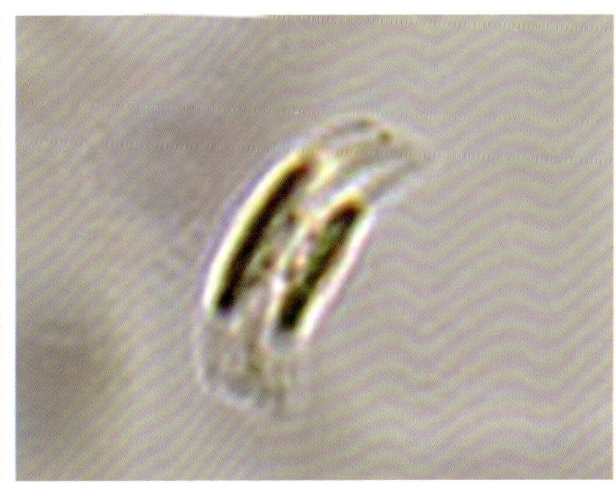
短小曲壳藻
Achnanthes exigua

双菱藻目

50. 窗纹藻属（*Epithemia*）

壳体多呈半月形，有背腹之分，背侧凸出，腹侧稍有凹入，末端钝圆或近头状。管壳缝呈“V”形。壳面花纹为呈网眼状的窝孔纹。为淡水和半咸水种类。窗纹藻属在辽河流域有窗纹藻（*Epithemia* sp.）。

51. 棒杆藻属（*Rhopalodia*）

植物体为单细胞；壳面弓形、新月形、肾形，背缘凸起、弧形，两端渐尖；背缘具1条龙骨，龙骨上具1条不明显的管壳缝，具不明显的中央节。棒杆藻属在辽河流域有弯棒杆藻［*Rhopalodia gibba*（Ehr.）O.Müller］。

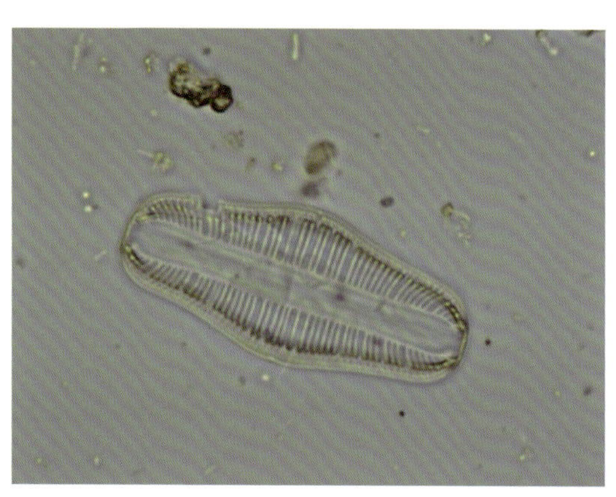

弯棒杆藻
Rhopalodia gibba (Ehr.) O.Müller

52. 菱板藻属（*Hantzschia*）

植物体为单细胞；细胞纵长，直或“S”形，壳面弓形、线形或椭圆形，一侧或两侧边缘益缩或不缢缩，两端尖形、渐尖或近喙状。菱板藻属在辽河流域有菱板藻（*Hantzschia* sp.）、双尖菱板藻小头变型（*H. amphioxys* f. *capitata* O.Müller.）。

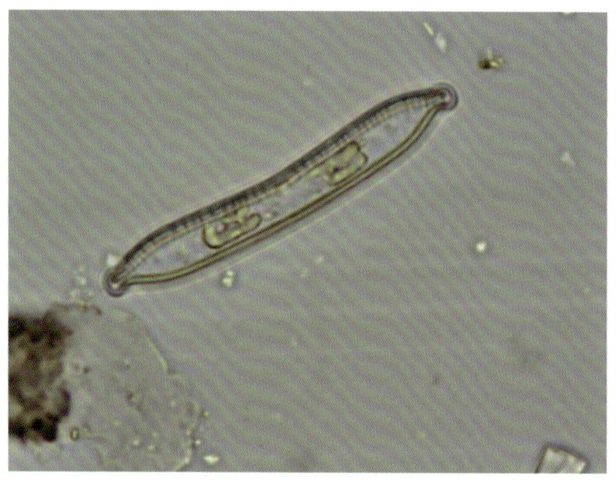

双尖菱板藻小头变型
Hantzschia amphioxys f. *capitata* O.Müller.

53. 菱形藻属（*Nitzschia*）

细胞棒形，壳面为直纺锤形，“S”形，椭圆形等，两端尖或钝，壳面一侧有龙骨突，上下壳的龙骨突不在同一侧，因此细胞壁的断面为菱形。在龙骨突中有管壳缝，又沿着管壳缝有一列小圆孔列，色素体2个。该属共有350种，中国有76种以上。在淡水、半咸水及海水中均有。菱形藻属在辽河流域有尖刺菱形藻（*Nitzschia pungens*）、谷皮菱形藻（*N. palea*（Kütz.）W. Smith.）、池生菱形藻（*N. stagnorum*）、线形菱形藻（*N. linearis*）、刀形菱形藻（*Nitzschia scalpelliformis*）。

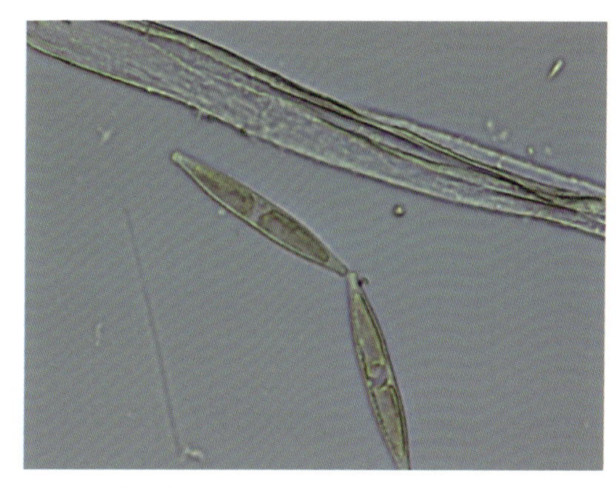

谷皮菱形藻
Nitzschia palea（Kütz.）W. Smith.

54. 缘藻属（*Cymatopleura*）

植物体为单细胞，浮游；壳面椭圆形、纺锤形、披针形或线形，呈横向上下波状起伏，上下壳面的整个壳缘由龙骨及翼状构造围绕。波缘藻属在辽河流域有椭圆波缘藻缢缩变种（*Cymatopleura elliptica* var. *constricta* Grunow）、草鞋形波缘藻［*C. solea*（Bréb.）W.Smith.］。

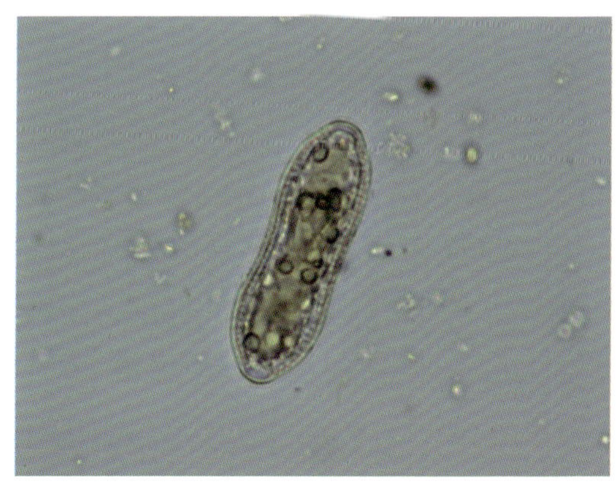

椭圆波缘藻缢缩变种
Cymatopleura elliptica var. *constricta* Grunow

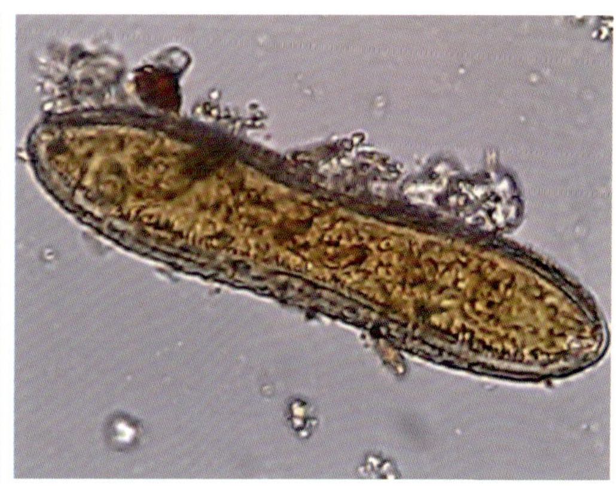

草鞋形波缘藻
Cymatopleura solea（Bréb.）W.Smith.

55. 长羽藻属（*Stenopterobia*）

长羽藻属在辽河流域有中型长羽藻（*Stenopterobia intermedia*）。

56. 双菱藻属（*Surirella*）

壳面楔形、卵形、椭圆形或长方形。一般扁平，也有扭转的。中线上有无纹区，也称拟壳缝。花纹为横肋纹，肋纹间还有横线纹，左右对称。壳环面一般扁平，可见管壳缝在翼状船骨突上。每细胞只有1个色素体，有性复大孢子由两个配子接合而成。细胞卵圆形到近于长方形，在壳面中央有假壳缝，龙骨突位壳面边缘，其中有管壳缝，因此在两壳共有4条。管壳缝有筒状管道与细胞相通，壳面观则呈极大的肋。该属共有300种，中国有27种以上。海水、半咸水、淡水中都有，单独生活。双菱藻属在辽河流域有粗壮双菱藻（*Surirella robusta*）、粗壮双菱藻华彩变种［*S. robusta* var. *splendida*（Ehr.）Van Heurck］、卵形双菱藻（*S. ovata*）、线形双菱藻（*S. linearis* W. Smith）。

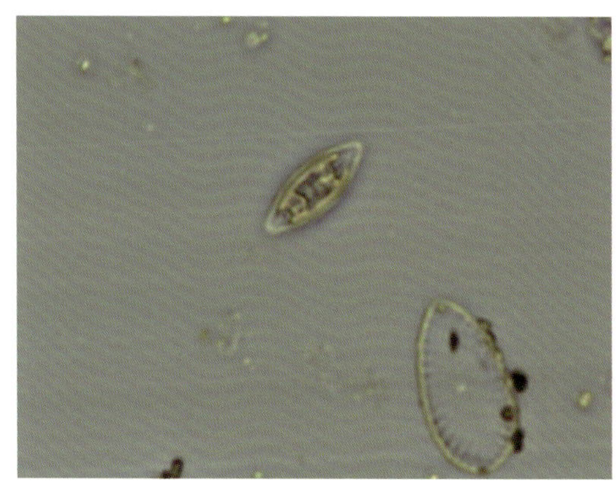

卵形双菱藻
Surirella ovata

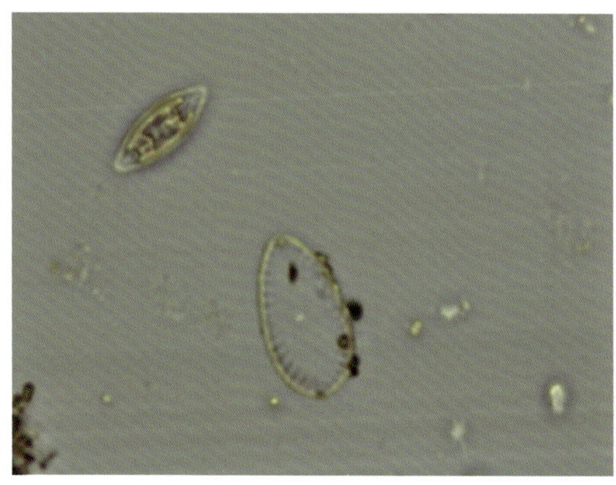

粗壮双菱藻
Surirella robusta

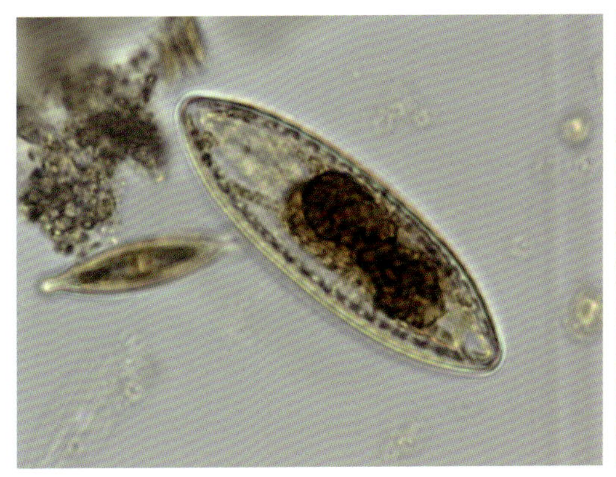

粗壮双菱藻华彩变种
Surirella robusta var. *splendida*（Ehr.）Van Heurck

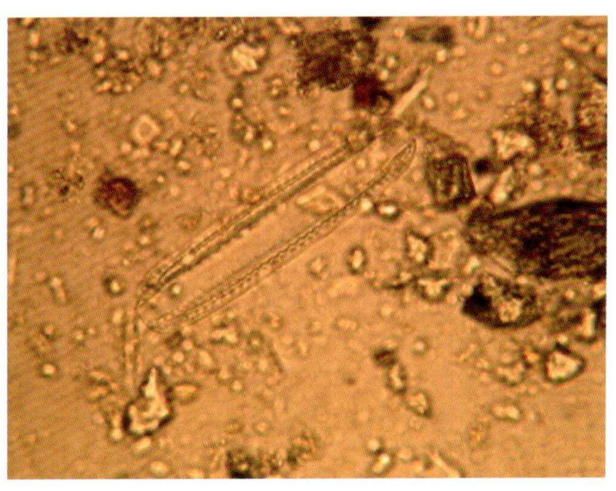

线形双菱藻
Surirella linearis W. Smith

七、裸藻门

细胞形状多样。表质有的柔软而使形状易变且具裸藻状蠕动，有的硬化而形状固定。鞭毛仅一条伸出体，能整体活跃摆动；另一条已退化成残根保留在“沟-泡”内。色素体多数存在，少数缺乏。眼点和鞭毛隆体在绿色种类中存在，在无色种类中多数缺乏而少数存在。营养方式有光合自养或渗透性的腐生营养。

裸藻科是裸藻门中种类最多的一个科，几乎占裸藻门全部种类的80%。

形态结构

裸藻门除胶柄藻属以外，都是无细胞壁，有鞭毛，能自由游动的单细胞植物。裸藻细胞的最外层是原生质膜，在质膜内，由蛋白质构成周质体（periplast），因此，周质体是细胞的内部构造。电子显微镜下观察，周质体是由多条壁纹（stripe）密接组成的，这些壁纹螺旋状包围着藻体。有些种的周质体薄，易弯曲，藻体能变形。还有些种的周质体厚而硬，使藻体有固定形状。裸藻类大多数种类是有一根鞭毛的单细胞运动个体。色素体为叶绿素a、叶绿素b、β-胡萝卜素和叶黄素。形状有粒状，盘状，带状，星状，其形状，数目、排列方式是分类依据。藻体一般为绿色。同化产物为裸藻淀粉（副淀粉），常呈粒状、环状，棒状，鼓形。原生质裸露，无细胞壁，仅有表质。以细胞分裂进行繁殖。藻体多数为纺锤体，椭圆形，片状。胞咽附近有一红色眼点。

繁殖方式

裸藻以细胞纵裂的方式进行繁殖。细胞分裂可以在运动状态下进行，也可以在胶质状态下进行。分裂开始，着生鞭毛一端发生凹陷，同时细胞核开始有丝分裂，鞭毛器和眼点也分裂，这些过程结束后，细胞本身发生缢裂。缢裂的结果，叶绿体和裸藻淀粉粒在每个子细胞中各保留一半，一个子细胞保留原有的鞭毛；另一个子细胞长出1条新的鞭毛。在胶质状态下，细胞分裂时首先失去鞭毛，并分泌厚的胶被，细胞在胶被内反复分裂，形成许多细胞的胶群体（palmella），环境适宜时，每个细胞发育成1个新的个体。有时细胞停止运动，分泌一层厚壁，变成胞囊（cyst）。胞囊可渡过恶劣环境。环境好转时原生质从厚壁中脱出，萌发成新个体。裸藻没有无性生殖，有性生殖尚不能确定。

分类地位

按照1950年G. M. 史密斯的分类系统，裸藻门仅裸藻纲（Euglenophyceae）1纲2目，即裸藻目（Euglenales）和柄裸藻目（Colaciales），前者包括能自由运动的种类，分为3科：裸藻科（Euglenaceae）、变胞藻科（Astasia-ceae）、袋鞭藻科（Peranemaceae）；后者包括附生的种类，仅柄裸藻科（Colaciaceae）1科。常见的种类多属于裸藻科的裸藻属（*Euglena*）、扁裸藻属（*Phacus*）和囊裸藻属（*Trachelomonas*）。

裸藻门中，多数种在营养时期具有鞭毛，鞭毛藻的构造和习性兼有动物和植物的特征，因人们把鞭毛藻作为动、植物的共同祖先。在植物界的自然发展中，有些植物学家认为，鞭毛藻是无鞭毛藻类和其他植物进化发展的中心，因为大多数藻类在营养时期没有鞭毛，但到生殖期（除红藻和蓝藻以外）都能产生具鞭毛的生殖细胞。不仅如此，菌类、苔藓、蕨类和裸子植物的铁树，在生殖时产生的雄性生殖细胞也都有鞭毛。因此，鞭毛藻类既是藻类的祖先，也是其他植物的祖先。

现存裸藻的色素，和绿藻相同，认为两者关系密切。但两者运动型细胞的原生质体结构显著不同，贮藏的营养物质、鞭毛的数目及类型，与绿藻都不同。据所知，没有任何资料能证明哪一种藻类是从裸藻进化来的，也没有哪一种藻类在发展史上与裸藻有亲缘关系，因而裸藻和绿藻的关系是含混不清的。从裸藻门藻体的形态结构来看，也有从自由游动到不游动，从单细胞到群体的进化趋势。

裸藻门的分类

裸藻门约有40属，800多种，全部包括在裸藻纲中。本纲分裸藻目（Euglenales）和胶柄藻目两个目。代表属：裸藻属（*Euglena*）、扁裸藻属（*Phacus*）、囊裸藻属（*Trachlomonas*）、胶柄藻属（*Colacium*）、陀螺藻属（*Strombomonas*）。辽河流域蓝藻主要隶属裸藻目（Euglenale）。

裸藻目

57. 裸藻属（*Euglena*）

植物体为单细胞，呈纺锤形至针形，多数种类表质柔软，可变形。有1条鞭毛，有1红色眼点。多数种类具色素体，1个至多个，呈盘状、片状、带状或星状，颜色多为绿色，有或无蛋白核。极少数种类无色素体；有些种类具裸藻红素，可使细胞呈红色。多生活在浅小而有机质丰富的水体（如池塘、鱼塘、沟渠等）。某些种类可形成绿色、黄褐色或棕红色水华。该属约有150种，中国现有的记录约40种。分布较广，多数生长于淡水中，少数生长于半咸水中，极少数生长在潮湿的土壤或冰雪上，也有寄生的种类。裸藻是湖泊及池塘中常见的浮游藻类，生长旺盛时能形成绿色或红色的黏膜状水华，对池塘养鱼有不利的影响。裸藻属在辽河流域有纤细裸藻（*Euglena gracilis klebs*）、旋纹裸藻（*E. spirogyra*）、多形裸藻（*E. polymorpha* Dangeard.）、梭形裸藻（*E. acus* Ehrenberg.）、绿色裸藻（*E. viridis* Ehrenberg.）、静裸藻（*E. deses*）、尾裸藻（*E. caudata*）、血红裸藻（*E. sanguinea*）。

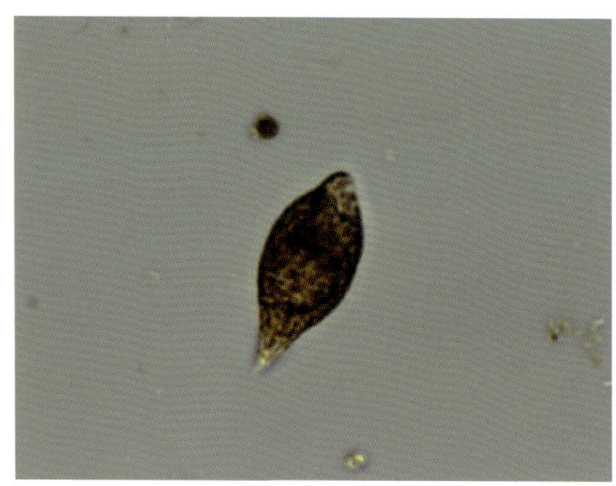

尾裸藻
Euglena caudata

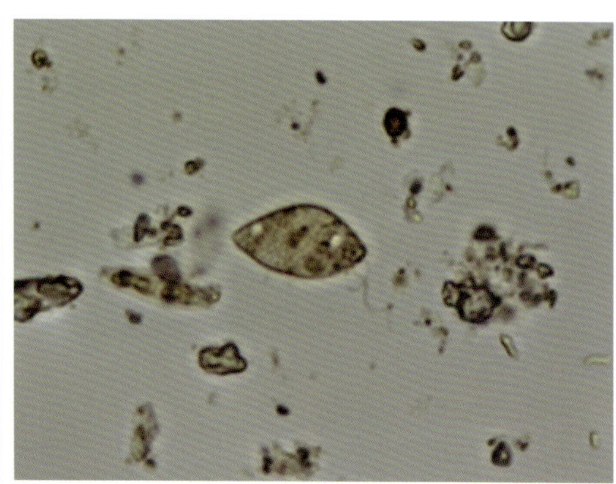

多形裸藻
Euglena polymorpha Dangeard.

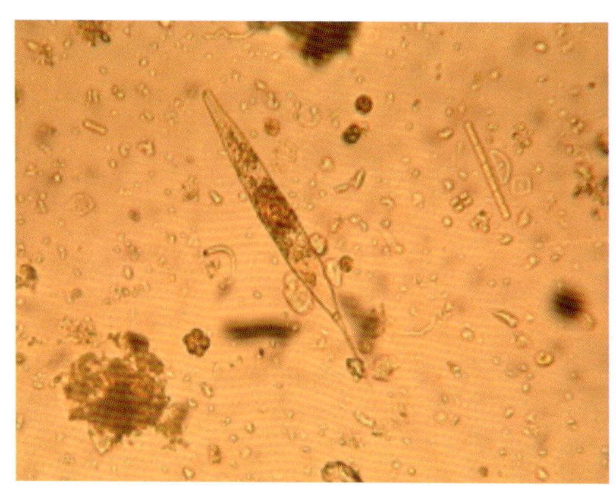

梭形裸藻
Euglena acus Ehrenberg.

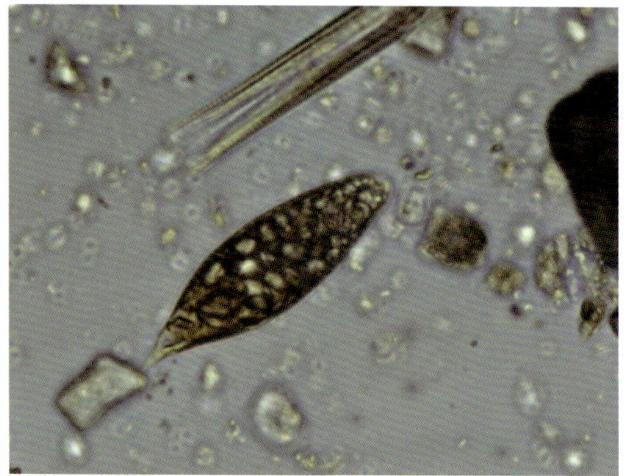

绿色裸藻
Euglena viridis Ehrenberg.

58. 鳞孔藻属（*Lepocinclis*）

细胞表质硬化形态固定，一般呈球形、椭圆形或纺锤形，后端渐尖或具尾刺。表质具线纹或颗粒，纵向或螺旋状排列。色素体多数，圆盘状，无蛋白核。游泳鞭毛具膨大的鞭毛隆体。具1个明显的眼点。

为典型的淡水藻类，喜温暖肥沃的小型水体。细胞表质柔软，形态易变，一般圆柱形或纺锤形。表质具线纹。2条不等长鞭毛，游泳鞭毛长且粗，向前伸展，拖曳鞭毛短，略细，向后，无眼点。核明显，一般中位。该属约100种，中国现有的记录约 50种。鳞孔藻属在辽河流域有卵形鳞孔藻（*Lepocinclis ovum*）。

59. 扁裸藻属（*Phacus*）

植物体为单细胞，正面观一般为圆形、卵形或椭圆形，有1条鞭毛。细胞扁平呈叶片状，少数有些扭曲，后端多成尾状。表质硬，不能变形。表质具纵向或螺旋状形排列的线纹、肋纹或颗粒。色素体多数，呈圆盘状，无蛋白核。具1个明显的眼点。在浅小水体分布广泛，许多种类喜有机质丰富的水体。该属约160种，中国现有的记录约 60种。扁裸藻属在辽河流域有长尾扁裸藻（*Phacus longicauda*）。

60. 囊裸藻属（*Trachlomonas*）

植物体为单细胞，有1根鞭毛，具有囊壳。囊壳形状多样，又球形、卵形、椭圆形或纺锤形，表面光滑或有点、瘤、刺、花纹等，颜色为褐色、黄色、橙色或无色。囊壳前端有孔，鞭毛从此伸出。

在温暖的静止小型淡水水体和沼泽中常见，某些种类大量繁殖可形成水华。该属约240种，中国约80种。囊裸藻属在辽河流域有珍珠囊裸藻（*Trachelomonas*

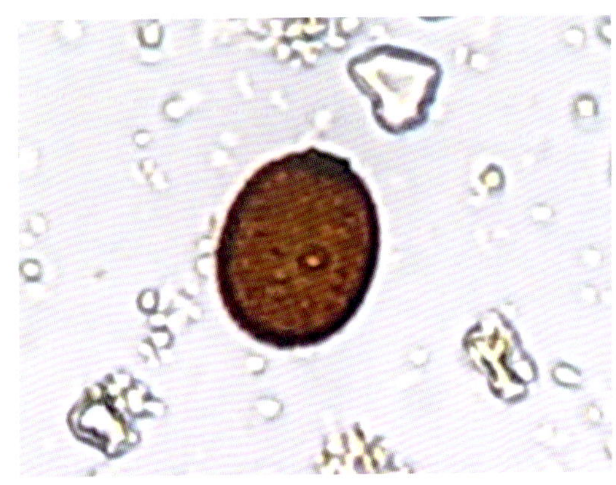

细粒囊裸藻
Trachelomonas granulosa Playf.

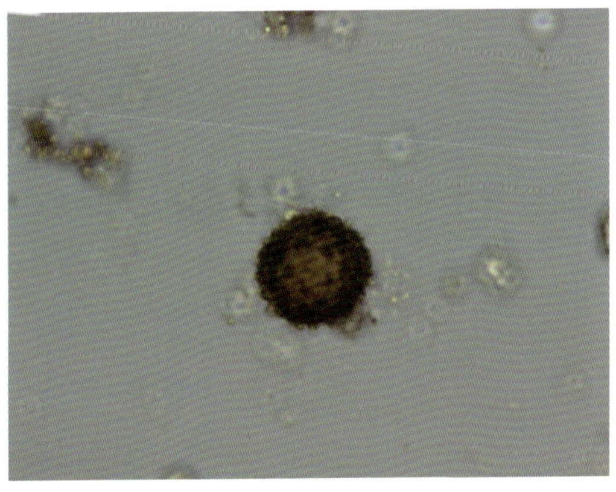

华丽囊裸藻
Trachelomonas superba Swir.em.Defl.

margaritifera）、细粒囊裸藻（*T. granulosa* Playf.）、华丽囊裸藻（*T. superba* Swir. em.Defl.）、囊裸藻（*T.* spp.）。

61. 陀螺藻属（*Strombomonas*）

细胞具囊壳，壳壁前端逐渐收缩呈领状，领与壳之间无明显界限，多数种类后端渐尖成一长尾刺。囊壳一般无色，表面光滑或具皱纹，囊壳内裸露的细胞其特征与裸藻相似。

淡水中常见，喜肥沃的静止小水体和沼泽环境。陀螺藻属具有6个种。陀螺藻属在辽河流域有陀螺藻（*Strombomonas* sp.）。

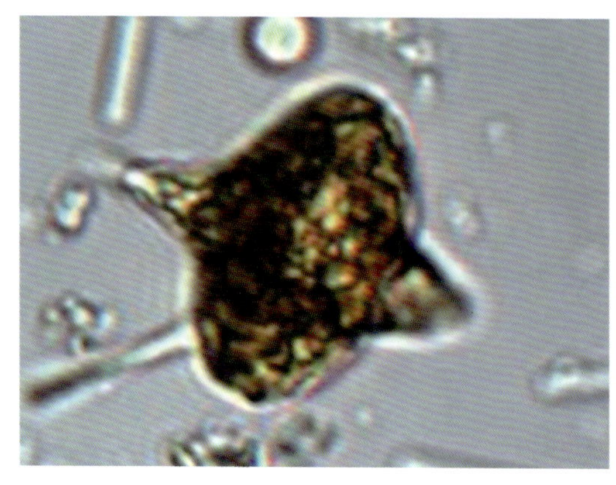

陀螺藻
Strombomonas sp.

62. 柄裸藻属（*Colacium*）

细胞前端具1胶质柄，单细胞或连成树状群体，也可脱离宿主成为游动个体。体形稳定，卵圆形、纺锤形或椭圆形，体外具水样胶质包被；色素体圆盘形，多个，有或无蛋白核；同化产物为副淀粉。该属约12种，中国仅有3种。附着生长在湖泊及池塘小水体中的枝角类、桡足类和轮虫等浮游动物身上。常见种类为囊状柄裸藻和栖蚤柄裸藻。柄裸藻属在辽河流域有囊形柄裸藻（*Colacium vesiculosum* Ehrenberg.）。

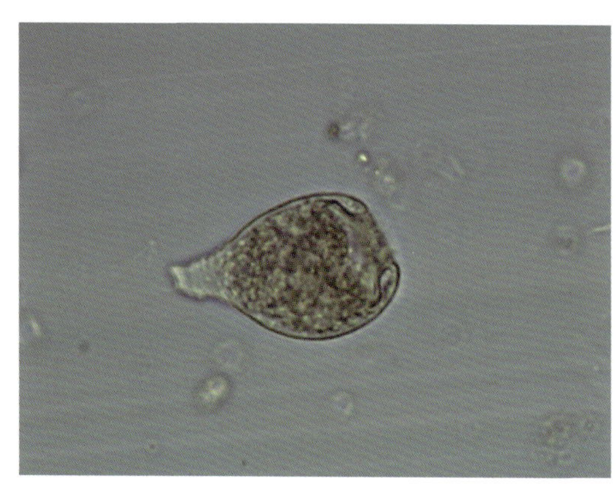

囊形柄裸藻
Colacium vesiculosum Ehrenberg.

八、绿藻门

绿藻门是属于藻类植物的一种，大多数是在淡水里生存，但有少数在海水里生存。绿藻门的主要特征是进行光合作用产生的色素叫作绿色素，绿藻门在体内主要储存的食物是淀粉，在生活中绿藻门是用鞭毛来游泳的细胞。绿藻也是在藻类植物中最大的一类，大约有350个属，5 000种以上。

形态结构

绿藻类种类繁多，有单细胞体，多细胞体。体常呈草绿色。同化产物为淀粉。运动型营养细胞或生殖细胞具2条等长、顶生的鞭毛。绿藻类的体型多种多样，单细胞体呈球形、椭圆形、纺锤形、新月形、三角形等，群体呈球形、放射形、片状、丝状。运动型的个体都为衣藻型，具2条或4条等长、顶生的鞭毛，大都有1个红色的眼点。1～2个或几个伸缩泡。色素体杯状或其他形状，细胞核1个，造粉核1个。绿藻类大多数具有内层纤维质，外层果胶质组成的细胞壁。在浮游性种类的细胞壁上还常有各种突起，刺毛等。

繁殖方式

绿藻门的繁殖方式共有有性繁殖、无性繁殖及营养繁殖三种。

有性繁殖：生殖细胞用有性繁殖这种方式是叫作配子，两个需要繁殖的生殖细胞进行结合然后变成合子，然后就萌发出一个全新的个体，或者还能通过减少细胞分裂然后形成了孢子，发育成全新的个体。两个配子结合的条件需要大小、结构、运动能力及形状都需要完全相同，叫作同配生殖。两个结构运动能力等都不一样的配子，配子大但是没有鞭毛却不能运动的称为卵子，配子个头小但是有鞭毛却能灵活动的叫作精子，这样的结合叫作卵式生殖。如果两个都没有鞭毛却能变形的配子相结合的话，叫作接合生殖。

无性生殖：无性生殖是能够形成静孢子或游动孢子。有一些藻类就会用静孢子的方式进行生殖。静孢子是没有鞭毛的，也不能运动，但是细胞上有细胞壁，但是还有另外的一种静孢子在外观上面和母细胞是一样的，看起来像亲孢子，在生存的条件不好的时候细胞里面就会开始分泌很厚的细胞壁，分泌出来的物质围绕着质体的本身然后与一开始的细胞壁结合，然后当环境合适的时候，就能够发育新的个体了。

营养繁殖：两个生殖细胞结合形成合子，合子直接萌发成新个体，或经过减数分裂形成孢子，并发育成新个体。在形状、结构、大小和运动能力等方面完全相同的两个配子结合，称为同配生殖。在形状和结构上相同，但大小和运动能力不同，大而运动能力迟缓的为雌配子，小而运动能力强的为雄配子，此两种配子的结合称为异配生殖。在形状、大小和结构上都不相同的配子，大而无鞭毛不能运动的为卵，小而有鞭毛能运动的为精子，精卵结合称为卵式生殖。两个没有鞭毛能变形的配子结合，称为接合生殖。

分类地位

绿藻是5.4亿年前就已经在地球上繁衍的生物。它是一种单细胞的绿色微藻类，无论是生态环境的巨变，还是自然灾害的侵袭，都未被毁灭，其稳定的基因始终没有改变。这种生物直到100多年前人类发明了显微镜以后，被生物学家拜尔尼克（MWBeyernick）博士发现；把希腊文Chlor（绿色）和拉丁文表示细小物质Ella组合，将其命名为Chlorella。因为它的直径只有3～8 μm，必须用600倍以上的显微镜才能看见，且形状呈圆球形，所以被称为绿藻。

应用价值

小球藻和珊藻富含蛋白质可供人食用和作动物饲料。绿藻是藻类生理生化研究的材料及宇宙航行的供氧体，有的可制藻胶。绿藻在水体自净中起净化和指示生物的作用。

绿藻门的分类

绿藻是藻类植物中最大的一门，约有350个属，5 000～8 000种。分成绿藻纲和轮藻纲两个纲。我国一般将绿藻纲分为团藻目、四孢藻目、绿球藻目、丝藻目、具毛藻目、石莼目、溪菜目、鞘藻目、刚毛藻目、管藻目、管枝藻目、绒枝藻目和接合藻目。轮藻纲中只有轮藻目13个目。辽河流域绿藻主要隶属团藻目、四孢藻目、绿球藻目、丝藻目、刚毛藻目、双星藻目、鼓藻目。

团藻目

63. 衣藻属（*Chamydomonas*）

衣藻属是团藻目内单细胞类型中的常见植物。植物体是单细胞，3～29 μm，卵形、椭圆形或圆形。体前端有2条顶生鞭毛，有些种在鞭毛着生处有乳头状突起，有的则无，鞭毛是衣藻在水中的运动器官。在某些环境下，如在潮湿的土壤上，原生质体再三分裂，产生数十、数百至数千个没有鞭毛的子细胞，埋在胶化的母细胞壁中，形成一个不定群体。当环境适宜时，每个子细胞生出2条鞭毛，从胶质中放出。衣藻约有100种，生活于含有机质的淡水沟和池塘中，早春和晚秋较多，常形成大片群落，使水变成绿色。衣藻属在辽河流域有衣藻（*Chlamydomonas* sp.）。

64. 四鞭藻属（*Cateria*）

单细胞，球形、椭圆形或卵形。藻体绿色。具4条鞭毛、能运动。色素体杯状、星形、“H”形等。造粉核通常有1个，位于色素体增厚地后端或侧面。眼点明显。四鞭藻属在辽河流域有球四鞭藻（*Carteria globulosa* Pascher）。

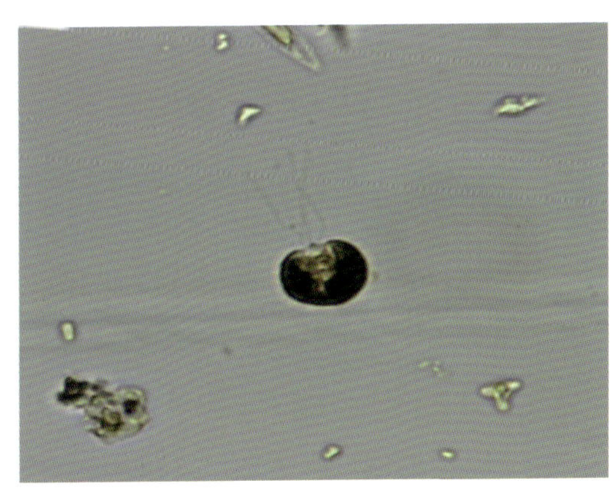

球四鞭藻
Carteria globulosa Pascher

65. 盘藻属（*Gonium*）

植物体为群体，由4个、16个、32个衣藻型细胞排列组成扁平盘状群体，群体外有公共胶被，细胞间有胶质丝相连。盘藻属在辽河流域有盘藻（*Gonium pectorale*）。

66. 杂球藻属（*Pleodorina*）

又叫多球藻，由64个或128个细胞无次序地排列在共同胶被中，组成球形或椭球形群体。群体前半部细胞球形，较小，色素体杯状，造粉核位于后端，眼点明显，为体细胞。后半部细胞较大，直径长2～3倍于体细胞。杂球藻属在辽河流域有杂球藻（*Pleodorina californica*）。

67. 实球藻属（*Pandorina*）

通常由16个或32个衣藻型细胞（较少有4个或8个）组成球形或椭圆形群体。细胞在群体胶被中排列成1个实心球体。大多排列很紧，因而细胞有各种形状，具2条等长鞭毛，色素体杯状。细胞核位于细胞中部稍近前端。实球藻属在辽河流域有实球藻（*Pandorina morum*）。

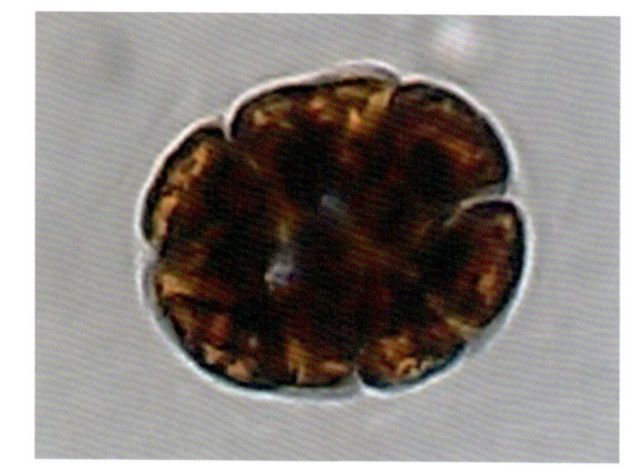

实球藻
Pandorina morum

68. 空球藻属（*Eudorina*）

通常由16个、32个或64个衣藻型细胞组成空心球形或椭球形群体，群体有共同胶被。细胞排列成层。单个细胞通常呈球形、梨形或椭圆形，相互不挤压而排列

空球藻
Eudorina elegans

疏松。色素体杯状。细胞核位于细胞中部。繁殖时也形成子群体。空球藻属在辽河流域有空球藻（*Eudorina elegans*）。

69. 团藻属（*Volvox*）

菌落型绿藻，形成藻海，其菌落肉眼可见，由数百至上万个细胞，排列成1层空心球体，球体内充满胶质和水。细胞的形态和衣藻相同，有2根鞭毛。每个细胞各有1层胶质包着，由于胶质膜彼此挤压，从表面上观察细胞为多边形的，各细胞间有原生质丝相连。群体后端有些细胞失去鞭毛，较普通营养细胞大10倍或10倍以上，称此为生殖胞。团藻属在辽河流域有美丽团藻（*Volvox aureus* Ehrenberg）。

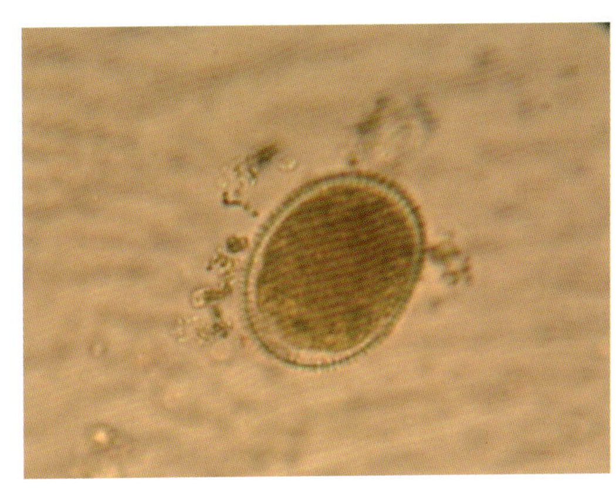

美丽团藻
Volvox aureus Ehrenberg

四孢藻目

70. 四集藻属（*Palmella*）

四集藻属植物体为不定行的胶质团块，单个细胞 2个、4个、8个细胞一组分散在胶被中，细胞球形，杯状色素体，蛋白核1个，生活在淡水或潮湿土壤，属于群体细胞。四集藻属在辽河流域有粘四集藻（*Palmella mucosa*）。

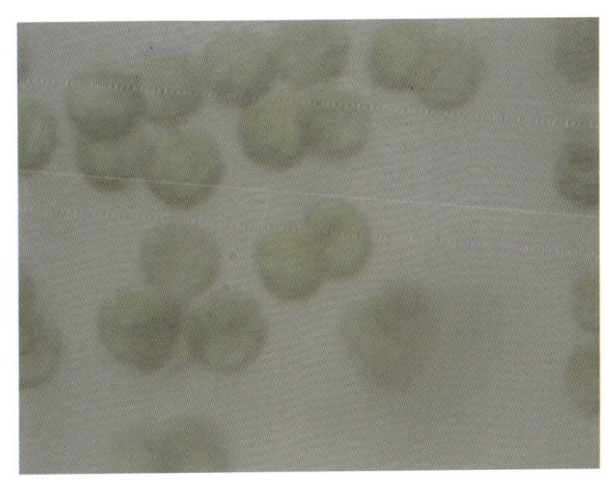

粘四集藻
Palmella mucosa

绿球藻目

71. 小桩藻属（*Characium*）

细胞呈纺锤形、柱形或近于球形、卵形。以末端呈盘状的柄着生于它物上。单生或连成一片。小桩藻属在辽河流域有湖生小桩藻（*Characium substrictum*）。

72. 弓形藻属（*Schroederia*）

单细胞，细胞纺锤形，直或弯曲。细胞壁两端延长成长刺。刺的末端变尖，另一端膨大成圆盘状或双叉状。色素体1个，片状，周生。弓形藻属在辽河流域有弓形藻（*S. setigera*）、拟菱形弓形藻（*Schroederia nitzchioides*）、螺旋弓形藻（*S. spiralis*）。

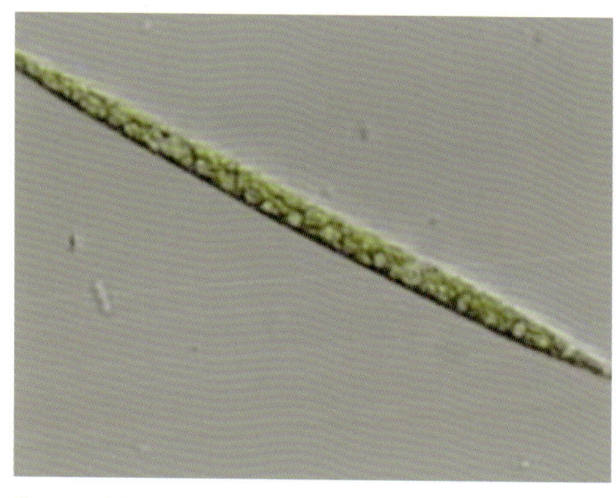

弓形藻
Schroederia setigera

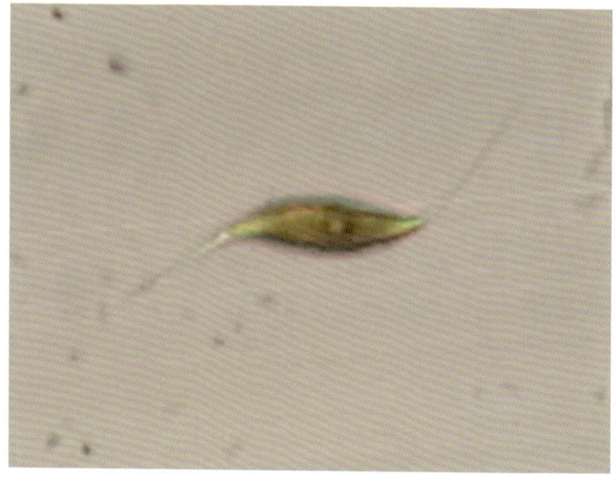

螺旋弓形藻
Schroederia spiralis

73. 小球藻属（*Chlorella*）

小球藻属是色球藻目中的常见植物。植物体是单细胞浮游种类，细胞微小，圆形或略椭圆形，细胞壁薄，细胞内有1个杯形或曲带形载色体，细胞老熟时载色体分裂成数块。无蛋白核，只有蛋白核小球藻（*Chlorella pyrenoidosa* Chick.）有蛋白核。无性生殖时，原生质分裂形成2个、4个、8个、16个似亲孢子，母细胞壁破裂时，放出孢子成为新的植物体。小球藻属在辽河流域有小球藻（*C. vulgaris*）、蛋白核小球藻（*C. pyrenoidesa*）。

74. 顶棘藻属（*Chodatella*）

单细胞，细胞椭球形、卵形等。细胞两端或两端和中部具有对称排列的长刺。色素体1～4个。常见于小型水体，喜有机质丰富水质。顶棘藻属在辽河流域有四刺顶棘藻（*Chodatella quadriseta* Lemmermann）、纤毛顶棘藻（*C. ciliata* Lemmermann）。

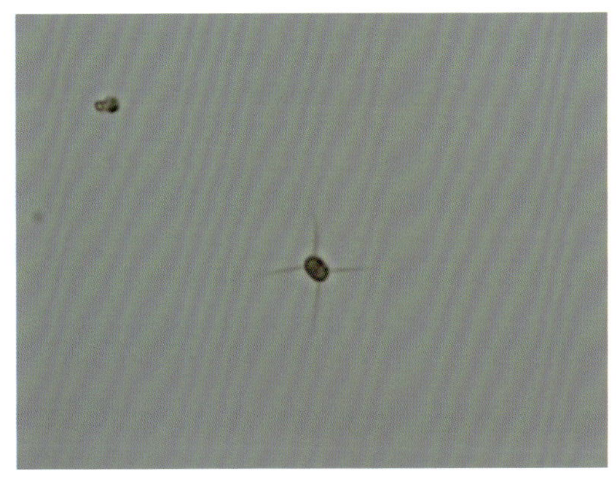

四刺顶棘藻
Chodatella quadriseta Lemmermann

纤毛顶棘藻
Chodatella ciliata Lemmermann

75. 四角藻属（*Teteaedron*）

单细胞，细胞扁平或角锥形。具3～5个角。角分叉或不分叉。有些种类角或突起的顶端细胞壁成为刺。常生活于小型水体。四角藻属在辽河流域有戟形四角藻（*Teteaedron hastatum*）、微小四角藻［*T. minimum*（A.Braun）Hansgirg］、二叉四角藻［*T. bifurcatum*（Wille）Lagerheim］。

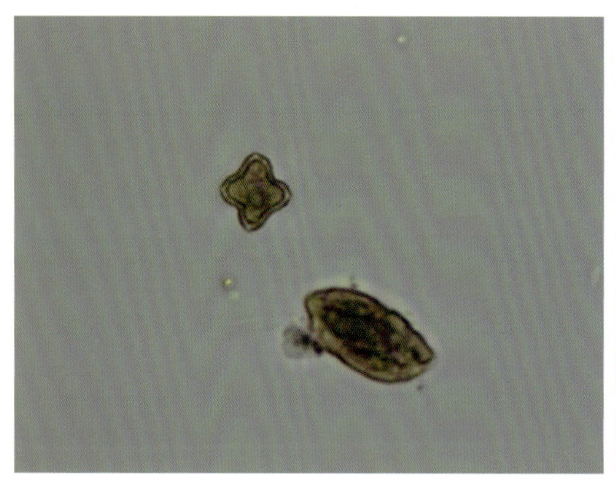

微小四角藻
Tetraedron minimum (A. Braun) Hansgirg

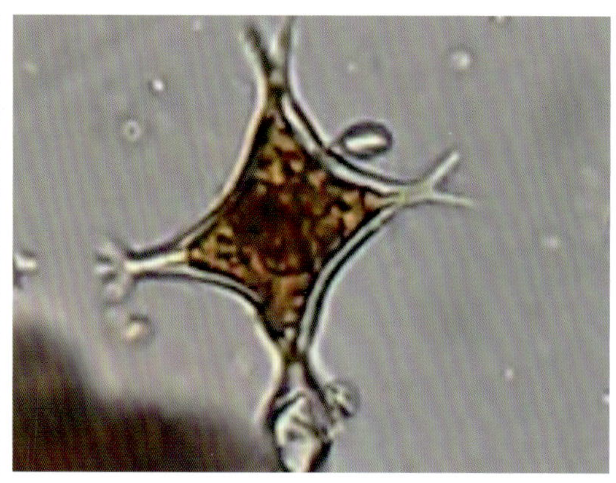

二叉四角藻
Tetraedron bifurcatum (Wille) Lagerheim

76. 蹄形藻属
(*Krichneriella*)

植物体为群体，群体外有胶被。细胞弯曲，新月形、蹄形或镰刀形。色素体周生，片状。具有1个核蛋白。蹄形藻属在辽河流域有肥壮蹄形藻（*Krichneriella obesa*）。

肥壮蹄形藻
Krichneriella obesa

77.月牙藻属
(*Selenastrum*)

细胞新月形，两端尖，通常由4个、8个或16个细胞以凸面相对排列成一组。整个群体细胞数可在100个以上。单个细胞有一个大的色素体，造粉核有或无。月牙藻属辽河流域有月牙藻（*Selenastrum bibraianum*）。

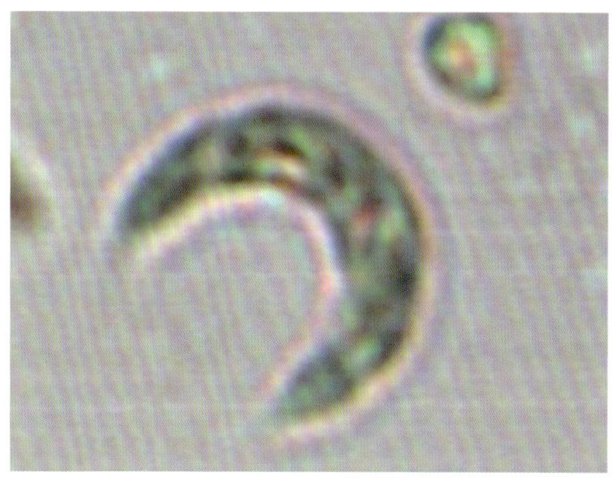

月牙藻
Selenastrum bibraianum

78.纤维藻属（*Ankistrodesmus*）

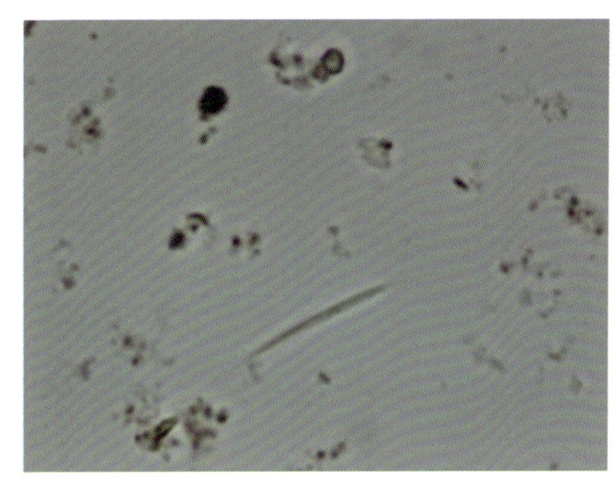

针形纤维藻
Ankistrodesmus acicularis

细胞针形至纺锤形，两端尖，直或弯曲。单细胞或聚集成群。色素体1个，片状。在各类水体中均有分布，喜肥沃小型水体。纤维藻属辽河流域有卷曲纤维藻（*Ankistrodesmus convolutus*）、针形纤维藻（*A. acicularis*）、镰形纤维藻（*A.s falcatus*）、镰形纤维藻奇异变种（*A. falcatus var.mirabilis*）。

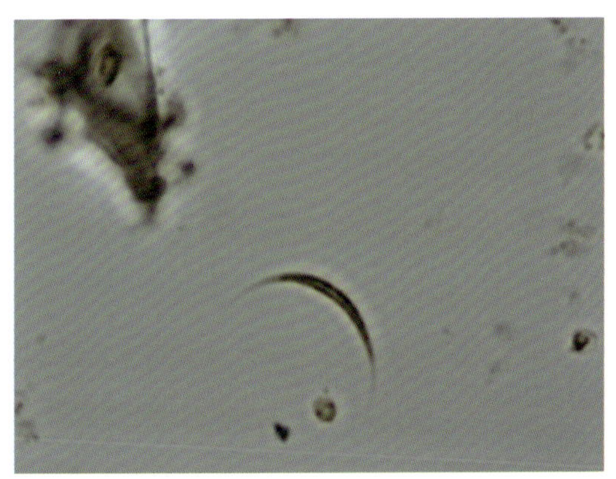

镰形纤维藻奇异变种
Ankistrodesmus falcatus var. *mirabilis*

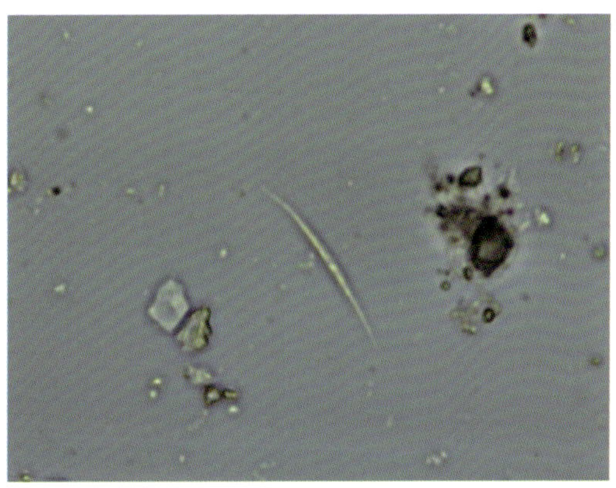

镰形纤维藻
Ankistrodesmus falcatus

79. 四棘藻属（*Treubaria*）

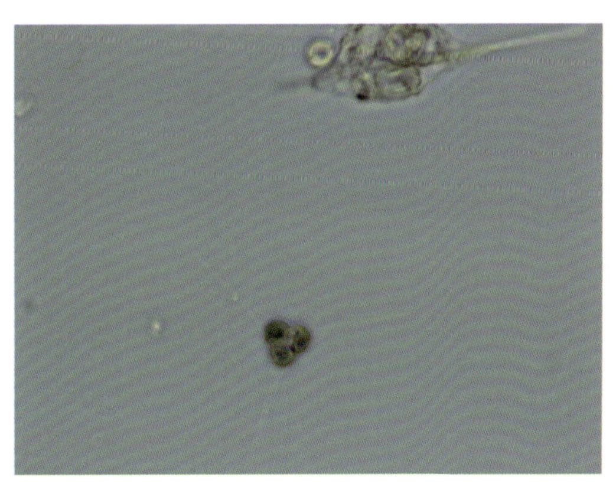

粗刺四刺藻
Treubaria crassispina G.M.Smith

植物体为单细胞或2～3个细胞互相连成暂时性的链状群体；浮游；细胞三角锥形、四角锥形、不规则的多角锥形、扁平三角形或四角形，角广阔，角间的细胞壁略凹入，各角的细胞壁突出，细胞壁极薄，平滑或具通常难以分辨的细点纹；带面长方形。四棘藻属辽河流域有粗刺四刺藻（*Treubaria crassispina* G.M.Smith）。

80. 卵囊藻属（*Oocystis*）

单细胞或群体。群体由2个、4个、8个或16个细胞包被于部分胶质化的膨大的母细胞壁中。细胞椭圆形或柠檬形。细胞壁光滑，两端有小的端结节。色素体1～5个。分布于各类淡水水体，夏末秋初数量较多。卵囊藻属辽河流域有湖生卵囊藻（*Oocystis lacustris* Chodat）。

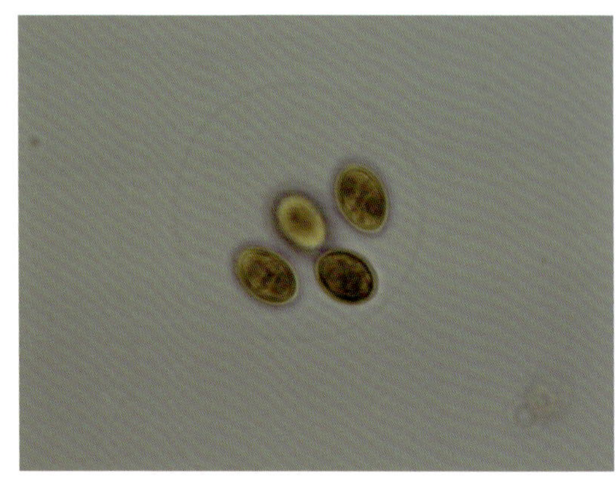

湖生卵囊藻
Oocystis lacustris Chodat

81. 并联藻属（*Quadrigula*）

具鞭毛，能游动，有性生殖不为接合生殖；植物体为定形群体；营养体时期为非运动型，营养细胞不具假鞭毛；细胞不进行植物性分裂，植物体为群体，常由2个、4个、8个细胞组成，似亲孢子进行无性生殖；个体细胞无规则分布在群体胶被中，在淡水中分布。并联藻属辽河流域有柯氏并联藻（*Quadrigula chodatii* G.M.Smith）。

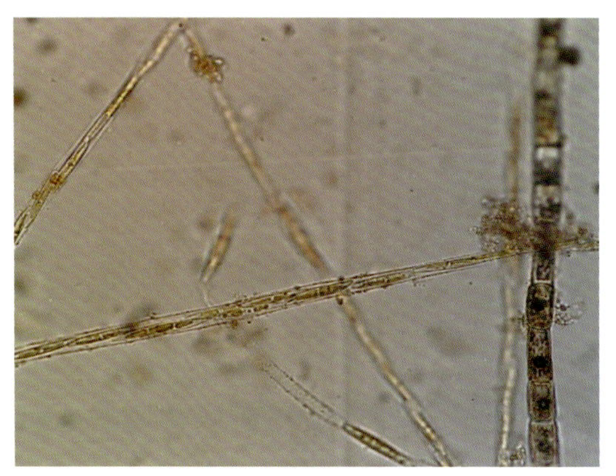

柯氏并联藻
Quadrigula chodatii G.M.Smith

82. 葡萄藻属（*Botryococcus*）

藻体单个或分枝，具有中实的圆柱形的单管轴，其上生1个至多个直立囊状分枝，囊状枝球形，梨形或长柱形，具柄或分枝，中空，内皮层由1层至数层大的、无色细胞组成，内层壁上长有无柄的腺细胞，单个或集生，突出于腔内，腔内充满黏液；外皮层细胞少。四分孢子囊散生在皮层中，“十”字形分裂。囊果向外或内部突出，具囊孔。精子囊生于囊状枝的表皮层。葡萄藻属辽河流域有布朗葡萄藻（*Botryococcus braunii* Kütz.）。

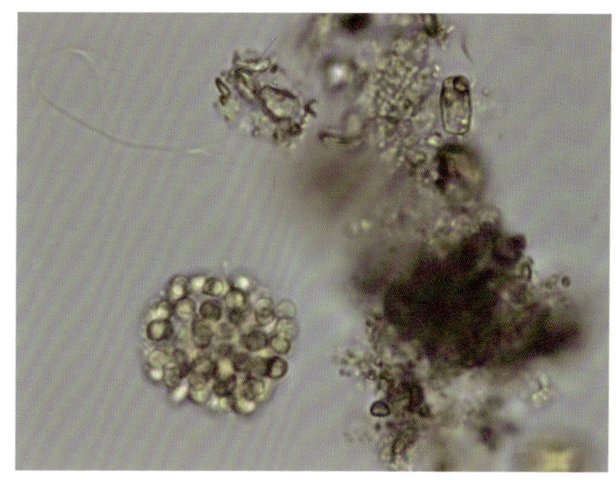

布朗葡萄藻
Botryococcus braunii Kütz.

83. 集星藻属（*Actinastrum*）

细胞长柱形，两端平截形、广圆形或尖。通常由4个、8个或16个细胞组成群体，群体细胞以一端相连成放射状排列，色素体为纵的1条。具1个造粉核。集星藻属辽河流域有集星藻（*Actinastrum hantzschii*）。

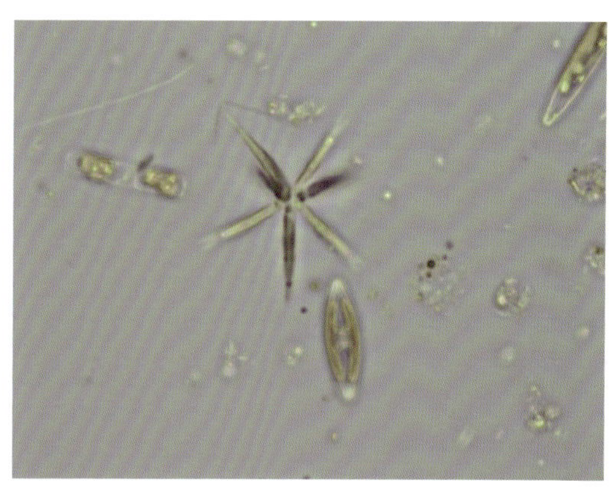

集星藻
Actinastrum hantzschii

84. 盘星藻属（*Pediastrum*）

植物体由2～128个细胞排列成一层细胞厚的定形群体，呈盘状、星状，群体边缘细胞常具突起。该属是世界性的淡水藻类，浮游或附着于底栖生物上；湖泊、池塘、沟渠、稻田中常见，也有些生于潮湿土壤之上。中国已报道有10余种和10余变种。盘星藻属辽河流域有短棘盘星藻［*Pediastrum boryanum*（Turp.）Meneghini］、整齐盘星藻（*P. integrum* Nägeli）、华丽四星

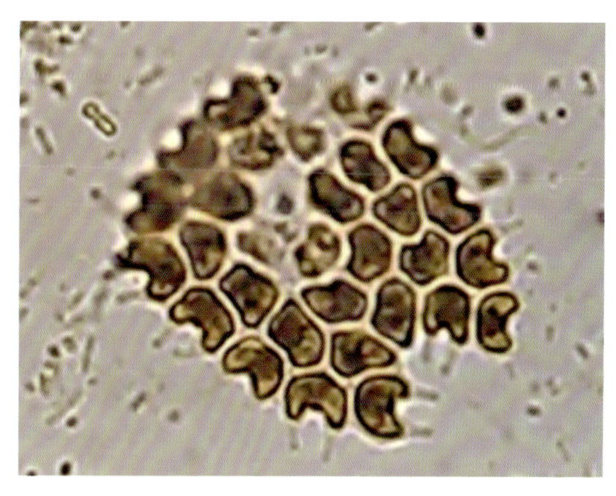

二角盘星藻
Pediastrum duplex

藻（*T. elegans* Playfair）、单角盘星藻（*P. simplex* Meyen）、单角盘星藻具孔变种（ *P. simplex* var. Duodenarium Meyen）、二角盘星藻（*P. duplex*）、二角盘星藻纤细变种（*P. duplex* var. Gracillimum）、四角盘星藻四齿变种（*P. tetras* var. Tetraodon）、四角盘星藻（*Pe. tetras*）。

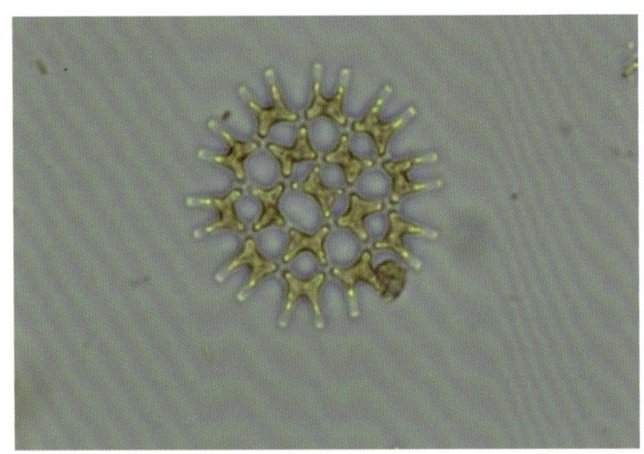

二角盘星藻纤细变种
Pediastrum duplex var. Gracillimum

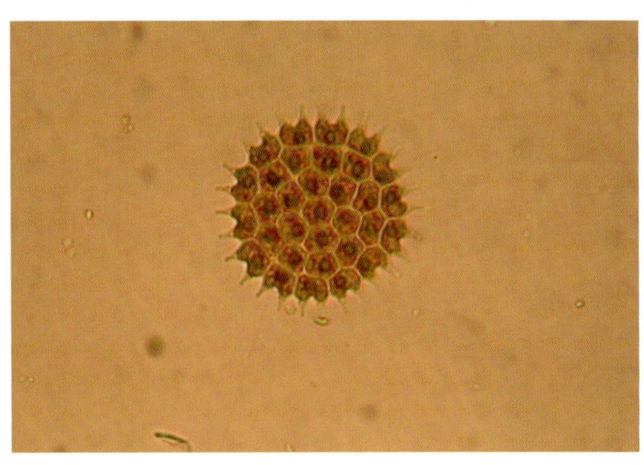

短棘盘星藻
Pediastrum boryanum（Turp.）Meneghini

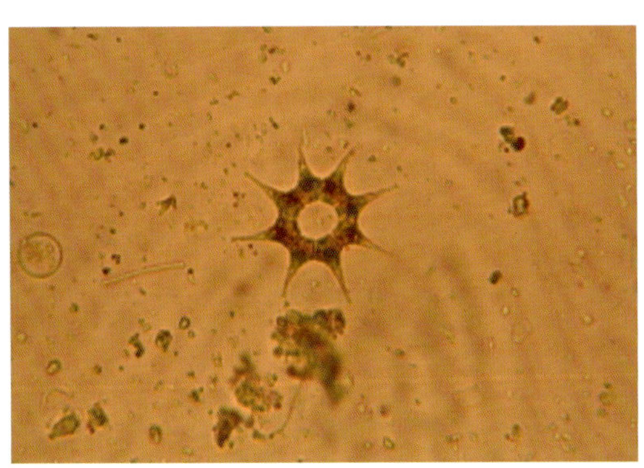

单角盘星藻具孔变种
Pediastrum simplex var. *Duodenarium* Meyen

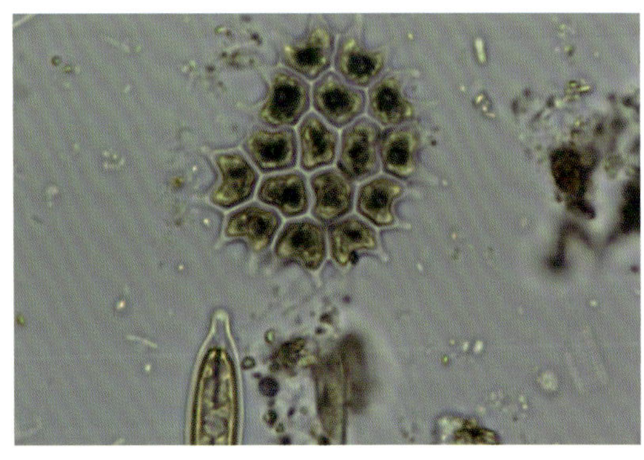

整齐盘星藻
Pediastrum integrum Nägeli

四角盘星藻
Pediastrum tetras

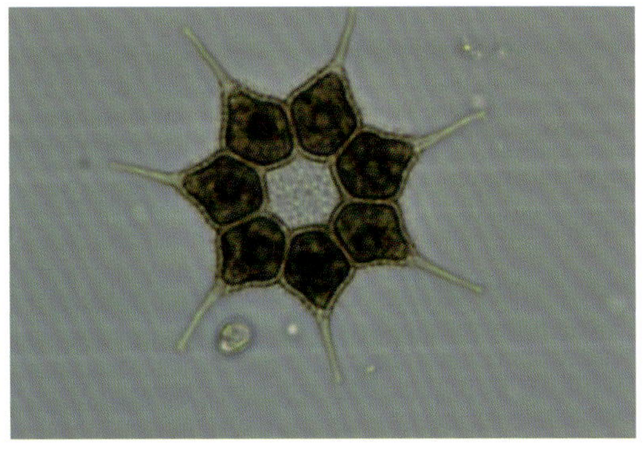

单角盘星藻
Pediastrum simplex Meyen

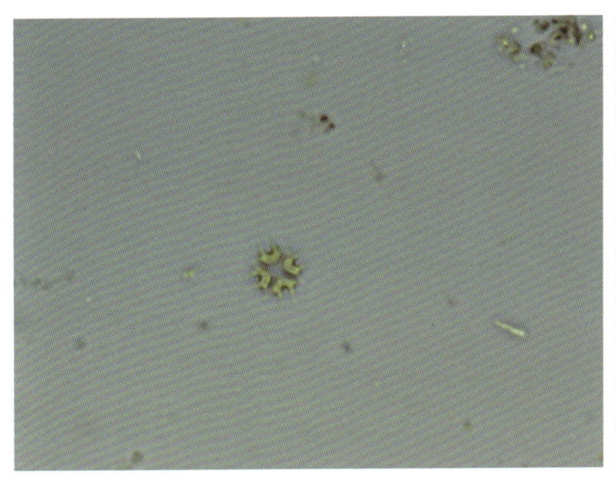

四角盘星藻四齿变种
Pediastrum tetras var. Tetraodon

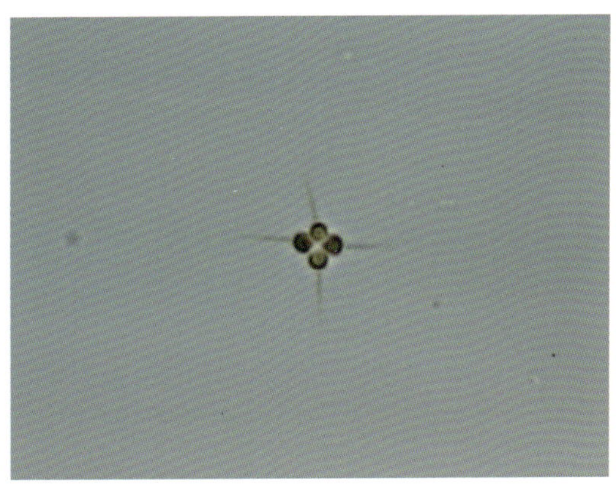

华丽四星藻
Tetrastrum elegans Playfair

85. 二形栅藻属（*Scenedesmus*）

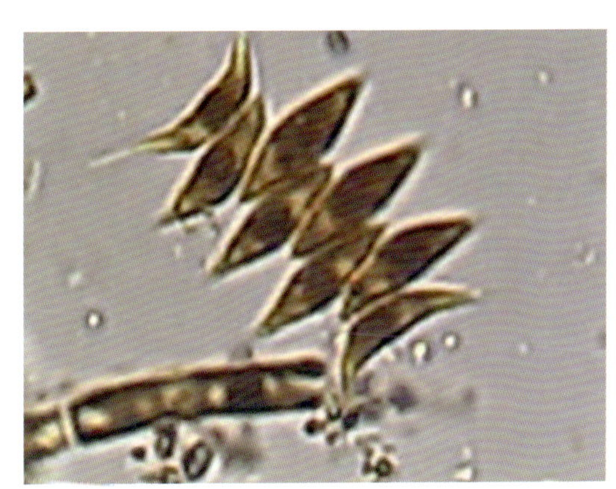

二形栅藻
Scenedesmus dimorphus

真性定形群体扁平，由4个、8个细胞组成的，常为4个细胞组成的，群体细胞直线排列成一行或相互交错排列；中间细胞纺锤形，上下两端渐尖，直，两侧细胞绝少垂直，新月形或镰形，上下两端渐尖，细胞壁平滑。4个细胞的群体宽11～20 μm，细胞长16～23 μm，宽3～5 μm，国内外广泛分布。二形栅藻属辽河流域有二形栅藻（*Scenedesmus dimorphus*）、弯曲栅藻（*S. arcuatus*）、斜生栅藻（*S. obliquus*）、四尾栅藻（*S. quadricauda*）、齿牙栅藻（*S. denticulatus*）、双对栅藻（*S. bijuba*）、扁盘栅藻（*S. platydiscus* Chodat）、丰富栅藻［*S.abundans*（Kirchn.）Chodat.］。

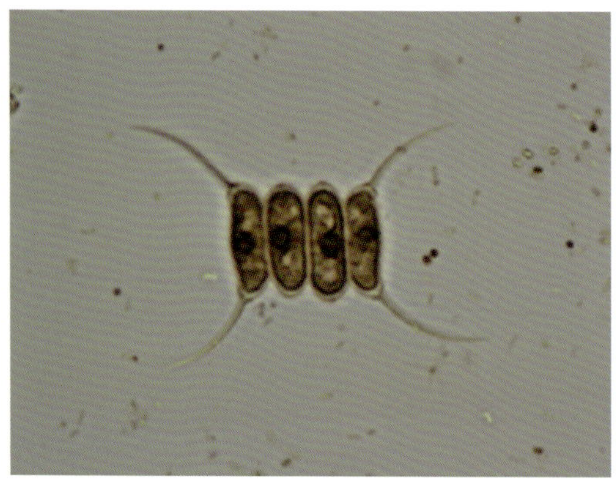

四尾栅藻
Scenedesmus quadricauda

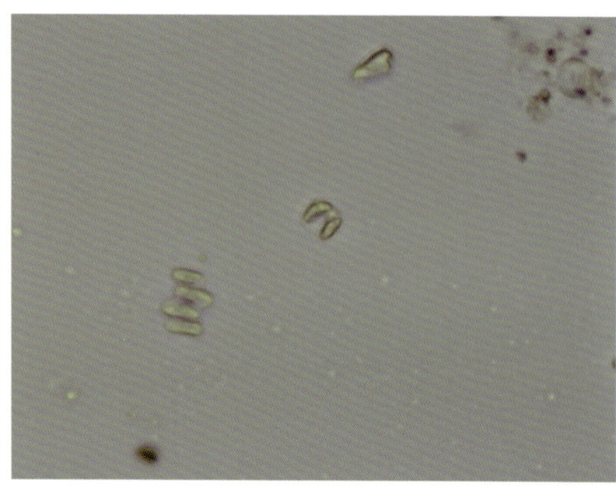

弯曲栅藻
Scenedesmus arcuatus

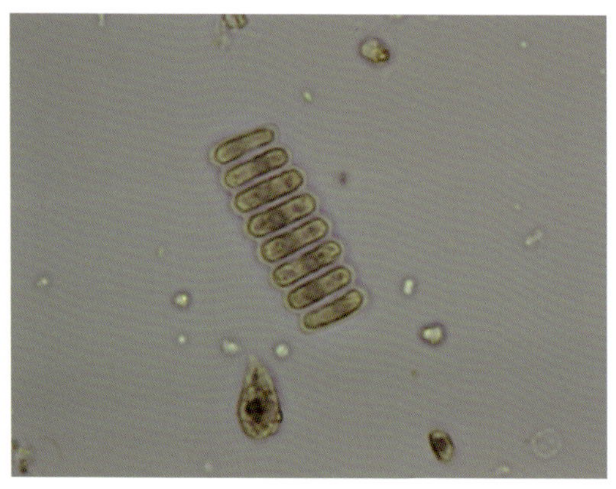

双对栅藻
Scenedesmus bijuba

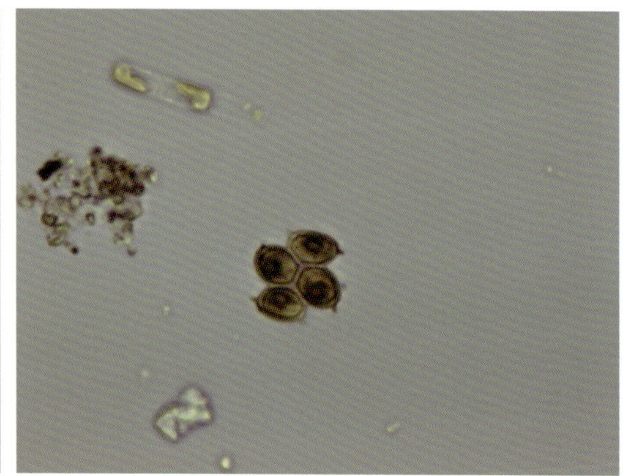

齿牙栅藻
Scenedesmus denticulatus

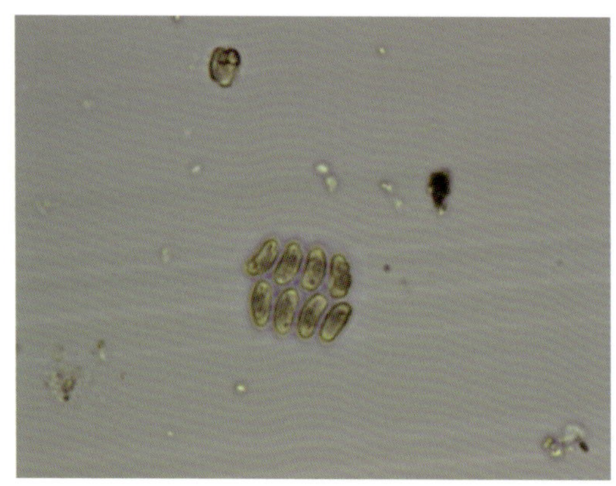

扁盘栅藻
Scenedesmus platydiscus Chodat

丰富栅藻
Scenedesmus abundans（Kirchn.）Chodat.

86. 韦斯藻属（*Weatella*）

单细胞，具囊壳，囊壳显著侧扁，两侧具宽的翼状伸展，正面观具2个圆柱形的、弯曲的、顶端钝圆的角状突起。韦斯藻属在辽河流域有丛球韦斯藻［*Weatella botryoides*（West）Wildeman］。

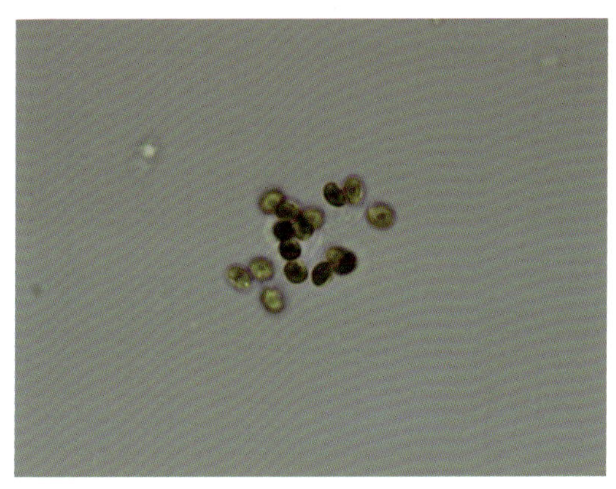

丛球韦斯藻
Weatella botryoides（West）Wildeman

87. 十字藻属（*Crucigenia*）

植物体为定形群体。由4个细胞排列成方形或长方形，细胞间常有一个“十”字形空隙。群体外具不明显胶被。色素体1个。片状，周生。十字藻属在辽河流域有四足十字藻（*Crucigenia tetrapedia*）、四角十字藻（*C. quadrata* Morren）、华美十字藻（*C. lauterbornii* Schmidle.）、顶锥十字藻［*C. apiculata*（Lemm.）Schmidle］。

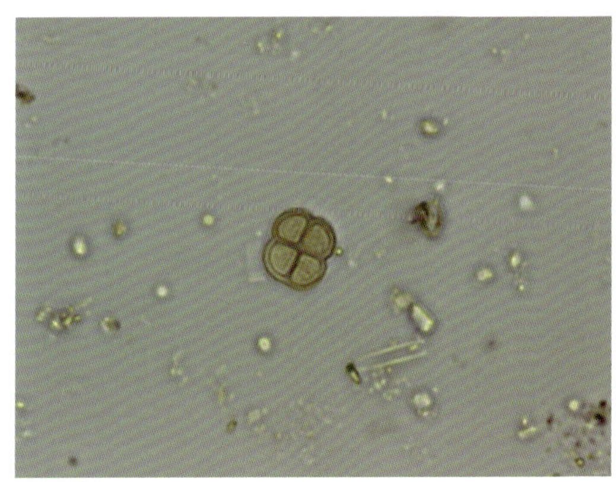

四角十字藻
Crucigenia quadrata Morren

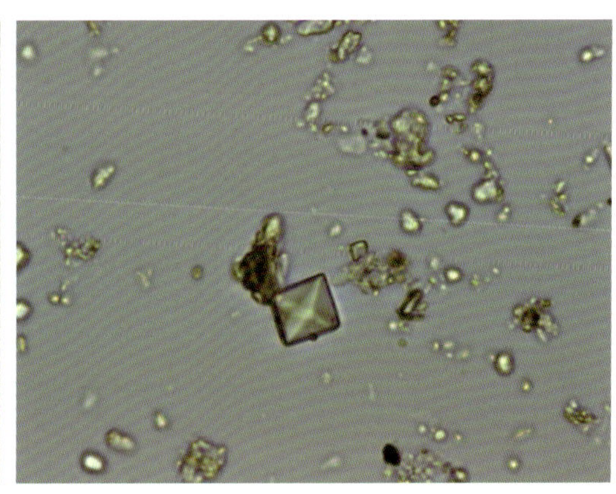

四足十字藻
Crucigenia tetrapedia

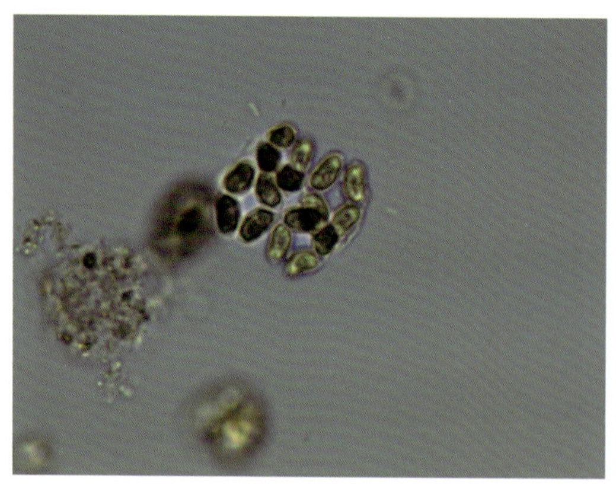

华美十字藻
Crucigenia lauterbornii Schmidle.

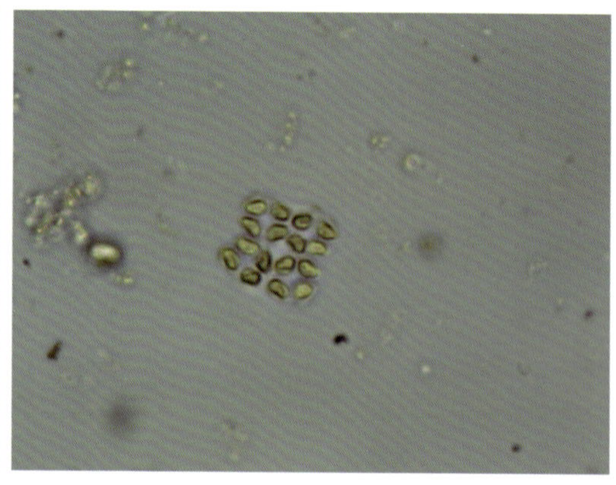

顶锥十字藻
Crucigenia apiculata（Lemm.）Schmidle

88. 微芒藻属（*Micractinium*）

植物体由4个、8个、16个、32个细胞组成，排成四方形、角锥形或球形，细胞有规律地互相聚集，无胶被，有时形成复合群体；细胞多为球形或广卵圆形，常4个细胞一起排列成四方形或不规则形群体。细胞向外一侧有1～10根长刺。微芒藻属在辽河流域有微芒藻（*Micractinium pusillum*）。

89. 空星藻属（*Coelastrum*）

植物体为真性定形群体，由4个、8个、16个、32个、64个、128个或更多细胞组成多孔、中空的球体到多角形体。群体细胞以细胞壁或细胞壁上的凸起彼此连接；细胞为球形、圆锥形、近六角形、截顶形，细胞壁平滑、部分增厚或具管状凸起，色素体周生，幼时杯状，具1个蛋白核，成熟后扩散，几乎充满整个细胞。生长在各种静水水体中。空星藻属在辽河流域有小空星藻（*Coelastrum microporum* Nägeli）。

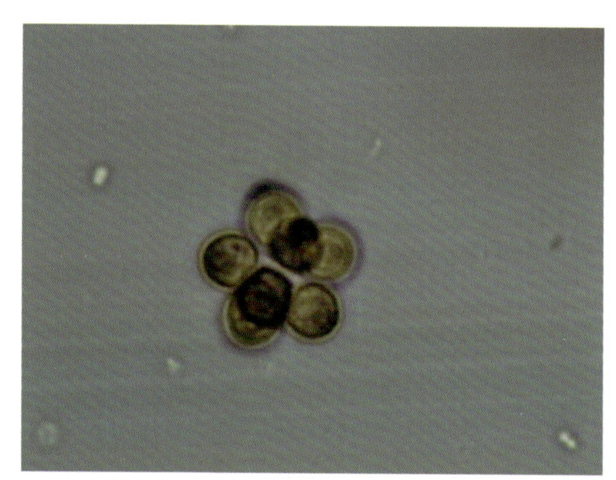

小空星藻
Coelastrum microporum Nägeli

丝藻目

90. 尾丝藻属（*Uronema*）

丝状体直立或稍弯曲，基细胞长圆柱形，向前略细，常有色素体，具盘状固着器；顶细胞向上渐尖，但不弯曲。多生活在水池、水坑、塘、沟等较浅的淡水中，都固着于较大的藻类的植物体上。中国已知有7种。尾丝藻属在辽河流域有尾丝藻（*Uronema confervicolum* Lagerheim）。

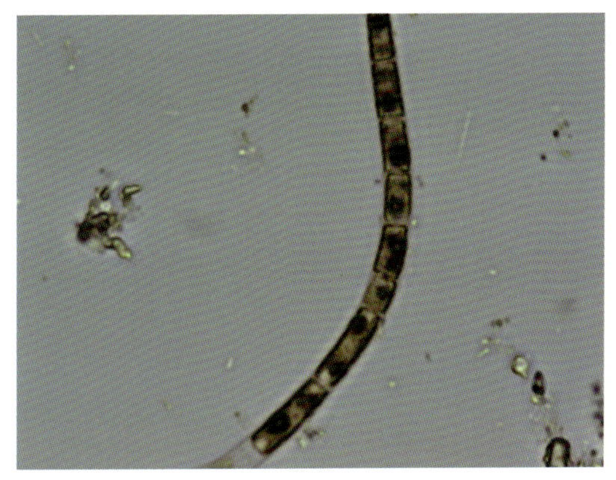

尾丝藻
Uronema confervicolum Lagerheim

91. 丝藻属（*Ulothrix*）

植物体为不分支丝状体，以长形的基细胞附着在基质上，色素体带状。丝藻属多生活于流动的淡水中，在瀑布或急流水的岩石上较多，湖泊的岸边也可采到。常从生在一起，呈矮的绿色绒毯状。该属有25种以上，中国已知有20种。丝藻在辽河流域丝藻（*Ulothrix* sp.）。

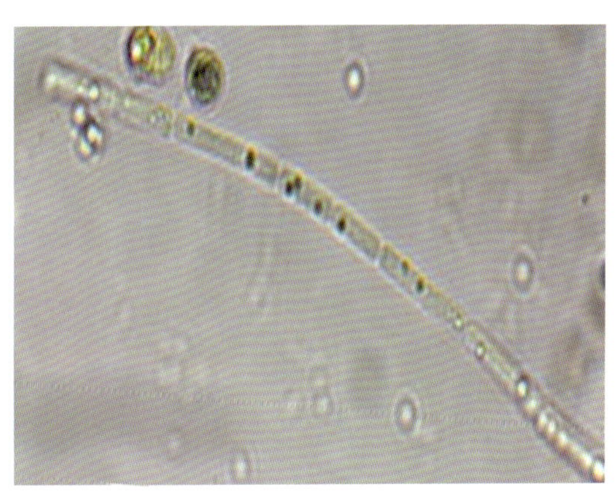

有丝藻
Ulothrix sp.

92. 毛枝藻属（*Stigeoclonium*）

植物体异丝状，由匍匐的和由此伸出的直立的、单列细胞分枝丝状体构成；直立部分的丝状体有分枝，但无明显的主轴，亦不形成集中的中轴丝束；分枝自基部向前渐尖，成为多细胞的毛；植物体外面无胶鞘。每个细胞内具有1个细胞核，每个细胞核含有1个至数个蛋白核的带状色素体；老细胞内，色素体侧位而位于中部，在幼细胞内常充满整个细胞。无性生殖时，直立部分丝状体分枝中的细胞可以产生一个具2条或4条鞭毛的动孢子；有性生殖产生具2条鞭毛的同形配子。生活史不完全清楚。生于浅的溪流中，多附着于水生高等植物体或石块等物体上，少数种类气生。毛枝藻属在辽河流域有池生毛枝藻（*Stigeoclonium stagnatile* Colins）。

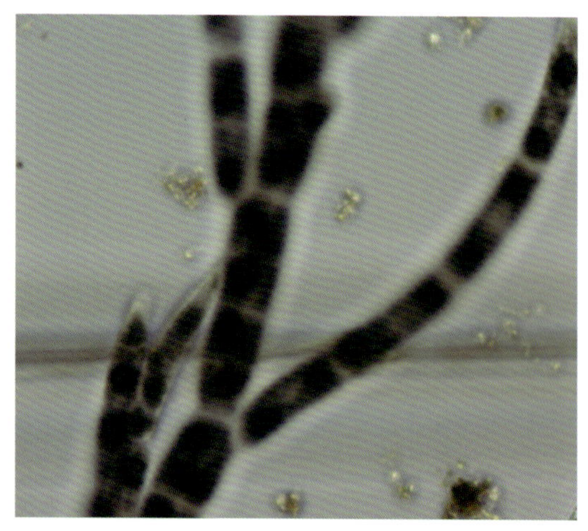

池生毛枝藻
Stigeoclonium stagnatile Colins

93. 竹枝藻属（*Draparnaldia*）

植物体较大，由单列细胞组成分枝丝状体；植物体的匍匐部分不十分发达，直立部分明显分化为长而粗大并有假根的主枝，和在主枝上侧生的短而丛生的侧枝；许多分枝的前端渐尖，有1个或几个细胞，不含色素体，成为无色透明的刚毛；全部植物体外面有一层胶鞘。主枝的细胞较大，柱状或桶状，均等长；侧枝的细胞柱状，细长；每个细胞内有1个细胞核、叶绿体；该属全为淡水种类，分布于全世界，生活于池塘、湖泊的浅水处，附着于石块、木块或水生高等植物体上。竹枝藻属在辽河流域有竹枝藻（*Draparnaldia* sp.）。

刚毛藻目

94. 刚毛藻属（*Cladophora*）

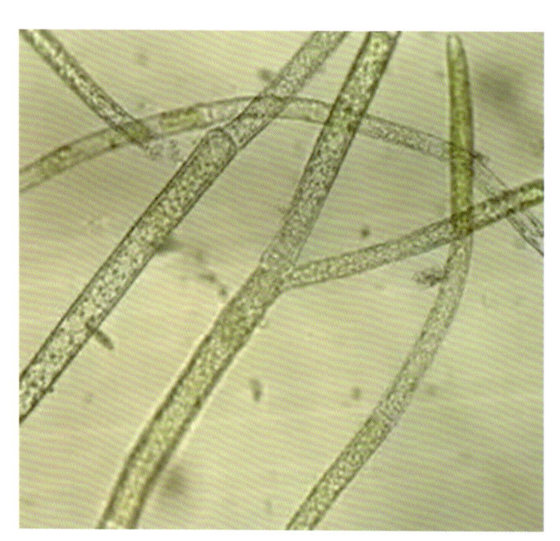

刚毛藻
Cladophora sp.

植物体着生，有时漂浮。分支丰富，具顶端和基部的分化。分支由互生型、对生型或其他型，宽度小于主枝。细胞圆柱形。色素体多个，周生，具多个蛋白核。该属约160种，除极冷地点以外，海水、咸水、淡水中均有。淡水种类多生于湖泊、池塘、沟渠中，固着于水中的岩石，沟边石质或洋灰砌岸之水面部分，井口砖石壁上甚至船底上，或成大团漂浮水面。在各类水体中均广泛分布，常作为环境水质的指示生物。刚毛藻属在辽河流域有刚毛藻（*Cladophora* sp.）。

双星藻目

95. 转板藻属（*Mougeotia*）

丝状体不分支，由一列柱状细胞构成，每个细胞有1个，罕与2个板状轴生的叶绿体，其中有2个至多数的蛋白核，排列成一列或散生；转板藻以其叶绿体对光照强度刺激反应敏感而著称。多生活在稻田、池塘、沟渠、湖泊和水库的浅湾中。中国已知有61种。转板藻属在辽河流域有微细转板藻（*Mougeotia parvula* Hassall）。

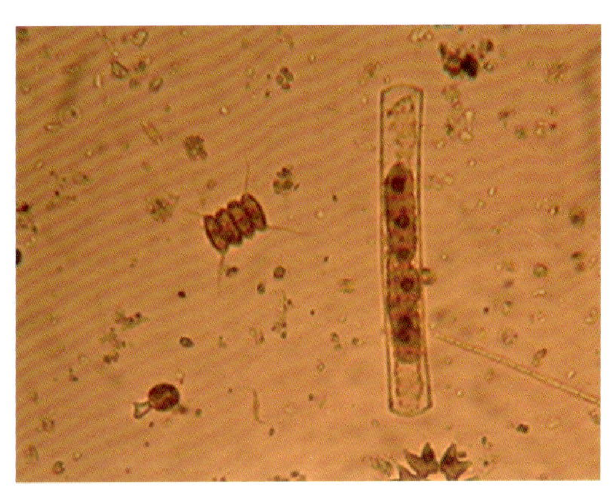

微细转板藻
Mougeotia parvula Hassall

96. 水绵属（*Spirogyra*）

丝状体不分枝，由一列圆柱状细胞构成，每个细胞内有1～16条带状的、周位而螺旋状弯曲的叶绿体，其中有1列蛋白核；1个细胞核。有性生殖多进行梯形接合，也有侧面接合，或二者兼具；接合孢子多在雌配子囊内，成熟后多为黄色或褐色。有些种类产生有静孢子，厚壁孢子，

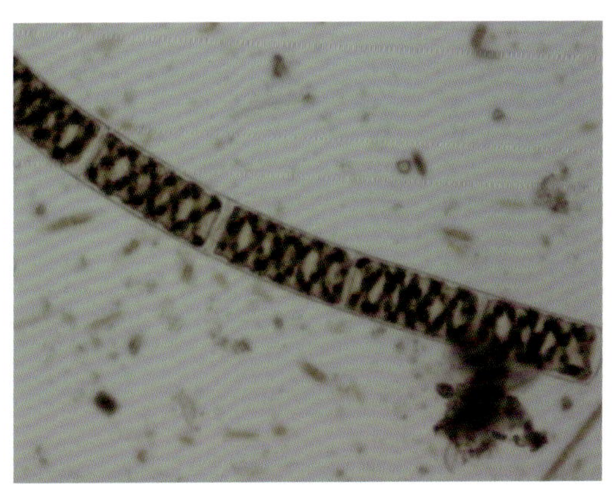

水绵
Spirogyra sp.

或单性孢子，世界性分布。中国有187种，在西藏喜马拉雅山区海拔4 000 m处也有，多生活于较浅的静水水体中（如池塘、水坑、沟渠、稻田、湖泊和水库的浅水港湾、溪流边缘），极少数生活在潮湿土壤中。水绵属在辽河流域有水绵（*Spirogyra* sp.）。

鼓藻目

97. 新月藻属（*Closterium*）

植物体为单细胞，绝大多数种类呈新月形，弯曲，少数平直，狭长，两端逐渐尖细，顶端尖锐或钝圆，横断面圆形。胞壁平滑或具纵向线纹、肋纹或点纹，无色或因铁盐沉积而呈黄褐色。色素体轴位，两个半细胞中各1个，具纵脊，蛋白核中轴一列或散生。细胞核位于两色素体之间细胞的中部。在细胞两端各具一大型液泡，其中含有1个或多个石膏晶粒（在活细胞中不断颤动）。细胞两端具有孔，向外分泌胶质致使细胞移动。繁一半细胞，各自逐渐长出与自身相同的另一半细胞，新形成的和母半细胞间的细胞壁上常留下环形缝线（suture），有些种类的缝线不位于细胞的近中部，而是在其他部位，其间的

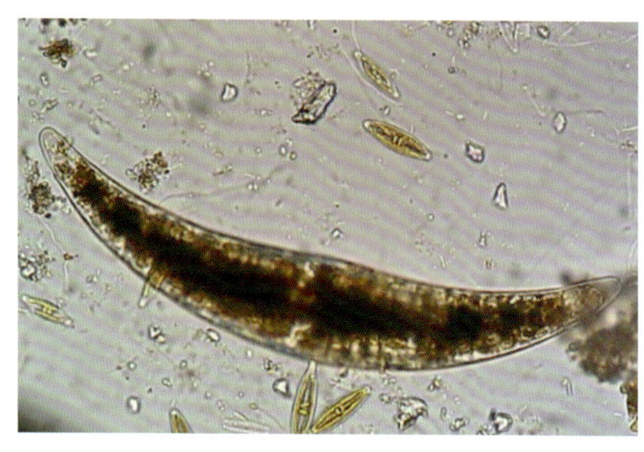

项圈新月藻
Closterium moniliforum（Bory）Ehrenberg

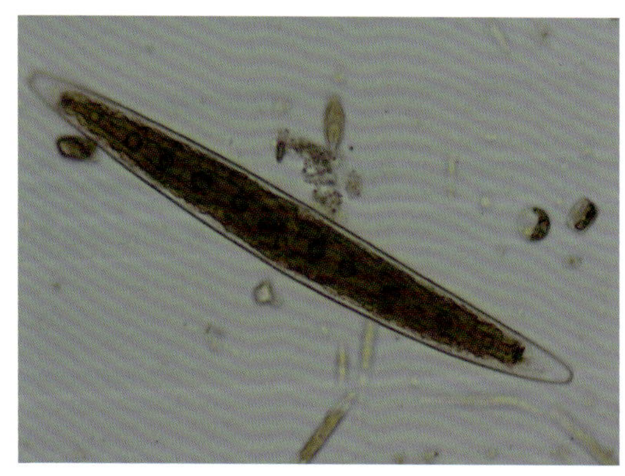

锐新月藻
Closterium acerosum（Schrank）Ehrenberg

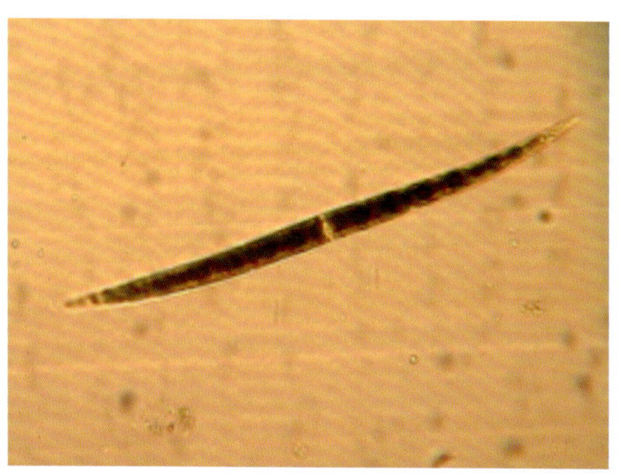

纤细新月藻
Closterium gracile Brébisson

部分称环带。生长在水坑、池塘、湖泊、河流和沼泽等淡水水域，浮游或附着在近岸的沉水生植物上；多数存在偏酸性的水体中，有些种类喜在富营养水体中生长。该属超过300种（约500个分类单位），中国约有70种。新月藻属在辽河流域有新月藻（*Closterium* sp.）、纤细新月藻（*C. gracile* Brébisson）、锐新月藻［*C. acerosum*（Schrank）Ehrenberg］、项圈新月藻［*C. moniliforum*（Bory）Ehrenberg］。

98. 凹顶鼓藻属（*Euastrum*）

单细胞，细胞大小变化大，长略大于宽，扁平，缢缝深凹，常呈狭线形，少数张开。半细胞常呈截顶的角锥形，顶缘中间具一深度不等的凹陷。侧叶短，缘边中间略凹入，上部角圆形，基角近直角；半细胞侧面观卵形，侧缘近基部具一不明显的拱形隆起；垂直面观椭圆形，两端中间各具一不明显的隆起。凹顶鼓藻属在辽河流域有海岛凹顶鼓藻［*Euastrum insulare*（Wittr.）Roy］。

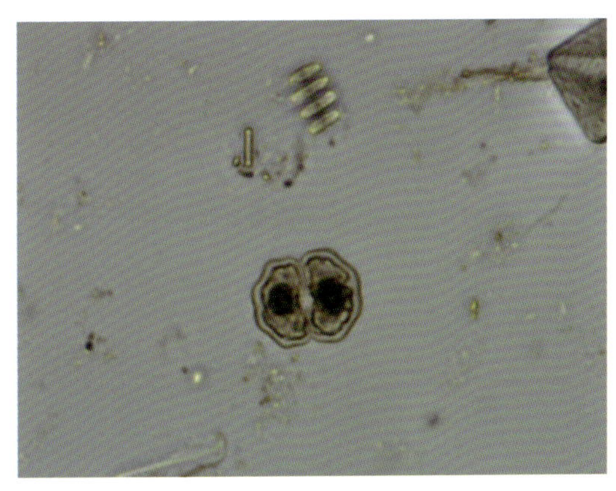

海岛凹顶鼓藻
Euastrum insulare（Wittr.）Roy

99. 鼓藻属（*Cosmarium*）

单细胞，细胞侧扁，通常长稍大于宽，细胞中部收缢成缢缝，半细胞正面观近圆形或半圆形。常见于小型水体中。绝大多数约产于淡水水体中，极少数存在于咸水、半咸水水体中；生长在水坑、池塘、湖泊、河流及沼泽中，大多数存在于偏酸性的水域，浮游或附着在水生植物上；还有少数种类生长于潮湿土壤及滴

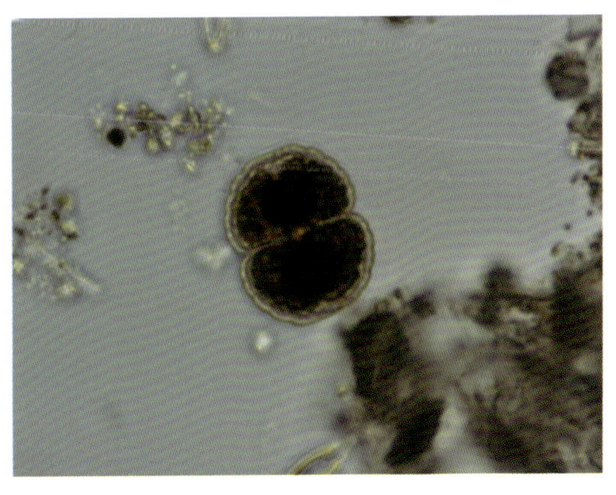

美丽鼓藻
Cosmarium formosulum Hoff.

水岩石上。多为世界性的普生种类，但有些种类则是典型的地域性的，按纬度来说，可分为极地的、温带的、热带的和亚热带的等分布群落。该属约有1 300种，中国已记录约350种。鼓藻属在辽河流域有美丽鼓藻（*Cosmarium formosulum* Hoff.）、光滑鼓藻（*C. laeve* Rabenhorst）、凹凸鼓藻（*C. impressulum* Elfving）。

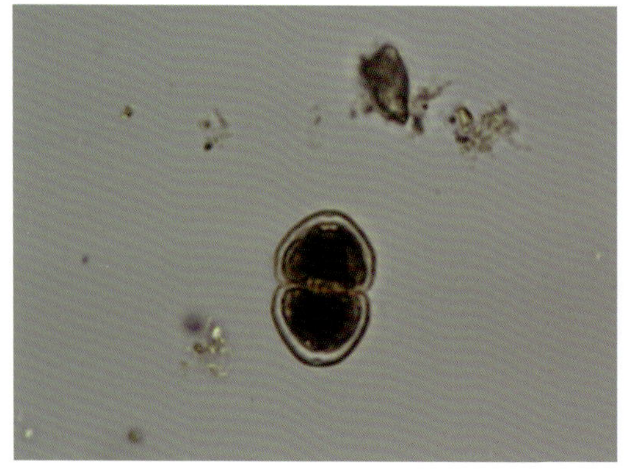

光滑鼓藻
Cosmarium laeve Rabenhorst

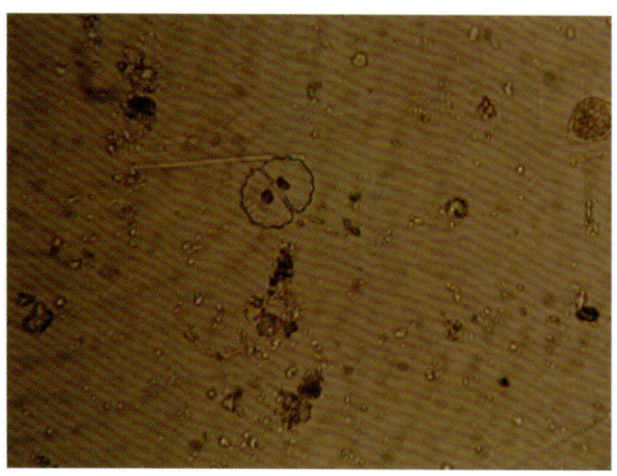

凹凸鼓藻
Cosmarium impressulum Elfving

100. 角星鼓藻属（*Staurastrum*）

单细胞，多辐射对称，半细胞的顶角或侧角多形成长短不等的突起，细胞壁平滑，或具花纹、刺、瘤。角星鼓藻属在辽河流域有钝齿角星鼓藻（*Staurastrum crenulatum* Delponte）、纤细角星鼓藻（*S. gracile*）。

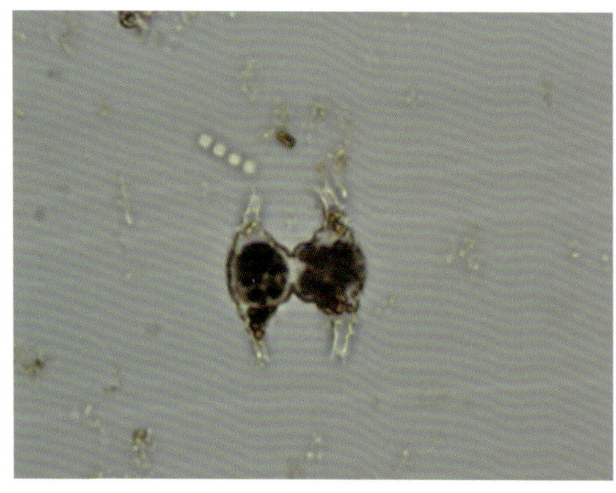

钝齿角星鼓藻
Staurastrum crenulatum Delponte

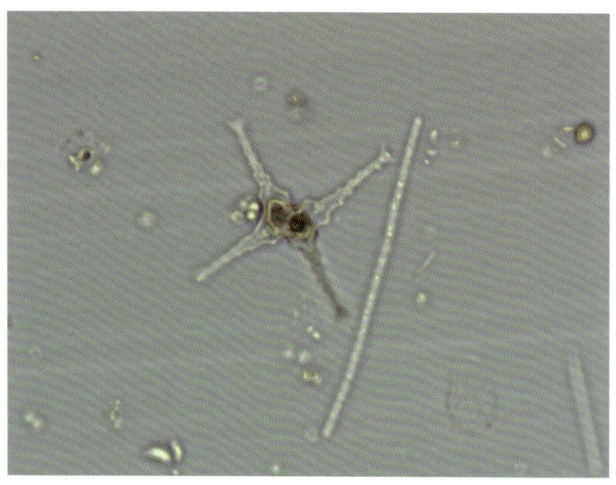

纤细角星鼓藻
Staurastrum gracile

4

底栖动物篇

一、环节动物门 Annelida

淡水中的环节动物有水蛭（蚂蝗）、水蚯蚓及少见的沙蚕等。它们的共同特点是，身体为同律分节（内部分节相当于外部分节）。某些种类具有皮肤肌肉囊向外突出而成为疣足，无节肢。常有刚毛，一般较有规律的重复分布在各环节上。清河流域常见的环节动物为寡毛纲（Oligochaeta）的水丝蚓和蛭纲（Hirudinea）的水蛭。

（一）蛭纲 Hirudinea

蛭类俗称蚂蝗，体扁或略柱状或椭圆形，柔软。前后两端窄，或后头有一颈。前后两端各有一吸盘，分别称为前吸盘和后吸盘。口在前吸盘腹侧。口内有吻或无吻。肛门在后吸盘的背面。全身由许多体节组成，每体节上又有许多体环，外观体节与体环甚难区别。蛭类体色多变，或色彩艳丽或斑纹规则或全身透明。蛭类的少数种类吸血，很多种类则为肉食性和腐食性。蛭类为雌雄同体，异体受精。

蛭类生活在湖泊、沼泽、池塘、河沟、泉水或缓流中，也有在激流中生活的种类，它们日伏夜出。多数蛭类为自由生活，也有暂时寄生生活者。清河流域常见的种类有吻蛭目、颚蛭目和咽蛭目，分类如下。

颚蛭目 Gnathobdellida

1. 宽体金线蛭 *Whitmania pigra*

医蛭科（Hirudinidae）金线蛭属（*Whitmania*），体长大，略呈纺锤形，扁平，长6～13 cm，宽0.8～2 cm，体环107环。体前端尖细，后端钝圆。背部通常暗绿色，有5条由黑色和淡黄色两种斑纹相间组成的纵纹，腹部浅黄白色，有许多不规则的深绿色斑点。雌雄生殖孔分开，各开口于环的中央，雄孔开在第33～34体环间，雌孔开在38～39体环间。眼点10个，排成弧形，位于头部背面，前吸盘不显著，后吸盘圆大，吸附力强。

咽蛭目 Pharyngobdellida

2. 八目石蛭 *Erpobdella octoculata*

石蛭科（Erpobdellidae）石蛭属（*Erpobdella*），体呈圆柱形，前后两端略狭，体长20～52 mm，宽3～9 mm，背面色深。具不规则的黑色斑点。腹面稍淡，前吸盘小，后吸盘与体同宽。体分107节，完全体节的第5环较宽，但无次生环。眼点4对，前两对横列在第2环，后两对横列在第5环的近两侧处。

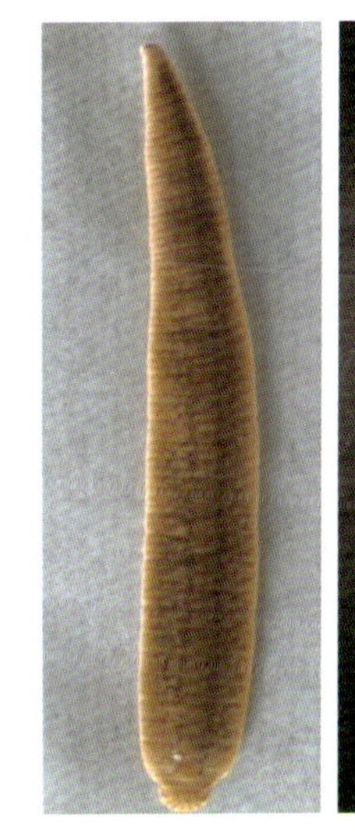

3. 苇氏巴蛭 *Barbronia weberi*

石蛭科（Erpobdellidae）巴蛭属（*Barbronia*），体狭长，略呈圆柱形。体长25～35 mm，宽2～3 mm。生活时呈粉红或肉红色。但在生殖季节，全体的色泽加深成为红棕色，生殖环带也显著膨大，保存的标本褪成苍白色。眼点3对，前对大，位于第2节背正中。后2对小，位于第4节第1环、第2环间背部两侧。雄性生殖孔显著，位于第12节第1环、第2环沟。雌孔位于第13节第1环，也有位于第11/12节和第12/13节间的。肛门大，位于第26节、第27节间。

吻蛭目 Rhynchobdellida

4. 宽身舌蛭 *Glossiphonia lara*

舌蛭科（Glossiphoniidae）舌蛭属（*Glossiphonia*），体短宽，略呈卵形。体长10～22 mm，宽5～8.5 mm。背部稍凸，腹面扁平。背部土黄色，有黑色细点组成的纵纹8～9行。前吸盘小，口中有长吻。后吸盘亦小。眼点3对，排列于第4（或5）、6、7三环上。前对眼小，2眼靠近，有时重叠，也有消失1眼或全消失的。中、后对眼较大，但亦有2对合并成1对大眼，或各对仅留存一侧眼。雄性生殖孔位于第27环，雌孔位于第28环的前缘。

（二）寡毛纲 Oligochaeta

寡毛纲动物为常见的各种水蚯蚓。它们身体柔软而呈圆柱状，全身由许多体节组成。每一体节上生有刚毛，刚毛极小，肉眼不可见。蚯蚓的行动依靠体节的蠕动，刚毛在行动中起支持作用。水蚯蚓体型较小，长1～150 mm。身体前方为头部，包括口前叶和围口节。身体由许多节组成，体节上具刚毛，通常成束状，最多每束20条，也有具单根刚毛的。着生在背部的叫背刚毛，腹部的叫腹刚毛。背刚毛有发状、钩状、针状几种。腹刚毛多为钩状，呈"S"形，中部常膨大呈毛节，顶端分叉。水蚯蚓血液为红色或黄色，不具红血球，以血红元溶于血浆内。呼吸作用一般利用皮肤下的微血管交换气体。有鳃的种类，身体前端或尾端，由皮肤形成的特殊的鳃进行呼吸。雌雄同体，为异体受精。有些种类进行无性生殖。

水蚯蚓吞食泥土、腐屑、细菌以及底栖藻类。有时也吃丝状藻类和小型动物。在适宜的环境每平方米的泥面上可达6万多条，远视似水底铺上了一块红毯。它们在缺氧的环境里，从泥底伸出大部分身体，不断摆动，以获得尽量多的氧。水蚯蚓像蚯蚓一样在一定时间内，把淤泥吞食而又排出，有助于改善水底环境。在污水自净过程中（特别是颤蚓）能发挥自己的作用。

我国已知水蚯蚓有4科28属70余种。分别隶属近孔寡毛目和前孔寡毛目。清河流域分布的水蚯蚓为近孔寡毛目的种类。

近孔寡毛目 Oligochaeta plesiopora

5. 苏氏尾鳃蚓 *Branchiura sowerbyi*

颤蚓科（Tubificidae）尾鳃蚓属（*Branchiura*），体长40～450 mm，体节100～250节。个体很大，从身体约2/3处开始直至尾端每个体节均有鳃一对。前端背刚毛针状，每束5～10条。同时有少数发状刚毛。腹刚毛钩状，每束5～8条，远叉短小。输精管短，精管膨部长筒形，上裹分散的前列腺细胞。有副膨部与膨部相连后由共同管道接交配腔。交配腔可翻转成假阴茎。

6. 霍甫水丝蚓 *Limnodrilus hoffmeisteri* Claparède

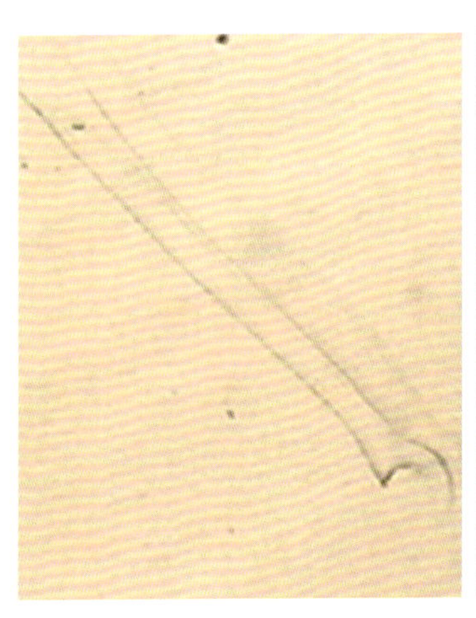

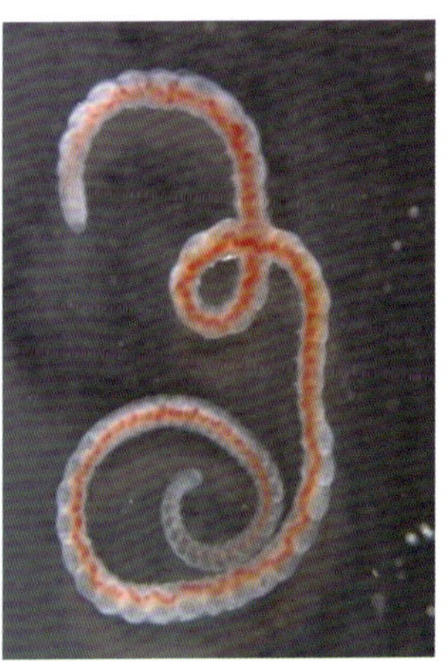

颤蚓科（Tubificidae）水丝蚓属（*Limnodrilus*），体长35～55 mm，宽0.5～1.0 mm。体呈褐红色，后部呈黄绿色，阴茎鞘长筒状（如图），全长为最宽部的10～12倍，末端成喇叭状。

7. 奥特开水丝蚓 *Limnodrilus udekemianus* Claparède

颤蚓科（Tubificidae）水丝蚓属（*Limnodrilus*），形态特征：体长约65 mm，宽约1 mm，70节左右。阴茎鞘筒状，直径前后一致，壁薄，末端扩展略似漏斗，阴茎鞘末端龟头状（如图），长为宽的3～4倍。

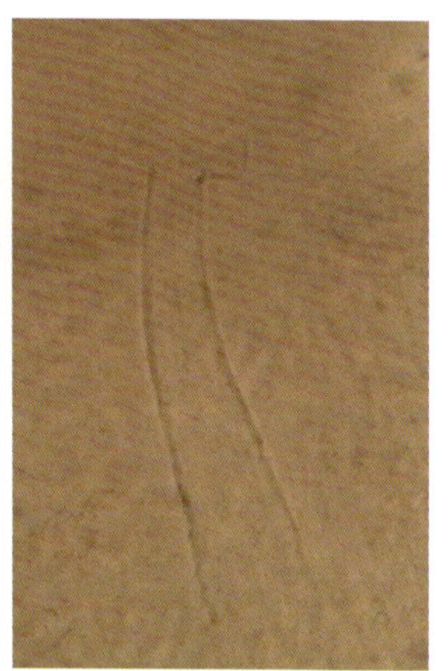

8. 克拉泊水丝蚓 *Limnodrilus claparedianus* Ratzel

颤蚓科（Tubificidae）水丝蚓属（*Limnodrilus*），体长20～30 mm，宽0.35～0.40 mm。阴茎鞘特长（如图），大约是接近末端最宽处的20倍，末端较宽，微弯，口扩张，边缘翻转程度不同，故不对称。

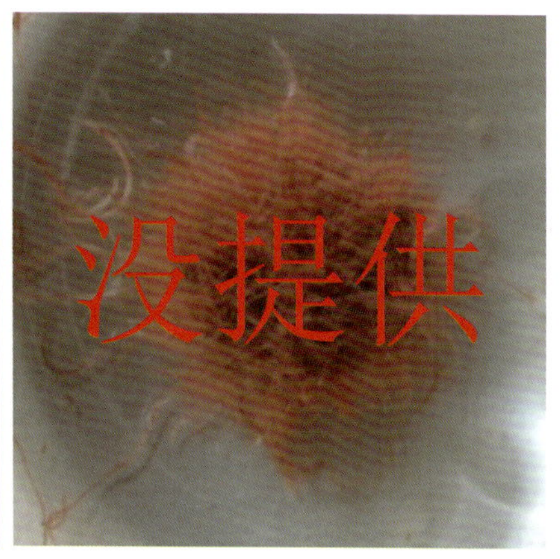

9. 瑞士水丝蚓 *Limnodrilus helveticus* Piguet

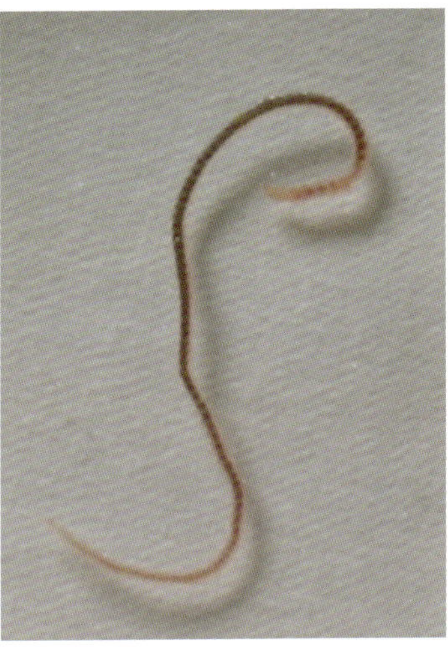

颤蚓科（Tubificidae）水丝蚓属（*Limnodrilus*），体长20～30 mm，宽0.35～0.40 mm。阴茎鞘末端呈锚状（如图），长为宽的4.0～5.6倍。

10. 中华颤蚓 *Tubifex sinicus* Chen

颤蚓科（Tubificidae）颤蚓属（*Tubifex*），体长10～30 mm，宽0.5～1.2 mm。体色微红。口前叶稍圆。腹刚毛每束3～6条。背刚毛发状（如图），至第2节起每束2～4条，较体宽短。针状刚毛2～4条，有2个长叉。中部发状刚毛减少，后部无发状刚毛，针状刚毛2叉变短，等长。雄性生殖孔4对，位于第10节，有短阴茎及交配毛。雌性生殖孔位于11/12节，受精囊孔1对，位于第10节。

二、软体动物门 Mollusca

软体动物门是无脊椎动物的一大类群，通常分为双神经纲（Amphineura）、腹足纲（Gastropoda）、掘足纲（Scaphopoda）、瓣鳃纲（Lamellibranchia）和头足纲（Cephalopoda）5个纲。淡水生活的种类主要为腹足纲和瓣鳃纲的一些种类。

软体动物身体不分节，左右对称（腹足纲身体不对称）。体分头、足、内脏囊3部分。软体动物由于身体柔软，大多数运动迟缓。由于大多数种类具有贝壳，又称为贝类。

（一）腹足纲 Gastropoda

腹足类大多数有一个螺旋形的贝壳，故名单壳类，又称螺类。因足常位于身体腹侧，故称腹足类。贝壳形状随种而异，变化很大。贝壳可分为螺旋部和体螺层两部分。贝壳的旋转有右旋和左旋之分，壳口在螺轴的右侧即为右旋。在左侧，则为左旋。腹足类足的后端有一个角质的或石灰质的保护物，称厣。肺螺亚纲的种类没有厣。雌雄同体或异体。

中腹足目 Mesogastropoda

11. 中国圆田螺

Cipangopaludina chinensis Gray

田螺科（Viviparidae）圆田螺属（*Cipangopaludina*），中型个体，壳高约44.4 mm，宽约27.5 mm。贝壳近宽圆锥形，具6～7个螺层，每个螺层均向外膨胀。螺旋部的高度大于壳口高度，体螺层明显膨大。壳顶尖。缝合线较深。壳面光滑无肋，呈黄褐色。壳口近卵圆形，边缘完整，薄，具有黑色框边。厣为角质的薄片，小于壳口，具有同心圆的生长纹，厣核位于内唇中央。

12. 梨形环棱螺 *Bellamya purificata* Heude

田螺科（Viviparidae）环棱螺属（*Bellamya*），成螺中等大小，体呈梨形。壳高约37 mm，宽约25 mm。壳质厚，坚实。螺层6～7个，表面凸，体螺层膨胀，螺旋部呈宽圆锥形。壳面较光滑，呈黄绿色或黄褐色，在体螺层及倒数第2螺层上常具有3～4条螺棱。幼螺的螺棱上生长许多细毛。壳口卵圆形，常具有黑色框边。脐孔明显。厣为黄褐色的卵圆形薄片。

基眼目 Basommatophora

13. 耳萝卜螺 *Radix auricularia* Linnaeus

椎实螺科（Lymnaeidae）萝卜螺属（*Radix*），贝壳大，壳高32 mm，宽29 mm。有4个螺层，螺旋部短而尖，体螺层膨大，壳面呈黄褐色或茶褐色，具明显的生长纹。壳口大，并向外扩张，呈耳状，外缘薄，呈半圆形。雌雄同体，但异体受精，卵生。

14. 椭圆萝卜螺 *Radix swinhoei* H. Adams

椎实螺科（Lymnaeidae）萝卜螺属（*Radix*），壳高为20 mm，宽约13 mm，最大的个体壳高可达30 mm。壳质薄，外形略呈椭圆形。有3～4个螺层，上部缩小形成削肩状，中、下部扩大。壳面呈椭圆形，淡褐色或褐色。脐孔呈缝状或不明显。

15. 卵萝卜螺 *Radix ovata* Draparnaud

椎实螺科（Lymnaeidae）萝卜螺属（*Radix*），贝壳小型，壳质薄，透明，易破碎，外形呈卵圆形。壳高约15 mm，宽约9 mm，有4～5个螺层，螺旋部短，尖锐，其高度小于壳高的1/4，螺层膨胀，呈梯状排列。体螺层上部明显膨大，缝合线明显，平行排列。壳表面呈灰白色或褐色，生长线细弱。壳口椭圆形，外缘薄，内缘上方贴覆于体螺层上，轴缘略外折，轴褶不明显。脐孔不明显或呈缝状。

16. 白旋螺 *Gyraulus albus*

扁卷螺科（Planorbidae）旋螺属（*Gyraulus*），贝壳小型，壳质薄，易碎，呈圆盘状。壳高约1.5 mm，直径5.5 mm，有3.5～4个螺层，螺层上下两面皆膨胀，中央

皆凹入，壳面呈黄褐色、褐色或淡灰色，具有细的生长纹。壳口呈斜椭圆形，外缘薄，锐利，呈半圆形，内圆略呈“>”形，轴缘具有薄的、光泽的滑层，脐孔略大。

（二）瓣鳃纲 Lamellibranchia

淡水蚌类（双壳类）隶属瓣鳃纲。贝壳左右扁平，两侧对称，具有从两侧合抱身体的两个外套膜和两个贝壳，故名双壳类。身体由躯干、足和外套膜3部分组成，头部退化，故也名无头类。壳的背缘以韧带相连，两壳间有一个或两个横行肌柱（闭壳肌）以此开闭双壳。在体躯与外套膜之间，左右均有外套腔，内有瓣状鳃，故名瓣鳃类。足位于体躯腹侧，通常侧扁，呈斧状，伸出于两壳之间，故又称斧足类。瓣鳃类的感觉器官极不发达。大多数为雌雄异体，少数雌雄同体。

双壳类除少数营固着生活以外，大多数种类栖息于水底借助斧足做缓慢的爬行，同时挖掘泥沙是身体部分或全部隐藏在泥沙中。由鳃呼吸。食物为蜉蝣藻类、细菌、腐屑和小型浮游动物，滤食性。

蚌目 Unionoida

蚌目壳大中型，壳形多变，通常为卵圆形或柳叶形，两壳相等。前后不对称，后背侧长具发达的翼状部。壳表平滑或具壳被，壳内面具强的珍珠光泽。铰合部具拟主齿或退化，侧齿细长。外韧带位于壳顶的后方。鳃的构造复杂，丝间和瓣间以血管相连。

17. 背角无齿蚌 *Anodonta woodiana* Lea

蚌科（Unionidae）无齿蚌属（*Anodonta*），贝壳外形呈有角突的卵圆形，前端稍圆，后端呈斜切状，腹缘弧形。后背部有自壳顶射出的3条粗肋脉。壳面绿褐色。闭壳肌痕长椭圆形。壳内面珍珠层乳白色。壳长可达190 mm，壳高可达130 mm，宽可达80 mm。无铰合齿。

18. 圆顶珠蚌 *Unio douglasiae*（Gray）

蚌科（Unionidae）珠蚌属（*Unio*），贝壳中等大小，质薄而坚硬。贝壳前侧短而圆，后侧延长形，壳顶大，略突出于背部。生长纹明显。成体壳面黑色或深褐色。贝壳内面浅蓝色、灰白色、橙色等。具珍珠光泽，外韧带短而高。左壳具拟主齿与侧齿各2枚，右壳具2枚拟主齿及1枚侧齿。

19. 湖球蚬 *Sphaerium lacustre*（Muller）

蚬科（Corbiculidae）球蚬属（*Sphaerium*），贝壳小，质薄而脆。外形短卵圆形。壳顶略偏前方，贝壳前缘及后缘皆呈钝圆形，背缘略直，腹缘呈弧形。壳面光滑，生长轮脉细微。壳内面白色，韧带小，铰合部弱。右壳有1枚主齿，前后各有2枚侧齿；左壳有2枚主齿，前、后各有1枚侧齿。

三、节肢动物门 Arthropoda

节肢动物是身体分节、附肢也分节的动物，一般由头、胸、腹3部分组成。是动物界中种类最多、数量最大、分布最广的种类。已知的节肢动物有100多万种，占动物总数的80%以上。底栖生活的节肢动物主要由昆虫纲的水生昆虫及软甲纲的虾、蟹等组成。

（一）水生昆虫（昆虫纲Insecta）

昆虫的特征是身体分头、胸、腹3部分，胸部由前胸、中胸和后胸组成，每一部分附有一对胸足。很多昆虫具有两对翅，附着在中胸和后胸两个体节上。头上具复眼和1对触角。口器主要是咀嚼式、吸吮式和舔吸式。很多昆虫发育时进行全变态，幼虫期经多次蜕皮后变成蛹，羽化成虫。还有很多昆虫发育时进行不全变态，它们不经过蛹的阶段即羽化成虫。昆虫的种类很多，它们有的靠植物食性生活，有的靠扑杀其他小动物，行肉食性生活，还有的行半寄生和寄生生活。昆虫中有不少是有毒的种类。有些昆虫携带致病菌，是传染性疾病的传播者。昆虫纲分为很多目，这里描述的是营底栖生活的水生昆虫。

蜉蝣目 Ephemeroptera

蜉蝣成虫呈长形、略扁或圆柱形，体小至中型。蜉蝣成虫不食东西，生活时间仅几小时到几天。幼虫期不完全变态，称为稚虫，全部水生。通常生活一年，也有达2～3年的。本草纲目中描述，“蜉蝣，水虫也，状似蚕蛾，朝生暮死”。稚虫的生活方式不同，有些种类附生在水草上；有些种类在水底淤泥上爬行生活；有些种类在底泥中挖掘通道；有些种类具扁化的身体，栖息在澄清的急流中的石块下。稚虫的食物是腐屑、小型藻类、原生动物、腐烂的水草，少数种类是肉食性的，以小型昆虫为食。稚虫是鱼类的天然饵料，也是水环境的监测生物。

20. 稀氏埃蜉 *Ephoron shigae*（Takahashi）

多脉蜉科（Polymitarcyidae）埃蜉属（*Ephoron*），稚虫体长12～24 mm，尾丝长6～15 mm。复眼黑色，额突三角形。侧面观，上颚牙向下弯曲，端部直或向上翘起，具17～29枚齿。基部背面具短而密的细毛，侧面具长细毛。下颚须和下唇须均为2节。

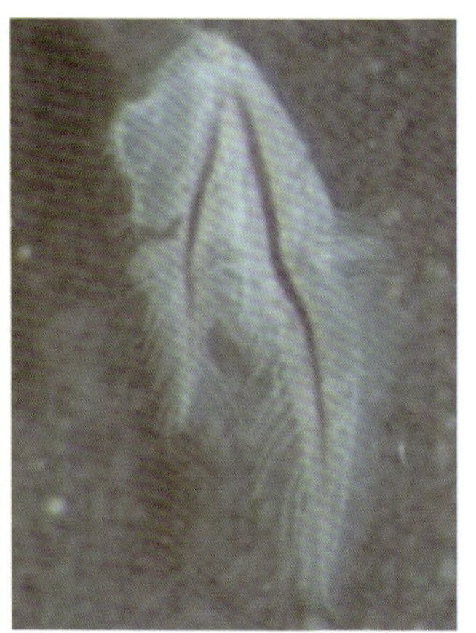

胸部乳白色，具黑色斑纹。前足腿节粗壮具几排纵向排列的长毛，基部具一列齿。胫节扁平，腹面和背面远体侧具两排齿。中足小。腹部背板具黑色斑纹，腹板色淡。鳃7对，第1对鳃单片，其余鳃分叉，缘部缨毛状。尾丝3根，密生细毛。

21. 东方蜉 *Ephemera orientalis* MaLachlan

蜉蝣科（Ephemeridae）蜉蝣属（*Ephemera*），稚虫体长20 mm，长筒形，两端尖。触角长，具缘毛。足胫节边缘的刺突较大，前足胫节长为宽的4倍，跗节长为宽的5倍，爪细长。腹部背板7～9节具3对褐色或深褐色纵纹，中间的1对相对比两边的短。第

10节背板具1对小黑斑。尾毛3根，等长。

22. 黄河花蜉 *Potamanthus luteus* Linnaeus

河花蜉科（Potamanthidae）河花蜉属（*Potamanthus*），稚虫体长10～13 mm，黄绿色。身体扁平，前胸背面具不规则斑纹。上颚突小，突出头部前缘不明显。各足腿节较宽，上具2条褐色横带，胫节中部具1暗色纵带。腹部第5～9节背板后缘具两列明显的三角形白斑。腹部侧面具7对鳃，第1对丝状，分两节。2～7对两分叉状，端部呈缨毛状。尾毛3根，侧面具长细毛。

23. 小蜉 *Ephemerellidae* sp.

小蜉科（Ephemerellidae）小蜉属（*Ephemerella*），稚虫体长约7 mm。头部前缘具2个白斑。前胸背板中间具白色纵条，两侧具不同形状的斑纹。中胸中间具1对中间折断的纵条，侧缘具黑色纹。足腿节具2个黑色横带，胫节和跗节中部各具1暗色带。鳃5对，第5对最小。尾丝3根，节间密生较长刚毛。

24. 三刺弯握蜉 *Drunella trispina*（Tshernova）

小蜉科（Ephemerellidae）弯握蜉属（*Drunella*），稚虫体长约12 mm，体黄褐色，体背具深浅斑纹。头部具上额突3个。前足腿节背表面具颗粒状突起，前缘具尖齿状突起。

前足胫节端部向前延伸至跗节长度的1/2。腹部背板具成对的背棘。鳃位于3～7腹节背板两侧，前3对形状相似，分背、腹两叶，背叶膜质单片，腹叶叉形，每叉又分成许多小叶。第4对鳃略小，第5对鳃最小。尾丝两侧具细毛。

25. 蚬夷三刺弯握蜉

Drunella trispina ezoensis（Gose）

小蜉科（Ephemerellidae）弯握蜉属（*Drunella*），稚虫体长12～14 mm。红褐色，体背无深浅斑纹。头部单眼3个，上额突发达。前足腿节背表面具颗粒状凸起，前缘具尖齿状突起。前足胫节端部向前延伸至跗节长度的1/2。腹部背板无背棘。鳃位于3～7腹节背板两侧，前3对形状相似，分背、腹两叶，背叶膜质单片，腹叶叉形，每叉又分成许多小叶。第4对鳃略小，第5对鳃最小。尾丝两侧具细毛。

26. 契氏带肋蜉

Cincticostella tshernovae（Bajkova）

小蜉科（Ephemerellidae）带肋蜉属（*Cincticostella*），稚虫体长10 mm，暗褐色至紫黑色，体扁平。下颚须退化成一节，在近端部生有5～6根长毛。胸部宽，前胸背板前侧角明显向前突出。中胸背板侧缘有缢缩。足腿节有背棱。前爪内缘具2个齿。腹部2～9节具背棘，2～3节的背棘小。鳃5对，分背腹2叶。背叶膜质单片，腹叶叉形，每叉又分成许多小叶。第6节上的鳃略小，第7节上的鳃最小。尾毛长为体长的1/3。

27. 黑带肋蜉 *Cincticostella nigra* Ueno

小蜉科(Ephemerellidae)带肋蜉属(*Cincticostella*),稚虫体长约8 mm,赤褐色至黑褐色。前胸长方形,前侧角向前突出。中胸背板前侧缘向侧方凸出。足具短细毛,前足腿节背面端部具棘刺,爪具5～9个小齿。鳃5对,位于3～7腹节背板两侧,前3对形状相似,分背、腹两叶,背叶膜质单片,腹叶叉形,每叉又分成许多小叶。第6节上的鳃略小,第7节上的鳃最小。尾毛3根,长约为体长的2/3,节间具刺。

28. 细蜉 *Caenis* sp.

细蜉科(Caenidae)细蜉属(*Caenis*),稚虫体长约5 mm。身体扁平,第1腹节上的鳃小棒状。第2腹节上的鳃极大,呈四方形。将后面的鳃全部盖住,左右两鳃重叠,背表面具隆起分支的脊。3～6腹节上的鳃片状,单叶,外缘呈缨毛状。尾毛3根,色淡,具稀疏长毛。腹部两侧具较长的侧棘。

29. 湖生短丝蜉 *Siphlonurus lacustris* Eaton

短丝蜉科(Siphlonuridae)短丝蜉属(*Siphlonurus*),稚虫体长约20 mm。身体流线型。下颚须中间节的内缘具4根刚毛。下唇须第3节具粗大刚毛。足细长,腿节、胫节各具1暗色横带。前足跗节具3～4个黑色环带。腹部背板斑纹不明显。鳃7对,第1对、第2对鳃分背腹两叶,第3～7对鳃为单叶(有时7对

鳃都呈两叶）。鳃一般较大，密布气管。尾丝3根，中尾丝两侧及侧尾丝内侧密生长毛。

30. 四节蜉 *Baetis* sp.

四节蜉科（Baetidae）四节蜉属（*Baetis*），稚虫体长约6 mm，浅黄褐色。下颚须2节，下唇须3节，端部平直。上唇前缘外侧刚毛树枝状。前足腿节具毛瘤，爪具11个小齿。鳃7对，单片，卵圆形。尾丝3根，端半部黑色，侧尾丝内侧及中尾丝两侧密生长毛。

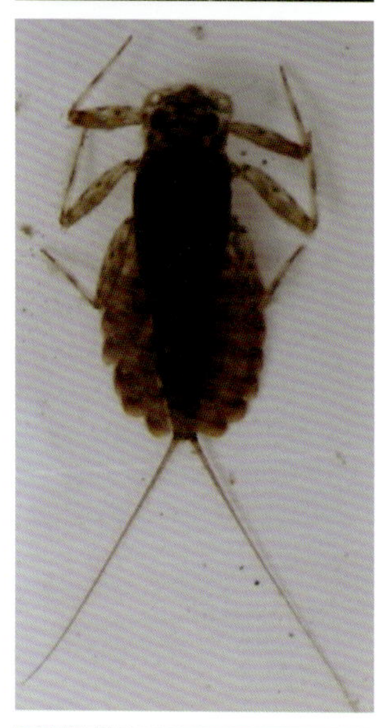

31. 宽叶高翔蜉 *Epeorus latifolium* Ueno

扁蜉科（Heptageniidae）高翔蜉属（*Epeorus*），稚虫体长11～15 mm，头部与前胸等宽，头部扁平，前缘圆，具2个淡色斑纹。足腿节具2条暗色带。各腹节背面具1对暗色点纹。1～7腹节侧缘具7对鳃，鳃叶宽卵形，呈红褐色，鳃上的暗紫色斑点散布大半个鳃叶。基部具紫色丝状鳃。尾毛2根。

32. 雅丝扁蚴蜉 *Ecdyonurus yoshidae* Takahashi

扁蜉科（Heptageniidae）扁蚴蜉属（*Ecdyonurus*），稚虫体长10～12 mm，身体扁平，暗绿黄色。头部和前胸较宽，头部前缘具4个淡色小圆斑。两触角前方有2个较大的圆形斑。足腿节粗大、扁平，上具6～7个淡色斑纹。胫节具1个暗色横带。跗节暗褐色。腹节背面两侧具淡色纵纹，中部具淡色斑纹。鳃7对，长卵形，各鳃的丝状部分发达，第7对无丝状鳃。尾毛3根，基半部具暗色带斑，节间生有短刚毛。

毛翅目 Trichoptera

毛翅目昆虫通称石蛾，成虫小型或大型，头小，多毛，触角细长，多节。咀嚼式口器。翅面上具毛（个别具鳞片）。足细长。白天停留在水边附近的植物上。晚上活泼，趋光性强，不善飞行。成虫寿命一般不超过1个月，交配产卵后即死去。毛翅目为完全变态昆虫，幼虫通称石蚕。

幼虫有筑巢习性，在水底生活的种类，巢筒多用砂粒、砾石、介壳、植物碎片等物质筑成，或黏附在石块上。在水草间生活的种类，多用植物的茎叶和腐屑等筑巢。不做巢筒的种类，腹部末端的爪钩发达。肉食性种类捕食摇蚊和蚋的幼虫以及小型甲壳动物，也有以藻类和水草为食的植食性种类。幼虫生活期1年或半年左右，经6次蜕皮后形成蛹。羽化时咬破保护物而爬到水面上。毛翅目幼虫用气管鳃或通过渗透呼吸水中溶解的氧，对氧的要求很高。幼虫是鱼类的天然饵料。

33. 日本瘤石蚕 *Goera japonica* Banks

瘤石蚕科（Goeridae）瘤石蚕属（*Goera*），幼虫体长10～12 mm，头部褐色。前胸前部黄褐色，中间具1长椭圆形隆起。腹部具气管鳃2～3根。足黄褐色，腿节基部背面、腿节、胫节关节处及跗节黑色。

34. 短线短脉纹石蚕 *Cheumatopsyche brevilineata*（Iwata）

纹石蚕科（Hydopsychidae）短脉纹石蚕属（*Cheumatopsyche*），幼虫体长12 mm，头部、胸部黄褐色，腹部灰褐色至紫褐色。头部前缘中央凹陷。前胸腹面具1腹板，后方无骨片，如有则位于后侧方，且不明显。前足基部摩擦器2分叉。中胸后缘中央无黑色“V”形纹，后胸中央斑纹短棒状。体毛鳞片状。中、后胸及腹部1～7节具气管鳃。

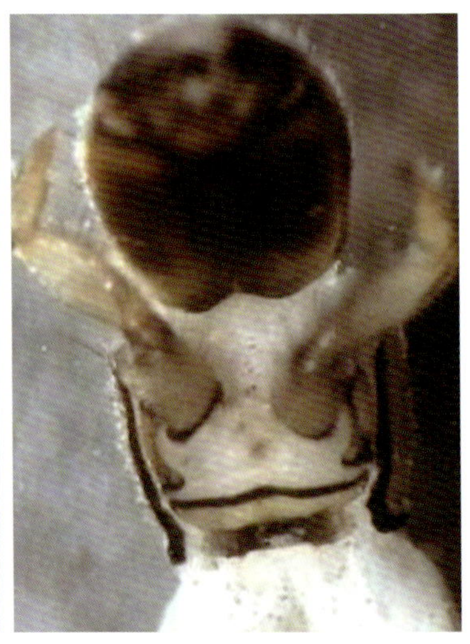

35. 纹石蚕 *Hydropsyche* sp.

纹石蚕科（Hydopsychidae）纹石蚕属（*Hydropsyche*），幼虫体长15 mm，头部上面扁。腹部灰褐色至紫褐色。前胸腹面具1腹板，后方具1对骨片，中胸及后胸后缘中央具特有的黑色纹。前足基部摩擦器2分叉。体毛鳞片状。中、后胸及腹部1～7节具树枝状气管鳃4纵列。肛鳃4个。臀足端部具长、大刚毛簇。

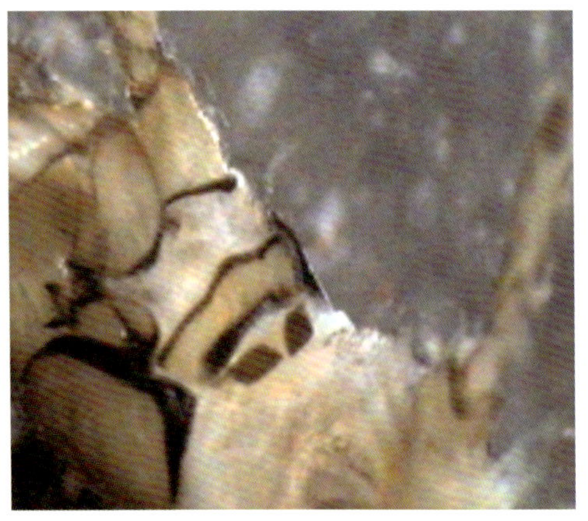

36. 黄足疏毛石蚕 *Oligotricha fluvipes* Matsumura

石蚕科（Phryganeidae）疏毛石蚕属（*Oligotricha*），幼虫体长25 mm。头部额

板中间具1黑色纵条，额板两侧的黑色条纹在端部合并呈“V”字形，头部侧面各具1黑色条纹。前胸黄褐色。前胸及中胸端半部具1对黑色纵条。前胸腹板前端具1棘角状突起，中后胸背面膜质。第1腹节具3个显著的瘤状突起，侧面的2个突起端部具细毛。腹部的鳃单一且长，侧毛线及侧鳃具黑毛。足黄色，前足胫节宽大。臀足爪具2个背钩。

双翅目 Diptera

双翅目昆虫包括日常熟悉的蚊、蚋、蠓、虻、蝇等。他们的头部有小颈，能自由活动，复眼发达。口器有刺吸式（蚊）、舔吸式（蝇）等多种形式。胸部3节紧接。前翅发达，膜质。后翅退化成棒状的平衡棒。足3对。双翅目昆虫小或大型，为完全变态。幼虫一般为无足的蛆型，头部明显外露的蚊类为全头型。虻类头部为半缩半露，称半头型。蝇类头部很不明显叫无头型。蝇类的蛹外面包着一层没有蜕去的幼虫皮，称为围蛹。蚊类的蛹能在水中游泳，称为动蛹或裸蛹。呈卵圆形或椭圆形，一般呈白色，单粒或成堆。

幼虫水生或陆生，多以腐殖质或植物组织为食。双翅目的水生幼虫是鱼类的天然饵料。还可作为各种不同类型水域环境污染的指示生物。

37. 费塔无突摇蚊 *Ablabesmyia phatta*（Egger）

摇蚊科（Chironomidae）长足摇蚊亚科（Tanypodinae）无突摇蚊属（*Ablabesmyia*），幼虫体长10 mm。头壳黄色，后头缘棕色。触角4节，长约为上颚

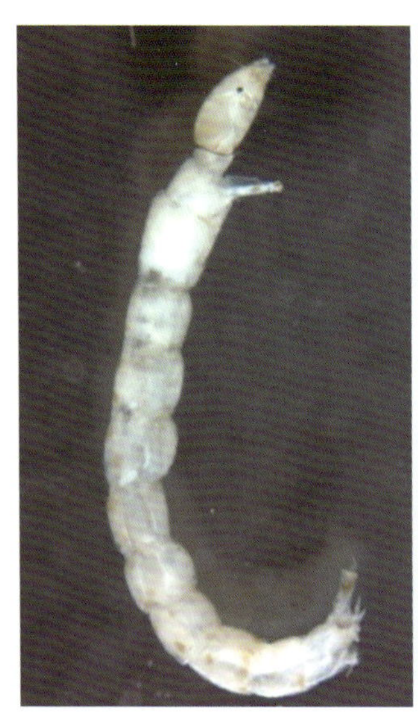

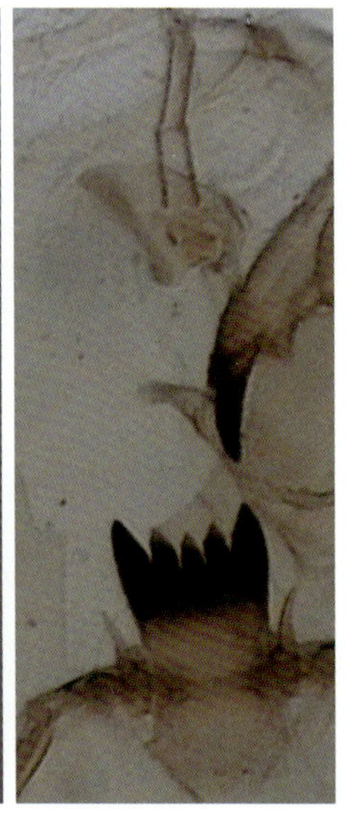

长的3.8倍。触角叶与鞭节等长。唇舌长是端部宽的1.5倍，侧唇舌2分叉。舌栉毛约20个齿。上颚端齿是上颚长的0.3倍。下颚须基节分3节。颏附器三角形，两侧各有1椭圆形上唇泡，基部骨化区具1重叠上举的钝突。后原足长，顶端具2～3个深棕色爪。尾刚毛台长约为宽的2.6倍，上具6根尾毛。

38. 斑点纳塔摇蚊 *Natarsia punctata*（Fabricius）

摇蚊科（Chironomidae）长足摇蚊亚科（Tanypodinae）纳塔摇蚊属（*Natarsia*），幼虫体长10 mm。头壳黄色，后头缘棕色。触角4节，长约为上颚长的3.8倍。触角比6。触角叶与鞭节等长。唇舌长是顶部宽的1.5倍。侧唇舌2分叉。舌栉毛约20个齿。上颚端齿是上颚长的0.3倍。下颚须基节分3节。端节b刚毛分2节。颏附器三角形，两侧各有1椭圆形上唇泡，基部骨化区具1折叠的钝突。后原足长，顶端具2～3个深棕色爪。尾刚毛台长约为宽的2.6倍，上具6根尾毛。

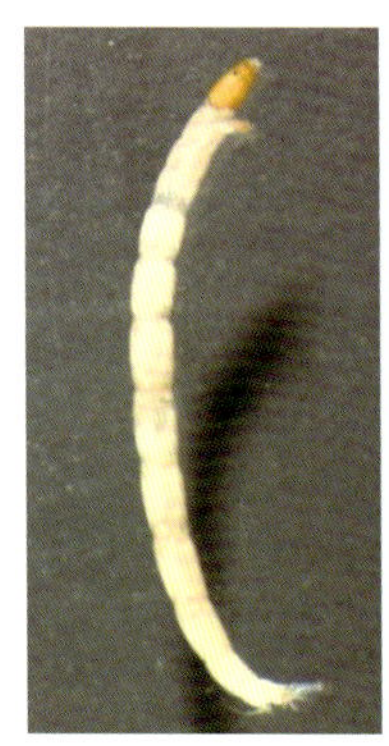

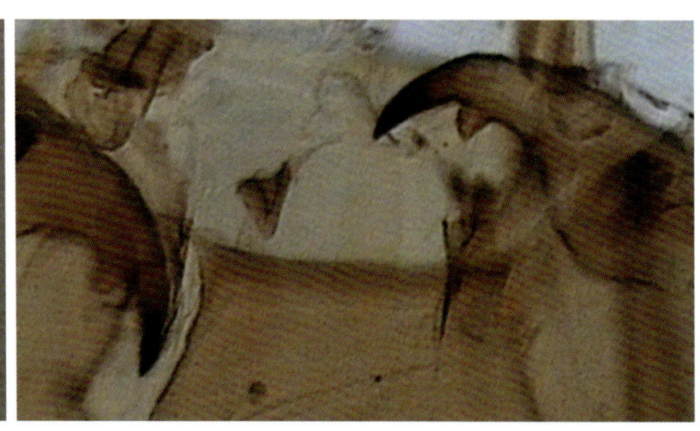

39. 花翅前突摇蚊 *Procladius choreus*（Meigen）

摇蚊科（Chironomidae）长足摇蚊亚科（Tanypodinae）前突摇蚊属（*Procladius*），幼虫体长8 mm。头壳黄色，唇舌和上颚黑色，后头缘棕色。触角第2节长约为宽的1.7倍。背颏齿6～9对。侧唇舌外侧具5～6个齿，内缘具2～5个齿。舌栉毛具9～12个齿。腹部尾刚毛台顶端具14根尾毛。

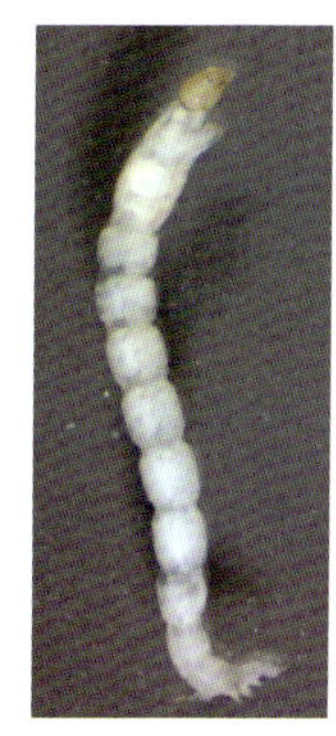

40. 刺铗长足摇蚊 *Tanypus punctipennis* Meigen

摇蚊科（Chironomidae）长足摇蚊亚科（Tanypodinae）长足摇蚊属（*Tanypus*），幼虫体长10 mm。触角为上颚长的1/4，触角比6.4。端部1/3处具环器。触角叶比鞭节长。上颚端齿深棕色，约为上颚长的1/5。齿下毛长。下颚须第1节长为宽的2.4倍，基部1/3处具环器。B感觉毛分2节，等长。背颏具8对齿。唇舌长为宽的2.4倍。侧唇舌梳状，外缘具12根细长的棘刺。腹部末端尾刚毛台顶端具尾毛14根。肛管3对，三角形。腹部第6节无刚毛簇。

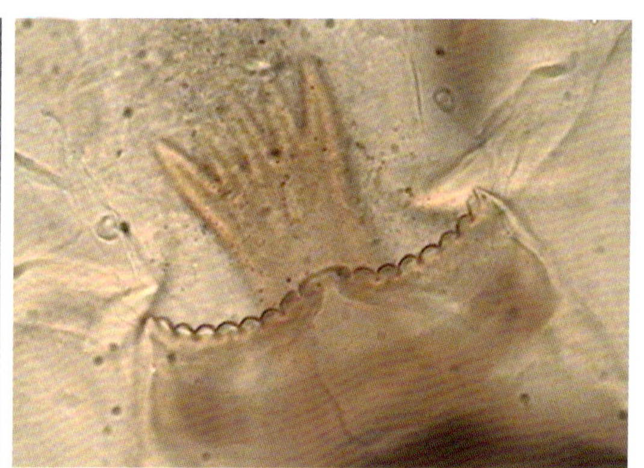

41. 盖氏特突摇蚊 *Thienemannimyia geijskesi*（Goetghebuer）

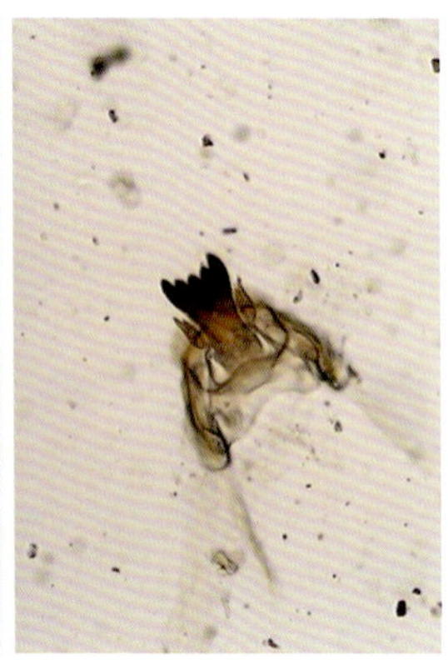

摇蚊科（Chironomidae）长足摇蚊亚科（Tanypodinae）特突摇蚊属（*Thienemannimyia*），中型幼虫，体长10 mm。触角第2节长约为宽的8倍，触角叶基环高约为宽的1.3倍，触角芒不超过第3节。唇舌具5个齿，长约为宽的2倍，中齿长约为宽的1.6倍，侧唇舌2分叉。颏附器两侧的上唇泡呈椭圆形，端部缩窄，基部骨化区具2个钝突。体节两侧无缨毛。尾刚毛台长约为宽的3.5倍，上具7根尾毛。

42. 合铗特突摇蚊 *Thienemannimyia fuscipes*（Goetghebuer）

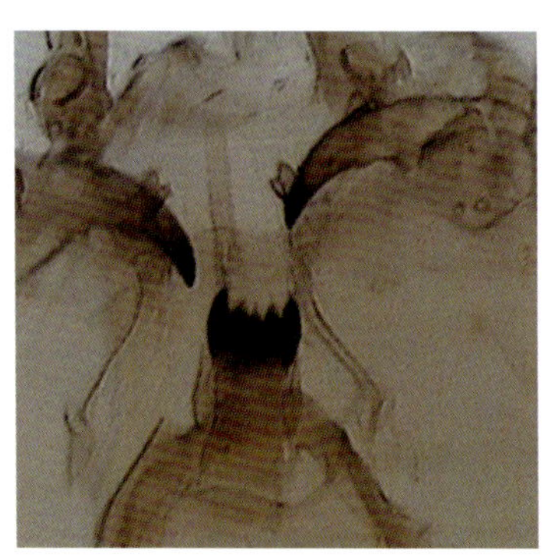

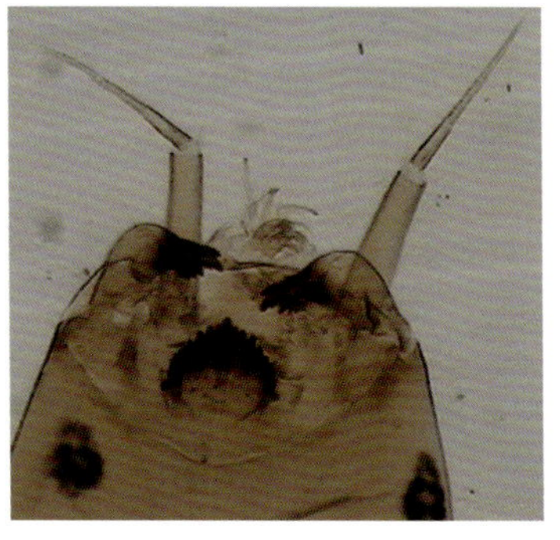

摇蚊科（Chironomidae）长足摇蚊亚科（Tanypodinae）特突摇蚊属（*Thienemannimyia*），中型幼虫，体长10 mm。触角第2节长约为宽的10倍，触角叶基环高约为宽的2倍，触角芒伸达第4节末端。唇舌具5个齿，长约为宽的1.9倍，中齿长约为宽的1.7倍，侧唇舌2分叉。颏附器两侧的上唇泡呈卵形，基部骨化区具1钝突。体节两侧无缨毛。尾刚毛台长约为宽的3.5倍，上具7根尾毛。

43. 西氏北绿摇蚊 *Boreochlus thienemani* Edwards

摇蚊科（Chironomidae）寡脉摇蚊亚科

（Podnominae）北绿摇蚊属（*Boreochlus*），幼虫体长6 mm。触角5节，各节之间不易区分，第3节具环纹，环纹区中部具1小的劳氏器。触角叶比第2节长且位于触角基环上。上唇刚毛粗刺状，S Ⅰ和S Ⅱ刚毛着生在粗大等高的托上。上颚具背齿、端齿和6个内齿，第1、第2内齿小。颏中齿1个，侧齿7对。尾刚毛台长，黑褐色，上具5根黑色长短不等的尾毛。

44. 格氏寡角摇蚊 *Diamesa gregsoni* Edwards

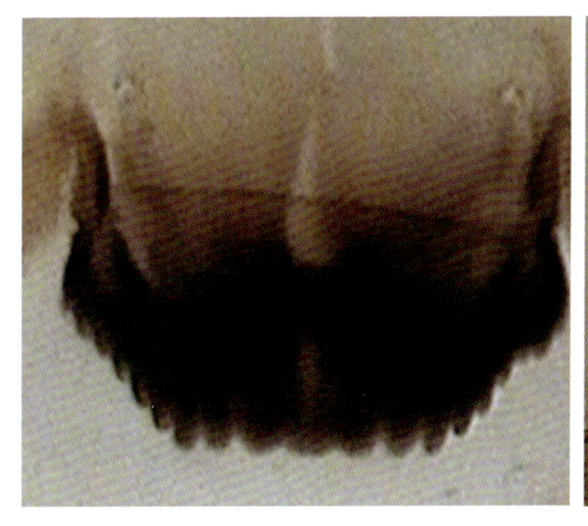

摇蚊科（Chironomidae）寡角摇蚊亚科（Diamesinae）寡角摇蚊属（*Diamesa*），幼虫中等大小，体长11.5 mm。触角5节，第3节具环纹，触角比1.7。上唇S Ⅰ刚毛薄片状。前上颚端部具6个齿和1个羽状背刺，上颚具1端齿，4个内齿，齿下毛小。颏具1个中齿，9对侧齿。体节，前后原足分离，端部具爪。尾刚毛台小，长为宽的0.8倍，上具直的尾毛4根。

45. 高田似波摇蚊 *Sympotthastia takatensis* Tokunaga

摇蚊科（Chironomidae）寡角摇蚊亚科（Diamesinae）似波摇蚊属（*Sympotthastia*），中型幼虫，体长7 mm。触角5节，第5节比第4节长，第2节端部与第3节具环纹。上唇S Ⅰ刚毛扁叶状，SⅢ刚毛简单。前上颚具5个齿。上颚端齿比4个内齿的长度短，齿下毛长刺形。颏具1宽的中齿，7对侧齿，中齿和第1侧齿色浅，其他侧齿呈褐色。体节，前后原足分离，端部具爪。尾刚毛台短而宽，后缘骨质化，尾毛7根。

46. 端心突摇蚊 *Cardiocladius capucinus*（Zellerstadt）

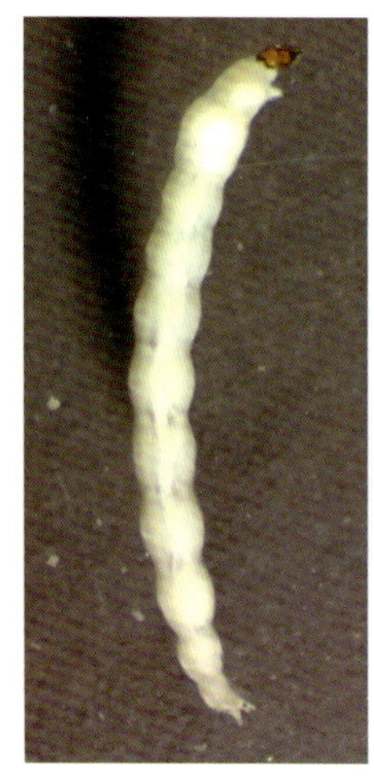

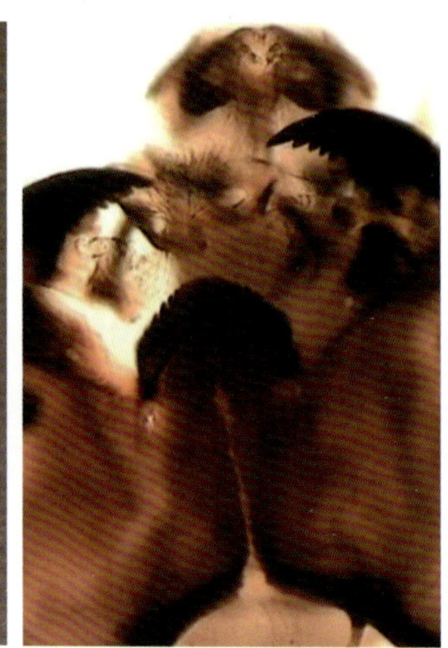

摇蚊科（Chironomidae）直突摇蚊亚科（Orthocldiinae）心突摇蚊属（*Cardiocladius*），幼虫体长8 mm。触角5节，触角比1.9。触角叶长达第3节端部。上唇SⅠ、SⅡ刚毛单一。前上颚端部不分叉。上颚具1个端齿和3个内齿。齿下毛超过第1内齿。上颚刷具5～6个分支，内缘具棘刺。颏具1宽的中齿和5对侧齿。腹部尾刚毛台退化，端部具7根尾毛，其中3根强壮，4根弱小。

47. 三束环足摇蚊 *Cricotopus trifascia* Edwards

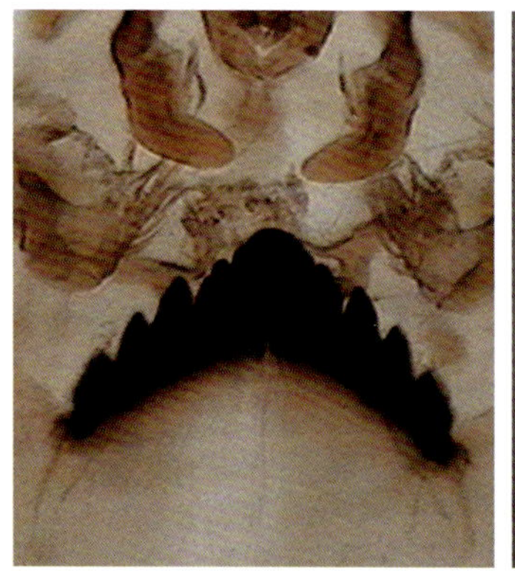

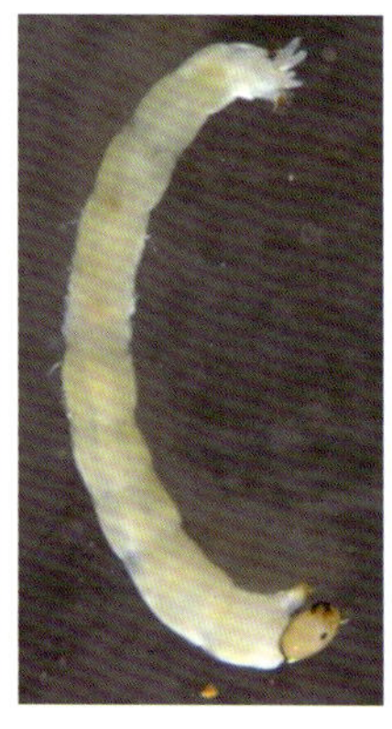

摇蚊科（Chironomidae）直突摇蚊亚科（Orthocldiinae）环足摇蚊属（*Cricotopus*），幼虫体长5 mm。触角5节，触角比2.2。触角叶达末节基部。上唇SⅠ刚毛2分叉。前上颚端部不分叉。无前上颚刷。上颚端齿呈黑色，外缘呈皱褶状，齿下毛长，上颚刷具5～7个分支。颏黑褐色，中齿宽，第1、第2侧齿基部愈合，第6侧齿特别小。腹部Ⅰ～Ⅵ节具小的毛簇。后原足和肛管发达。尾刚毛台具6根尾毛。

48. 三带环足摇蚊 *Cricotopus trifasciatus*（Meigen）

摇蚊科（Chironomidae）直突摇蚊亚科（Orthocldiinae）环足摇蚊属（*Cricotopus*），幼虫体长7.5 mm。触角5节，触角比1.8。触角叶长，超出鞭节。劳氏器与第3节近等长。第1节基部具环器。上唇SⅠ刚毛2分叉。前上颚2分叉。具前上颚刷。上颚端部呈黑褐色，外缘呈皱褶状，齿下毛长，上颚刷具6根。颏中齿宽，第2侧齿与第1齿基部愈合。腹部Ⅰ～Ⅵ节具毛簇。前原足爪的顶齿明显大于亚顶齿。肛管短于后原足。尾刚毛台具6根尾毛。

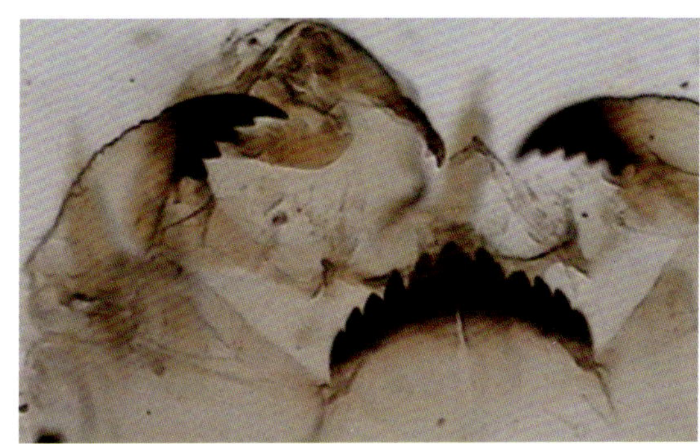

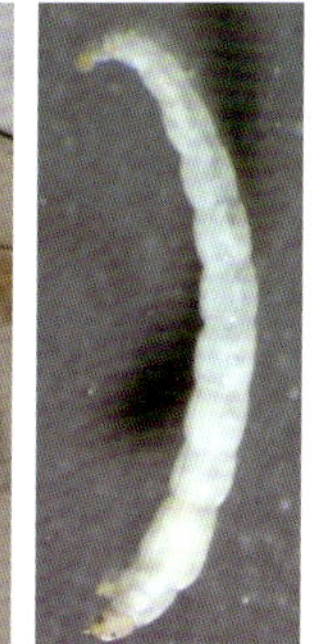

49. 双线环足摇蚊 *Cricotopus bicinctus*（Meigen）

摇蚊科（Chironomidae）直突摇蚊亚科（Orthocldiinae）环足摇蚊属（*Cricotopus*），幼虫体长5 mm。触角5节，触角比1.8。触角叶长达第4节端部。劳氏器与第3节约等长。上唇SⅠ刚毛2分叉。前上颚具1个端齿。无前上颚刷。上颚端部呈黑褐色，外缘皱褶显著，上颚臼具2～3根小刺。上颚刷具5～7根。颏中齿宽，中齿和第1、第2侧齿色淡。腹部末端的肛管短于后原足。尾刚毛台具6根尾毛。

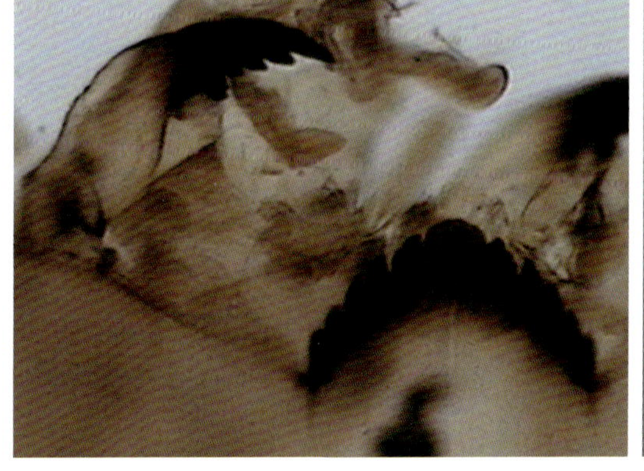

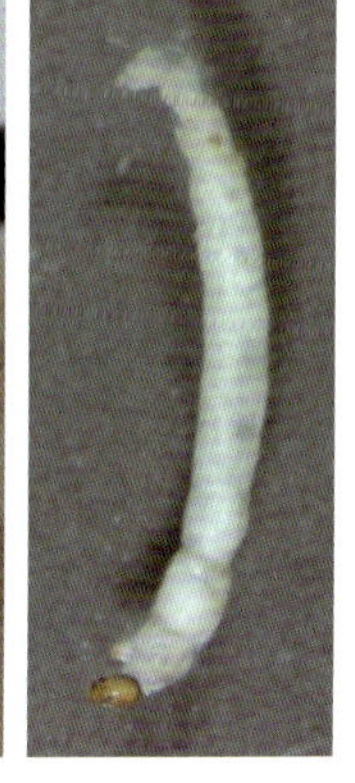

50. 三轮环足摇蚊 *Cricotopus triannulatus*（Mecquart）

摇蚊科（Chironomidae）直突摇蚊亚科（Orthocldiinae）环足摇蚊属（*Cricotopus*），幼虫体长5 mm。触角5节，触角比1.5。触角叶长，超出鞭节。劳氏器约与第3节等长。上唇S I刚毛2分叉。前上颚单一。无前上颚刷。上颚端部呈黑褐色，外缘呈皱褶状，上颚刷具5～7根。颏中齿宽，为第1侧齿的2倍。第1侧齿长于第2侧齿。腹部Ⅰ～Ⅵ节具毛簇。后原足发达，具14个黄色爪。尾刚毛台具6根尾毛。肛管发达。

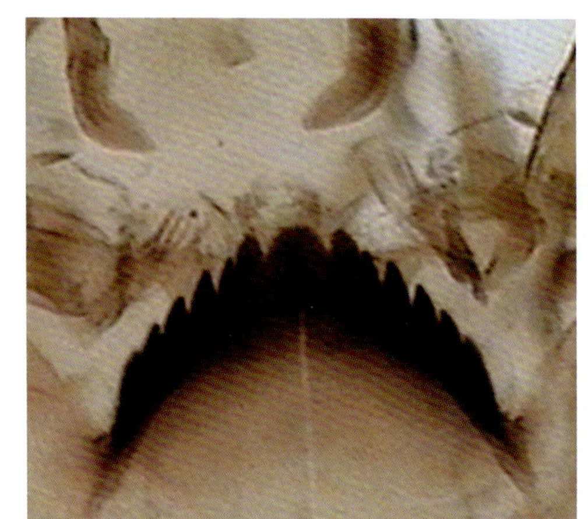

51. 白色环足摇蚊 *Cricotopus albiforceps*（Kieffer）

摇蚊科（Chironomidae）直突摇蚊亚科（Orthocldiinae）环足摇蚊属（*Cricotopus*），幼虫中型，体长8 mm。触角5节，触角叶不超过触角末节，劳氏器明显。上唇S I刚毛2分叉，无上唇片。前上颚端部不分叉。上颚端齿约与3个内齿的宽度相等，齿下毛呈钉状，上颚臼平滑。颏中齿1个，侧齿6对。前原足端部具冠状爪，后原足爪简单。尾刚毛台长宽约相等，上具6根尾毛。肛管比后原足短。腹节具1对束状刚毛。

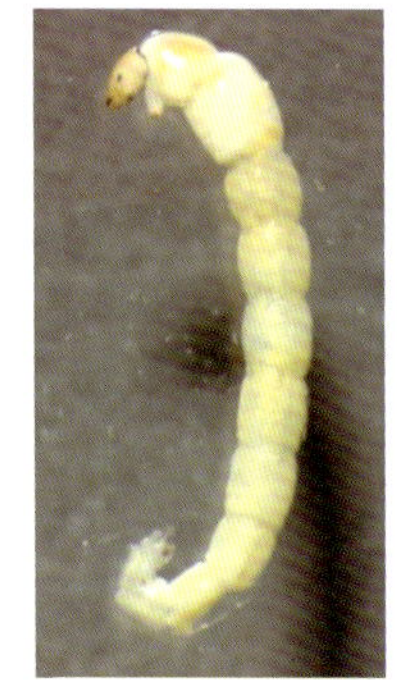

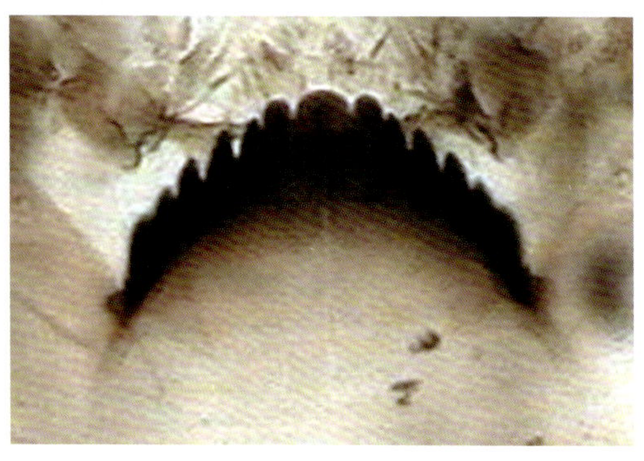

52. 轮环足摇蚊 *Cricotopus anulator* Goetghebuer

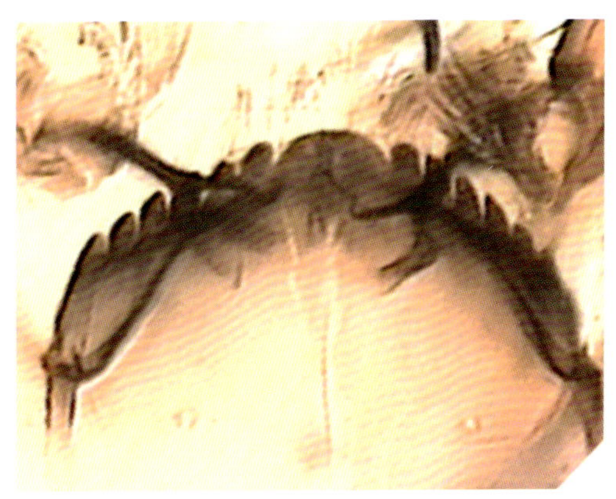

摇蚊科（Chironomidae）直突摇蚊亚科（Orthocldiinae）环足摇蚊属（*Cricotopus*），幼虫体长6 mm，触角5节，触角比小于1.5，触角叶长达第4节末端。劳氏器与第3节近等长。上唇S Ⅰ刚毛二分叉。前上颚单一，无前上颚刷。上颚呈黑褐色，外缘平滑，齿下毛长。上颚刷具5～7支。颏具1中齿和6对侧齿。腹节Ⅰ～Ⅵ具毛簇，通常14～16 根。后原足发达，具黄色爪14个。尾刚毛台具6根尾毛。肛管2对，十分发达。

53. 伊尔克真开氏摇蚊 *Eukiefferiella ilkleyensis*（Edwards）

摇蚊科（Chironomidae）直突摇蚊亚科（Orthocldiinae）真开氏摇蚊属（*Eukiefferiella*），幼虫体长4 mm。头壳呈黑褐色，触角5节，触角比1.2。触角叶长达第4节端部。劳氏器中等发达，长达第3节末端。上唇S Ⅰ刚毛粗壮，SⅢ刚毛2分叉。前上颚单一。上颚具1个端齿和3个内齿，上颚臼具3根长刺。颏中齿1个。侧齿4对。后原足具14个黄色或褐色爪。尾刚毛台具6根尾毛。

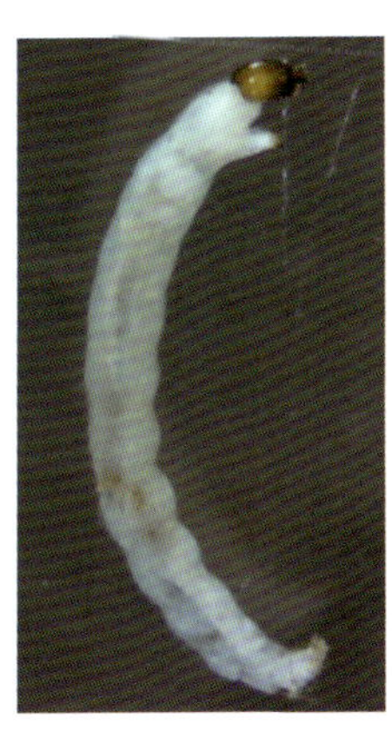

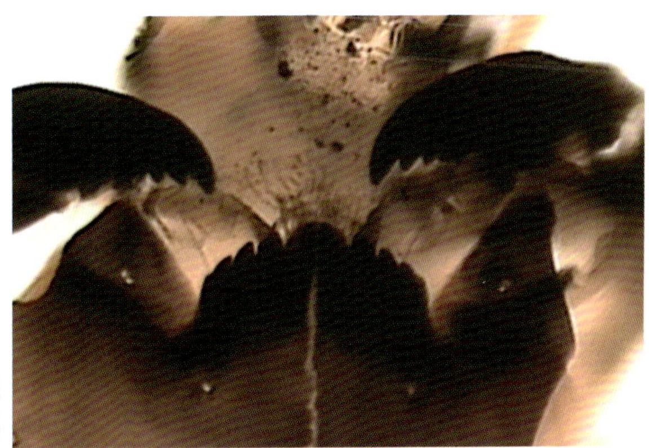

54. 软异三突摇蚊 *Heterotrissocladius marcidus*（Walker）

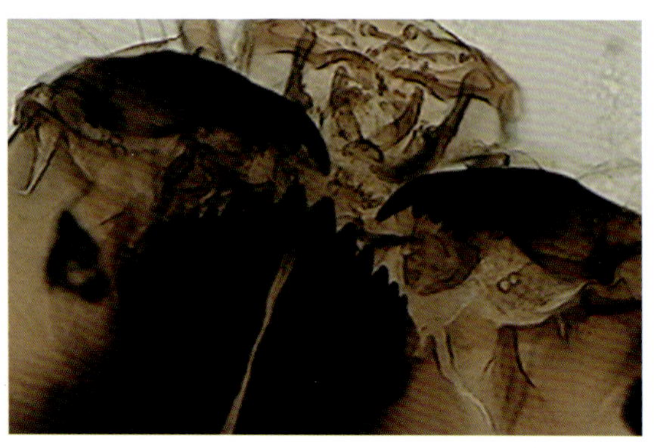

摇蚊科（Chironomidae）直突摇蚊亚科（Orthocldiinae）三突摇蚊属（*Heterotrissocladius*），幼虫体长5.8 mm。头壳呈黄色，后颏明显黑化。触角共7节，第7节毛状。触角比1.2。环器着生在第1节近1/5～1/6处。触角叶延伸至第5节顶端。上唇SⅠ刚毛端部羽状，SⅡ刚毛单一。前上颚2分叉。上颚具3个内齿和1个端齿，端齿长。齿下毛伸达第1内齿。颏具1对中齿，5对侧齿。腹颏板宽，无腹颏鬃。腹部尾刚毛台顶端具7 根尾毛。肛管长约是宽的4 倍。

55. 近藤水摇蚊 *Hydrobaenus kondoi* Saether

摇蚊科（Chironomidae）直突摇蚊亚科（Orthocldiinae）水摇蚊属（*Hydrobaenus*），幼虫体长11 mm。头壳呈褐色，后头缘呈黑褐色。触角6节，第6节退化。触角比2.1。环器在距末端1/8 处。触角叶伸至第4节顶端。上唇SⅠ刚毛粗，端部羽状。SⅡ刚毛单一。前上颚端部2分叉。上颚端齿比3个内齿的宽度窄。上颚刷7根，其中4根端部有锯齿。颏具2个中齿，中间略微聚合。侧齿6对。腹颏板发达。胸部附带胸角，胸角比4.9。尾刚毛台端部黑褐色，顶端具7根粗尾毛。

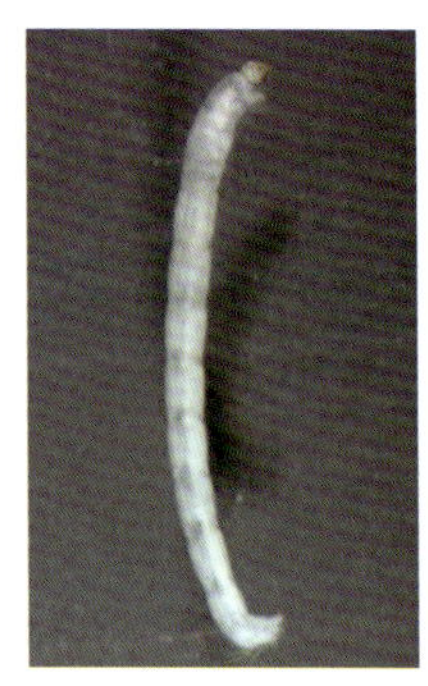

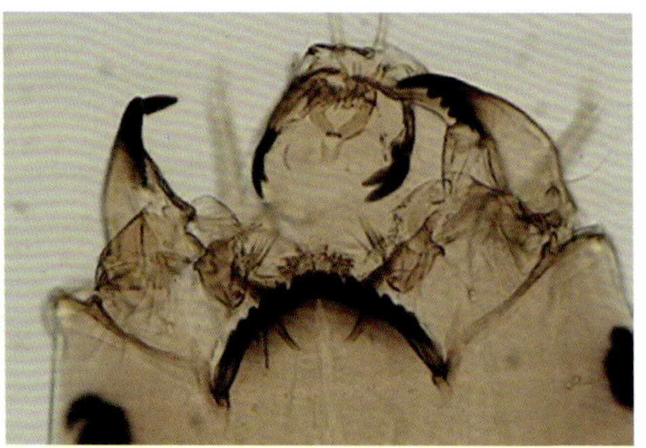

56. 双色矮突摇蚊 *Nanocladius dichromus*（Kieffer）

摇蚊科（Chironomidae）直突摇蚊亚科（Orthocldiinae）矮突摇蚊属（*Nanocladius*），幼虫体长4.5 mm。头壳呈黄色，后头缘呈黑褐色。触角5节。触角比1.8。触角叶伸至第3节顶端，触角副叶与触角叶约等长。上唇SⅠ、SⅡ刚毛单一。前上颚基部有1钝齿。上颚具1端齿和3个内齿，端齿是3个内齿宽的2倍，齿下毛伸至第3内齿。颏具2个中齿和5对侧齿。腹颏板明显伸长，末端边缘直。前原足爪的内缘具细小锯齿。尾刚毛台顶端具6尾毛。肛管2对。

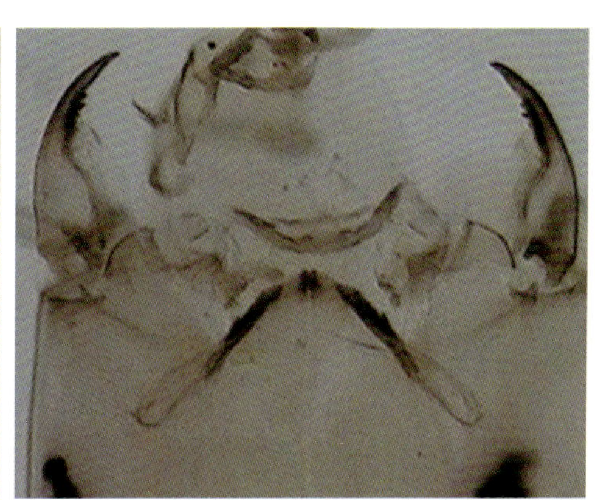

57. 茨城直突摇蚊 *Orthocladius*（O.）makabensis Sasa

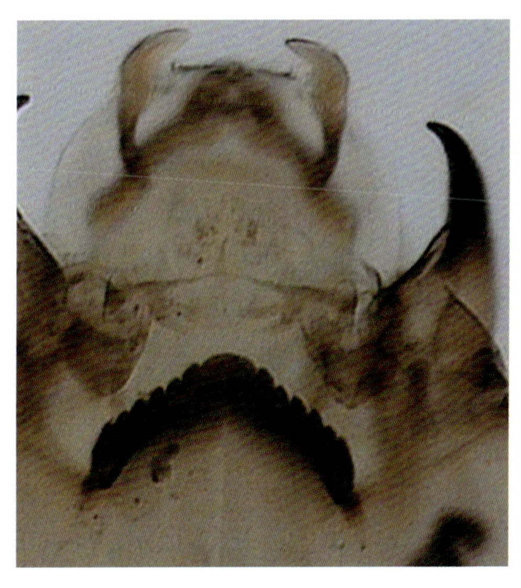

摇蚊科（Chironomidae）直突摇蚊亚科（Orthocldiinae）直突摇蚊属（*Orthocladius*），幼虫体长5.6～5.8 mm。触角5节，触角比1.7。触角叶超过第4节顶端。前上颚顶端单一。上颚具3个内齿，齿下毛未超过临近内齿；端齿与3个内齿的总宽度约等长。上颚刷5～6 支。颏中齿宽，是第1侧齿的3.5～4.0倍。后原足具14个黄褐色爪。尾刚毛台长是宽的1.5 倍，上具6根尾毛。肛管发达，后面一对约是后原足的一半。

58. 刺拟脉锤摇蚊 *Parametrionemus stylatus*（Kieffer）

摇蚊科（Chironomidae）直突摇蚊亚科（Orthocldiinae）脉锤摇蚊属（*Parametrionemus*），幼虫体长5 mm。头壳呈黄褐色，上颚和颏板呈黑色，后头缘呈黄色。触角5节，触角叶与鞭节等长。触角比1.3。上唇SⅠ刚毛羽状，前上颚具3个齿。

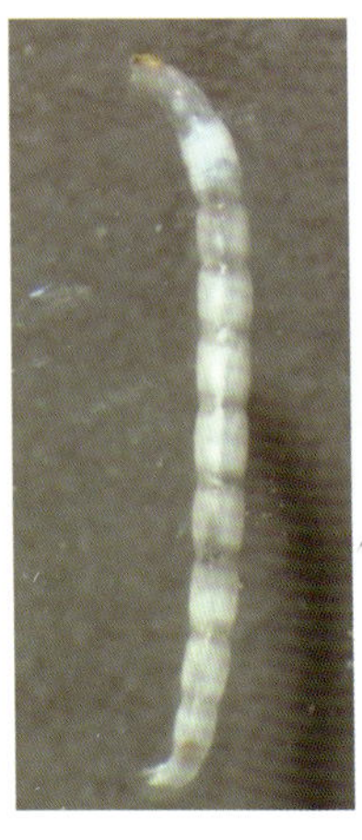

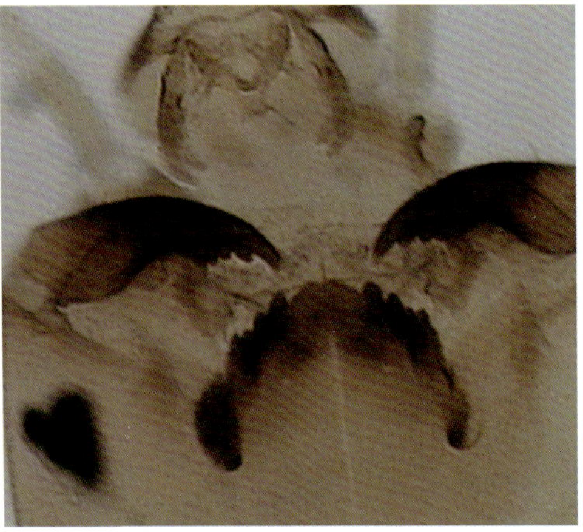

上颚具1端齿和3内齿。齿下毛达第2内齿顶端，上颚刷7支。颏具2个中齿，单一中齿是第1侧齿的1.8倍。侧齿4对。尾刚毛台长大于宽，上具7根尾毛。肛管具一缢缩。

59. 猛摇蚊 *Chironomus acerbiphilus* Tokunaga

摇蚊科（Chironomidae）摇蚊亚科（Chironominae）摇蚊属（*Chironomus*），幼虫体长15 mm，活体红色，头壳呈橘黄色。触角5节，触角比2.4。触角叶长达第4节的基部。SⅠ刚毛宽，外侧端部1/4和内侧呈锯齿状。内唇栉具约20个大小不同的齿。前上颚二分叉。上颚具背齿、端齿和3个黑褐色内齿。齿下毛钉状，上颚刷4根，羽状。

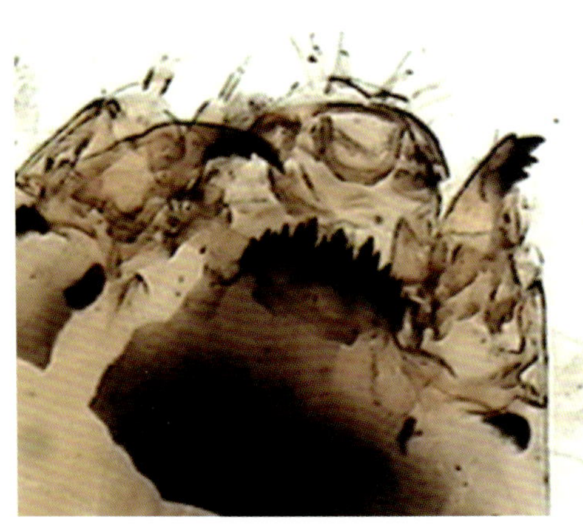

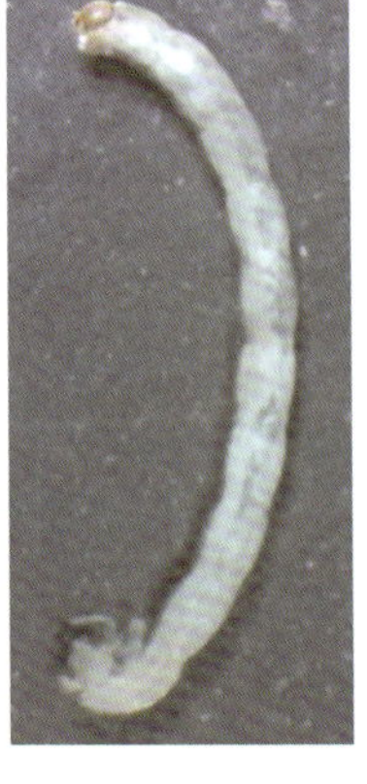

颏具相对宽的3个中齿，明显比第1侧齿低，其他6对侧齿逐渐降低。第7腹节侧腹管弯钩状，第8节的2对腹管细长。前面1对向后伸，后面一对在基部1/3处弯折，长度与前1对相等。肛管2对，从基部到端部逐渐膨大。

60. 墨黑摇蚊 *Chironomus anthracinus*（Zetterstedt）

摇蚊科（Chironomidae）摇蚊亚科（Chironominae）摇蚊属（*Chironomus*），幼虫红色，体长12 mm。头壳呈褐色。颏板和后颏1/3呈黑褐色。触角5节，触角比2.1。环器位于基部。触角叶与末节等长或者稍长。上唇SⅠ刚毛羽状，SⅡ单一，内唇栉具14～16个齿。前上颚2分叉。上颚具1背齿、1端齿和3个内齿。颏中齿3分叉，侧齿6对，第4侧齿明显比邻齿低。腹部第7节无侧腹管，第8节具2对不长于其着生体节宽度的腹管。肛管2对，短于后原足。

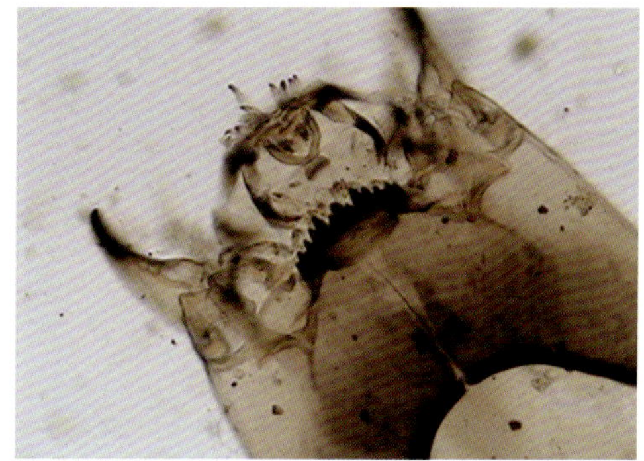
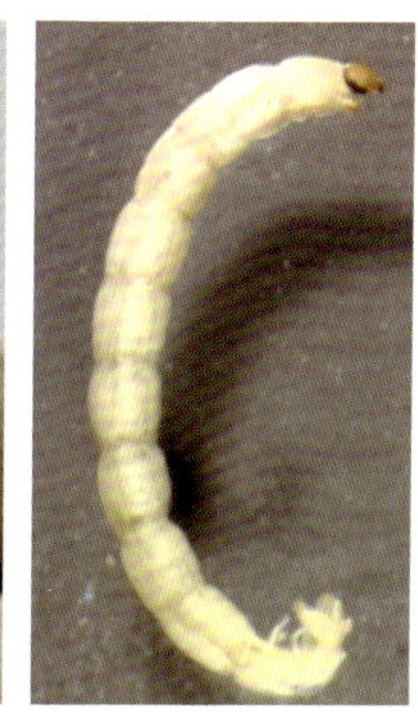

61. 溪流摇蚊 *Chironomus riparius* Meigen

摇蚊科（Chironomidae）摇蚊亚科（Chironominae）摇蚊属（*Chironomus*），幼虫红色，体长10 mm。活体血红色，头壳呈黄褐色，近后头区1/2 黑褐色。触角5节。内唇栉具11～16个齿。上颚内齿呈黑褐色。颏中齿3个，侧齿6对，高度从中间到两侧逐渐降低，腹颏板影线明显。腹部具两对腹管，无侧腹管，腹管的长度是其着生体节宽的1.2～1.4 倍。两对肛管不长于后原足。

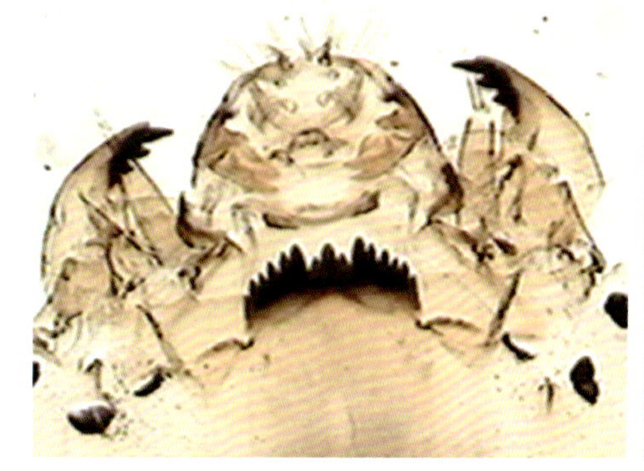
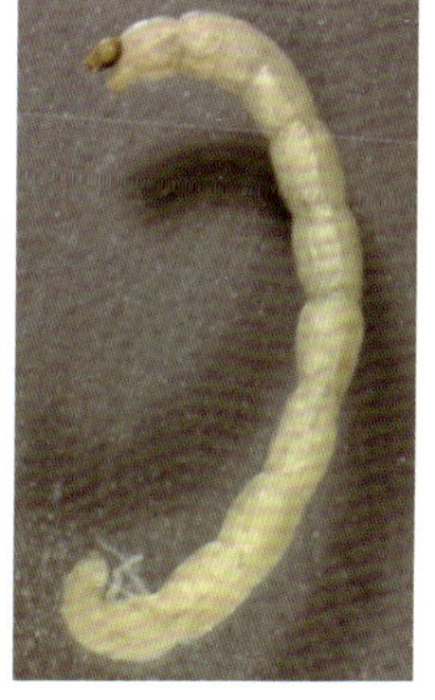

62. 黄色羽摇蚊 *Chironomus flaviplumus* Tokunaga

摇蚊科（Chironomidae）摇蚊亚科（Chironominae）摇蚊属（*Chironomus*），幼虫红色，体长18～28 mm。后颏呈褐色，额唇基板后端颜色加深。触角5节，触角比1.7。触角叶达第5节基部。上唇SⅠ刚毛羽状，SⅡ单一，内唇栉具14～16个齿。前上颚2分叉。上颚具1背齿、1端齿和3个内齿。颏中齿3分叉，侧齿6对，腹部第7节具1对侧腹管，第8节具2对腹管，长度大约是其着生体节的2倍，前面一对长于身体的后端。

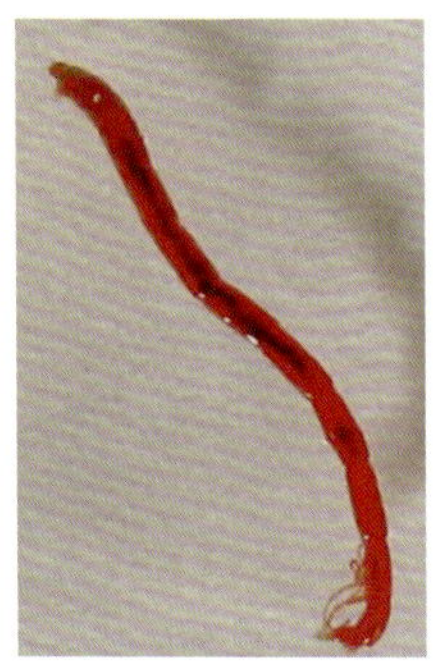

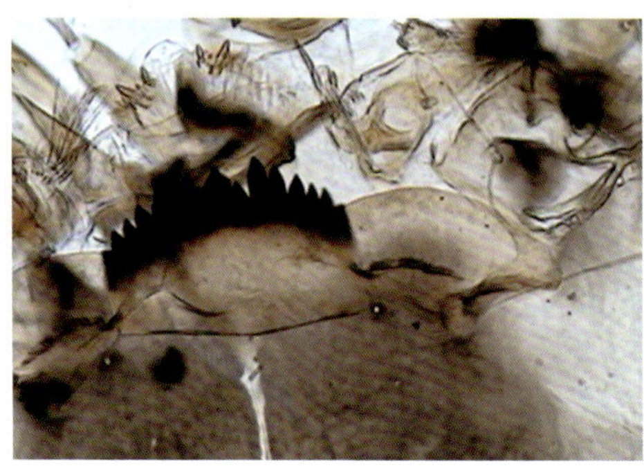

63. 残枝长跗摇蚊 *Cladotanytarsus mancus*（Walker）

摇蚊科（Chironomidae）摇蚊亚科（Chironominae）枝长跗摇蚊属（*Cladotanytarsus*），幼虫体长3.5 mm。头壳呈淡黄色。触角5节，触角比0.9。触角叶不超过第3节。劳氏器发达，花冠状。前上颚端部具4个齿。上颚背齿色淡，端齿和3个内齿呈黄褐色。颏中齿色淡，深裂成3个小齿，第2侧齿明显比其他齿低。腹颏板宽是高的5倍。腹部2～7节具二分叉的羽状毛。尾刚毛台具6根尾毛。肛管长于后原足。

64. 蒴德枝长跗摇蚊 *Cladotanytarsus vanderwulpi*（Edwards）

摇蚊科（Chironomidae）摇蚊亚科（Chironominae）枝长跗摇蚊属（*Cladotanytarsus*），幼虫体长3.6 mm。触角5节。触角叶达末节中部。劳氏器发达，花冠状。前上颚端部具5个齿。上颚背齿色淡，端齿和3个内齿呈褐色。颏中齿分成3小齿，第1侧齿比第2侧齿小。腹部2～7节具二分叉的羽状毛。尾刚毛台具6根尾毛。

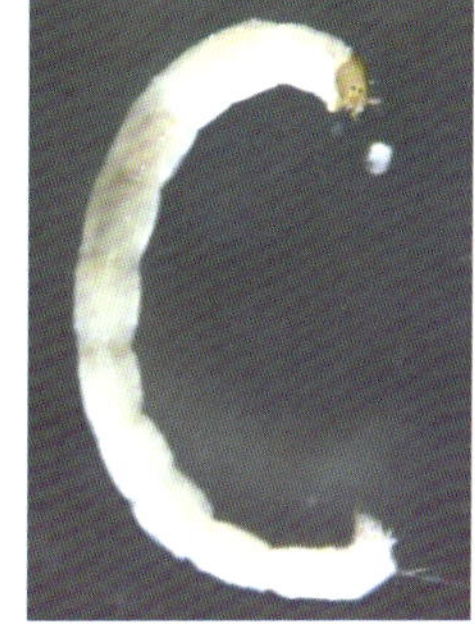

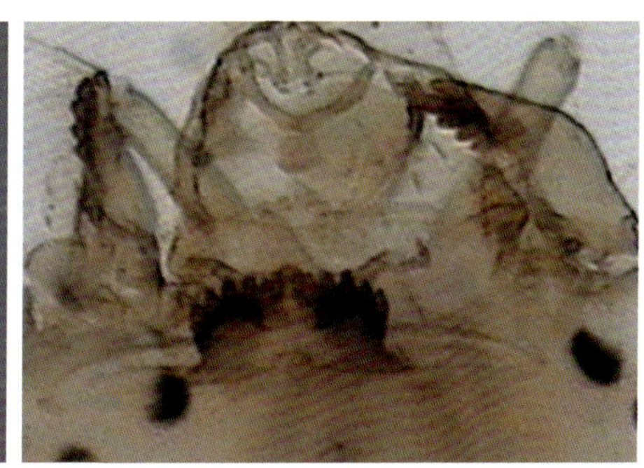

65. 喙隐摇蚊 *Cryptochironomus rostratus* Kieffer

摇蚊科（Chironomidae）摇蚊亚科（Orthocldiinae）隐摇蚊属（*Cryptochironomus*），幼虫体长6 mm，头壳呈黄色，后头缘呈淡棕色。触角5节，第2节、第3节等长，触角比1.0。触角叶超过第3节顶端。前上颚具5个齿。上颚具1端齿，2个内齿，齿下毛超过第1内齿。颏中齿宽，侧齿6对。腹颏板影线纹分布在基部，部分影线纹有重叠现象。腹部后原足长为宽的2倍。肛管两对，长为宽的2倍。短于后原足。

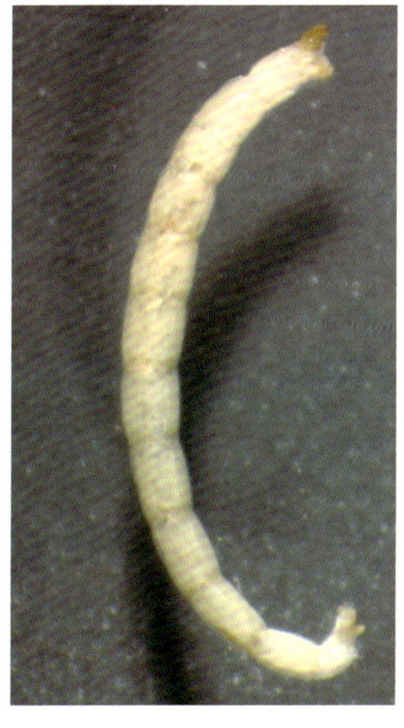

66. 缺损拟隐摇蚊 *Demicryptochironomus vulneratus*（Zetterste）

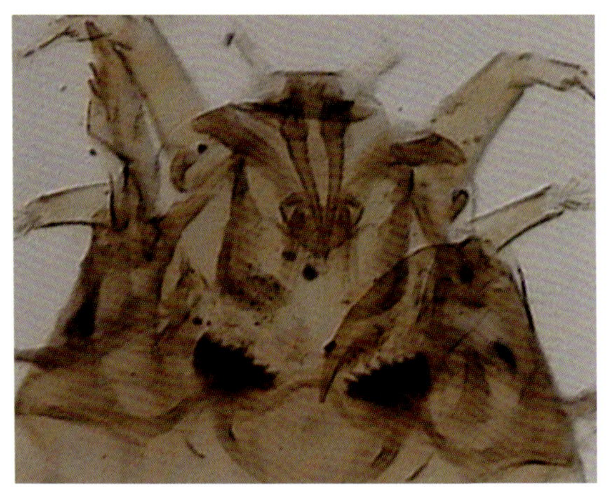

摇蚊科（Chironomidae）摇蚊亚科（Chironominae）拟隐摇蚊属（*Demicryptochironomus*），幼虫体长7 mm。头壳呈灰黄色，后头缘呈灰色。触角7节，触角第2节长大于宽，触角比0.9。触角叶达第6节基部。上唇SⅠ刚毛小，SⅡ刚毛单一且粗壮。前上颚具4个齿。上颚具1端齿和2个尖的内齿。颏中齿宽、半圆形，侧齿7对，向中间倾斜。腹颏板长，影线细。尾刚毛台具8根尾毛。

67. 叶二叉摇蚊 *Dicrotendipes lobifer*（Kieffer）

摇蚊科（Chironomidae）摇蚊亚科（Chironominae）二叉摇蚊属（*Dicrotendipes*），幼虫棕红色，体长8 mm。触角5节。额唇基前中部具1条形深凹。上唇SⅠ刚毛羽状。前上颚具3个齿。上颚背齿色淡，端齿1个，内齿3个。颏中齿两侧具缺刻，侧齿6对，第1、第2侧齿完全分开，第4侧齿稍比邻齿小。腹颏板长为宽的0.6倍，背缘钝齿形，影线纹完整。亚颏毛端部分叉。两腹刻板中间分开的距离为颏中齿宽的1.3倍。

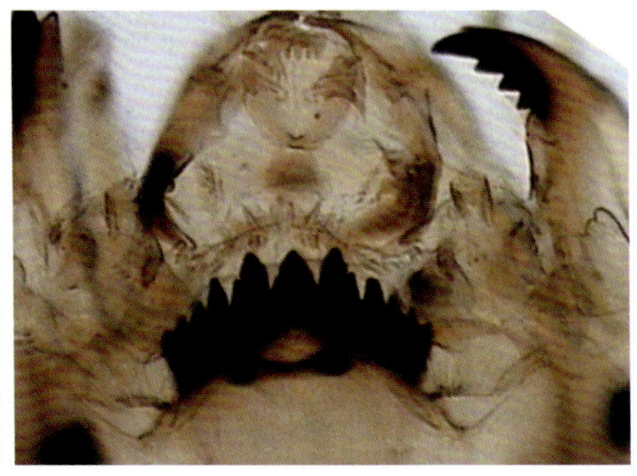

68. 德永雕翅摇蚊 *Glyptotendipes tokunagai* Sasa

摇蚊科（Chironomidae）摇蚊亚科（Chironominae）雕翅摇蚊属（*Glyptotendipes*），幼虫红色，体长7 mm。触角5节，后颏颜色明显加重。在眼点区生有1块黑褐色斑块。上唇SⅠ刚毛羽状。上颚背齿显著，具端齿和3个内齿。颏中齿比第1侧齿稍低，第4侧齿很小。腹颏板中间分开的距离约为颏中齿宽的1.1倍。腹部第8节具1对腹管，长度约与肛管等长。

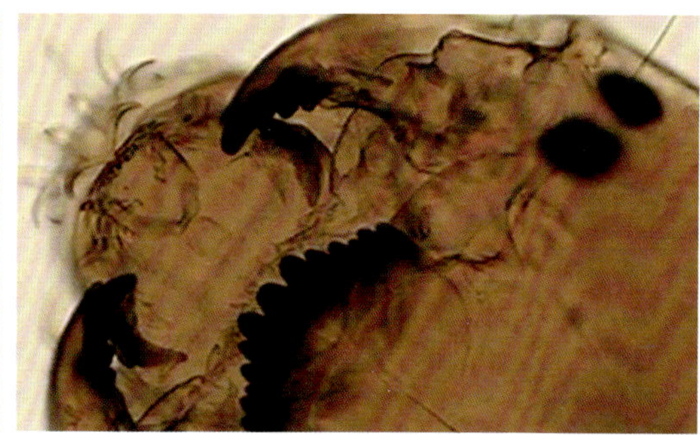

69. 浅白雕翅摇蚊 *Glyptotendipes pallens*（Mergen）

摇蚊科（Chironomidae）摇蚊亚科（Chironominae）雕翅摇蚊属（*Glyptotendipes*），幼虫红色，体长10 mm。触角5节。上唇SⅠ刚毛羽状。上颚背齿色淡，端齿和3个内齿黑色。颏中齿不比第1侧齿低，第4侧齿稍比邻齿小，两腹刻板中间分开的距离为颏中齿宽的1.3倍。腹部具1对中等长度的腹管。

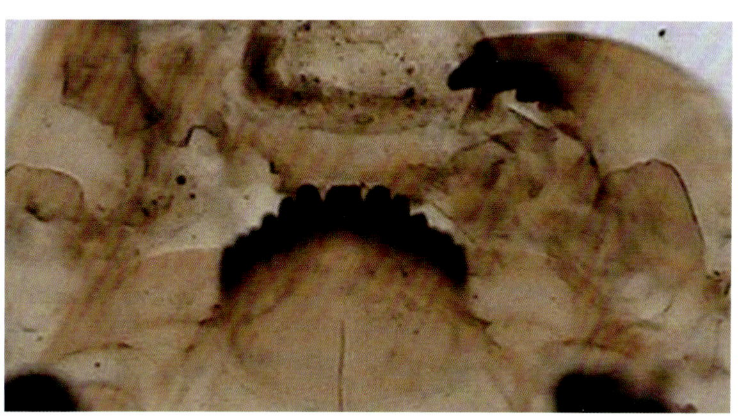

70. 暗肩哈摇蚊 *Harnischia fuscimana* Kieffer

摇蚊科（Chironomidae）摇蚊亚科（Chironominae）哈摇蚊属（*Hamischia*），幼虫呈橙红色，体长5 mm。触角5节，第2节和第3节约等长。触角叶 达第3节端部。前上颚具2个大齿和4个小齿。上颚具1端齿和1个拉平的内齿，上颚刷4根，前2根端部梳状，后2根简单。颏中齿色淡，中间具1缺刻。侧齿7对，呈黑色。尾刚毛台长宽约相等，上具6根尾毛。肛管呈三角锥形。

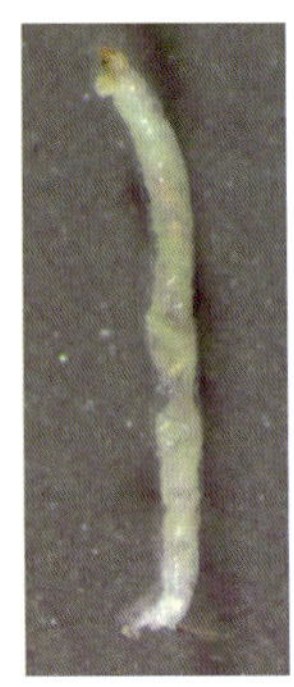

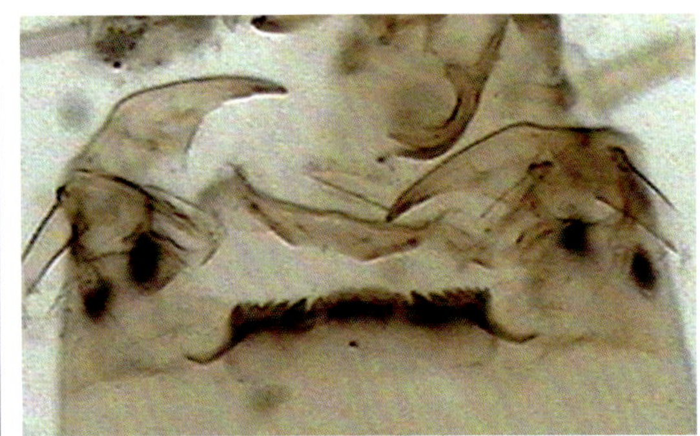

71. 马德林摇蚊 *Lipiniella moderata* Kalugina

摇蚊科（Chironomidae）摇蚊亚科（Chironominae）林摇蚊属（*Lipiniella*），幼虫体长11 mm，淡红色 。触角5节，触角叶不超过鞭节。上唇S I 刚毛羽状。内唇栉由单一骨片组成，游离端具长短不等的齿。前上颚顶端具5个齿。上颚背齿色淡，端齿和3个内齿呈黑褐色。齿下毛短。颏具16个齿，4个中齿中间的2个大，两侧的相对小，侧齿6对。腹颏板长约为颏宽的2倍。腹部第8节有1对腹管，长度约与肛管等长。

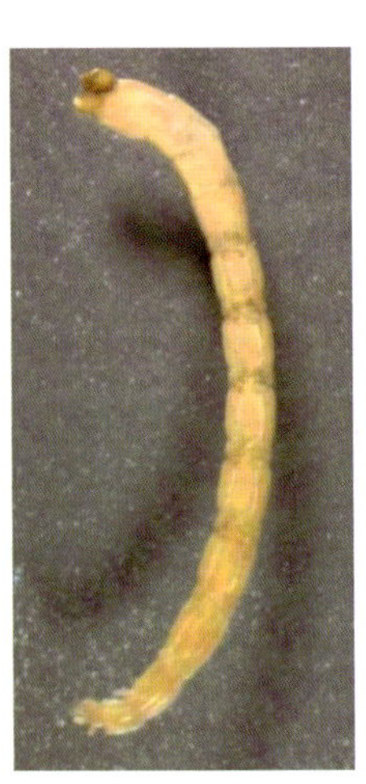

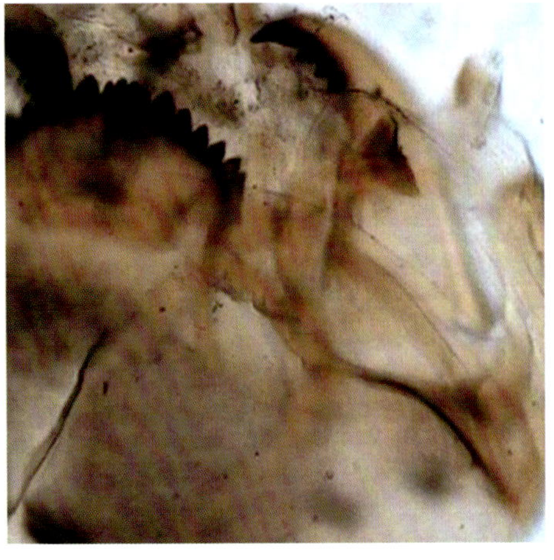

72. 软铗小摇蚊 *Microchironomus tener*（Kieffer）

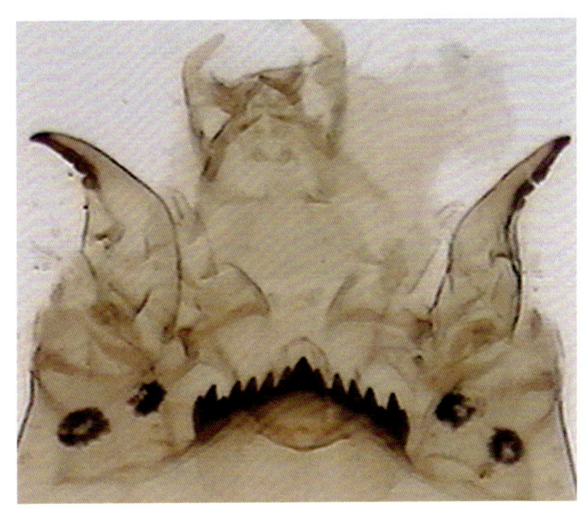

摇蚊科（Chironomidae）摇蚊亚科（Chironominae）小摇蚊属（*Microchironomus*），幼虫体长5 mm。头壳呈灰黄色。触角5节。触角比1.72。触角叶是鞭节长的1.5倍。上唇的前上颚二分叉，外支纤细。上颚的2个内齿平截，总宽度约与端齿的长度相等。齿下毛达第1内齿顶端。颏中齿三分叉，侧齿6对，第4、第6侧齿小。腹颏板外缘具弱的锯齿，影线纹明显。尾刚毛台长是宽的1.2倍。肛管长是宽的2倍，短于后原足。

73. 绿倒毛摇蚊 *Microtendipes chloris*（Meigen）

摇蚊科（Chironomidae）摇蚊亚科（Chironominae）倒毛摇蚊属（*Microtendipes*），幼虫红色，体长12 mm。触角6节，触角比1，劳氏器柄互生，与其对应的触角节等长。上颚具背齿、端齿和3个内齿，齿下毛细长。颏中齿呈淡黄色，中间的小齿深陷在2个外侧中齿的中间，侧齿6对，黑色。尾刚毛台小，顶端具8根尾毛，其中有3根长毛、5根短毛。肛管2对。后原足短。

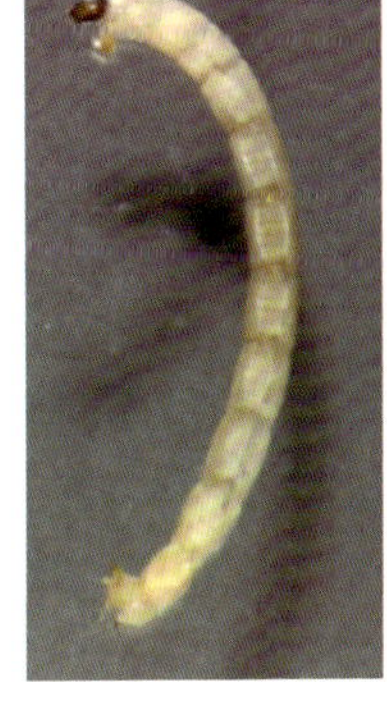

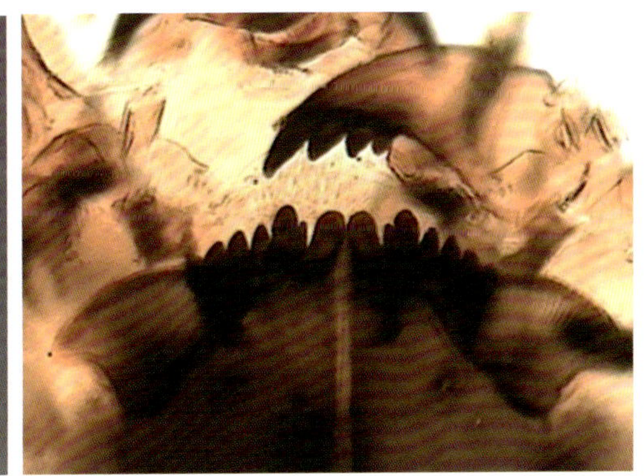

74. 罗甘小突摇蚊 *Micropsectra logani*（Johannsen）

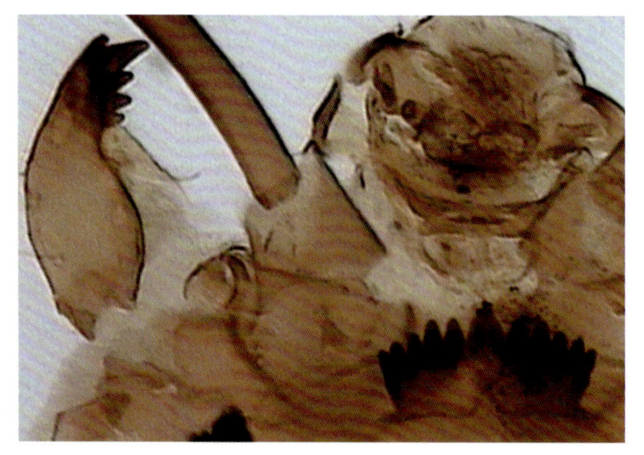

摇蚊科（Chironomidae）摇蚊亚科（Chironominae），小突摇蚊属（*Micropsectra*），幼虫体长7 mm。触角5节。触角比小于2.1。触角第1节约为第2节长的3倍。劳氏器的柄长约为后3节长的4倍。触角托发达，端部的刺突为托长的1/5。上唇SⅡ刚毛单一。颏中齿色淡，侧缘具小的缺刻，侧齿5对。腹颏板长约为颏宽的1.2倍。尾刚毛台顶端具8根尾毛。后原足爪马蹄形排列。

75. 黄明摇蚊 *Phaenopsectra flavipes*（Meigen）

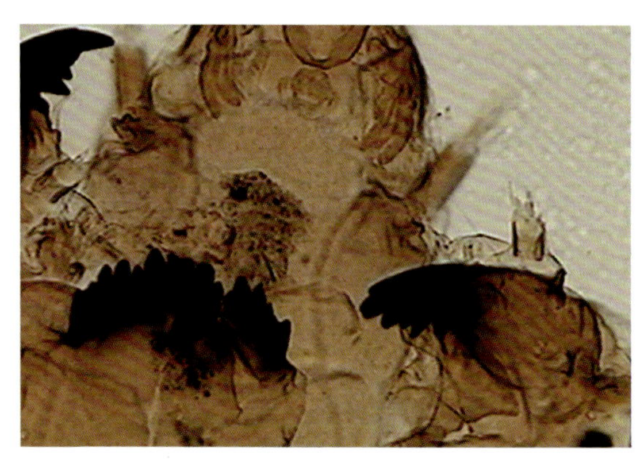

摇蚊科（Chironomidae）摇蚊亚科（Chironominae）明摇蚊属（*Phaenopsectra*），幼虫呈红色，体长8 mm。触角5 节，触角比1.2，劳氏器对生，触角叶稍长于鞭节。SⅠ、SⅡ刚毛羽状。前上颚具3个齿，呈黑色。颏黑色，中齿4个，其中间的1对较外侧的小，侧齿6对，第1侧齿明显低于邻齿，最后1对侧齿常发生不同程度的愈合，尾刚毛台顶端具8根尾毛。

76. 长方拟枝角摇蚊 *Paracladopelma undine*（Townes）

摇蚊科（Chironomidae）摇蚊亚科（Chironominae）拟枝角摇蚊属（*Paracladopelma*），幼虫体长5 mm，头壳呈黄色，后头缘呈灰棕色。触角5节，触角比1.5。基节长是宽的3.3倍，触角叶长达第4节基部。上唇SIVa四分节，前上颚具4个内齿和1个外棘。上颚具2个三角形内齿，齿下毛达第1内齿顶端，外边缘具2长棘，上颚刷具4分支。颏具2个中齿和6对侧齿，中部单齿宽是第1侧齿的6.5倍；腹颏板影线纹明显。下颚须基节长是宽的2倍。腹部尾刚毛台顶端具7根尾毛。肛管长是宽的2.6倍，与后原足几乎等长。

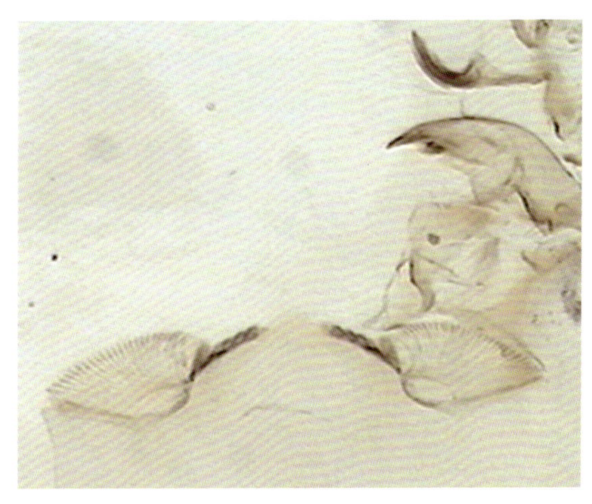

77. 小云多足摇蚊 *Polypedilum nubeculosum*（Meigen）

摇蚊科（Chironomidae）摇蚊亚科（Chironominae）多足摇蚊属（*Polypedilum*），幼虫体长9 mm，红色。触角5节，触角比 1.2。触角叶达或稍超过第5节末端。上唇SⅠ刚毛端部膨大，SⅡ刚毛细长，SⅢ刚毛锯齿状。前上颚3个齿，具前上颚刷。上颚具5个黑色齿。颏具16齿。中齿和第2侧齿高于其他齿。后颏呈黑褐色到黑色。后原足端部具16个黑色的爪。尾刚毛台具8根尾毛。肛管2对。

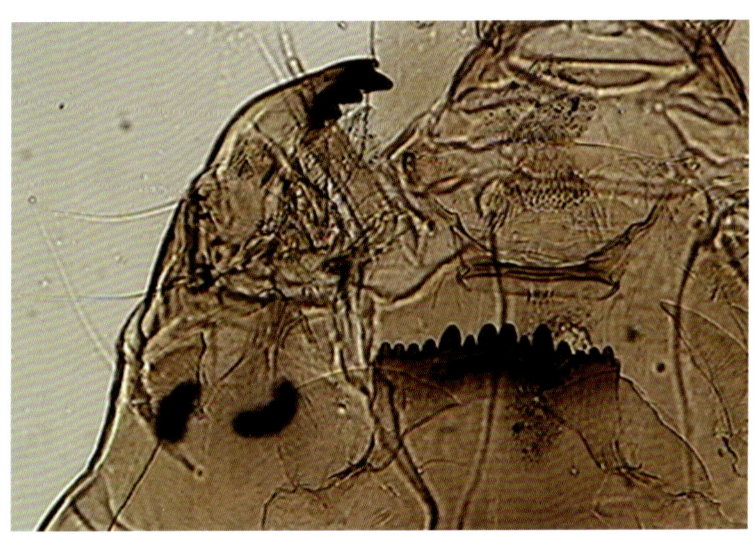

78. 梯形多足摇蚊 *Polypedilum scalaenum*（Schrank）

摇蚊科（Chironomidae）摇蚊亚科（Chironominae）多足摇蚊属（*Polypedilum*），幼虫体长6 mm，红色。头壳呈黄褐色，后头缘呈深黄色。触角5节，第3节和第5节特别短。触角比1.4。触角叶超过鞭节。上唇SⅠ刚毛掌状。SⅡ刚毛稍宽，端部锯齿状。前上颚2个齿，具前上颚刷。上颚具1端齿、1背齿和3个内齿。齿下毛达第3内齿的端部。上颚臼具2支针状棘刺。颏具16齿。第2侧齿稍高于中齿。两腹颏板间距约等于2中齿的宽度。腹部尾刚毛台具尾毛7根。肛管2对。

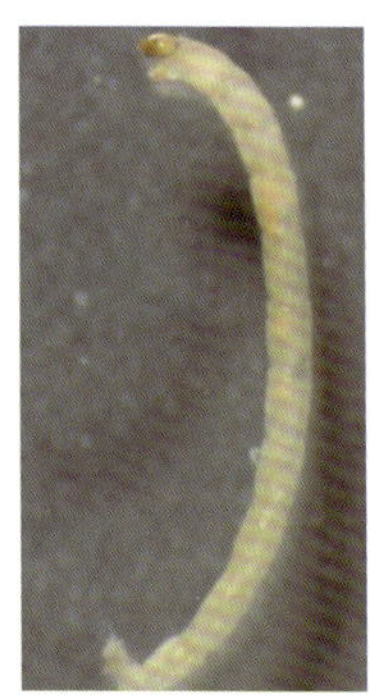

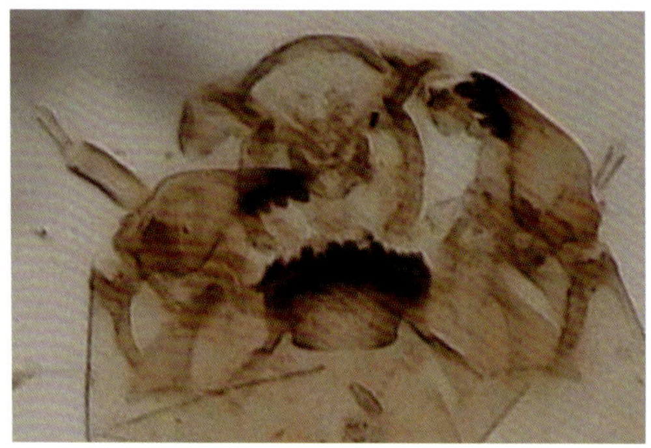

79. 拟踵突多足摇蚊 *Polypedilum paraviceps* Niitsuma

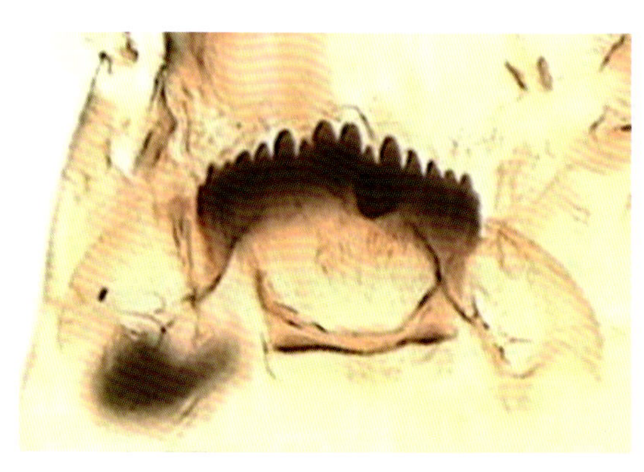

摇蚊科（Chironomidae）摇蚊亚科（Chironominae）多足摇蚊属（*Polypedilum*），幼虫红色，体长7 mm。触角5节，第1节比鞭节长，劳氏器对生。上唇SⅠ刚毛羽状。前上颚具3个齿，前上颚刷发达。上颚背齿显著，端齿下具2个内齿。上颚臼具齿。颏中齿4个，中间的1对高，两边的1对低。腹颏板中间的距离约为颏宽的0.5倍，腹颏板影线粗壮，前缘具钝突。腹部尾刚毛台上具7根尾毛。

80. 白角多足摇蚊 *Polypedilum albicorne*（Meigen）

摇蚊科（Chironomidae）摇蚊亚科（Chironominae）多足摇蚊属（*Polypedilum*），幼虫体长5 mm，红色。头壳呈黄色，后头缘近黑色。触角5节，第3节和第5节特别短。触角比1.1。触角叶达第4节顶端。劳氏器小。上唇S Ⅰ刚毛掌状。S Ⅱ刚毛细长。前上颚3个齿，具前上颚刷。上颚具1端齿、1背齿和3个内齿。上颚臼具2支针状刺。颏具16齿。第1侧齿略小于中齿和第2侧齿。腹部尾刚毛台具尾毛7 根。肛管2 对，端半部具1缢缩。

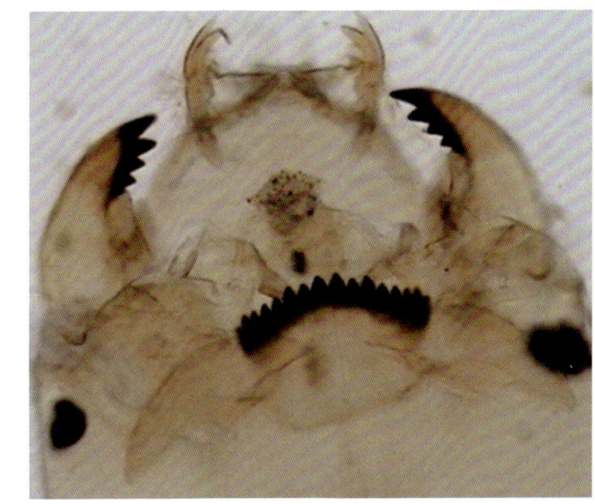

81. 苔流长跗摇蚊 *Rheotanytarsus muscicola* Kieffer

摇蚊科（Chironomidae）摇蚊亚科（Chironominae）流长跗摇蚊属（*Rheotanytarsus*），幼虫体长4 mm，头壳呈黑褐色。触角5节，触角前3节黑色，触角比2.2。触角叶达第4节中部。内唇栉具15个齿，前上颚两分叉。上颚具1个背齿、1个端齿和2个内齿。颏中齿两侧具缺刻或单一，侧齿5对。腹颏板长是宽的3.2倍。腹部刚毛L2单一，L4二分叉，端半部羽毛状。尾刚毛台具7根尾毛。

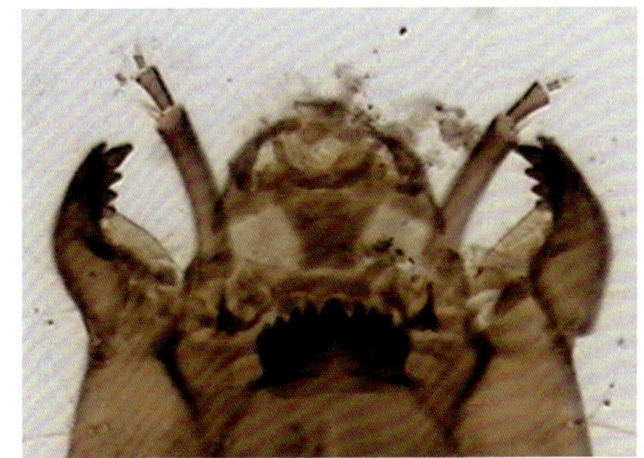

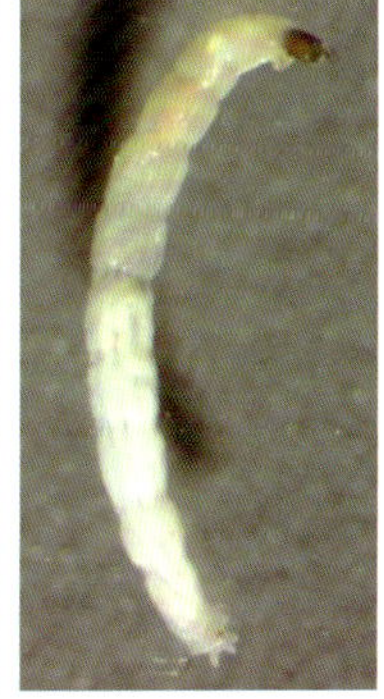

82. 五柄流长跗摇蚊 *Rheotanytarsus pentapoda*（Kieffer）

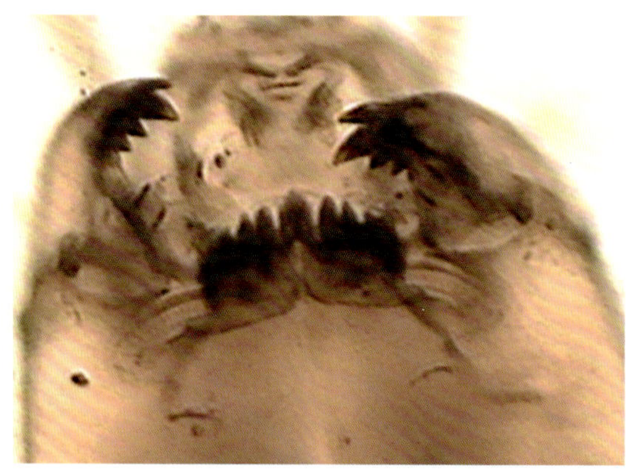

摇蚊科（Chironomidae）摇蚊亚科（Chironominae）流长跗摇蚊属（*Rheotanytarsus*），幼虫体长4.5 mm。头壳淡黄色。触角5节，触角比2。触角叶达第3节的顶端。劳氏器柄为第3节长的1.2倍。上颚具2个内齿，1个端齿和1个背齿。颏中齿两侧具有小缺刻，腹颏板宽是长的4.2倍，石块状的影线纹显著。尾刚毛台顶端具7 根黑色尾毛。肛管长是宽的2.1 倍。

83. 毛尾罗摇蚊 *Robackia pilicauda* Saether

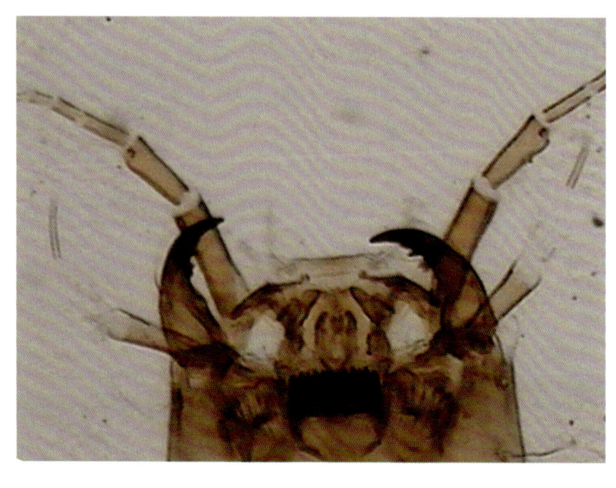

摇蚊科（Chironomidae）摇蚊亚科（Chironominae）罗摇蚊属（*Robackia*），幼虫体长9 mm，黄绿色，腹部各节具复节。触角7节，最后2节极小。前上颚具4个齿。上颚具1端齿，3个内齿，第1内齿端部分叉。颏齿平直，具12个尖锐的小齿。腹颏板具粗而不规则的隆突，影线纹粗壮。后原足细长。尾刚毛台小，上具7根尾毛。

84. 瑞斯萨摇蚊 *Saetheria ressi* Jackson

摇蚊科（Chironomidae）摇蚊亚科（Chironominae）萨摇蚊属（*Saetheria*），幼虫体长5 mm。触角6节，触角比1.3。触角叶达第4节顶端，触角副叶达第3节端部。前上颚具3个端齿和1个基齿。上颚具1个端齿和3个三角形内齿，端齿是内齿的3倍。颏具1个中齿和6对侧齿。中齿宽是第1侧齿的5倍。第3对侧齿比邻齿小。腹颏板影线粗壮，宽是长的1.4倍。尾刚毛台小，上具7根尾毛，后原足细长，肛管圆锥形。

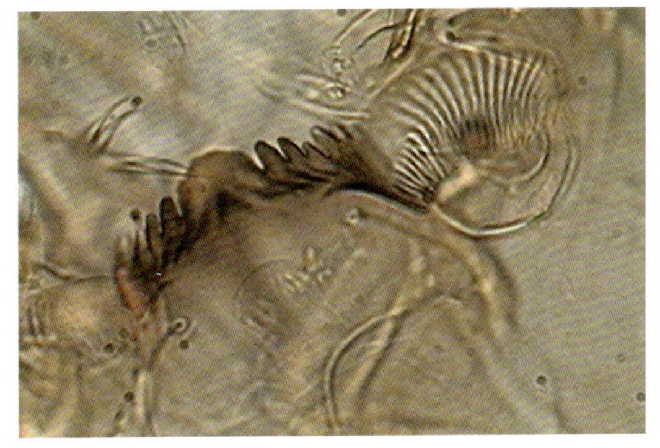

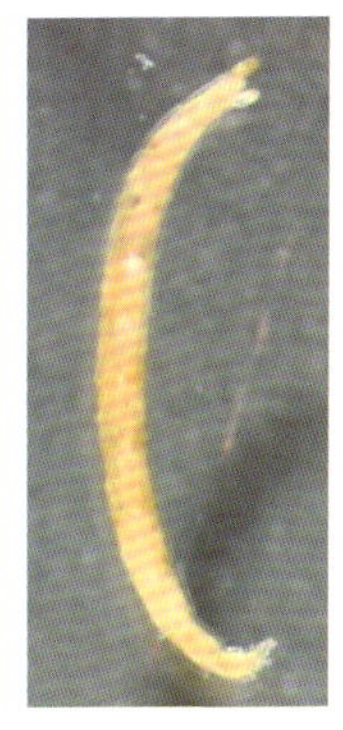

85. 俊才齿斑摇蚊 *Stictochironomus juncai* Qi & Wang

摇蚊科（Chironomidae）摇蚊亚科（Chironominae）齿斑摇蚊属（*Stictochironomus*），幼虫呈红色，体长10 mm。触角6节，触角第3节比第4节长。触角明显长于鞭节。上唇SⅠ刚毛和SⅡ刚毛羽状，内唇栉的3个骨片的游离端具齿。上颚齿黑色，齿下毛达第2内齿的端部。上颚臼具2个棘。颏中齿4个，第1侧齿比邻齿低。腹部尾刚毛台发达，顶端具8 根尾毛。

86. 台湾长跗摇蚊 *Tanytarsus formosanus* Kieffer

摇蚊科（Chironomidae）摇蚊亚科（Chironominae）长跗摇蚊属（*Tanytarsus*），幼虫体长6 mm。头壳黄色，后头缘黑褐色。额唇基毛单毛状。触角5节，触角比1.5。触角第1节长约为宽的16倍。劳氏器小，柄长仅为最后3节长的1.2倍。前上颚具4个齿。上颚端齿比3个内齿的宽度短。颏中齿两侧具缺刻。侧齿5对。尾刚毛台长是宽的2倍，顶端具8根尾毛。

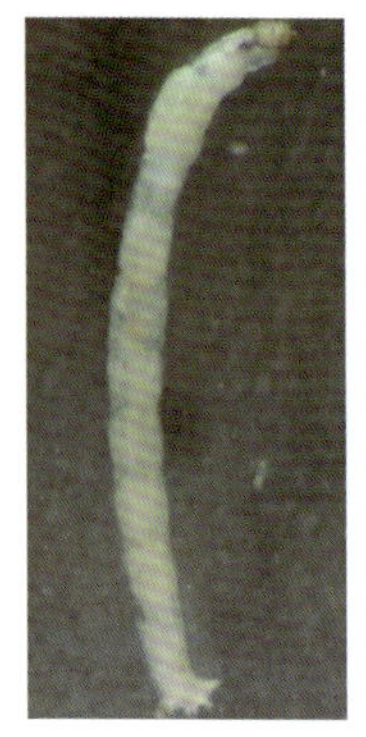
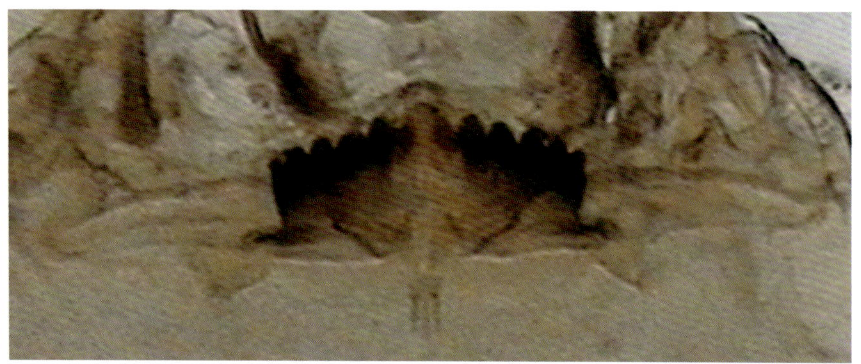

87. 渐变长跗摇蚊 *Tanytarsus mendax* Kieffer

摇蚊科（Chironomidae）摇蚊亚科（Chironominae）长跗摇蚊属（*Tanytarsus*），幼虫体长6 mm。额唇基毛单毛状。触角5节，触角第1节长约为宽的6.8倍，劳氏器小，柄长约为最后3节长的1.5倍。前上颚具4个齿。上颚背齿呈黄褐色，端

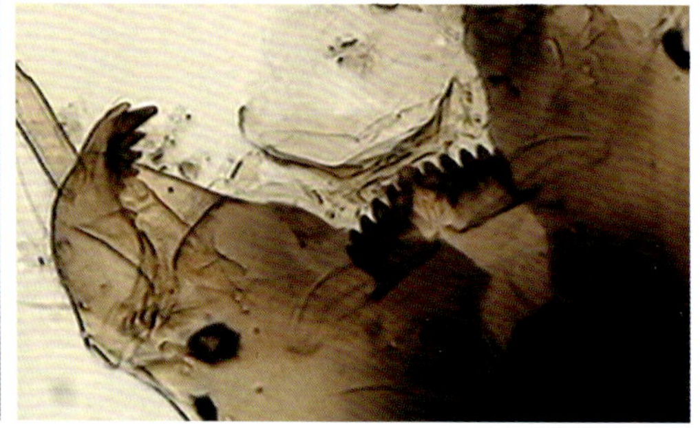

齿和3个内齿呈褐色。颏中齿两侧具缺刻。侧齿5对。腹颏板窄、中间分离。尾刚毛台顶端具8根尾毛。肛管2对，长约为宽的2倍。

88. 新宾纺蚋 *Simulium*（Nevermannia）*xinbinense* Chen and Cao

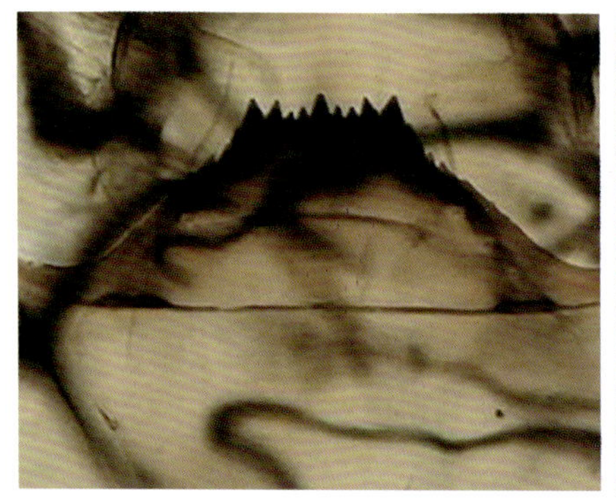

蚋科（Simulidae）蚋属（*Simulium*），幼虫体长5 mm。头斑阳性，触角长于头扇柄，头扇毛约30支。上颚缘齿具附加锯齿列。亚颏中、角齿突出。侧缘毛每侧3支。后

颏裂深，圆形，基部收缩，长度略超过后颏的2倍。胸部具棕色横带，背侧具单刺毛。腹部具棕褐色斑，背侧具单刺毛。肛鳃每叶分6个次生小叶。后环约60排，每排约具10个钩刺。腹乳突存在。

89. 白斑池畔蠓 *Telmatoscopus albipunctatus* Willistone

毛蠓科（Psychodidae）池畔蠓属（*Telmatoscopus*），幼虫体长8～9 mm，黑褐色，体表具细小刺毛和多数长刚毛。触角小。胸部3节，第1腹节具2个小环，第2～7腹节具3个小环。各环节背面列生黑色带状小骨板。尾端呼吸管短锥形。呼吸盘具带缘毛的叶形突起。

90. 库蠓 *Culicoides* sp.

蠓科（Ceratopogonidae）库蠓属（*Culicoides*），幼虫体长6 mm，丝状，灰白色，中胸、后胸及腹部各节具红褐色斑纹。头呈黄色，眼点大小各2个。触角退化。胸部、腹部各节圆筒形。胸部各节前部具6根轮生刚毛，腹部各节背面、腹面各具2根长刚毛。尾端具4根短刚毛。

91. 毛头瘤虻 *Hybomitra hirticeps*（Loew）

虻科（Tabanidae）虻亚科（Tabaninae）瘤虻属（*Hybomitra*），幼虫体长20 mm，橙黄色，圆柱形。两头尖似纺锤。体节包括头在内共11节。头部小而长，能缩入前胸。上颚钩状。腹部1～7节的前部有环生的瘤状突起。腹部第8节背面基部具较宽的毛纹。

92. 雅大蚊 *Tipula*（Yamatotipula）sp.2

大蚊科（Tipulidae）大蚊亚科（Tipulinae）大蚊属（*Tipula*），幼虫呈黄褐色，体长25 mm，圆柱形。头壳骨化，部分缩入前胸内。胸部3节，腹部8节。腹部末端呼吸盘周围具3对可伸缩的叶形突起。腹面具3对尖锥形突起。呼吸盘中央有1对椭圆形气门。

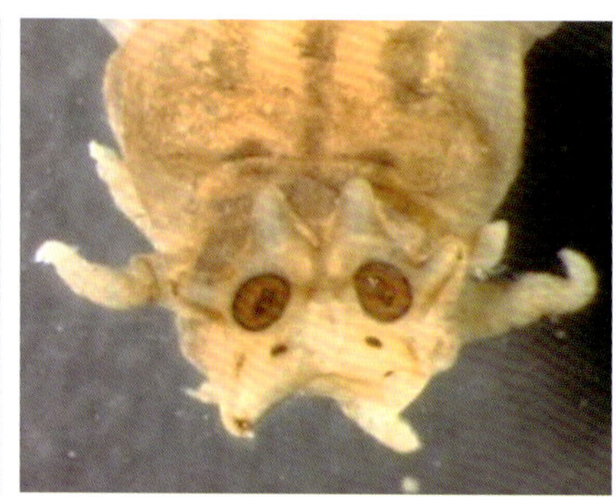

93. 短柄大蚊 *Nephrotoma* sp.

大蚊科（Tipulidae）大蚊属（*Tipula*），幼虫呈黄褐色，体长25 mm，圆柱形。头呈黑褐色，大部分缩入前胸内。胸部各节背面、侧面及腹面具短

刚毛。腹部各节具短刚毛。腹部呼吸盘周围具3对叶形突起。腹面具肥厚的唇样突起。呼吸盘中央有1对圆眼形气门。

94. 双叉巨吻沼蚊

Antocha bifida Alexander

大蚊科（Tipulidae）巨吻沼蚊亚科（*Antochinae*）巨吻沼蚊属（*Antocha*），幼虫呈黄白色，体长7 mm，圆柱形。头壳发达，坚硬。颏板中齿3个，侧齿3对，似山形排列。第2～7腹节背面具长圆形斑带，腹面具肉足形环带。尾端具1对具毛的肉质形突起，无气门。

95. 灰腹厕蝇 *Fannia scalaris* Linne

蝇科（Muscidae）厕蝇亚科（Fanninae）厕蝇属（*Fannia*），幼虫体长约10 mm。体扁平，灰褐色。体节背面、侧面各节的突起羽毛状。前气门具8个指状分枝。第2节左右具1个突起。第5～11节侧面具2对长的、1对短的突起。第12节具3对羽状突起。后气门1对。

半翅目 Hemiptera

半翅目成虫，前翅基半部革质，端半部膜质，为半鞘翅，故命名为半翅目。半翅目昆虫俗称蝽。水生蝽类，渐变态。成虫，若虫一般生活在池塘、稻田、溪流或海水中。在水面上活动的［如水黾（*Gerris*）］，能在水面奔跑而不沉入水中，甚至能逆流而上。生活在水中的田鳖（*Kirkaldyia*）、蝎蝽（*Nepa*）等多为流线形，身体扁平，适合在水中运动。仰泳蝽和固头蝽体背面隆起，如船底，腹面平而向上，适合在水中仰泳。水生蝽类多为捕食性，食各种小动物、鱼苗和鱼卵，给养殖业带来一定危害，但划蝽科的一些种类繁殖率高，个体数量大，是鱼类的主要食料之一。另外，水生半翅目的种类还捕食大量孑孓和蝇蛆，具有环保和利用价值。成虫产卵于沉水植物的组织中，或以胶质附于其他物体上。卵孵出的幼虫和成虫非常相似，仅有翅芽，称若虫（*nymph*）。一般经过5次蜕皮，发育需要1.5～2个月，成虫在水底越冬。常见的水生半翅目为显角亚目和隐角亚目的种类。

96. 小黾蝽 *Gerris lacustris* Linne

黾蝽科（Gerridae）黾蝽亚科（Gerrinae）黾蝽属（*Gerris*），体形细长，黑褐色，长约10 mm。头部为三角形，稍长。复眼1对，位于两侧。单眼退化。口喙稍长，分为3节，第2节最长。触角丝状，4节，突出于头的前方。前胸延长，背部呈黑褐色，前翅革质，无膜质部。腹面呈灰色。腹部下面被有绢样的细毛。黾蝽有3对足。前足捕食，中足用来划行和跳跃，后足用来在水面滑行。

97. 黑跳蝽 *Saldula saltatoria*（Linnaeus）

跳蝽科（Saldidae）跳蝽属（*Saldula*），体长4 mm。喙长超过身体的1/2。触角4节。眼大，红色，无单眼。前胸背板前缘向外方弯曲。小盾片大。前翅有斑纹。前足、中足短，后足长。

98. 日本长蝎蝽 *Laccotrephes japonensis* Scott

蝎蝽科（Nepidae）蝎蝽亚科（Nepinae）长蝎蝽属（*Laccotrephes*），体长30～40 mm。身体扁而狭长，前胸背板四角形，中央有隆起，近后缘有1横沟。前足发达如镰刀状，腿节基部具1齿。中、后足细长。呼吸管长约与体长相等。

99. 锈色负子蝽 *Diplonychus rusticus*（Fabricius）

负子蝽科（Belostomatidae）负子蝽亚科（Belostomatinae）负子蝽属（*Diplonychus*），成虫体长16 mm，身体长椭圆形，淡黄褐色，前胸背板前叶中纵线3倍于后叶中纵线长。前足为螳螂般镰刀状的捕捉足，跗节1节，具2个较细的爪。后足具毛列，可帮助游泳。

100. 横纹划蝽 *Sigara* sp.

划蝽科（Corixidae）划蝽亚科（Corixinae）划蝽属（*Sigara*），成虫体长6 mm，宽2 mm。近长筒形。头短，头部后缘多少覆盖在前胸背板上。复眼黑色。喙1～2节，很短。前胸短，小盾片小。前胸背板具5～6 条黑色横纹。前翅密布不规则的黑色刻点和条纹。前足短，跗节1节，特化加粗为匙形。中足细长，后足扁浆状。在水中行动迅速。

101. 斑点小划蝽 *Micronecta guttata* Matsumura

划蝽科（Corixidae）小划蝽亚科（Micronectinae）小划蝽属（*Micronecta*），小型种，体长1.6～2.0 mm，黄褐色。复眼呈黑色。前胸背面不具黑色横纹。头短。喙短。小盾片三角形。鞘翅背面具黑色长斑。前足短，跗节1节，特化加粗为匙形，无爪。中足细长。后足扁浆状，游泳式。

鞘翅目 Coleoptera

鞘翅目是昆虫中最大的一个目，通称“甲虫”。咀嚼式口器，多数无单眼，触角10节或11节，形状多变化，前胸发达。前翅角质化而无翅脉，坚厚，故称鞘翅。静止时，两翅在背中线上相遇，平直于胸。腹部背面覆盖在后翅上。后翅膜质，有翅脉，纵横折叠于鞘翅下。小盾片三角形。腹部10节，一般腹板只能看到5～8节。无尾须。

幼虫多成蠕虫状，头部发达，较坚硬。咀嚼式口器，大颚发达，具胸足。腹部9节或11节。行动活泼的种类常具尾须。完全变态。水生鞘翅目昆虫一般成虫、幼虫和蛹的阶段均在水中度过。成虫后足发达，成桨状，适于游泳。无论是幼虫或成虫，大多数为捕食性，在池塘中捕食鱼苗，是水产养殖的大害。

102. 日本真龙虱 *Cybister japonicus* Sharp

龙虱科（Dytiscidae）真龙虱属（*Cybister*），体长40 mm。椭圆形，前端略窄，背面较隆拱，黄绿色。前胸及鞘翅黄边较宽。腹部呈黄色，具黑色边缘。前足跗节膨大呈吸盘状，后足发达，侧扁如桨，被长毛，末端具1爪。

103. 真龙虱 *Cybister* sp.

龙虱科（Dytiscidae）真龙虱属（*Cybister*），幼虫长筒状，灰白至深灰色，体长50 mm。头部扁平，具有一对钳形大颚。口上片前缘具3个齿，两侧齿的顶端达中齿端部。触角9节。腹部暗褐色，背面散布灰褐色小斑。胸、腹部腹面色淡。尾节退化。

104. 细带斑孔龙虱 *Nebrioporus hostilis*（Sharp）

龙虱科（Dytiscidae）斑孔龙虱属（*Nebrioporus*），体长5.0 mm。卵形，略拱起。头呈黄色，复眼后具窄的黑色横带。触角呈红棕色，第6～11 节端部呈深色。下颚须末节端部深色。前胸背板呈黄色，基部中央具1对黑色斑。鞘翅黄色，每个翅瓣具5条深色纵纹及3个侧缘的深色斑。背部刻点列清晰可见。足呈黄色，跗节颜色略深。

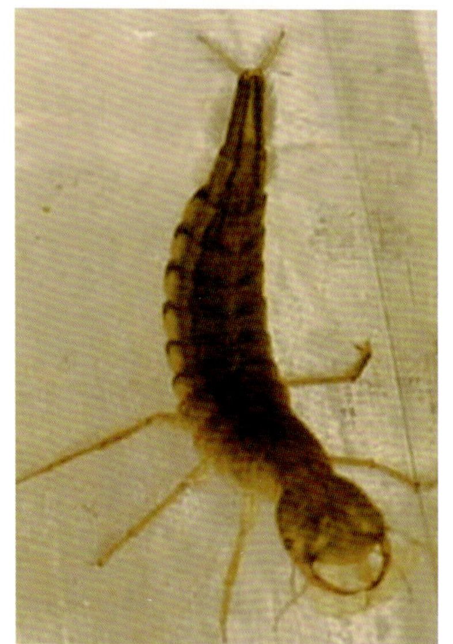

105. 龙虱 *Dytiscus* sp.

龙虱科（Dytiscidae）龙虱亚科（Dytiscinae）龙虱属（*Dytiscus*），幼虫筒状，黄灰褐色。头部扁平，具1对钳形大颚。口上片前缘无齿。下唇无舌。腹部第8节两侧有长而密的游泳毛。尾节发达。

106. �斑龙虱 *Liodessus* sp.

龙虱科（Dytiscidae）�斑龙虱属（*Liodessus*），幼虫筒状，黄灰褐色，体长10 mm。头部扁平，三角形。具有1对钳形大颚。口上片前缘具3个齿，两侧齿的顶端达中齿端部。触角9节。腹部暗褐色，背面散布灰褐色小斑。胸、腹部腹面色淡。尾节退化。

107. 尖叶牙甲 *Hydrophilus acuminatus* Motschulsky

牙甲科（Hydrophilidae）牙甲亚科（Hydrophilinae）牙甲属（*Hydrophilus*），大型种，体长42 mm。体长椭圆形，背面拱起。身体离水后为黑褐色，泛墨绿色光泽。在水中为墨绿色。头、前胸及鞘翅颜色一致，触角呈红褐色，末端数节膨大。小盾片三角形。腹面，后胸刺发达，长达第2腹板。胸部腹面具银绿色细绒毛。腹板黑色。足黑色，跗节具金黄色游泳毛。

蜻蜓目 Odonata

成虫中到大型，细长，体壁较坚硬，头大且活动。咀嚼式口器。前胸小，能活动，中后胸愈合成合胸。足细长，适于攀附，辅助捕食。两翅透明膜质，狭长，翅前缘近翅顶处有翅痣。腹部细长成圆筒形，末端具1对短小的尾须。不全变态。成虫生活在水域附近，善飞翔。肉食性，捕食双翅目等昆虫为食。在农业上被视为益虫。成虫产卵在水中或水草表面，孵化的幼虫俗称水虿。

稚虫在水底爬行生活，不能游泳。稚虫分头、胸、腹3部分，体色为褐色或稍带绿色。头部口器有罩形下唇，不用时折于头下，适于捕食。胸部3节，前胸小，中后胸愈合。胸节背面有发育不全的翅芽。腹部由11节组成，最后1节不发达。腹部光滑或具背棘和侧棘。常见的蜻蜓隶属束翅亚目（豆娘亚目，Zygoptera）和差翅亚目（蜻蜓亚目，Anisoptera）。稚虫以捕食水中的蜉蝣和摇蚊等小动物为食，也捕食蝌蚪和鱼苗，给水产养殖造成危害，被渔民俗称“水老虎”。同时也是成鱼、蛙、蟹类等的天然饵料。

108. 纳戈扩腹春蜓 *Stylurus nagoyanus*（Asahina）

春蜓科（Gomphidae）春蜓亚科（Gomphinae）扩腹春蜓属（*Stylurus*），稚虫体长34 mm。头宽6 mm。触角第3节棒状，中部宽。下唇长方形，长宽比1∶1.4。下唇侧片弯钩状，内缘具小钝突。腹部第9节长宽比约1∶1.5，第10节长宽约相等。腹部背面具褐色颗粒状斑纹。腹部第9节具背棘，第6～9节具侧棘。

109. 马奇异春蜓 *Anisogomphus maacki*（Selys）

春蜓科（Gomphidae）春蜓亚科（Gomphinae）异春蜓属（*Anisogomphus*），稚虫体长26～29 mm。头宽5.8～6.1 mm。腹部宽扁，体表具细毛。触角第3节棒状，略向内弯。下唇中片前缘弧形。下唇侧片端部钩状，内缘具10个小锯齿。腹部第9节具背棘。第7～9节具侧棘，前足、中足胫节端部具突起。

110. 白尾灰蜻 *Orthetrum albistylum* Selys

蜻科（Libellulidae）蜻亚科（Libellulinae）灰蜻属（*Orthetrum*）。稚虫体长19～25 mm。头宽5～6 mm。复眼小，头长方形，体表具细毛。下唇中片外侧具3根长刚毛，内侧具12～13根短刚毛。下唇侧片具侧刚毛5根，前缘具波浪形的9个齿。腹部呈圆筒形，第2～7节背面具长毛丛，第8、9节的侧棘小。足较短。

111. 闪蓝丽大蜻 *Epophthalmia elegans* Brauer

大蜻科（Macromiidae）丽大蜻属（*Epophthalmia*），稚虫呈黄褐色，扁平，虫体散在深褐色小斑。体长35～40 mm。头宽8 mm。头短宽，复眼突出，后头角显著突出。下唇中片无刚毛，前缘具6个巨大的齿。活动钩小，无刚毛。腹部椭圆形，第6节最宽。第3～9节的背棘发达。第8、第9节具侧棘。

112. 黑色蟌 *Agrion atratum* Selys

色蟌科（Calopterygidae）色蟌亚科（Calopteryginae）色蟌属（*Calopteryx*），稚虫体长23 mm。侧尾鳃17 mm。体色淡褐带淡绿色。头部稍扁，触角第1节短于头宽。下唇中片中间菱形缺口内侧具2对小刚毛。下唇侧片活动钩基部具2根小刚毛。翅芽窄，前缘于后缘平行。腹部圆筒形，侧尾片与腹部等长。中尾片是侧尾片的3/4。

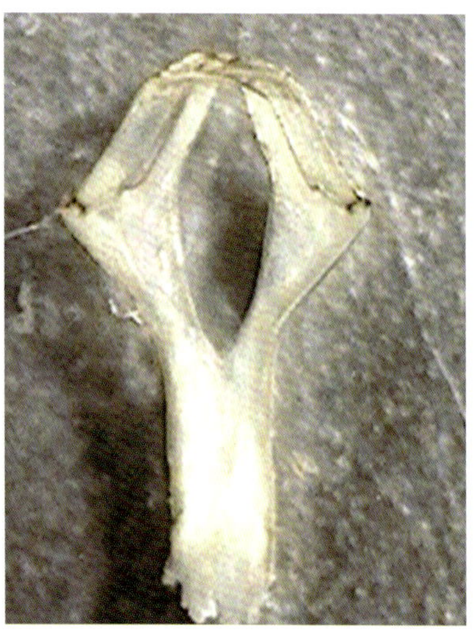

113. 条纹色蟌 *Calopteryx virgo*

色蟌科（Calopterygidae）色蟌亚科（Calopteryginae）色蟌属（*Calopteryx*），稚虫体长可达31 mm。侧尾片16 mm。头部稍扁，触角第1节稍短与头宽，下唇中片中间的菱形缺口长达中片的1/2。中间菱形缺口内侧具1对刚毛。下唇侧片活动钩基部具1根小刚毛。翅芽较宽。腹部圆筒形。尾片端半部具2块淡色斑纹。

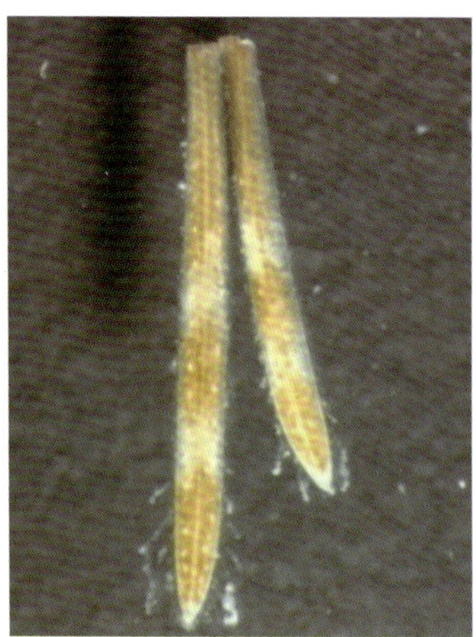
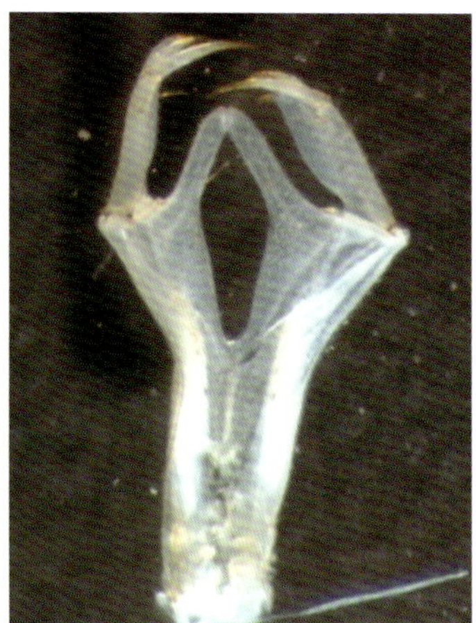

（二）软甲纲 Malacostraca

头胸甲有或无。有成对的复眼。躯干部多为15节（胸部8节，腹部7节），除尾节以外都有附肢。第一对触角多为双肢。胸肢为8对，单肢或双肢，一般内肢较发达。腹肢为6对，多为双肢。生殖孔雌性位于第6胸节，雄性位于第8胸节。幼体发育多变态，初孵化为无节幼体或原溞状幼体。

端足目 Amphipoda

端足目种类的身体多侧扁，头小，无头胸甲。眼无柄。第1胸节与头愈合，胸部其他各节发达，分节明显。胸肢8对，单肢型。第2～3对较大，呈假螯状，称鳃足。腹肢为双肢型，前3对用于游泳，叫腹肢。后3对用于弹跳，叫尾肢。雌性产的卵，抱于胸肢内侧的育卵囊中，孵化后的幼体和母体基本相似。生活时通常附着在水草或其他物体上，有些种类大量群集生长。是鱼类重要的天然饵料。

114. 异钩虾 *Anisogammarus* sp.

钩虾科（Gammaridae）异钩虾属（*Anisogammarus*），体长23 mm，侧扁，全身弯向腹面，呈弧形。头部额角呈钝三角形，两侧向内微陷。复眼黑色。第1触角长，第2触角短。颚足第1、2对呈亚螯状。胸部7节，由前向后逐渐增大。腹部前3节背中央隆起，第3节最大。腹肢前3对为游泳足。步足5对，前2对短，后3对长。尾节从后端中央内陷，分为两叶，末端具稀疏短棘。

十足目 Decapoda

十足目种类繁多，包括虾、蟹类等，由于其体型大，经济价值高，在水产经济中占有很重要的地位。其种类有在海水中生活的，也有在淡水里生活的。主要特征为体侧扁，头胸甲发达，完全包被头胸部的所有体节。第二小颚的外肢宽大呈舟片状，帮助呼吸。胸肢8对，前3对分化成颚足，第3对颚足4～6节，后5对为步足，第3对步足不成螯状。鳃叶状。卵产出后抱于雌性的腹肢间，也称小虾类，游泳能力较差，善于在底部爬行，淡水种类较少，在水产经济上比较重要的是长臂虾科的种类。

115. 秀丽白虾 *Exopalaemon modestus*（Heller）

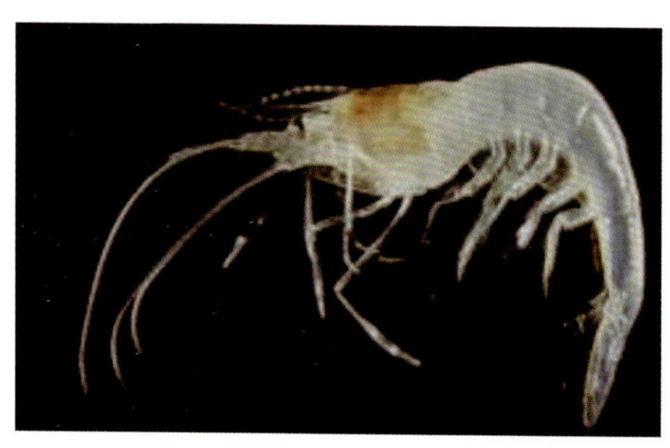

长臂虾科（Palaemonidae）白虾属（*Palaemon*）体色透明，常带棕色小点。大颚有触须。头胸甲有鳃甲刺，无肝刺。额角上缘基部鸡冠状隆起具8～13个齿，端部约1/3无齿。下缘具2～4个齿。腹部各节背面圆滑无脊。

116. 中华小长臂虾 *Palaemonetes sinensis* Sollaud

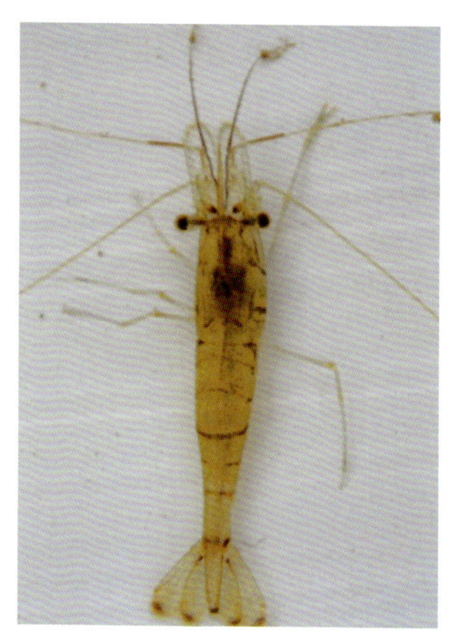

长臂虾科（Palaemonidae）小长臂虾属（*Palaemonetes*），体色呈青绿色，腹部有棕黄色的条状斑纹。生活时体呈半透明。带有7条棕色条纹，个体中等，体长40～50 mm。体重0.25～1.4 g。额角短于头胸甲，平直前伸，上缘具5～6齿。头胸甲具触角刺，鳃甲刺，不具肝刺。鳃甲沟明显。大额不具触须。第5步足后半缘有刺毛数列。

117. 中华齿米虾 *Neocaridina denticulate sinensis*（Kemp）

匙指虾科（Atyidae）米虾属（*Caridina*），体色呈浓绿色，背部中央有1道不规则的棕色纵纹。额角通常伸达第1触角柄末端，或稍稍超出，上缘平直，具11～24齿。头胸甲具触角刺，颊刺。雄性第1腹肢的内肢膨大，成1卵圆形薄片。